Wechselwirkung

Walter Hehl

Wechselwirkung

Wie Prinzipien der Software die Philosophie verändern

Springer Vieweg

Walter Hehl
Thalwil
Schweiz

ISBN 978-3-662-48113-4 ISBN 978-3-662-48114-1 (eBook)
DOI 10.1007/978-3-662-48114-1

Die Deutsche Nationalbibliothek verzeichnet diese Publikation in der Deutschen Nationalbibliografie; detaillierte bibliografische Daten sind im Internet über http://dnb.d-nb.de abrufbar.

Springer Vieweg

Gedruckt auf säurefreiem und chlorfrei gebleichtem Papier

Springer-Verlag Berlin Heidelberg ist Teil der Fachverlagsgruppe Springer Science+Business Media
(www.springer.com)

Vorwort

> Die fruchtbarsten Entwicklungen haben sich überall dort ergeben, wo zwei unterschiedliche Arten des Denkens zusammentrafen.
> Werner Heisenberg, Physiker, 1901–1976

Software ist ein Technikbereich, der wenig sichtbar, aber wirtschaftlich immens wichtig und verbreitet ist: Alles, was komplex ist und agiert, ist Software. Nach vielen Berufsjahren u. a. als Manager für „Advanced Software", für „Advanced Systems" und auch als Professor auf Zeit am Lehrstuhl für Softwaretechnologie an der TU Dresden wurde mir diese Bedeutung klar und ich bedauerte es, dass Konzepte aus der Software nicht allgemeiner bekannt sind.

Das Eingangszitat wird oft in esoterischen Kreisen verwendet. Es geht allerdings weiter mit „*wenn eine echte Wechselwirkung stattfindet*": Genau dies ist bei Software und Philosophie der Fall. Es gibt viele Ideen, die es wert wären, auch ausserhalb der Softwaregemeinde weiter gegeben zu werden. Eine Reihe der auftauchenden Fragen, Begriffe und Antworten sind philosophischer oder nahezu philosophischer Natur, die in Software konstruktiv, pragmatisch und funktionierend angegangen werden. Sollte es nicht fruchtbar sein für philosophisch Interessierte, einen Blick über den Zaun zu werfen? Die Software scheint mir ein nüchterner, technischer Nachbar zur Philosophie zu sein – schliesslich befassen sich beide Gebiete mit dem Bau von Systemen und mit (auf eine gewisse Art) geistigen Objekten. Es würde mich freuen, wenn das Buch zur Akzeptanz der Software als einem wesentlichen Träger der Welt neben der materiellen Säule beitragen könnte und wenn die dargestellten Ideen in ein paar Jahren als selbstverständlich angesehen würden.

Auf der anderen Seite sollten vielleicht auch Informatiker die Brücke zu philosophischen Gedanken überschreiten und die Sicht darauf von einem Ingenieur und Physiker hören wollen: Also schrieb ich dieses Buch. Eine kleine Freude hat mir die Suche nach mehr oder weniger passenden Zitaten zur Auflockerung gemacht: Ich hoffe, sie machen auch der Leserin oder dem Leser intellektuelles Vergnügen.

Zum Begriff „Software": Es geht natürlich auch um den Computer, aber erstens ist „Computer" nur das Gerät (wer würde z. B. ein Buch über „Philosophie und Astronomie" als „Philosophie und Teleskop"-Buch bezeichnen), und zweitens ist Software wirklich das Wichtigere. Software beschreibt das Werden, nicht nur „das Sein": Es ist der Stoff, der macht, im Computer, ja im erweiterten Sinn sogar vieles im Menschen.

Einleitung

Hören Sie auf die Technologie, und verstehen Sie, was sie sagt.
Carver Mead, Computeringenieur, geb. 1934

Philosophie und Software sind vielleicht ein überraschendes Paar: Philosophie versucht mit Weisheit die Welt und den Menschen zu verstehen, Software baut all das in der Welt, was handelt. Aber im erweiterten Sinn läuft Software auch im biologischen Leben und in unserem Intellekt: Philosophie verhält sich zur Software ähnlich wie Architektur zur Baustatik und Bauphysik: Es gibt Gemeinsames und gemeinsame Aufgaben.

Zunächst geben wir einen Abriss der Philosophie aus Ingenieurssicht, der hoffentlich bei den Fachphilosophen keinen Unmut auslöst, aber in diese 2500 Jahre alte Disziplin kurz einführen soll. Software ist der neue Stoff der modernen Wirtschaft und Gesellschaft (und erweitert auch der belebten Natur), führt aber ein Leben am Rande des Intellektuellen. Sie muss in ihrer philosophischen Bedeutung erst akzeptiert werden (ihre praktische Bedeutung ist nicht zu übersehen). Aber sie hat viele Facetten und grundsätzliche Aufgaben, die sie (mit Information zusammen) sogar zu einer Säule der Welt machen, so wichtig wie die materielle Säule.

Software und ihre Konzepte können auf zwei Ebenen philosophische Bedeutung haben, eine kleine Bedeutung als Analogon und Lehrmittel, eine grosse Bedeutung unmittelbar für die Weltvorstellung und Welterklärung als die zweite Säule neben der physischen „materiellen" Welt als erster Säule.

Als kleine Bedeutung sehen wir uns philosophische Ideen an, die sich in der normalen Softwaretechnik finden, etwa den Begriff der Komplexität, oder in geänderter Form wiederfinden, konkreter, formeller aber weniger mit dem Anspruch auf absolute Erkenntnis, etwa die Ontologie oder die Denkmuster. Wie baut man grosse Systeme? Danach wird es eventuell origineller und kontroverser im Kapitel über Emergenz und Evolution: Wie entsteht Neues mit und um Software? Was ist Emergenz? Verschiedene Stufen der Kreativität werden erläutert – von sich selbständernden Programmen und neuronalen Netzen über den Affen, der Shakespeares Hamlet erzeugen soll, zum mittelalterlichen katalanischen Philosophen Ramon Llull und seinem Wissensrad. Dazu gehört der Zufall – künstlich, kryptisch oder ganz echt. Das Ergebnis ist ein zunächst dualistisches Weltmodell (plus Zufall und plus Mathematik): die „It-Welt" der Atome (und des übrigen Quasi-Materiellen) und die „Bit-Welt" (die Software im allgemeinen Sinn).

Im Kapitel Bewusstsein wird strömendes Computing eingeführt als zugehörige technische Definition mit dem „Bewusstsein" der selbstfahrenden Autos. Es ist im Zusammenhang mit Software offensichtlich, dass wir die Computermetapher des Gehirns zumindest als Bild verwenden. In diesem Sinne lösen sich philosophische Probleme wie das Bewusstsein und die „Qualia" (das spezifische Empfinden z. B. von Farben) philosophisch auf und werden zu wissenschaftlich-technischen Fragestellungen. Dafür spannen wir das Bewusstsein mit Informationstechnologie (d. h. dem Internet) weltweit auf („transzendieren"). Es wird zur „Noosphäre" und zum „Weltgehirn".

Eine ähnliche Klärung geschieht mit dem Verstehen und der Intelligenz: Wir zeigen, wie Software „versteht" und etwas „weiss" und warum menschliche Hybris (dass nur wir es „richtig" können) überhaupt nicht angebracht ist; wir diskutieren die Fähigkeiten und Grenzen von „Watson", dem Quizsystem der IBM, und begründen, warum die Entwicklung an den schönen und beliebten menschlichen Imitationstests (z. B. dem „Turing-Test") vorbeigeht. Wir erläutern, dass Maschinelle Intelligenz (und sogar die Seele) Sorites-Probleme sind (und was Sorites-Probleme sind), und dass man mit vielem rechnen kann, z. B. mit Dominosteinen und, respektlos gesagt, „mit Fleisch", nach einer wunderbaren Novelle von Terry Bisson. Bei der Seele als Gesamtsoftware unserer Innenprozesse (philosophisch das Leib-Seele-Problem) betrachten wir die Schichten der IT, von Neurosimulation „unten" bis zur psychologischen „Seele" und ihrer Simulation „oben".

Dazu kommen weitere kontroverse Themen zwischen Philosophie und Informationstechnologie (bzw. innerhalb der Philosophie) wie der sog. „freie Wille" (mit der falschen Homunkulustheorie), unsere Identität (ein eigentliches Softwareproblem, das wir mit dem philosophischen Schiff-des-Theseus verbinden) und exotische philosophische Softwareideen wie das Gehirn-im-Tank und der Mind-Upload: Wie stellt man fest, dass die Welt nicht eine grosse Simulation ist? Unsere Antwort ist übrigens: man kann es nicht, solange der Weltprogrammierer oder der Weltcomputer keinen Fehler macht.

Als eine Vorahnung des Dualismus der beiden Welten Materie und Software in der Antike stellen wir eine begriffliche Verbindung her mit der Bewegungslehre des Aristoteles. Das grosse Weltbild mit Materie, Software und Geist entsteht im letzten Kapitel als Abwandlung der Drei-Welten-Theorie des britisch-österreichischen Philosophen Karl Popper. Dazu erweitern wir das dualistische System um eine zu Popper modifizierte 3. Säule, den Kern des wirklich Geistigen. Vieles, was im Alltag als geistig gilt, etwa Wissen und Sprache, ist ja im Wesentlichen zu Software und Konstruktion geworden (oder wird es gerade in unserer Zeit, zur unnötigen Kränkung vieler) und ist eigentlich nicht geistig sondern „nur" intellektuell. Aber es gibt das Geistige, beinahe trotzig gesagt: Es muss es geben, insbesondere Liebe und Kunst jenseits von Physik und Chemie und emotionaler Software. Dazu kommen als Grundelemente die Mathematik und der unbedingt notwendige Zufall als Einbrechen einer Aktion von ausserhalb des Systems, allerdings nur im Rahmen der Naturgesetze. Wir versuchen zu zeigen, dass Software die konstruktivistische Seite der Welt und des Weltverstehens ist. Sie zeigt nicht nur, sondern baut und betreibt die

Welt. Andrerseits ist sie die funktionalistische Seite (sie liefert die benötigten komplexen Funktionen, ob Bildverarbeitung oder Sehen oder Leben selbst).

Wir haben uns bemüht, auch Gegenargumente zu unserer Sicht von Software und Computer (zusammengefasst im neokartesianischen Spruch „*Procedo Software, ergo sum*") zu berücksichtigen und zu widerlegen. Zu den im Folgenden vorgestellten Ingenieurs- und Philosophiekonzepten sind Diskussionen erwünscht.

Dank

Es ist mir eine grosse Freude, meine Erfahrungen aus Physik, Software und Philosophie weitergeben zu dürfen. Ich bedanke mich vor allem bei Hermann Engesser, dem Leiter der Computerfachbücher beim Springer-Verlag Heidelberg, für die freundliche Aufnahme der sicher ungewöhnlichen Idee eines philosophischen Computerbuchs, für Hinweise und Diskussionen. Dazu kam die Ermutigung durch unzählige Gesprächspartner, die einerseits von Einzelthemen angetan waren (wie dem Gehirn-im-Tank) und andrerseits von der Gesamtkonzeption der Verbindung von Philosophie und Software.

Für die Anregung, über Computer überhaupt selbst zu philosophieren, möchte ich mich vor allem beim ehemaligen Kollegen Albert Endres bedanken. An dieser Stelle sei auf den kontinuierlichen Fluss an Ideen zur Informatik in seinem Blog Bertals Blog hingewiesen. Als ersten, schon historischen Anstoss zu Philosophie und Software möchte ich die Stuttgarter Vorlesung im Studium Generale von Max Bense erwähnen mit dem Titel „Kybernetik und Ästhetik". Ohne dass ich viel verstanden hätte, hat sie mich unvergänglich beeindruckt. Einige Ideen des Buches konnte ich mit Herrn Gert Folkers vom Collegium Helveticum angeregt diskutieren, dafür herzlichen Dank.

Gerade bei der Vielfalt der Themen und den Sprüngen zwischen verschiedenen Bereichen von antiker Philosophie bis zu moderner Computertechnologie – immer mit dem gemeinsamen Nenner „Software" – war die „gute alte" Wikipedia sehr hilfreich.

Ich danke vor allem meiner Frau Edith für ihre Geduld; zum einen bei ihrem sorgfältigen Korrekturlesen dieses Textes, zum andern mich über zwei Jahre hinweg sammeln und schreiben zu lassen.

Inhaltsverzeichnis

Was ist Philosophie? 1

Wir geben verschiedene (simple) Definitionen des Begriffs „Philosophie" und diskutieren Philosophie in Bezug auf Naturvorstellungen und Stand der Technik als Zeitphänomen. Im Sinne der Definition als „nicht-triviale Gedanken jenseits von Wissenschaft" definieren wir eine „Präphilosophie" vor der wissenschaftlichen Erschliessung eines Wissensbereichs und die „Postphilosophie" danach. Dies wurde z. B. im Bereich der Naturphilosophie und der Atomlehre erlebt mit Vertretern wie Demokrit einerseits und Werner Heisenberg andrerseits. Heute findet dieser Übergang bei den Informations- und Softwaresystemen statt und erfasst damit Begriffe wie Komplexität, Wissen, Bewusstsein, Identität, ja Leben und vieles mehr. Früher verbal und kontrovers diskutiert, heute oft formalisiert, quantifiziert und sogar nachgebaut. Wir weisen hier auf Philosophiebereiche hin, die von der Entwicklung von Software und Informatik besonders betroffen werden. Als kleine Wechselwirkung von Philosophie und Software führen wir in eine Reihe von klassischen philosophischen Paradoxien ein, die in der IT pragmatisch gelöst werden. Ein Beispiel ist das Barbier-Problem von Bertrand Russell.

1.1 Eine Frage, die „es" schon ist

> Philosophie ist ein liebevoller Umgang mit der Weisheit.
> Dante Alighieri, Dichter, 1265–1321

> Philosophie ist die Wissenschaft, über die man nicht reden kann, ohne sie selbst zu betreiben.
> Friedrich von Weizsäcker, Astrophysiker, 1912–2007

> Wissenschaft ist das, was man weiss; Philosophie ist das, was man nicht weiss.
> Bertrand Russell, Philosoph, 1872–1970

W. Hehl, *Wechselwirkung*, DOI 10.1007/978-3-662-48114-1_1

Die grosse philosophische Frage:
Deep Thought: „Die Antwort nach dem Leben, dem Universum und dem ganzen Rest ist …"
Die Philosophen: „Ja?…"
Deep Thought: „ist …" Die Philosophen (etwas lauter): „Ja?…"
Deep Thought: „ist …" Die Philosophen (richtig laut): „Ja?…"
Deep Thought: „42". Philosoph 1: „Die bringen uns um, weisst Du das?"
Douglas Adams,Schriftsteller, 1952–2001

Mit der Frage nach der Definition von Philosophie sind wir schon mittendrin in der philosophischen Diskussion und damit in der Philosophie: Viele Berufs- oder akademische Philosophen und manche philosophische Autodidakten haben ihre eigene Definition – und dazu ihre eigenen Philosophien. Einig ist man sich in der Herkunft des Wortes und dessen Ursprung: Die Philosophie (altgriechisch φιλοσοφία philosophía) ist in wörtlicher Bedeutung die „Liebe zur Weisheit".

Wir werden „Weisheit" an Hand einer Softwaregraphik und mit einer kleinen Formulierungshilfe vom Wikipediaartikel „Weisheit" (07/2015) definieren als „die Fähigkeit, bei Problemen und Herausforderungen eine nachhaltige und schlüssige Handlungsweise zu finden" mit dem Zusatz „ohne die darunterliegenden Details zu verstehen". Dabei ist die Betonung auf nachhaltig wesentlich, denn Handeln ohne zu verstehen ist zunächst sehr gebräuchlich, aber noch nicht weise, eher das Gegenteil. Der Weise erahnt das Wesentliche für ein Problem, einschliesslich der Vorhersage der Wirkungen. Diese Definitionen von Philosophie und Weisheit mit dem Unverstehen der unmittelbaren Zusammenhänge als Zusatzbedingung bedeutet, dass Philosophie per Definition überall auftreten kann, wo

- ein Sujet (noch) unverstanden ist,
- die Grenzen eines Verständnisbereichs überschritten sind,

aber

- noch rational gehandelt werden kann und soll, dies etwa im Gegensatz zur Religion.

Diese Definition schliesst einen leichtfertigen Umgang mit „dem Ganzen" aus, sei es in der Betrachtung der Welt, sei es in der Medizin als Wunschkonzept: Philosophie wie Medizin sollen das Ganze ihres Feldes sehen, aber bei hinreichendem Verstehen der Untersysteme. Sowohl in mancher „Philosophie" wie in mancher „Medizin" wird dieses Prinzip verletzt. Andrerseits liegt es gerade in der menschlichen Natur (zumindest eines Teiles der Menschheit), Grenzen und Unverstandenes als besonders attraktiv zu empfinden – und dabei eine eigene Wahrheit zu finden, auch wenn die Grenzen der Rationalität selbst überschritten werden.

Aus den obigen Bedingungen der prinzipiellen Unklarheit folgt, dass philosophische Überlegungen

- in vielen Bereichen, auch des täglichen Lebens entstehen,
- und häufig zu verschiedensten Antworten, sogar zu verschiedenen Fragen, bei verschiedenen Autoren führen.

Schon der griechische Philosoph Aristoteles (384–322 v. Chr.) bemerkt, dass selbst gegen die Philosophie zu sprechen eine Art Philosophie ist.

Personen als Autoritäten sind dadurch im akademischen Arbeitsbetrieb der Philosophie wesentlich wichtiger als in Wissenschaft und Technik. In der Wissenschaft sollten z. B. das Experiment und die Konsistenz mit der zugehörigen Theorie den Ausschlag geben. Einstein als Autorität ist in der Naturwissenschaft eine grosse Ausnahme. In der Philosophie bleiben häufig auch konträre Gedanken als Ideen nebeneinander stehen. Wir werden dieses Verhalten mit der Entwicklung der angewandten Informatik vergleichen, bei der die Werkzeuge zum Bau und Verständnis zusammen mit dem Fortschritt und der Grösse der Systeme selbst in ihrer Mächtigkeit wachsen – und das Ganze muss funktionieren.

Viele Definitionen und Sätze der Philosophie sind Bonmots. Der wohl – zumindest bei jungen Leuten – berühmteste und „fundamentalste" Philosophiespruch der Moderne stammt vom Schriftsteller und Dramatiker Douglas Adams. Es ist das obige verkürzte Zitat aus dem Roman „Per Anhalter durch die Galaxis" aus den Jahren 1978 bis 1992. Der Spruch ist die Antwort auf die vom Autor Douglas Adams gestellte grosse philosophische Frage „nach dem Leben, dem Universum und dem ganzen Rest" („life, the universe and everything").

Der Computer des Universums gibt die ultrakurze Antwort „*42*" – aber niemand kann mit der Antwort etwas anfangen, weil niemand weiß, wie die eigentliche „grosse philosophische Frage" lautet: Sie wäre wohl die beste Definition von Philosophie. Trotzdem – es ist der Beginn einer Vielzahl von Deutungen und Spekulationen über die Zahl 42. Dieses Zitat und diese Formel für Philosophie haben Kultstatus erreicht. Softwareentwickler verwenden die Zahl „42" als Füllzahl an Stelle des profanen „4711" oder „0815".

1.2 Prä- und Postphilosophie

> Wir dürfen kaum sagen, dass wir weiter seien als Platon. Nur im Material der wissenschaftlichen Erkenntnisse, die er benutzt, sind wir weiter. Im Philosophieren selbst sind wir noch kaum wieder bei ihm angelangt.
> Karl Jaspers, Philosoph, 1883–1969

> Durch bloßes logisches Denken vermögen wir keinerlei Wissen über die Erfahrungswelt zu erlangen; alles Wissen über die Wirklichkeit geht von der Erfahrung aus und mündet in ihr.
> Albert Einstein, Physiker, 1879–1955

Philosophie baut auf dem Stand der Wissenschaft und Technik ihrer Zeit auf. Die aktuelle Philosophie kann jeweils aktuelle Ergebnisse der Wissenschaft und aktuelle Entwicklungen in Gesellschaft und Technik als Grundlage mitverwenden. Dies gilt für die Philosophie der Natur wie für die des Wissens oder des Menschen. Entsprechende Umwälzungen mit direkter Auswirkung auf Philosophie fanden z. B. in Physik und Astronomie statt für die Naturphilosophie und Kosmologie und für die Gedanken zur Gesellschaft durch die technologische und soziologische Entwicklung der Industrie und Wirtschaft.

Die philosophischen Gedanken zu einem Kontext in den Anfängen einer wissenschaftlichen Erschliessung dieses Bereichs oder der technischen Entwicklung unterscheiden sich naturgemäss erheblich von Gedanken in einem fortgeschrittenen Stadium. Wir bezeichnen die Gedanken im Vorstadium als „Präphilosophie", jene im hinreichend fortgeschrittenen Stadium des Gebiets als „Postphilosophie" für diesen Kontext. Zur Illustration von Philosophie „davor" und „danach", d. h. vor einer Umwälzung im Verstehen und nach dieser Umwälzung, betrachten wir kurz zwei physikalische Begriffe, den Atombegriff in der Antike verglichen mit dem der Neuzeit, und die Identität von Dingen bei Leibniz und in der modernen Physik.

Akzeptiert man die Endlichkeit einer Unterteilung von Materie (d. h. von kleinsten Teilchen), so folgt recht schlüssig die Vorstellung von verschiedenen Formen und Wechselwirkungen (z. B. Häkchen) zur Erzeugung der Elemente, der Stoffe und der Geschmäcker. Allerdings ist die Forderung der Endlichkeit der Materie nicht trivial; noch Samuel Hahnemann, der Begründer der Homöopathie, bleibt 1810 beim Kontinuum und verdünnt seine Präparate als „Potenzierung" nahezu *ad infinitum*, nach heutigem Verständnis weit unter die Feinheit der Atome. Für einige griechische Philosophen ist allerdings umgekehrt die ewige Fortsetzung der Teilung philosophisch suspekt (s. u. das Paradox von Zeno), und die Endlichkeit ist vorzuziehen. Erst die Physiker und Mathematiker des 16. bis 19. Jahrhunderts haben gelernt, mit „dem Unendlichen" konsequent umzugehen.

Insgesamt erscheinen diese Modelle von „Atomen" (nach Demokrit von Abdera, ca. 460–370 v. Chr.) oder der „Anu" (in der indischen Vaisheshika-Katāna-Schule, ca. ein Jahrhundert v. Chr.) uns heute als grossartige philosophische Spekulationen. Dazu gehörten auch die Idee des Bewegungsmediums (des Vakuums) und bei Katāna eine Unterstruktur der räumlichen Teilchen (der Anu) in Gruppen von Unterteilchen (den Paramanu). Es war für über zwei Jahrtausende Spekulation – aus heutiger Sicht eine geniale Prä-Philosophie mit viel Glück, da es in die Richtung der späteren Atomvorstellung ging und dabei bis zum 19. Jahrhundert ohne die Chance eines Beweises war. Dazu war die Philosophie der Atome angefeindet (Platon soll sie gehasst haben), ja nahezu vergessen. In Tab. 1.1 finden sich einige wissenschaftliche Meilensteine des atomaren Konzepts bis zur Post-Philosophie.

Nach der Vorahnung der Atome und indirekten Hinweisen auf ihre Existenz in Chemie und Physik beginnen mit dem noch heute vertrauten Bohrschen Atommodell die Überlegungen (und Auseinandersetzungen) zur Bedeutung der entdeckten neuen Gesetze mit den Quanteneffekten im atomaren Bereich. Die neuen Beobachtungen widersprachen hart den aus unserer Umwelt gewohnten Gesetzen und erschütterten philosophische Grundbegriffe wie die Kausalität mit Aussagen zur prinzipiellen Unbestimmtheit und des Zufalls.

Die Diskussion hat neue Experimente provoziert, die wieder neue Erkenntnisse hervorbrachten. Philosophen und Physiker verarbeiten diese Umwälzung in „Postphilosophie" oder „Postphilosophien", etwa Werner Heisenberg in seinem Buch wie „Physik und Philosophie" (1959); es ist zumindest aus der Sicht eines Physikers ein philosophisches Buch.

Die Umwälzungen durch die Informationstechnologien sind für menschliche Aspekte vielleicht noch wichtiger. Sie erfassen alle Bereiche mit Information und Informations-

Tab. 1.1 Der wissenschaftliche Weg zum Atom

Zeit	Entdeckung und Entdecker	Bedeutung
1803	Stöchiometrische Gesetze (John Dalton)	Beweis des „Digitales" Verhalten der Materie bei chemischen Reaktionen
1811	Avogadro Gesetz (Amedeo Avogadro)	Feste Anzahlen von Atomen pro cm^3 Gas, es gibt Moleküle
1865	Loschmidt	Bestimmung der Grösse und der Anzahl von Atomen pro Gramm
1905	Indirekte Beobachtung durch Brownsche Bewegung (Robert Brown/Albert Einstein)	Erster direkter physikalischer Beweis der Existenz von Atomen
1913	Semiklassisches Atommodell (Niels Bohr)	Erstes Verständnis vom Atomaufbau von verschiedenen chemischen Elementen

verarbeitung: direkt durch den Bau von Systemen und indirekt durch das Verständnis der Informationsprozesse in der Natur wie in der Genetik, der Evolution und den Vorgängen im Gehirn. Hier besteht die unmittelbare Möglichkeit, dass viele unserer Vorstellungen – analog der Entwicklung in der Physik – umgestossen werden und ganz neue Konzepte auftauchen.

Der Begriff der Identität von Dingen ist ein Einzelbeispiel der Veränderung der Diskussion um einen philosophischen Begriff vor und nach (oder während) der naturwissenschaftlichen oder technischen Erfassung. Es geht um die philosophischen Begriffe der Gleichheit und Ununterscheidbarkeit oder um die *„Identikalität": „Der Status der Ähnlichkeit von etwas zu etwas anderem bis zum gleich erscheinen." (Quelle: Urban Dictionary).*

Die klassische philosophische Diskussion und Analyse zur „Identität von Ununterscheidbarem" und umgekehrt von der „Ununterscheidbarkeit von Identischem" stammt vor allem von Gottfried Wilhelm Leibniz (1646–1716). Seine Fragen sind etwa:

- Kann es überhaupt identische Dinge (wie zwei gleiche Blätter) geben?
- Wie können verschiedene Blätter an einem Baum aus ein und demselben Prinzip entstehen?
- Kann Gott identische Dinge schaffen?

Für Leibniz hängen Identität, Ununterscheidbarkeit und (fehlender) Grund für die Entstehung von ununterscheidbaren Objekten eng zusammen. Seine Schlussfolgerung ist, dass es „keine Sinnendinge geben könne, die absolut ununterscheidbar seien", z. B. keine zwei identischen Wassertropfen oder identische Blätter. Dazu berichtet er von einem Gartenspaziergang im Park von Herrenhausen mit einer „grossen Prinzessin", bei der „ein intellektueller Edelmann" versuchte, für die Diskussion zwei gleiche Blätter zu finden – aber man sah doch immer einen Unterschied.

Durch die Entwicklung der Physik mit Atomen, Elementarteilchen und insbesondere der Quantenphysik hat die Frage der Identität neue Tiefe erhalten. Identität und Ununterscheidbarkeit sind fundamentale Aspekte der Physik geworden und hängen eng mit Kausalität, Zeit und Ort zusammen: Atome können identisch sein, sind aber noch lokal identifizierbar, die Nanotechnologie baut identische Körperchen. Elektronen und Photonen verlieren sogar den konkreten Ort und erzeugen kuriose, nie gedachte Effekte bis hin zur „spukhaften" Quantenverschränkung. Der Begriff der „Identität des Ununterscheidbaren" von Leibniz bekommt als Fermi- oder Bosestatistk und als Pauli-Prinzip eine unmittelbare fundamentale Bedeutung. Das philosophische Problem der Identität von Objekten ist zu Physik geworden. Wir werden unten versuchen, das Problem der menschlichen Identität zu erfassen und zum Teil zu Informationstechnologie werden zu lassen.

Die Aufgaben, die sich Leibniz gestellt hatte, sind also viel tiefer als gedacht – aber seine „Prä-Philosophie" der Identität ist auch für die heutigen Post-Philosophen (und für die Physiker) ein Ausgangspunkt.

Die konkreten Verfahren zur Identitätsbestimmung mit Eigenschaften wie Namen, Adressen oder Fähigkeiten des Objekts sind Aufgaben aus dem Bereich der Informatik; es sind technische Aufgaben bei der Erstellung von Netzen und beim Lauf von Programmen. Wie identifiziert man ein Objekt, wie schreibt man ihm Funktionen und Attribute zu, wie vergleicht man oder „vererbt" man Eigenschaften u. v. m. in der Software. Die Gedanken von Leibniz zur Identität zweier Objekte und zur Ununterscheidbarkeit werden stillschweigend verwendet, etwa als sog. Gesetz von Leibniz:

1. *Wenn x identisch mit y ist, dann hat y auch jede Eigenschaft, die x hat, und umgekehrt,*
2. *Wenn y jede Eigenschaft von x hat, und x jede Eigenschaft von y, dann ist x identisch mit y.*

Aus der „Prä-Philosophie" erwächst in der Softwaretechnologie eine ausgefeilte präzise technische Unterdisziplin mit Systemen, die mit Millionen, ja Milliarden von Objekten umgehen. Im nächsten Kapitel betrachten wir einige Bauregeln dafür. Es ergeben sich neue philosophische und soziologische Fragen, etwa zu den Eigenschaften und inneren Gesetzen derartiger ultragrosser Mengen von Objekten mit der Bildung von Schwärmen und der Verbreitung von Ideen.

Während im Falle der Physik und der Neurowissenschaften das Stadium der atomistischen Post-Philosophie durch unser „echtes" Eindringen in atomare Grössenordnungen geschieht, ergibt sich dies im Falle der Informatik vor allem durch den Akt des Bauens an sich. Wir sind nicht nur Zuschauer, wir analysieren uns nicht nur mühsam selbst aus uns heraus, sondern verstehen uns und die Welt durch und im Zusammenhang mit dem Bauen. Hier zwei Zitate, die das Verstehen durch Konstruieren betreffen, einmal vom chinesischen Philosophen Konfuzius (551–479 Chr., zumindest zugeschrieben):

> Ich höre und vergesse, ich sehe und behalte, ich tue es und verstehe.

Eine „philosophischere" Sequenz des Umgangs mit Wissen kommt ebenfalls aus dem asiatischen Raum und spricht in unserem Sinn unmittelbar die Post-Philosophie an:

„Shu – Ha – Ri" hier übersetzt mit *„Lernen – Loslassen – Transzendieren"*.

Es ist das Konzept zur Vollendung in der japanischen Kampfkunst Aikido, das Kampfsport, Religion und Philosophie vereinigen möchte. Wir denken, die Zeit ist reif, einige Themen der Informationsverarbeitung „loszulassen", weil wir hinreichend komplexe Systeme bauen können. Dazu die nüchterne Ingenieursmantra vom amerikanischen Physiknobelpreisträger Richard Feynman (1918–1988):

> „What I cannot create, I do not understand" –
> „Was ich nicht machen kann, verstehe ich nicht."

Software ist die Disziplin vom Erschaffen funktionierender komplexer Systeme und damit zu ihrem Verstehen. Ende des 18. Jahrhunderts hatte man schon das Gefühl, jetzt die Welt als Bauwerk und als Ganzes zu verstehen, genauer als ein grosses Uhrwerk. Der philosophische Grundgedanke (aus der Astronomie stammend, glänzend von Pierre Simon Laplace formuliert als dem „Laplaceschen Dämon", der alles weiss) war ein deterministischer Materialismus: Das Geschehen der Welt war durch die solide Materie, deren Anfangsbedingungen und ihre Bewegungsgesetze bestimmt. Unser Alltagsdenken ist immer noch so klassisch geprägt. Seit dem 19. Jahrhundert wissen wir, dass Materie nicht „solide" ist, sondern mit abstrakten elektrischen und magnetischen Wechselwirkungen „funktioniert", und auch nicht hart deterministisch ist, sondern chaotisch und unscharf. Das Wort „Determinismus" ist ein schlechtes Wort geworden und ist zu vermeiden, obwohl die Welt den Naturgesetzen folgt – aber eben nicht wie ein lineares Uhrwerk.

Wir erklären die Welt mit zwei notwendigen Säulen:

- Physik und den Turm von Wissenschaften (und Technologien) darüber, etwa die Chemie,
- Informatik und den Turm von Technologien (und Wissenschaften) darüber.

Software ist in der Säule „Informatik" der Stoff, der Vorgänge abwickelt und sie abweichen lässt vom natürlichen Lauf. Ein einfaches Geschoss fliegt ballistisch (es gehört nur zur ersten Säule), ein gesteuertes Geschoss dagegen mit zusätzlicher Energie auf einer (nahezu) willkürlichen Bahn mit Software, die den Antrieb steuert (Säule 2 und Säule 1).

Beide Säulen sind von immenser Bedeutung: Nur die unbelebte Welt (etwa die Sterne) ist allein Säule 1, in der belebten und technischen Welt treffen sich beide z. B.

- im Computer in den Transistoren und in der Software,
- im Menschen in der Biologie mit Genetik und Leben; vielleicht weniger offensichtlich, im intellektuellen Leben mit Gehirn, Gefühlen und Sprache.

Die Kenntnis von der grundsätzlichen Bedeutung der Informatik als Weltsäule ist noch kaum verbreitet: Vorläuferideen sind etwa „Der rechnende Raum" (1946) bei Konrad

Zuse oder die Theorie der „zellulären Automaten“ von Stanislaw Ulam und John von Neumann (etwa 1940). Die philosophischen und physikalischen „tiefen“ Zusammenhänge der beiden Säulen sind nach unserer Ansicht nicht verstanden, haben aber ganz konkrete Auswirkungen für Computer, die sehr wenig Energie verbrauchen sollen. Ein physikalischer Zusammenhang ist der Energieverbrauch bei Informatikoperationen: Jedes Bit, das gelöscht werden muss, verbraucht nach Rolf Landauer (1961) eine winzige, aber nicht unterschreitbare Energie. Unsere aktuellen Computer brauchen allerdings noch das hundert- oder tausendfache davon.

Amüsanterweise erinnert die Existenz der beiden Säulen an den klassischen philosophischen Konflikt „Materialismus“ und „Idealismus“: Die Materie ist durch Quantentheorie und Elementarteilchen nicht mehr hart, und die Gedanken und Ideen sind nicht mehr freischwebend, sondern angewandt und eng verbunden mit der Materie. Zur Information gehört wenigstens ein kleines physikalisches Element wie ein Atom, ein Lichtquant oder ein Quantenzustand pro Bit. Wir kennen kein Wort, das diese dualistische Weltgrundlage treffend beschreibt: Solange die angewandte Informatik aus kleinen Programmen in grossen Kisten bestand, war der Gedanke einer Zweisäulentheorie der Welt auch nur spekulativ. Angesichts der praktischen Bedeutung der IT gilt das Interesse primär den „Apps“ und den Infrastrukturen der Unternehmen und ähnlichem und nicht der Bedeutung für das Weltverständnis. Aus Physikersicht könnte man heute die Informatiksäule als die neue „Metaphysik“ ansehen im Sinne des griechischen Wortes μετά *metá* „danach“, „hinter“, „jenseits“.

Heute ist Software (auf hinreichend schneller Hardware) der „Stoff“, der diese Umwälzungen und Erkenntnisse durch Informatik realisiert. Beispiele von zu erwartenden (oder bereits laufenden) Veränderungen von philosophischem Gehalt und damit zu einer Postphilosophie betreffen etwa die Begriffe

- Identität (von uns, von den Dingen, der Welt),
- Wissen und Erkennen,
- Bewusstsein,
- Sprache,
- Intelligenz und das Verhältnis zum Geist,
- Komplexität und Aufbau von Systemen, insbesondere von sehr grossen Systemen.

Dieses Buch will den Einfluss der „zweiten Säule (Informatik)“ auf die Philosophie diskutieren. In den nächsten Unterkapiteln zeigen wir Bereiche der Philosophie auf, die technisch von Softwarekenntnissen gewinnen können.

1.3 Philosophie der Systeme: Architekturen, Ontologie des Seins und des Werdens, Epistemologie

> „Architektur beruht auf drei Prinzipien: Firmitas (Festigkeit, Stabilität), Utilitas (Zweckmässigkeit, Nützlichkeit) und Venustas (Anmut, Schönheit).“

Vitruv, römischer Architekt unter Kaiser Augustus, 1. Jahrhundert v. Chr.
„Ich verstehe unter einer Architektonik die Kunst der Systeme … ich verstehe aber unter einem Systeme die Einheit der mannigfaltigen Erkenntnisse unter einer Idee.“
Immanuel Kant, Philosoph, in „Kritik der reinen Vernunft“, 1781

Wir betrachten in diesem Abschnitt recht oberflächlich und un-fachphilosophisch einige philosophische systemnahe Begriffe, die sinnvoll in die Informatik übertragen werden konnten und können. Sie verbreiten dort „intellektuellen Glanz“ oder erlauben zumindest lehrreiche Analog- und Rückschlüsse von der Informatik in die Philosophie und umgekehrt.

Eine Hauptaufgabe der Philosophie ist es, die Erkenntnisse der Welt zu einem System zusammenzustellen. Dabei ist *„das Ganze also gegliedert (articulatio) und nicht gehäuft (coacervatio)“*, schreibt Immanuel Kant in der Kritik der reinen Vernunft. Und weiter zunächst *„wie Gewürme, durch eine generatio aequivoca, aus dem bloßen Zusammenfluß von aufgesammelten Begriffen, anfangs verstümmelt, mit der Zeit vollständig.“* In der Software gibt es „für das Gewürme“ das Wort „Spaghetticode“ für entsprechende zusammengeschriebene oder zusammengeflickte Programme.

Die Gliederung und die konzeptuelle Zusammenfassung werden allgemein durch die Struktur gegeben, genauer durch eine Architektur des Systems. Kant schreibt weiter:

> … architektonisch, um der Verwandtschaft willen und der Ableitung von einem einigen obersten und inneren Zwecke, der das Ganze allererst möglich macht, kann dasjenige entspringen, was wir Wissenschaft nennen, dessen Schema den Umriß (monogramma)] und die Einteilung des Ganzen in Glieder, der Idee gemäß, d. i. a priori enthalten, und dieses von allen anderen sicher und nach Prinzipien unterscheiden muß.

Kant fasst den Begriff „Wissenschaft“ recht weit. In der Übertragung auf die Informatik geht es um die konkrete Architektur des Betriebssystems für einen Organismus, im kommerziellen Bereich etwa um die Organisation eines Unternehmens. Zentral für die Architektur ist die Analyse aller Grössen („Entitäten“) im System: konkrete und abstrakte Gegenstände, Eigenschaften, Sachverhalte, Ereignisse, Prozesse und ihre strukturellen Beziehungen untereinander. Das klassische Begriffspaar für diese Analyse (seit Heraklit und Aristoteles) ist die berühmte Unterscheidung von „Sein“ und „Seiend“, die sich als Grundsatzdiskussion durch die Geschichte der Philosophie zieht. Wir werden diese Diskussion im Sinne der Software mit „Werden“ ergänzen:

„Seiendes“ (that which has being) bezeichnet Konkretes wie existierende Dinge oder Individuen, z. B. Sie (den momentanen Leser).

„Sein“ (being) bezeichnet allgemein die Existenz dieser Dinge ohne Bezug auf die individuellen (äusseren) Eigenschaften.

Als Beispiel der Unterscheidung die Kategorie „Mensch“. Sie, der Leser, sind ein „Seiendes“ – eine körperliche, universelle Repräsentierung. Aristoteles schreibt hier zum Sein: *„Das Mensch-sein ist ein Vernünftig-Wesen-sein“* als bewusste Betonung von *„der Mensch ist ein vernünftiges Wesen“*. In der Geschichte der Philosophie wird dieses Wesentliche (das „Sein“) auf fiktive Vorstellungen von „Substanz“ oder „Gott“ zurückgeführt. Aus der konkreten Sicht des Softwareentwurfs ist es die Sammlung der fundamentalen Eigenschaften, Fähigkeiten und Anwendungen auf die „Kategorie“ Mensch oder eines Exemplars „Mensch“.

Diese allgemeinen Überlegungen heissen in der Philosophie (und konkret in der Softwaretechnik) Ontologie. In der Philosophie bezieht sich die Ontologie auf „die Welt“ in der Einzahl – also die ganze Welt, aber jeweils verschieden von verschiedenen Philosophen betrachtet. Es geht im Prinzip um das Wesen der Dinge in einem absoluten Sinn. In der Anwendung des Begriffs in der Software geht es im Allgemeinen um die formale Beschreibung der Welt von gegebenen Aufgaben und Aufgabenbereichen. Ontologie ist dabei ein recht neues Kunstwort aus dem 17. Jahrhundert (griechisch ὄν, *on*, „seiend“, als Partizip Präsens zu εἶναι, *einai*, „sein“, und λόγος, *logos*, „Lehre, Wort“), seit etwa 1990 auch in der Informatik verwendet. Ein kleines, aber wunderbares christliches Beispiel einer Ontologie aus dem 13. Jahrhundert ist die Inschrift der „Schilder des Glaubens“ (Abb. 1.1), das die Interpretation der christlichen Dreifaltigkeit und damit Gottes visualisiert, schematisiert und strukturiert. Das Bild enthält zwölf logische Aussagen wie „Vater ist Gott“ usf.

Eine triviale Untermenge einer Ontologie ist eine Taxonomie, eine hierarchische Anordnung und Auflistung von Objekten wie aus der Biologie bekannt als Klassifikation von Pflanzen oder Tieren. Taxonomien stehen häufig am Beginn einer Wissenschaft oder auch am Anfang des Entwurfs eines Softwaresystems. In der Softwaretechnologie wird das Architekturprinzip zu einer regelrechten Konstruktionslehre ausgebaut, naturgemäss viel präziser und fassbarer als die verbalen philosophischen Systeme mit (aus Ingenieurssicht) vagen Begriffen, persönlichen und zeitbedingten Eigenheiten und Mehrdeutigkeiten.

Ontologie beschreibt Grundelemente der Welt wie die Substanzen, d. h. statisch. Dazu passt die Vorstellung des Aristoteles von der Welt als unvergänglich und ursprungslos. Aber selbst der Sternenhimmel hatte sich schon in der Antike als nicht unveränderlich erwiesen (Hipparch hatte im 2. Jahrhundert die Bewegung des Frühlingspunktes entdeckt). Eine andere extreme Haltung vertritt Heraklit von Ephesus (ca. 520–ca. 460 v. Chr.) in seiner Lehre von allen Dingen in Bewegung:

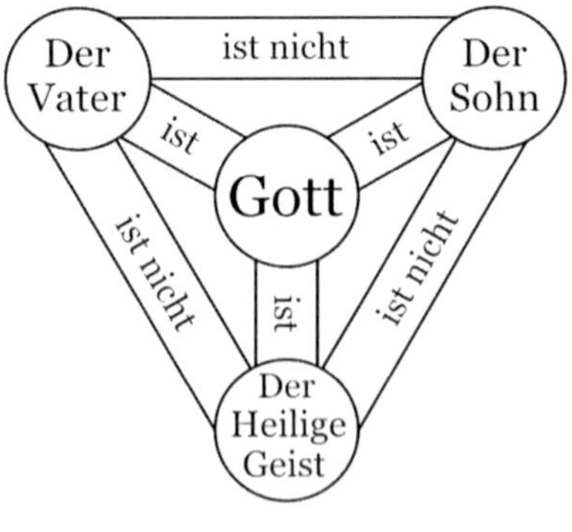

Abb. 1.1 Eine Ontologie: Die Inschriften des Schilds der christlichen Dreifaltigkeit nach dem Athanasischen Glauben. (Aus Wikimedia Commons, nach Francis McLloyd und Anon Moos)

„Pánta chorei kaì oudèn ménei“ – „Alles bewegt sich fort und nichts bleibt.“

Oder das berühmte Flussgleichnis: *„Wir steigen in denselben Fluss und doch nicht in denselben, wir sind es und wir sind es nicht.“*

Die Metapher vom fliessenden Wasser im festen Flussbett mit dem „Sein und Werden“ passt gut zur Realität, besser als Statik. Nach Jürgen-Eckardt Pleines, (2002) sagt Heraklit:

> Denn was wäre Sein ohne Werden? – eine unerkennbare, gestaltlose Masse ohne Struktur und Leben; und was wäre Werden ohne Sein? – eine unerkennbare Bewegung ohne Richtung und Zweck, eine Veränderung von nichts zu nichts.

Dem Werden entspricht in mehr technischer Bezeichnungsweise die Menge der Prozesse zwischen den Objekten und passt damit sehr gut zum Begriff der Software. Es ist allerdings kein passives Werden, sondern es ist Bauen und Werden. Jede grössere Softwareentwicklung ist ein Werden in einem Strom. Der Projektmanager versucht, den Strom im Flussbett zu halten – aber manchmal verlagert sich das Bett und es wird ein anderes Projekt daraus, manchmal versandet es sogar. Softwareprojekte strukturieren und bauen die „Welt“ unter menschlicher Leitung ganz ähnlich wie die Evolution „Software“ baut und Strukturen schafft (wenn dort auch der Zweck nicht nachfragbar ist). Ein Begriff, der per Definition den Konflikt von Sein und Werden adressiert, ist der Begriff der Identität, die wir in Kap. 9 beschreiben.

In der Moderne gibt es eine Philosophierichtung, die bewusst das Werden in den Mittelpunkt stellt, die Prozessphilosophie oder die „Ontologie des Werdens“. Die bekanntesten Vertreter sind die amerikanischen Philosophen Alfred North Whitehead (1861–1947) und Nicholas Rescher (geb. 1928). Obwohl viele der Aussagen der Prozessphilosophen metaphysisch sind, literarisch ja theologisch, sind Grundbegriffe dieser Denkrichtung wie „Prozess“ und „Netzwerke“ (von Prozessen), technisch gesehen, Softwarebegriffe. Software baut die Prozesse und betreibt sie in ungeahnter Komplexität und in vielen Bereichen von Natur und Gesellschaft. Software umfasst das „Sein“ und das „Werden“ in verschiedenen Stufen getrennt oder eng verschränkt, besonders schön im „Strömenden Computing“ wie es im Kapitel „Bewusstsein“ diskutiert wird. Es ist die Vermutung des Autors, dass man an den Eigenschaften der nüchternen kommerziellen Softwareentwicklung Hilfen und Wegweiser finden kann für die Entwicklung der (Prozess-) Philosophie.

Die philosophische Ergänzung zur Ontologie, die das existierende Sein beschreibt, ist die Epistemologie oder Erkenntnislehre, die den Weg zur Beschreibung der Welt untersucht, einschliesslich des „Höchsten“. Es geht um Fragen wie: Woher haben wir die Kenntnis der Objekte? Wie grenzen wir sie untereinander ab? Wie gehen wir dazu systematisch vor? Haben wir die „richtigen“ Objekte gefunden? Ist diese Einteilung optimal? Haben wir Widersprüche?

Das Wort Epistemologie selbst ist mit dem Griechischen ἐπιστήμη *episteme* „Wissen“, „Wissenschaft“ oder „wahre“ Erkenntnis’ in 19. Jahrhundert geprägt worden als Parallele zur Ontologie. Bei der Software haben wir beim Entwurf eines Systems diese „epistemologische“ Aufgabe zu lösen und die richtigen Grössen und die Operationen zwischen ihnen zu definieren. Im Sinne der Prozessphilosophie und erst recht der Software ist die Epistemologie von der klassischen Statik („Wie erfahren wir, was existiert?“) zu erweitern auf Interaktionen und Prozesse („Was läuft ab?“ „Wo kommt es her?“ „Wie funktioniert es im Detail?“). In der Technik ist der harte Kern dieser praktischen Epistemologie das „Reverse Engineering“ (etwa von alten Programmen, die niemand mehr versteht, s. Kap. 8).

In der Software sind verschiedene Arten von Wissen, wie sie in der philosophischen Literatur be- und umschrieben werden, zu finden und werden präzise verwendet, explizit oder implizit. Einige der prägnanten Kurzformen sind:

Wissen, dass („knowledge that“), Wissen, wie („knowledge how“), Wissen direkt („acquaintance-knowledge“) und Wissen indirekt („by description“).

Zur Illustration hier Beispiele zu den Wissenstypen

„Wissen, dass“ 2+2 das Ergebnis 4 ergibt,

„Wissen, wie“ wie man addiert,

die Art und Weise der Wissenserlangung (Bertrand Russell, 1912),

„Wissen direkt“ es im Programm unter eigener Kontrolle zu errechnen,

„Wissen indirekt“ es über ein Beispiel zu wissen, es von aussen zu importieren, oder bezogen auf den Zeitpunkt

„Wissen a priori (vorher)“ bei naivem Kenntnisstand von einem Phänomen und dessen Ursachen,

„Wissen a posteriori (nachher)“ nach dem Zeitpunkt des Erlangens der wesentlichen Erkenntnisse.

Am Beispiel der Wissenschaftsphilosophie im Vergleich zur Software lässt sich die prinzipielle Äquivalenz von Wissen in Philosophie und Wissen in einer Software zeigen (Tab. 1.2).

In der Software wird ein wachsender Anteil von Wissen importiert, sowohl als Methodik als auch direkt als arbeitsfähige Funktion. Der fertige Code ist das absolute Wissen. Er bestimmt die wirklichen Abläufe. Dazu hat man bei der Software (meistens) das Wissen, was man (oder der Kunde) eigentlich mit dem Ganzen erreichen will in Form eines Pflichtenhefts (den „Specs“).

Die strukturelle Verwandtschaft des (Natur-) Wissenschaftssystems und von üblichen kommerziellen oder technischen Softwaresystemen beruht auf einem gemeinsamen epistemologischen Prinzip, dem Konstruktivismus. Es handelt sich nicht um eine geisteswis-

Tab. 1.2 Schematischer Vergleich „Wissen in Wissenschaft“ und „Wissen in einer Software“

	Wissen, dass	Wissen, wie	Wissen, direkt	Wissen, indirekt	Wissen, a priori	Wissen, a posteriori
Wissenschaft	Schon Bekanntes	Gesetzmässigkeit	Eigene Experimente	Fremde/historische Experimente	Bekannte Grundlagen	Dazugelerntes
Software	Erfahrung	Operationen, Vorgehen	Selbst kodiert	Importierter Kode	Gegebene Information	Erfahrung

senschaftliche und strukturell „sanfte" konstruktivistische Richtlinie wie etwa in der Erziehung oder für das Lernen, sondern um den exakten und formalen Aufbau von Systemen:

- Konstruktion des Systems Naturwissenschaften mit der Korrektur der menschlichen Ideen durch Experimente,
- Konstruktion von Software nach den Vorgaben und der Grundidee und Korrektur bis zum Funktionieren nach dem Pflichtenheft (der „Spec").

Als Sinnbild des Konstruktivismus zeigt Abb. 1.2 eine Pagode, die grosse Wildganspagode von Xi'an, als ein Symbol für hierarchische Architekturen für Wissen wie für Softwaresysteme. Die chinesische Pagode enthält zumeist im Erdgeschoss das Hauptbildnis Buddhas und in der Mitte eine durchgehende Säule, die Spitze symbolisiert das Himmelreich.

Abb. 1.2 Die grosse Wildganspagode von Xi'an in China als Sinnbild des Konstruktivismus. (Bild: Wikimedia Commons „Giant Wild Goose pagoda", Autor: Kgbkgbkgb)

Als Analogon für ein Softwaresystem könnte das Erdgeschoss der Pagode der Hardware der Computer entsprechen, die mittlere Säule der tragenden Idee des Programms und die Spitze dem Management oder dem Auftraggeber. Eine Struktur in Schichten ist ein wesentliches Prinzip zum Aufbau grosser Systeme und umgekehrt auch eine Voraussetzung für deren Verständlichkeit.

Konstruktion ist die philosophische Grundlage der Leonardo-Welt des Philosophen Jürgen Mittelstrass. Die Konstruktion des wissenschaftlichen Systems durch Menschen bedeutet keineswegs, dass das Ergebnis willkürlich ist und die Aussagen subjektiv wären. Die menschlichen Ideen werden von der Natur unbarmherzig abgelehnt und korrigiert. Der Konstruktionsprozess und der Wissenschaftsbetrieb selbst sind menschlich – das Ergebnis ist jenseits des Menschlichen und beschreibt die Gesetze des Kosmos und der atomaren Welt mit unvorstellbarer Präzision, z. B. repräsentiert durch die etwa 15 geltenden Ziffern der Werte einer Atomuhr. Funktioniert der Korrekturmechanismus für falsche Aussagen nicht oder unzureichend, wie es naturgemäss in Bereichen der Medizin oder Soziologie der Fall ist, so bleibt man in der menschlichen Grauzone stehen und die Aussagen sind zweifelhaft[1]: Wer kann genau sagen, was „gesund" ist?

Bei der Konstruktion von kommerzieller Software ist der Mensch der „Intelligente Designer" im Sinne des Kreationismus, jedenfalls im Allgemeinen und im Prinzip – trotz vieler Fehler in kommerzieller Software muss man ihn so nennen (aber es gibt ihn nicht in der Evolution). Allerdings ist es auch möglich, Code selbst automatisch zu verändern oder gar zu erzeugen und gerade nach dem Evolutionsprinzip für einen Zweck die beste Variante auszuwählen oder selbst auswählen zu lassen. Der grösste Teil des Programmcodes wird sowieso automatisch erzeugt. Wir hatten bei der Entwicklung neuer Prozessoren tagelang automatisch primitive künstliche Programme erzeugt, die vom Inhalt her meistens sinnlos oder gar verboten waren mit sinnlosen oder nicht erlaubten Folgen von Operationen – die aber wunderbar geeignet waren, um neue Hardware auf Baufehler zu testen.

Da die Evolution des biologischen Lebens auf der Erde die Entwicklung einer grossen und wachsenden „natürlichen" Software ist, bei der die Umgebung die Korrekturen negativ ausliest, bekommt die Softwareentwicklung für uns als Menschen eine unmittelbare Bedeutung. Der amerikanische Mathematiker Gregory Chaitin(geb. 1947) hat dies prägnant formuliert:

> „Evolution is an up-hill random walk in software space", etwa zu übersetzen als
> „Die Evolution ist ein aufwärtsführender Zufallsweg im Raum der möglichen Software".

Heute wird die Evolution allerdings auch vom Menschen selbst unmittelbar als dem „intelligentem Designer", weitergeführt. Dies geschieht etwa im Craig-Venter-Institut im Bereich der synthetischen Genomik, beim Bau synthetischer und der Veränderung natürlicher Gene – zusätzlich zur (vermutlich) weiter existierenden Evolution ohnehin.

Mit Hilfe konstruktivistischer Epistemologie definieren wir auch „Verstehen" im harten Sinn. Konstruktivistisch heisst in der Wissenschaft, dass wir zum Verstehen einen

[1] Unsicherheit und Sicherheit von Aussagen werden im Buch "Die unheimliche Beschleunigung des Wissens" (2012) vom gleichen Autor besprochen.

Turm von Wissen aufbauen von Grundlagen bis zur Oberfläche mit dem Phänomen selbst – und alle Schichten sind dafür notwendig. Genau dies ist das Vorgehen bei der Konstruktion von Software: In der Tat haben wir den strikten Aufbau in Schichten als Prinzip zur Beherrschung der Komplexität gelernt.

Wir sehen in der Wissenschaft „echtes" Verstehen proaktiv: Es muss die Zukunft erklärt werden, Erklärungen *a posteriori* sind nur beschränkt tauglich. Wer versteht, kann ein Phänomen, etwa den Fall eines Körpers, vorhersagen. Bei der Erklärung *a posteriori* gibt es leicht Schlupflöcher, sei es unbewusst, sei es per Methode etwa durch Anpassung von inneren Parametern in einem Modell. Der dänische Physiker Niels Bohr hat genau dies im oft zitierten Spruch (vielen anderen zugesprochen und oft nur als oberflächliches Bonmot verstanden) ausdrücken wollen:

> Vorhersagen sind schwierig, vor allem in die Zukunft.

Wir sagen, dass wir ein Phänomen „stark" verstehen wenn

- wir hinreichend erfolgreiche Vorhersagen des Phänomens machen können,
- diese Vorhersagen auf Grund eines kausalen Systems gemacht werden,
- die Rolle des Zufalls hinreichend berücksichtigt ist.

Dazu gehört also nicht nur ein beschreibendes Modell (durch die Naturgesetze, etwa das Gravitationsgesetz zwischen Massen), sondern sogar die aktive Anwendung des Modells, etwa die Lösung von Differentialgleichungen, analytisch, d. h. von Hand, oder im Grossen per Computer.

Wir definieren dieses wissenschaftstheoretische Verstehen ganz analog und entsprechend einer Softwarekonstruktion im nächsten Abschnitt. Eine erfolgreiche wissenschaftliche Vorhersage entspricht dort den Resultaten des Programmlaufs, das kausale System dem selbstgemachten Stapel (dem „Stack") der Software. Der Prozess zur Entwicklung von (menschengemachter) Software mit Designphase entspricht dem Try-und-Error-Prozess beim Bau der Wissenschaft, die eingebaute Logik der Software den Gesetzen der Natur und die Ausführungsphase des Programms vergleichen wir mit der Durchführung der Experimente. Diese Analogie ist kein Zufall – die Aussagen der Wissenschaft können als grosses Softwaresystem aufgefasst werden. Dies ist unmittelbar einsichtig bei astronomischer Software zur Berechnung der Positionen von Gestirnen – Planeten, Mond, Doppelsternpositionen etc. zu einem Zeitpunkt soweit die Gesetze in Zukunft und Vergangenheit reichen (oder besser die Genauigkeit unserer Ausgangswerte). Diese Software bildet die Gesetze der Himmelsmechanik ab. Überall, wo etwas entsteht, wächst oder sich verändert, werden Instruktionen ausgeführt oder man kann es in der Form von Instruktionen und deren Ausführung sehen. Software kombiniert damit den Aufbau und das Verstehen, die Ontologie und die Epistemologie. Am Beispiel des Sonnensystems beschreiben Software und Information den Bau und den Status des Systems und Software „versteht" die Vorgänge und Bewegungen im feinen Detail und damit auch im Allgemeinen.

Aus dem Satz des Heraklit *„panta rhei"* – *„alles fliesst"* wird der ergänzende Satz: *„alles, was fliesst, ist Software"*, in pseudo-antikem Griechisch *„πάντα ῥεῖ, λογισμικό"*.

Dann gilt für die Wahrheit und das Verstehen der gleiche Grundsatz für die Software in kommerziellen Programmen wie in der Biologie, aber auch für die Physik, für den Bau einer Maschine, ja für einen Vorgang im Unternehmen mit seiner Betriebssoftware (z. B. von SAP). Der Programmierer Robert C. Marti hat es für die Praxis gesagt, aber es ist universell gültig:

> „Truth can only be found in one place: the code" – „Die Wahrheit findet man nur an einer Stelle: Im Programm selber."

Genau dies hat man mit der Entschlüsselung des Genoms ja auch versucht und arbeitet weiter daran! Auch im Unternehmen geschieht genau das, was die Unternehmenssoftware mit den codierten Prozessen vorgibt (auch wenn man etwas anderes erwarten würde), es sei denn, ein mutiger Manager überschreibt ihre Wirkung durch seine Autorität.

Das von uns definierte „harte" Verstehen durch Bauen beinhaltet, dass alle Komponenten und ihre Beziehungen verstanden und wohldefiniert, ja formal sind. Die Hermeneutik (altgr. ἑρμηνεύω *hermēneuō* ‚erkläre', ‚lege aus') löst die allgemeine philosophische Aufgabe, in einer nicht (vollständig) verstandenen oder verschwommenen, nicht rigoros durchkonstruierten Umgebung die Rolle eines Objekts, eines Begriffs oder einer Geschichte im ganzen Zusammenhang zu verstehen. Die klassische Aufgabe der Hermeneutik ist die Auslegung von Texten, vor allem von Texten mit „verschlüsseltem" Inhalt – absichtlich wie bei einem Orakel, vielleicht absichtlich wie in der Bibel und wohl unbeabsichtigt wie im Wortlaut von Gesetzen:

> 'In Christus?' Noch so ein nicht gerade leicht zu verstehendes Bild!
> Markus Langer, Dominikaner, Predigt 2009

Speziell bei der Auslegung spezifischer religiöser Texte wie der Bibel, der Tora oder dem Koran spricht man von Exegese. Das Verstehen historischer Texte bedeutet das doppelte Einpassen einer Textstelle:

- einmal in das Gefüge der Ursprungszeit mit allen Nebenbedingungen wie die Einbindung in eine kulturelle Umgebung, in eine bestimmte Zeit mit bestimmten Allegorien, Abweichungen von Regeln, Selbstbezug usf.,
- zum anderen in die heutige Denk- und Begriffswelt.

Der Abstand dieser beiden Welten heisst „hermeneutische Distanz". Diese Distanz ist z. B. bei der Unterhaltung von zwei kommunizierenden Fachleuten der gleichen Zeit und Kultur klein, im Dialog zwischen einem Laien und einem Fachmann über einen Fachartikel über ein Patent.

Da dieses „Verstehen" das Zusammenwirken vieler Begriffe aus der Wissensdomäne verlangt, bietet sich das Bild eines Netzwerks als das einfachste Modell einer Wechselwirkung an. Das Wort „Text" heisst ja selbst auch schon „Netz" nach dem lateinischen „*textus*" – Gewebe. Wir haben den speziellen Sinn eines Phänomens erfasst, wenn wir ein hinreichendes Netzwerk von Begriffen (und Referenzen zu Begriffen) haben, in das sich das Phänomen (die Textstelle z. B.) einfügt.

Das wohl erste historische Netzwerk zum Verstehen stammt vom antiken indischen Philosophen Panini (im 5. oder 4. Jahrhundert v. Chr.). Panini schuf eine Grammatik der Sprache Sanskrit mit zugehörigen Begriffen und beschrieb dazu insgesamt 3959 Regeln! Seine Arbeit war ein Vorläufer der Linguistik und einer modernen Programmiersprache (und Software, Vikram Chandra, 2014).

Das Knüpfen von Netzen mit Wissensknoten und Beziehungen untereinander ist eine Aufgabe der praktischen Informationsverarbeitung. Das „Verstehen" der allgemeinen Welt, gekennzeichnet etwa durch das Wissen des Gebildeten, ist allerdings ein recht grosses Netz – und die Zahl der Verknüpfungen ist es erst recht. Aber es ist technisch eine wichtige Aufgabe der praktischen Informatik mit z. B. dem Internet als Kern. Im allgemeinen Fall der Betrachtung und Interpretation aus einer Welt heraus auf eine ganz andere (wie ein biblisches Gleichnis in die moderne Sprache und unsere Welt zu transponieren) geht es darum, das Ursprungsnetz „sinngemäss" in das neue Netz zu transponieren. In den IT-Anwendungen zu Verstehen und Übersetzung wird dies direkt versucht.

Abbildung 1.3 zeigt als Beispiel die Beziehungen von Patenten eines engen Fachbereichs der Nanotechnologie als Netzwerk in einer Grafik. Es enthält die Ontologie eines kleinen beschränkten Wissensbereichs. Die informationstechnischen Wissenssysteme wachsen auf breiter Front und die enthaltenen Fakten übersteigen alles Wissen eines Einzelnen um Grössenordnungen.

1.4 Philosophische Kuriositäten: Paradoxien

> Der Anfang aller tiefen Philosophie ist immer die Anerkennung von Schwierigkeiten, die scheinbar jeden Weg zur Klarheit blockieren – ist immer das Gefühl des Paradoxen.
> Hilary Putnam, Philosoph, geb. 1926

Für viele Menschen ist „Philosophie" und „philosophisch sein" synonym mit der Erörterung von Fragen aus der Antike, die damals nicht klar zu beantworten waren oder noch nicht sind. Im Zusammenhang mit Technologie geht es uns zunächst um an und für sich konkrete Probleme. Auch die paradoxe Behauptung des Zenon von Elea (490–430 v. Chr.) beschreibt eine konkrete Situation. Hier berichtet von Aristoteles:

> Achilles will mit einer Schildkröte ein Wettrennen machen. Da die Schildkröte langsamer ist, bekommt sie einen Vorsprung. Nun geht das Rennen los. Achilles erreicht den Punkt an dem die Schildkröte zum Startzeitpunkt ist. In der Zwischenzeit ist sie aber auch ein Stück vorangekommen. Nun erreicht Achilles diesen Punkt und die Schildkröte ist wieder ein Stück weiter. So setzt sich das Rennen fort und Achilles wird seinen Gegner nicht einholen können, da dieser, wenn Achilles den jeweils letzten Punkt des Tieres erreicht, schon wieder ein Stück vorwärts ist.

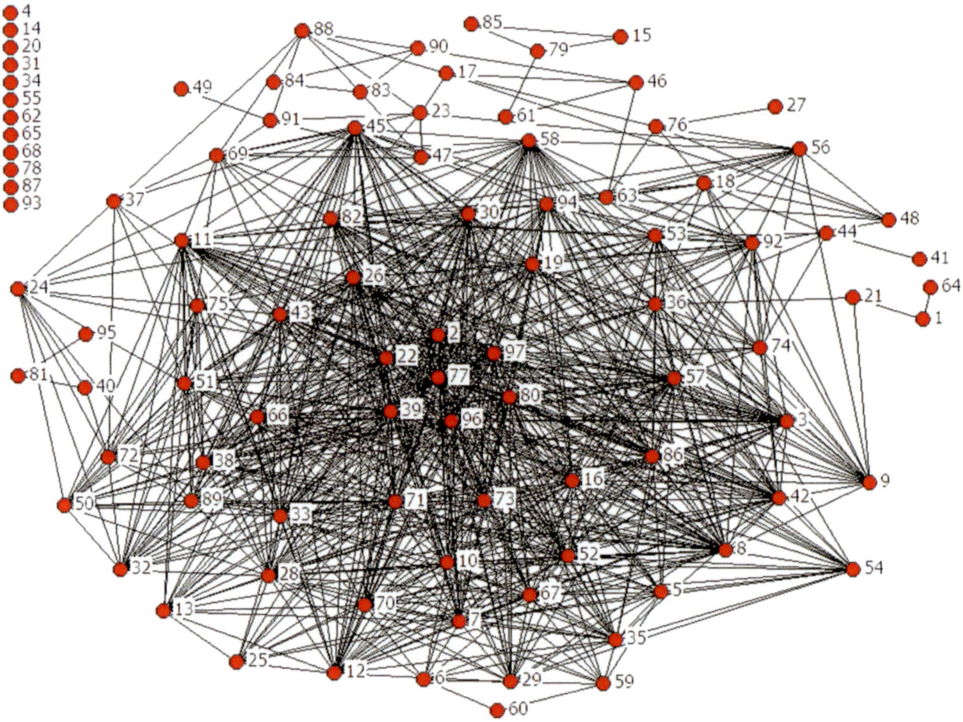

Abb. 1.3 Ein Wissensnetzwerk als Resultat der Analyse von Patenttexten. (Bild aus „Carbon Nanotube Fabrication: Patent Analysis, Pao-Long Chang et al.“, in Nanotechnology and Nanomaterials, TechOpen 2011)

Sieht man im Staunen und Wundern den Anfang der Philosophie, etwa wie hier Platon:

> Das Staunen ist die Einstellung eines Mannes, der die Weisheit wahrhaft liebt, ja es gibt keinen anderen Anfang der Philosophie als diesen,

so stehen solche paradoxe Aussagen, aber auch komplexe „Denksportaufgaben“ mit unerwarteten Ergebnissen, in der Tat am Anfang der Philosophie. Auch das obige Schildkrötenrennen ist auch heute noch tiefschürfend, obwohl auflösbar:

- trivial: Einfach durch die Erfahrung der Bewegung des eigenen Körpers im Raum wird das Paradoxon ad absurdum geführt, denn es gibt ja offensichtlich Bewegung,
- mathematisch: durch die Einführung des Grenzwertbegriffs,
- physikalisch: im Kontinuum des Raumes durch die gewohnte Mathematik („Infinitesimalrechnung“),
  oder bei der Annahme eines diskreten Raums, der sich nicht beliebig weiterteilen lässt, und der Existenz einer endlichen Länge (und endlichen Zeit) durch diskrete Mathematik,

- praktisch als Softwarelösung entspricht die Argumentation einer ungünstigen und schlecht konvergierenden Lösung und das Problem selbst ist abzulehnen als unnötige Komplikation.

Allerdings hat die Entwicklung und Klärung der benötigten Begriffe „Relativgeschwindigkeit" und „Grenzwert" zwei Jahrtausende gedauert (bis zu Newton und Leibniz). Insbesondere die Geschwindigkeit selbst ist ganz im Sinne von Zenon als endlicher Quotient von zwei verschwindend kleinen Grössen, einem Ortszuwachs und einem Zeitzuwachs, definiert. Es ist durchaus nicht trivial, welches Resultat man dabei erhält (oder ob überhaupt ein Resultat existiert): Erst im 17. Jahrhundert entwickeln Johann Bernoulli (1667–1748) und der Marquis de l'Hôpital (1661–1704) die zugehörige saubere Mathematik, die sogenannte Regel von l'Hôpital. Im Prinzip ist die mathematische Auflösung äquivalent der existierenden und wohlbekannten Summe einer geometrischen Reihe wie $1+1/2+1/4+1/8+\ldots$, die sich immer mehr der Zahl 2 nähert, aber eben sowohl für den Weg wie für die zugehörigen Zeiten, so dass der Quotient konstant bleibt.

Wir haben damit wieder eine „Prä-Philosophie", nämlich das antike Paradoxon, und eine Post-Philosophie nach der mathematischen Auflösung und Klärung – physikalisch gültig bis zu kleinsten Dimensionen. Erst im Bereich der Planck-Länge von ca. 10^{-35} m, etwa 10^{20} – mal kleiner als der Durchmesser des Protons und damit weit jenseits einer direkten experimentellen Zugänglichkeit, wird das Kontinuum aufgelöst (was noch nicht hiesse, dass Achilles nicht doch die Schildkröte überholte oder die Zerlegung nach Zenon überhaupt sinnvoll wäre).

Von Zenon werden etwa 40 ähnlichen „Aporien" berichtet. Unter einer Aporie, altgriechisch ἡ ἀπορία *he aporía* „die Ratlosigkeit", eigentlich „Ausweglosigkeit", „Weglosigkeit", „ohne Ausweg seiend" oder „ausweglos" nach dem Wörterbuch, versteht man ein in der Sache oder in den zu klärenden Begriffen liegendes Problem oder eine auftretende Widersprüchlichkeit. Es ist wie ein Fluss mit zwei Ufern, und es gibt keine Brücke zur Verbindung. Für Aristoteles ist die Aporetik die Kunst, unlösbare oder schwer zu lösende Probleme durch zu denken und zu erörtern; das klingt ähnlich der Aufgabe, entsprechende Lösungssoftware zu entwerfen. Das Henne-Ei-Problem ist das Beispiel einer Aporie: In einer vorgegebenen unendlichen Abfolge von Ei-Henne-Ei ist es unlösbar.

Das Wort „paradox" setzt sich aus dem altgriechischen παρά (pará) „gegen, wider" und δόξα (dóxa) „Meinung, Ansicht, Vorstellung" zusammen. Paradoxien sind häufig Aussagen, die einen nur scheinbaren Widerspruch enthalten (ansonsten auch eine Aporie) und gerade dadurch Aufmerksamkeit und Wirkung erzeugen. Auch steht dieser Widerspruch häufig in Verbindung mit grundsätzlichen Fragen und macht sie dadurch zu philosophischen oder wissenschaftlichen Objekten. Dies gilt für viele Paradoxien, so in der Physik z. B. das Grossmutterparadox (die Unmöglichkeit einer Zeitreise in die Vergangenheit), das Zwillingsparadox (der verschiedene Lauf von Uhren je nach Geschwindigkeit) oder die Schrödingerkatze (die Quantenverschränkung in die makroskopische Welt getrieben) oder in der Astronomie z. B. das Olbersparadox (dass der Nachthimmel dunkel ist obwohl es doch unendlich viele Sterne gibt) und das Fermiparadox (warum wir noch keine Ausserirdischen getroffen haben bei so vielen Sternen).

Die Übersicht „List of Paradoxes" im gleichnamigen Wikipediaartikel führt etwa 200 Paradoxien (Stand 07/2015) quer durch die Wissensbereiche auf; in unserem Zusammenhang mit Philosophie und Software interessieren besonders Paradoxien im Bereich der Logik. In der Softwaretechnologie und beim Bau von Software muss es das Ziel sein, betroffene Paradoxien aufzulösen und die zugehörigen Situationen funktionsfähig abzubilden.

Wir greifen das Paradox der „Russell-Antinomie" als Beispiel heraus, wir werden später noch die Paradoxa „das Haufen-Problem" und „die Schiffe des Theseus" erläutern. Das Paradox von Russell ist vom Typ „*Alle Kreter sind Lügner – sagt ein Kreter*" von Epimenides.

In der anschaulichen Fassung lautet es als Barbier-Problem (Bertrand Russell, 1872–1970):

> Man kann einen Barbier als einen definieren, der all jene und nur jene rasiert, die sich nicht selbst rasieren. Die Frage ist: Rasiert der Barbier sich selbst?

Dieses Paradox hat die naive Mengenlehre erschüttert und war der Beginn der Krise der Mathematik, die zum Gödel-Theorem führte, das die Grenzen der Beweisbarkeit in mathematischen Systemen aufzeigt.

Der Konflikt liesse sich im Beispiel leicht verhindern durch

- gänzliche Vermeidung der Selbstreferenz (der Barbier könnte z. B. eine Frau sein, d. h. ohne Bartwuchs),
- oder, wenn dies nicht möglich, durch die Einführung zweier separater Klassen, z. B. einmal mit der Operation „Barbier rasiert kommerziell", getrennt zum andern „Person rasiert sich selbst". Mit einem derartig strukturierten Programm lassen sich alle Männer logisch sauber rasieren.

Bei einer „echten" Aufgabe hätte man sicher ein ganzes „Barbiersystem" mit mehreren Barbieren, solche die sich selbst rasieren, andere nicht, verschiedene Rasurberechtigungsstufen etc. etc.: Hier wird die klare Struktur sogar das Wichtigste.

Abbildung 1.4 symbolisiert mehrfache Selbstreferenzen im Spiegelbild – für das menschliche (oder auch tierische) Denken verwirrend und eine intellektuelle Leistung, in Software nahezu beliebig oft durchführbar und oft ohne grossen Aufwand. Der virtuelle Lichtstrahl zur Berechnung des Bildpunktes kann beliebig oft reflektiert werden wie das physikalische Licht selbst. Ein entsprechendes einfaches mathematisches Beispiel ist die Rekursion, bei der das Ergebnis einer Rechnung wieder in die Originalform eingesetzt wird und mit einfachsten Mitteln letztlich ganz neue „transzendente" Resultate ergibt.

Der Programmierer steht über der Situation und kann zwar geistreiche aber unerlaubte, unnötige und nur komplizierende Selbstreferenzen (wie beim Barbier von Russell oder

Abb. 1.4 Der „Bürger Kane" geht durch den Spiegelsaal (aus dem Film „Citizen Kane", 1941). Beispiel einer Selbstreferenz. (Quelle: Charliecouvefilms, „Room Trashing Scene Analysis", 2013)

auch beim Spruch des Sokrates „*Ich weiss, dass ich nichts weiss*") vermeiden. Konflikte in den Definitionen wie in dem wunderbaren Kindervers zum Geburtstag

> Wie schön, dass du geboren bist, wir hätten dich sonst sehr vermisst.
> Rolf Zuckowski, Komponist, geb. 1947

sollten in einem Programmlauf auf einen eindeutigen Fehler führen etwa wie „*ungültiger Zugriff auf nicht existierende Person*" oder durch eine Prüfung im Vorfeld gar nicht auftreten können. In der (früheren?) Praxis konnte das Ergebnis allerdings auch undefiniert sein und sogar eine Möglichkeit zur Manipulation für einen Hacker bieten.

Eine typische Ursache für Paradoxien für uns Menschen sind emotionale logische Fehlschlüsse. Besonders verblüffend, aber korrekt, ist die Aussage des Paradoxes vom Hempelschen Raben oder Hempels Paradox: „Die Beobachtung eines grünen Apfels bestätigt, dass alle Raben schwarz sind." Dies erhöht in der Tat die bedingte Wahrscheinlichkeit, dass alle Raben schwarz sind im Sinne des Theorems von Bayes aus der Statistik, aber „nur ganz wenig". Es gibt eben sehr viele Objekte in der Menge aller Objekte insgesamt, und der grüne Apfel ist nur ein winziges statistisches Argument zugunsten der Aussage – aber prinzipiell ein Beitrag grösser Null wie man intuitiv annimmt.

Tab. 1.3 Von menschlicher Weisheit zu implementierter Softwaretechnik nach „IBM Jargon“ von Michael Cowlishaw, 1990

Philosoph	Systemdesigner „Guru“	Experte – „Wizzard“	Benutzer – „User“
Analysiert das Paradoxon als Lehrbeispiel und aus Prinzip	Löst das Paradoxon durch Design	Versteht das Produkt im Detail	Verwendet es „implizit“ und kennt das „normale“ Verhalten, aber ist bei Fehlern verloren

Tabelle 1.3 zeigt das Spektrum der Menschen vom Philosophen bis zu den Experten der Software. Im Entwurf wird die entsprechende Denksport- und Architekturaufgabe gelöst, der „Wizzard“ ist (nur) ein Experte im Umgang mit dem Produkt und der Benutzer kennt die Verwendung. Ein „Guru“ kennt auch die inneren Abläufe in der Software.

Wir werden unten für Wissen ein Schichtenmodell einführen: In diesem Sinn versteht der Guru die Interna von (allen) Schichten, der Wizzard kennt das Systemverhalten über die Schnittstellen, und der übliche Benutzer des Systems weiss den Ablauf der regulären Bedienung solange nichts Ungewöhnliches geschieht. Der Philosoph schliesslich ordnet das System und seine Bedeutung ein in den allgemeinen Zusammenhang.

Wir haben die etymologische Definition von Philosophie an den Anfang gestellt – die Liebe zur Weisheit. Es scheint, dass die Paradoxien mit dem Entziffern und Verstehen des inneren Grundes der Widersprüchlichkeit den Weihegrad der Weisheit verlieren: Sie werden intellektuelle Technik, Softwaretechnik. Umgekehrt kommen aus der Softwaretechnik knifflige Aufgabenstellungen mit philosophischem Anklang, etwa die Vermeidung „tödlicher Umarmungen“ (deadly embraces) mit Problemen wie dem „schlafenden Barbier“ oder den „fünf Philosophen“ (Dining Philosophers Problem), also verzwickte Grundaufgaben in der Organisation von vernetzten Arbeitsprozessen. Mehr dazu im Kap. 3.

Dazu kommt die Zuversicht, dass Paradoxa künstlichen Situationen entsprechen, die sich in der Praxis lösen lassen müssen und sich in funktionierende Mechanismen auflösen – nicht alle Kreter sind Lügner, und der Sternenhimmel ist nicht taghell. Dies ist die optimistische Hypothese eines Physikers:

> Es gibt funktionierende Softwareprozesse, die den Vorgängen der Welt entsprechen.

Dies schliesst die Prozesse in unserem Gehirn ein.

In der theoretischen Informatik gibt es einen entsprechenden Satz zur Berechenbarkeit und zu Algorithmen, die informelle Churchsche These (oder besser Hypothese) des Mathematikers Alonzo Church (1903–1995) in einer Physiker-Formulierung: Es gibt nur eine Art des Computing im Universum, die mathematische Berechenbarkeit entspricht der physikalischen.

2 Was ist Software?

Unbestritten ist Software heute überall in Technik, Wirtschaft und Gesellschaft. Wir definieren Software erweitert als den „Stoff", der steuert, und als eine Menge von Anweisungen, etwas zu tun, was sonst nicht geschähe. Es ist damit eine naheliegende Verallgemeinerung auf nichttechnische Systeme, auf alles, was konstruiert wird, vom Menschen oder von der Natur. Dies schliesst biologisches Leben und psychische Vorgänge mit ein. Damit ergibt sich für die Welt als Ganzes (zunächst) ein Dualismus von „It-Welt" (Physik u. ä.) und „Bit-Welt" oder besser Software-Welt: Eine Säule mit den Naturgesetzen und natürlichen Abläufen ohne Leben und – darauf aufbauend aber ausbrechend – die Säule des Konstruierten, des Schaffenden („Poietischen") und des Werdens. Philosophisch ist die Säule der Physik kausal, die der Software abwärts-kausal. Dazu bereiten wir wesentliche Grundbegriffe für eine Wechselwirkung mit der Welt der Philosophie vor, definieren zwei Arten der Komplexität und verschiedene Arten von Software (wie Firmware und Apps). Es sind Begriffe aus der digitalen IT-Welt, aber sie sind übertragbar auf alles was erschafft inklusive Leben, Seelisches und Evolution.

2.1 Die Definitionen von Software und Information

> Software isst die Welt auf.
> Marc Andreessen, erfolgreicher Investor, geb. 1971

> Alle lebenden Zellen, die wir auf diesem Planeten kennen, sind „DNA-Software"-getriebene biologische Maschinen, die aus Hunderttausenden von Protein-Roboterchen bestehen.
> Craig Venter, Biologe, geb. 1946
> Um die Seele zu erklären, muss ich sie als informationsverarbeitendes System [d. h. Software] begreifen. Natürlich ist die Seele keine Maschine im Sinne eines Staubsaugers, sondern ein unwahrscheinlich kompliziertes Gebilde. Der Grundbauplan allerdings ist gar nicht so schwer zu entschlüsseln.
> Dietrich Dörner, Psychologe, geb. 1938

W. Hehl, *Wechselwirkung*, DOI 10.1007/978-3-662-48114-1_2

Software ist überall: Die drei obigen Zitate kommen aus drei verschiedenen Welten: „*Software isst Welt* auf" aus der kommerziellen Welt von einem Investor und Wirtschaftsmann, das zweite Zitat drastisch gekürzt „*Alles Leben ist Software*" aus der modernen Biologie von einem der bekanntesten Biologen (und Unternehmer), und „*Ich muss die Seele als informationsverarbeitendes System begreifen*" von einem renommierten Psychologen. Software ist das Gemeinsame:

Der Investor sieht, wie viele neue Unternehmen entstehen, die eigentlich Softwarefirmen sind wie Facebook, Google und Doodle, wie etablierte Unternehmen zu Softwarefirmen werden, sogar die Autoindustrie. Software dringt in viele Produkte ein (vgl. das Schlagwort vom „Internet der Dinge") und in die Gesellschaft (vgl. das Meer von Apps für Smartphones).

Der Biologe arbeitet direkt mit der Software des Lebens in seinem genetischen Labor, der Psychologe simuliert mit Software auf dem Computer die (noch verborgene) Software der Seele, deren informationstechnische Grundlagen ein Hirnforscher wie z. B. Henry Markram mit dem Blue Brain – Projekt verstehen will (wir werden unten derartige Grundlagen als Firmware bezeichnen). Es ist „Software *in vivo*".

Der gemeinsame Grund für die Durchdringung der Welt mit Software (die „Softwareisierung") in Industrie und Gesellschaft einerseits und in der Natur andrerseits ist die steuernde Funktion von Software. Software steht für das Konstruktive *per se*. Abbildung 2.1 illustriert biologische Lebensformen und damit die Vielfalt von Software. Jede Art hat ihr Genom, die Gesamtheit der Information zum prinzipiellen Bau und Betrieb des Organismus. Stand der Technologie ist es, an künstlichen Veränderungen dieser Software zu arbeiten und an einer Softwarebibliothek für alle Arten der Erde, dem Genom der Erde.

Wir definieren Software als den „Stoff", der alle Maschinen steuert, ja sie ist sogar selber „logische Maschine", etwa in der Form eines oder vieler Algorithmen. Hier einige charakteristische Eigenschaften von Software:

1. **Software lenkt und macht Neues:**
   die (nicht-trivialen) Arbeiten aller Maschinen im weiten Sinn
   vom 3D-Drucker bis zum Smartphone mit seinen Apps,
   intellektuelle Maschinen wie das Textprogramm, das genau hier den Text formatiert hat, und alles (nicht-triviale) biologische Leben, von der Zellteilung bis zum Gehirn.

Obwohl die Software die Grundlage all dieser Aktivitäten ist, hat sie im Bewusstsein der Gesellschaft einen grossen Nachteil: Sie ist (solange sie funktioniert) praktisch unsichtbar – man gewöhnt sich an das Funktionieren.

Ein Beispiel von Software, die die Welt beherrscht, sind die „Algobots" für den weltweiten Wertpapierhandel. Es ist Software mit mathematischen Algorithmen, die jede

Abb. 2.1 Lebensformen, gestern und heute, als Softwareprodukte der Natur. Eigene Bildcollage mit Bildern aus Wikimedia Commons: *Escheria coli* (NIAID), *Drosophila* (bbski), *Tyrannosaurus Rex* (Dinosaurierland Rügen, Elmion), *Arabidopsis thaliana* (Alberto Salguero Quiles), *Perisphinctes ammonite* (Masur), *Homo neanderthalis* (Smithsonian Institute, Tim Evason)

Sekunde Millionen von Angebote hinausschickt und Käufe und Verkäufe selbsttätig abschliesst. Es geht dabei um Milli- ja um Mikrosekunden, die über Gewinn oder Verlust entscheiden.

2. **Software kann hinreichend schnell für neue Aufgaben angepasst werden:** Neue Aufgaben oder Korrekturen von Fehlern können durch ein neues und verbessertes Chip gelöst werden, oder durch neue Software auf dem alten Chip. Ein neues Chip zu entwerfen und zu produzieren kostet viel Zeit und Geld, eine Softwareänderung für den alten Chip, die – wenn möglich – die gleiche Funktionalität liefert, nur langsamer, kann manchmal innerhalb von Stunden durchgeführt werden. Allerdings wird die Softwarelösung langsamer sein und das Gesamtsystem wird dadurch immer mehr zum Flickwerk werden.

Das Wort Software (*dt. = weiche Ware,* Begriff entstanden 1958) von *soft* im Sinne *leicht veränderbar* steht im Gegensatz zum Begriff der Hardware, die ebenfalls beim Punkt 1 beteiligt ist, aber eben verhältnismässig „starr“ ist, d. h. schwieriger zu erstellen und schwer zu verändern. Der menschliche Designer einer „Maschine“ hat, genauso wie die Natur, die Freiheit der Wahl: Viel Hardware (damit starr, teuer, aber meistens leistungsfähiger) und wenig Software, oder aber wenig Hardware und viel Software (damit flexibler und leichter etwas neues, aber vermutlich langsamer im Lauf). Wir ergänzen als Punkt 3:

3. **Eine hinreichende Hardware (und Energie) ist für die Ausführung der Software unabdingbar**.

Im obigen Beispiel des modernen Wertpapierhandels besteht die Hardware in Hallen voller „Kaninchenställe“ (Racks) mit Computerservern.

Die Grundeinheit der Software ist eine Anweisung oder Instruktion: Eine Anweisung (ausser der Anweisung *„Tue Nichts“ oder „NOP“ d. h. „no operation“*) durchbricht den Ablauf eines Systems, wie er sonst nach den eigenen physikalischen Gesetzen wäre.

Ohne Anweisung fliegt eine antriebslose Rakete nach der Himmelsmechanik im Weltall, die Kugeln eines Abakus ruhen auf der Stange, ein elektrischer Strom fliesst in eine Richtung. Die Anweisung löst dann einen Raketenimpuls aus, eine Zahlenrechnung auf dem Rechenbrett oder das Bremsen eines Autos und zwingt die Physik in eine andere Bahn. Dies ist die Charakteristik von Software im erweiterten Sinn: Das Ausbrechen aus dem ungestörten Ablauf der Physik zu konstruierten Aktionen (natürlich wieder im physikalischen Rahmen).

Software ist eine Menge derartiger Anweisungen; ein Satz kohärenter Anweisungen für eine Aufgabe. Software ist ein Programm, und ein Computer ist die Vorrichtung, die diese Anweisungen durchführt. Damit kann man Software als künstliche Kausalkette interpretieren, die sich den physikalischen Gegebenheiten aufprägt. Nach einem Begriff des US-amerikanischen Psychologen Donald T. Campbell (1916–1996) nennen wir diese künstliche Kausalkette auch eine „abwärts-kausale Kette“ (s. u.).

Damit ist Software zu definieren unter dem Aspekt

- Praxisorientiert:
  Software ist eine kohärente Menge von Anweisungen, um einen Satz von Aufgaben zu erfüllen (im Gegensatz zu Daten),
- Technisch orientiert:
  Software ist eine kohärente Menge von Anweisungen, die eine Hardware ausführen kann. Hier steht der Begriff Software im Gegensatz zur Hardware. Wir werden unten sehen, dass die Grenze zwischen Software und Hardware fliessend ist und eine technische Entscheidung des Computerbauers darstellt,
- Systemorientiert:
  Software ist eine kohärente Menge von Anweisungen, die mit hinreichender Komplexität den Bau und die Funktionalität eines Systems und seiner Prozesse definiert und konstruiert.
- Philosophisch:
  Software ist eine (künstlich erzeugte) abwärtsgerichtete Kausalkette, die sich der physikalischen Welt überlagert.

Ein sehr einfaches und pragmatisches Beispiel einer Software im weiteren Sinn als *„eine Menge von Anweisungen etwas zu tun“* ist ein Küchenrezept, hier ein Auszug aus dem Rezept für Zürcher Geschnetzeltes:

> Bratbutter in Bratpfanne erhitzen,
> Fleisch und Nierli portionsweise mit wenig Mehl bestäuben,
> je ca. 2 Min. braten, herausnehmen,
> würzen, warm stellen. Hitze reduzieren,
> usw.

Dies ist sozusagen das formelle Hauptprogramm, der Koch oder die Köchin wird für die Ausführung nach Wissen und Erfahrung Unterprogramme aufrufen, die vor allem im Kopf existieren, etwa bei „würzen“ das Vorgehen „nach Art des Hauses“. Auch dieses Wissen, ob bewusst und formalisierbar oder unbewusst oder „tacit“ und schwer zu erfassen, ist in erweitertem Sinn „Software“: Software bestimmt Prozesse.

Historisch sind die Vorläufer der Software die ersten Algorithmen (Anweisungen zur Lösung einer Rechenaufgabe), etwa

- die Bestimmung des grössten gemeinsamen Teilers zweier natürlicher Zahlen vom griechischen Mathematiker Euklid von Alexandria (3. Jahrhundert v. Chr.) als ältester bekannter nicht-trivialer Algorithmus überhaupt. Zur Illustration als Programm geschrieben in einfachster klassischer Form für zwei Zahlen a und b:
- *when* $a=0$
- *then return* b
- *else while* $b \neq 0$

- *when* $a > b$
- *then* $a \leftarrow a - b$
- *else* $b \leftarrow b - a$
- *return* a,
- die allen Schülern wohlbekannte Lösung einer quadratischen Gleichung (mit der Unbekannten im Quadrat) nach dem persischen Universalgelehrten al-Chwarizmi (ca.780–850n.Chr.). Aus den latinisierten Formen *Algorisme* und *Algorithmi* seines Namens entstand die Bezeichnung Algorithmus für wohldefinierte Rechenprozeduren.

Beispiele für frühe Software im allgemeineren Sinne von Anweisungen an ein Gerät, etwas Bestimmtes zu tun, sind

- die Steuerung der Jacquard-Musterwebmaschine des französischen Erfinders Joseph Marie Charles genannt Jacquard (1752–1834): Die Anweisungen werden auf einem „echten" digitalen Medium gespeichert, auf Lochkarten, manchmal Tausende davon (oder auf einem Lochstreifen oder einer Walze).
  Es sind Anweisungen wie
  „Findest Du [eine Nadel] ein Loch im Karton (der Lochkarte),
  so hebe den Faden,
  wenn nicht, so senke den Faden".
  Ohne einen passenden Webstuhl sind die Lochpositionen nur Daten, für den richtigen Apparat sind sie nach unserer Definition (einfache) Software.
  Aus der Information auf den Karten entstehen endlose Muster beliebiger Komplexität;
- das Programm der britischen mathematikbegeisterten Augusta Ada King, Gräfin von Lovelace (1815–1852) für die hypothetische Rechenmaschine des Charles Babbage (1791–1871). Sie beschreibt einen recht komplexen Rechenplan Schritt für Schritt für die Berechnung der Zahlen von Bernoulli als Rechenschema auf Papier – dies hat ihr den Ruhm „der ersten Programmiererin der Welt" eingebracht.

Die mathematischen Fähigkeiten und Kenntnisse von Ada Lovelace sind umstritten, aber sie war sicher eine aussergewöhnliche und visionäre Person, gerade zur Bedeutung von Software. So sagt sie die Maschine als Komponisten von Musik voraus (das gibt es seit etwa fünfzig Jahren) und sie hat sehr optimistische, ja naive Ansichten zu einem Modell für die Funktionsweise des Gehirns, das sie zu finden hofft:

> Ich habe konkrete Hoffnungen, eines Tages die Gehirnphänomene in den Griff zu bekommen, so dass ich sie in mathematische Gleichungen packen kann, kurz gesagt Gesetz oder Gesetze für die Wechselwirkungen der Moleküle des Gehirns – wie das Gravitationsgesetz für Sterne und Planeten. Ich hoffe, späteren Generationen eine mathematische Methodik zum Nervensystem zu hinterlassen (einen „Calculus of the Nervous System").
> Brief Ada Lovelace an Worozow Greig, 1844,
> aus Betty A. Toole, 2010

Ein wunderbarer poetischer Spruch von ihr (sie beschreibt sich selbst ja als „poetische Wissenschaftlerin“) über den Computer (1844) ist:

> *„Die Maschine [d. h. der Computer] webt algebraische Muster gerade so wie der Jacquard-Webstuhl Blumen und Blätter“.* Information und Software bestimmen das Gewebe. Der Zyniker wird hinzufügen *„und macht die Fehler …“*.

Im erweiterten Sinn der Software als „Menge von Anweisungen an eine Hardware, etwas zu tun“, ist Software damit nicht auf übliche Computer oder auch digitale Computer beschränkt. Dazu zählen Anweisungen an einen Schauspieler, seine Partnerin zu umarmen, an eine biologische Zelle, sich zu teilen und zu kopieren, an Netze von Neuronen im Gehirn, vor einem Hund davonzulaufen (oder nicht). Software verarbeitet selbst einen „Stoff“, der der Disziplin als Ganzes den Namen gegeben hat: die Information (vom lateinischen *informare*, ‚Gestalt geben‘, etwa seit dem 16. Jahrhundert verwendet). Der Physiker Carl Friedrich von Weizsäcker (1985) spricht hierzu kompatibel (und poetisch) von der Information als „Mass der Gestaltenfülle“. Diese Unterscheidung von Information und Software hat die gerade erwähnte Ada Lovelace bereits 1844 gesehen und betont: Sie spricht ausdrücklich vom Unterschied von „Werten“, d. h. Information, und von „Operationen“, also Software.

Wir definieren
Information ist die Grösse, die es erlaubt eine Entscheidung zu treffen in einem bestimmten, zugehörigen Zusammenhang. Ohne Zusammenhang sprechen wir von Daten[1]. Die Minimalentscheidung ist es, einen Schalter umzulegen (oder nicht) oder ein Flip-Flop zu kippen als ein Bit mit Wert ‚0‘ oder ‚1‘.

Der Kontext des Stoffs kann das Licht in einem Raum sein („es ist zu dunkel“ mit der Entscheidung durch nur ein Bit zum Schalten einer Lichtquelle) oder eine Kundenanalyse in einem Unternehmen („was denken die Kunden“ mit einer Terabyte-Datenbank und einer komplexen „Big Data“- Analyse). Der Vorteil dieser Definition der Information ist es, dass sie sowohl für technische Informationen gilt wie für Informationen auf menschlicher Kognitionsebene. Der Begriff der Redundanz ist bei dieser Definition selbsterklärend: Bestimmt eine konkrete Information an der gleichen Stelle „Wähle Alternative B“ noch einmal, so ändert das nichts an der Entscheidung.

Ein besonders einfaches Beispiel ist der Jacquard-Webstuhl in Abb. 2.2 zum Weben kompliziert gemusterter Stoffe, erfunden 1805. Die digitale Information hierfür befindet sich in Löchern auf Tausenden, ja Zehntausenden gestanzter Lochkarten. Für die Hardware, den Abtastmechanismus, sind diese Daten die Information und gleichzeitig die Anweisungen zur Erzeugung komplizierter Muster.

[1] Das Wort ‚Daten‘ kommt aus der lateinischen Übersetzung des griechischen Wortes *„Dedomena“* von Euklid als *„das bei geometrischen Aufgaben vorgegebene“*.

Abb. 2.2 „Sichtbare Software": Eine Decke auf einem Jacquard-Webstuhl gewoben. (Bild: „Lafayette Commemorative Coverlet 1824", Wikimedia Common, Wmpearl.)

Wir sehen es als eine wichtige, ja fundamentale Aktion an, eine Entscheidung zwischen Alternativen zu fällen. Es ist mit einem beim Psychologen Donald T. Campbell entlehnten Begriff die fundamentale „abwärtskausale" Aktion, die physikalisch letztlich kausal durchgeführt wird – der Schalter wird von „Aus" auf „Ein" betätigt, der Strom fliesst und das Licht geht an.

Nach unserer Definition kann eine Software auch nur Daten sein oder selbst Information für andere Software, je nach Zusammenhang: So wird eine Software A, geschrieben in einer höheren (indirekten) Sprache, durch die Compilersoftware C in eine Software A' in Maschinensprache (direkt anwendbar) umgesetzt: Die Software A ist die Information für das Compilerprogramm C. Durch die Arbeit der Software des Compilerprogramms wird daraus die Information für die Computerhardware. Bei der Hardware des Computers (dem Chip) sind wir auf der Grundlage angelangt: Die Hardware des digitalen Computers verarbeitet die Software als einen speziellen Datenfluss (den Maschinencode) in der Form eines Stroms von ankommenden Zahlen. Die Information in diesen Zahlen bestimmt, was von der Hardware getan werden soll (etwa addieren oder verschieben) und wie dabei welche Argumente verknüpft werden sollen. Hardware und Software sind nach unserer abstrakten Definition im Prinzip äquivalente Werkzeuge. In der Tat hat der Designer eines Computers häufig die Wahl, Funktionen in Hardware oder in Software auszuführen – natürlich immer mit minimaler Hardware als Grundlage.

Information und Software konstruieren zusammen die Welt. Den Zusammenhang zu verstehen – diese Aufgabe liegt dann bei der Software, beim Computer oder bei unserer „Denksoftware" im Kopf. Diese Definition erklärt auch, dass verschiedene Menschen mit verschiedener Sichtweise unter „Information" etwas ganz verschiedenes verstehen: Nehmen wir als Beispiel die Information im Satz: „*Ich weiss, dass ich nichts weiss*":

> Für den Elektrotechniker ist die Information ein Strom von ‚0' und ‚1', für den Schriftsetzer (oder Textprogramm) ist die Information ein Buchstaben- und Wortstrom und Text mit Formatbefehlen,
> für den Historiker ist es die Information eines leicht verdrehten Zitats,
> für den Philosophen eine bedenkenswerte klassische Weisheit.

Das Zitat ist in allen Fällen Information, allerdings auf verschiedenen Ebenen einer Hierarchie. Die Bits mit ‚0' und ‚1' sind das Fundament, die Interpretation des Inhalts die Spitze der Hierarchie. Vergleichen wir dies mit dem Aufbau der materiellen Welt, so entsprechen die Bits als Fundament etwa den Atomen in der Physik, die Befehle zum Setzen des Textes (der „Mark-Up") in der Komplexitätsstufe etwa den Molekülen in der Chemie. In Abb. 2.4 werden wir dies als Weltmodell mit zwei Säulen bauen.

Es ist eine Hürde für unsere Vorstellung, dass sich aus Bits (‚0' oder ‚1') oder Elementarentscheidungen mit Bits beliebig komplexe Vorgänge bauen lassen wie z. B. ein Gesicht zu erkennen, eine Frage zu beantworten oder ein Auto zu fahren. Die „Emergenz" dieser höheren Funktionen kommt aus den Elementaroperationen. Das haben wir in den 80 Jahren der praktischen Computergeschichte gelernt. Diese Schwierigkeit der Akzeptanz gilt erst recht für die Abbildung und den Bau der biologischen IT (z. B. bei der Genetik) und der neurologischen und intellektuellen IT (z. B. mit Gefühlen und Bewusstsein). Die nicht-technische IT ist häufig äusserlich verschwommen und anscheinend unsicher, aber nach unserer Definition doch Software und Informationstechnologie.

Der deutsche Philosoph Jürgen Mittelstrass sieht die heutige Welt als eine „Leonardo-Welt" an, nach dem Universalingenieur Leonardo da Vinci, d. h. „*eine Welt der Ingenieure und derer, die bei den Ingenieuren in die Lehre gegangen sind*" (Jürgen Mittelstrass, Festrede 2001). Aber diese Sicht bekommt erst Sinn zusammen mit Software, erst Software und Softwaretechnik machen die Welt zur konstruierten Welt – ohne Software wäre es erst die Welt der Eisenbahnen, der Stahlwerke und der Grosschemie. Software sollte dem Philosophen als (nahezu) immaterielles Baumaterial für die Vorgänge in der Welt (und im Menschen) eigentlich näher sein als Stahlbeton. Mittelstrass erwähnt in der Festrede weder den Computer noch Software, nichtsdestotrotz passen seine Worte wunderbar auf die Welt mit Software und erst recht auf die Welt mit Computer und Software: Unsere Welt ist durch Software

> eine Welt, in der homo faber, der Mensch als Konstrukteur und Produzent, herrscht und mit dem Gedanken spielt, dass er Teil der von ihm geschaffenen Welt, Teil insofern von mundus faber werden könnte.
> Jürgen Mittelstrass, Philosoph, geb. 1936

Zur Ergänzung sei gesagt, dass die exakten Naturgesetze ebenfalls konstruktiv interpretiert werden können. Ein anschauliches Beispiel ist die schon erwähnte astronomische Software, die aus den Anfangsdaten den Stand der Planeten und des Mondes errechnet – mit Hilfe interner Näherungen, aber letzten Endes mit dem Newtonschen Gravitationsgesetz. Die schrittweise Berechnung der Zukunft der Planetenstände mit der Näherung der Bewegung durch ein System von Differentialgleichungen sieht sogar wie eine Konstruktion aus: Der Algorithmus geht ein wenig in der Zeit weiter und verschiebt damit die Planetenpositionen Schritt für Schritt in die Zukunft. Man befiehlt zwar dem Computer nur „Mache den nächsten Schritt!" – aber es ist das direkte Abbild der Planetenbewegung. Die Software ist eigentlich virtuelle Welt, aber hier nahezu „wirklich" mit den Naturgesetzen als inhärente Ideen.

2.2 Atome und Software als zwei Säulen:Ein Dualismus zur Konstruktion der Welt

> Yin und Yang sind Begriffe, um die gegensätzliche Beziehung zwischen zwei Dingen auszudrücken.
> nach Roger T. Ames, Philosoph, geb. 1947

Software (d. h. aktive und konstruktive Information) ist ein Grundelement der Welt. Die Antike kennt vor allem die Vier-Elemente-Lehre des Empedokles von Akragas (495 bis 435 v. Chr.) mit den Essenzen Feuer, Wasser, Luft und Erde.

Allerdings spricht Empedokles explizit von vier Wurzeln (rhizōmata). Es erscheint uns heute sinnvoll – ohne die Vielzahl der chemischen Elemente zu vergessen – genau zwei fundamentale Wurzeln zu sehen. Wir haben in der modernen Physik einerseits und in der Informatik andrerseits zwei irreduzible Säulen zum Weltverständnis und Weltaufbau, nämlich

- die Physik
  mit Elementarteilchen und Atomen und daraus aufgebauter Welt, üblicherweise als „materiell" bezeichnet trotz der Auflösung der Materie in nicht fassbare Teilchen und Energie, und
- die Informatik
  mit Bits als Elementarbausteinen und mit den Elementaroperationen der Software, die Bits erzeugen und vernichten, verschieben, kopieren und logisch verknüpfen, und damit die Welt bewegen und organisieren.

Das wohl bekannteste duale Prinzip der Weltkultur ist Yin und Yang aus der chinesischen Philosophie; in der Abb. 2.3 die symbolische Grafik des „Hotu" für den Weltaufbau. Die Deutungen des Yin und Yang sind sehr verschieden (die bekannteste ist wohl die als weiblich und männlich). Prinzipiell geht es um duale Gegensätze, wie

Abb. 2.3 Das Symbol Hotu für das Yin und Yang der Welt, hier die It-Welt und die Bit-Welt. (Bild: Wikimedia Commons von Christian Hummert)

dunkel vs. hell, feucht vs. trocken, passiv vs. aktiv, weiblich vs. männlich,

also allgemein um Gegensätze, die zueinander korrelieren und zusammen auftreten. Wir verwenden das Hotu als Bild für das Gegensatzpaar Teilchenwelt (d. h. vor allem Atome und Elektronen) und Informatikwelt (wie Bits und Software). Vielleicht mit Yang als dem „Materiellen" und der Information als Yin; das Letztere hilft vielleicht, mehr Frauen in die Informatik zu bringen. Der Kreis in der Achse könnte die Mathematik repräsentieren (s. u.). Wer hierin mehr sehen möchte, der möge es. Das Verständnis der beiden Weltsäulen „Materie" und „Information/Software" hat sich unabhängig voneinander entwickelt

- die physische Welt, mit Physik, Chemie und Biologie auf breiter Front, vor allem im 19. und 20. Jahrhundert. Sie baut die quasimaterielle Struktur der Welt auf und ist selbst in schwierigen Themen wie Relativitätstheorie und Quantentheorie dem Intellektuellen heute recht vertraut,
- die Welt der Information oder besser Software, aufgebaut aus Bits und Befehlen, vor allem seit der zweiten Hälfte des 20. Jahrhunderts und damit recht neu. Als Anwendung vertraut, aber nahezu unsichtbar und wenig bekannt unter der Oberfläche.

Abbildung 2.4 skizziert diese Vorstellung einer dualistischen Welt in einer Darstellung mit zwei Säulen. Software und Information lassen sich nicht auf Physik reduzieren, sondern sind zusammen eine eigene Grundgrösse, die allerdings auf der Physik (d. h. einer Form von Hardware) aufbaut. Software ist die „immaterielle Substanz", die organisiert und neues schafft (Emergenz) auf dem Hardware-Fundament. Dies ist hier angedeutet mit der L-Form.

Als dritte Komponente sehen wir die Mathematik. Ein Teil der Mathematik ist auf beinahe religiöse Art mit der Welt verknüpft – dies hat schon Isaac Newton empfunden, erst recht Albert Einstein. Der Physiker Eugene Wigner hat 1960 in einer Vorlesung mit dem Titel *„Die ‚vernunftwidrige' (d. h. unglaubliche) Effektivität der Mathematik in den Naturwissenschaften"* (The Unreasonable Effectiveness of Mathematics in the Natural Sciences) geschrieben:

Abb. 2.4 Materie und Information/Software als Träger der Welt mit der Mathematik als gemeinsamen Hintergrund

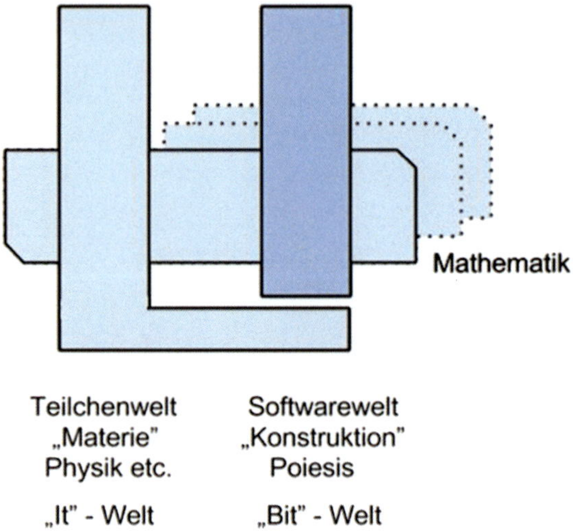

> Die außerordentliche Nützlichkeit der Mathematik in den Naturwissenschaften ist etwas, das an das Mysteriöse grenzt und für das es keine rationale Erklärung gibt.

Die Beziehung zwischen Mathematik und Informatik ist dagegen offensichtlicher. Baut man mit Software etwa einen Algorithmus, so baut man ja eine mathematische Maschine. In der Skizze positionieren wir Mathematik auch abseits der physischen Welt – nur ein Teil der Mathematik bildet die Natur ab: Die Mathematik kann so die verschiedensten Universen ermöglichen. In Kap. 4 kommt noch eine Gestaltungskraft von aussen hinzu (der Zufall), in Kap. 10 eine weitere Säule (der „Geist").

Der Dualismus von It-Welt und Bit-Welt hat philosophische Vorläufer seit Platon; der bekannteste Dualismus ist wohl vom französischen Philosophen René Descartes (1596–1659). Es ist die Einteilung der Welt in zwei Substanzbereiche, die Welt der Dinge und die Welt des Denkenden, der „*res extensa*" und der „*res cogitans*". Descartes kennzeichnet damit das philosophische Leib-Seele- oder Leib-Geist-Problem. Er trennt die beiden Welten scharf (nur Gott ist die Verbindung) und sie sind – wie It- und Bit-Welt – nicht aufeinander reduzierbar. Bei Descartes erfolgt die Verbindung zwischen den Säulen durch göttliche Mitwirkung (Concours) – für die Software-Welt ist dagegen eine, wenn auch minimale, Grundlage aus der physikalischen Welt notwendig. Um die Brücke zwischen den Welten zu gehen muss man z. B. nur den Zustand eines einzigen Elektrons ändern.

Als Vorahnung oder wenigstens als Metapher ist dieser Descartessche Dualismus grossartig. Allerdings

- Descartes beschränkt die *res cogitans* auf den Menschen, sie gilt nicht für Tiere und erst recht nicht für Maschinen und Pflanzen – dagegen gibt es Software überall (das konnte Descartes im 17. Jahrhundert nicht einmal ahnen),

- die *res cogitans* ist eine perfekte feste Substanz, die Software ist das Konstruierende und das Konstruierte an sich. Software ist nicht allein Idee, sie ist die Idee für die Bewegung der Dinge und die Änderung der Form.

Eine Verbindung zwischen „*res extensa*" und der Welt der denkenden Dinge „*res cogitans*" stellt Descartes in seinem berühmten Satz her:

> „Cogito ergo sum" bzw. „Je pense, donc je suis", übersetzt als „Ich denke also bin ich", oder gar „Ich denke, also bin ich ein denkendes Ding."

In unserem Sinn stellt der Satz für uns als Menschen die Brücke her zwischen „It" und „Bit", macht uns (auch) zu einem physikalischen Objekt, das durch Software lebt. Als historische Anekdote sei vermerkt, dass Descartes sogar einen Ort sah im menschlichen Körper, der die Brücke von Leib zu Seele darstelle: die Zirbeldrüse oder Epiphyse. Er sah die Epiphyse als besonderes Organ an, als das einzige ihm bekannte unpaarige Organ im Gehirn, an dem sowohl die Gehirnhälften zusammenkommen wie das Körperliche und das Seelische. Beim üblichen Computer ist der Ort wohldefiniert; es ist der (oder sind die) Computerchip(s) mit dem Betriebssystem, klassisch die Central Processing Unit oder CPU genannt, der zentrale Prozessor.

Für Descartes war der Satz des *cogito ergo sum* das sichere Fundament. Für den Skeptiker ist auch dies nicht so sicher: Es ist nicht sicher, dass wir existieren, weil wir denken – unser Denken ist laufende Software und kann simuliert und manipuliert werden. Aber daran hatte Descartes mit seinem *génie malin,* das alles vorgaukelt, beinahe auch gedacht (s. u. bei „Gehirn-im-Tank" in Kap. 9.3).

Die klassische Beschreibung des Gegensatzes von „It"- und „Bit"-Welt stammt schon vom englischen Theologen William Paley (1743–1805) in seiner „Natürlichen Theologie" (1802) in einer literarischen Analogie, der Analogie mit dem Uhrmacher:

Jemand findet beim Spaziergang einmal einen Stein auf dem Boden (also ein „It"-Objekt), ein andermal eine Uhr (als konstruiertes Ding, also „Bit"-Objekt). Dann schliesst er:

> Die Uhr kann nicht ewig hier so gelegen haben [so wie der Stein] … es muss irgendwann, irgendwo einen oder mehrere geschickte Handwerker gegeben haben, die sie zum richtigen Zweck und zur richtigen Antwort gebaut haben, die Konstruktion verstanden, und sie dafür entworfen haben.

Er sieht die Uhr und die belebte Natur – wie wir – in der gleichen Kategorie von „Konstruiertem" und im Prinzip auch mit „Contrivance" und „Design" (Vorrichtung und Entwurf) entstanden, aber als (wörtlich):

> … being greater or more and that in a degree which exceeds all computation –
> [die Komplexität in der Natur] ist grösser oder hat davon mehr in einem Masse, die jegliche Berechenbarkeit übersteigt.

Zum einen haben wir jetzt Maschinen, deren Rechenfähigkeit jegliches menschliche Mass überschreitet, zum anderen haben wir in der Evolution einen Mechanismus gefunden zur Eigen-Konstruktion, der in der Retrospektive gerade so wirkt, als habe es einen Designer und ein Ziel gegeben (nämlich uns) – aber nur scheinbar. Auch die Softwaresysteme überschreiten im Umfang jegliches menschliche Mass. Sie sind das Werk von vielen Menschen und die Evolution erfolgt in sehr, sehr vielen Einzelschritten. Der britische Biologe Richard Dawkins (geb. 1941) hat diese literarische Episode als Aufhänger genommen für sein Buch zur Evolution „Der blinde Uhrmacher" (1986).

„Software" gibt damit eine Definition der Evolution: Die Evolution ist der allmähliche Aufbau der zweiten Säule, der Software-Säule, aus dem „Sternenstaub" im Universum. Die Welt ausserhalb unseres blauen Planeten ist auch heute (vermutlich weitgehend) nur physikalische Welt ohne die konstruktive Welt mit irgendeiner Form von Software. Es trifft der Vers zu aus der Genesis: „*Und die Erde war wüst und leer.*" Mit der biologischen Evolution erwuchs die zweite Säule aus der Physik von den Anfängen der Einzeller zu den Primaten und uns und wächst heute dazu drastisch weiter mit der technischen Evolution und der Software überall. Es ist für das Wachsen der Softwaresäule noch keine Grenze sichtbar, auch wenn man heute in der Chiptechnologie durchaus atomare Grenzen zu spüren bekommt. Aber es gibt – in Abwandlung eines Spruches des Physikers Richard Feynman vom Jahr 1959 „*Es gibt noch viel Raum da unten [im atomaren*]" – auch heute noch viel Raum im Volumen für mehr Schaltkreise (Chips sind heute vor allem nur planar) und faktisch beliebig viel Raum im Verbessern und Wachsen von Software.

Der Dualismus „It" und „Bit" ist auch im täglichen Leben spürbar: Die materielle Welt und die informatorische bewegen sich auch wirtschaftlich und als Industrien nach verschiedenen Gesetzen. Hier ein Zitat von vielen, das die beiden Welten gegenüber stellt:

> Wenn das Auto der Entwicklungslinie des Computers gefolgt wäre, dann würde ein Rolls-Royce heute 100 Dollar kosten, eine Million Kilometer pro Liter fahren – allerdings einmal im Jahr explodieren und alle Insassen umbringen.
> Nach Robert Cringeley, Computerjournalist, geb. 1953

In der Tat bewegte sich die Autotechnologie mit Verbesserungen um den Faktor 2 bis 3 pro fünfzig Jahre (durch bessere Verbrennung, durch Leichtmetall und Kohlefaser z. B.), dagegen verdoppelt der Computer seine Leistung pro Dollar etwa alle zwei Jahre seit mindestens 60 Jahren; dies ist die Aussage des sog. Mooreschen Gesetzes zur Entwicklung von Computerchips, beobachtet und formuliert 1965 von Gordon Moore, dem Intel-Mitbegründer.

Dies ist nach unserem Weltmodell ein fundamental unsinniger Vergleich: Der Antrieb des Autos ist ein Produkt der ersten Säule, der Computer dagegen von der zweiten Säule. Damit überkreuzt das Bonmot die Argumente und macht einen unzulässigen Vergleich. Dies sieht man auch an der Ergänzung: *„Das Auto wäre dann kleiner als eine Streichholzschachtel"*.

Wenn auch Computerleute den Computer gerne als „Maschine“ bezeichnen, so scheint es sinnvoll unter einer Maschine primär ein Gerät der It-Welt zu verstehen mit Bit-Welt-Steuerung und unter einem Computer ein Gerät der Bit-Welt mit It-Welt-Grundlage (allerdings erfolgt beim Auto schon die Hälfte der Wertschöpfung durch Bit-Welt). Eine ähnliche Rollenverteilung sehen wir zwischen Körper und Gehirn: Die Körper ist eher ein Objekt der It-Welt mit der Steuerung aus der Bit-Welt; das Gehirn umgekehrt ein System der Bit-Welt auf einer Objektgrundlage: Die Vorgänge im Gehirn sind Informationsverarbeitung – dafür ist es ja da.

Die „It“-Welt ist massebehaftet (z. B. unser Körper mit z. B. 60 kg), die Bit-Welt nur indirekt. Der Masse- und Energiebedarf pro Operation wird laufend durch die Miniaturisierung der Bauteile reduziert in Richtung der physikalischen Grenzen.

Eine gutes aktuelles und direktes Beispiel zum Verhältnis der It-Welt zur Bit-Welt, von „Hardware zur Software“, und auch zur Illustration, wie die Software um sich greift („Software frisst Welt“), ist die Herstellung von realen dreidimensionalen Objekten mit Hilfe der 3D-Drucktechnik (Abb. 2.5). Der Gegenstand entsteht aus Kommandos der Software und vom Computer an den „Fabrikator“, der nach den Kommandos aus Pulver, Flüssigkeiten oder Schichtmaterial die gewünschte Form aus einem oder mehreren Materialien aufbaut und anschliessend festigt, z. B. durch Schmelzen oder Sintern mit einem Laserstrahl.

Dies ist die zweite Übergangsstufe von Hardware zu Software – die erste Stufe war die Einführung digitaler Werkzeugmaschinen und von Software für die Steuerung der klassischen Produktionsverfahren wie Drehen, Bohren und Fräsen, die sog. computerunterstützte

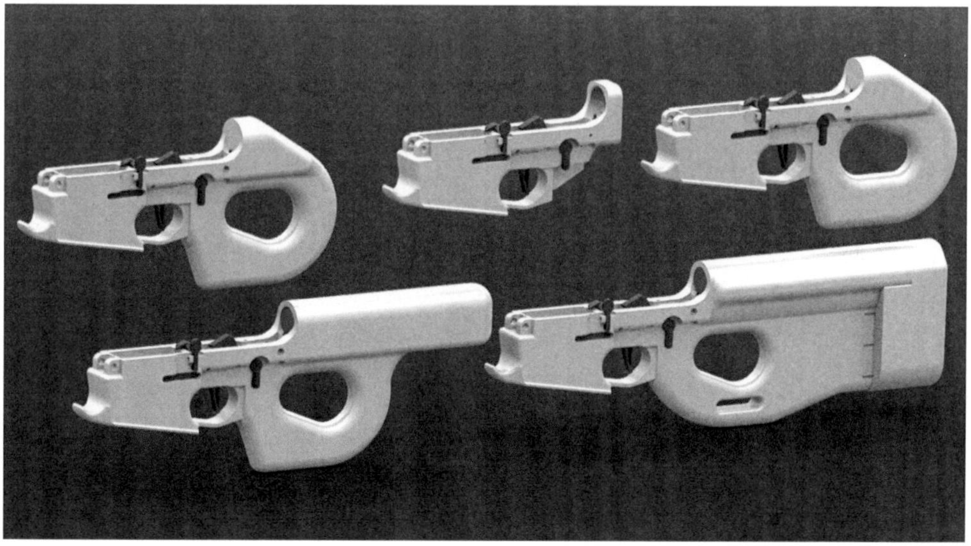

Abb. 2.5 Ein Beispiel zum direkten Übergang von Bit-Welt zur It-Welt: Produktion mit 3D-Drucktechnik, hier von Waffenteilen. (Bild: „Charon Line of 3D Printable Receivers“ von Shanrilivan, Wikimedia Commons)

Produktion. Diese Herstellungsverfahren waren allerdings im Wesentlichen subtraktiv („aus dem vollen gefräst"); die 3D-Technologie ist additiv und erlaubt den gesteuerten Aufbau auch ganz neuartiger komplexer Strukturen. Mit komplexer Software entstehen aus Hardware, aus einfach strukturierten Grundmaterialien, z. B. Pulver oder Flüssigkeiten aus verschiedenen Plastik- oder Metallwerkstoffen, neue, hochkomplexe Gegenstände, z. B. neue Kunstobjekte mit früher nicht herstellbaren Formen.

Zwar erzeugt auch die It-Welt, z. B. die Physik, Neues, z. B. Planetensysteme oder Kristalle, aber das „Neue" ist verhältnismässig einfach strukturiert und der Ablauf wird durch Gesetze und deren Fortführung kausal bestimmt. Software dagegen greift ein, fühlt Werte ab, ändert, koppelt zurück und baut Komplexes auf.

Ein weiteres Beispiel zu beiden Welten ist ein antriebslos fliegendes Raumschiff oder Geschoss. Es folgt allein den Gesetzen der Himmelsmechanik und gehört zur Säule 1, gerade so wie z. B. ein Komet auf seiner Bahn um die Sonne. Schaltet man die Korrekturdüsen der Raumsonde ein, so wird es in diesem Augenblick zum Objekt vom Typ 2 mit einer geänderten Flugbahn. Die Wechselwirkung der Gesetze der Welt 1 mit Software ist besonders eng bei Swing-By-Manövern. Dabei wird die Bahn der Raumsonde so gesteuert, dass sie Energie für den Weiterflug aus der Anziehung eines Himmelskörpers gewinnt.

Ein zur aktiven Abweichung vom natürlichen Ablauf passender philosophischer Begriff ist die Poiesis von altgriechisch ποιέω *machen*; der Aufbau der Software ist also die „poietische" Säule. Der Begriff findet sich z. B. bei Platon im „Symposium" und bei Aristoteles in der „Politik" und bedeutet im weitesten Sinne „Erschaffen". Das Wort ist mit „Poesie" verwandt, allerdings war für Aristoteles poietisches Handeln selbst „den Handwerkern oder eben Sklaven vorbehalten". Bei Platon im Symposium beschreibt die literarische Figur und Seherin Diotima die Poiesis als das Streben nach Vollkommenheit und Schönheit. Beide Bilder aus menschlicher Sicht – der Computer als ausführenden Sklaven und das Streben nach Vollkommenheit – scheinen zur Charakteristik der Softwaresäule zu passen.

Teilchenwelt und Informationswelt konnten bis heute nicht wissenschaftlich zu einer „Unified Theory" verbunden werden, nur im philosophischen Ansatz. Berühmt ist die Idee des „Rechnenden Raums" von Konrad Zuse, dem Computerpionier, ca. 1945:

> *„…dass mir plötzlich der Gedanke auftauchte, den Kosmos als eine gigantische Rechenmaschine aufzufassen."* Er denkt dabei *„an die Relaisrechner: Relaisrechner enthalten Relaisketten. Stößt man ein Relais an, so pflanzt sich dieser Impuls durch die ganze Kette fort. So müßte sich auch ein Lichtquant fortpflanzen, ging es mir durch den Kopf. Der Gedanke setzte sich fest."*

Der Kosmos wäre danach ein Parallelcomputer von wechselwirkenden Kleinstcomputern in der kosmischen Anzahl von etwa 10^{80}, der Zahl der Elementarteilchen im Universum.

Die Welt der Software (und damit der konstruierten Komplexität) steht in keinem Gegensatz zu den Naturgesetzen: Sie baut darauf auf, benötigt Materie als Grundlage (daher die L-Form für die It-Welt in der Abb. 2.4), aber sie ist nicht reduzibel auf die

Gesetze der Physik. Umgekehrt ist eine Theorie der Information im Rahmen der Physik allein nicht im Stande, konstruierte Komplexität zu verstehen (und damit vor allem nicht das Leben). Eine Reihe von Physikern und Philosophen hat sich in diesem Sinne mit mässigem Erfolg mit den Fundamenten beschäftigt, etwa mit Fragen wie „Gibt es einen Erhaltungssatz der Information" oder „Wieviel Information enthält ein Proton oder ein Schwarzes Loch?", so die Physiker Carl von Weizsäcker (1912–2007) und Stephen Hawking (geb. 1942). Als Metapher könnte man derartige Betrachtungen ohne konstruierte Komplexität als „anorganisch" bezeichnen im Gegensatz zur Einführung von Software als „organisch" – so wie die Chemie von Kohlendioxid und Eisenchlorid der „anorganischen" Chemie angehört, aber Benzol und Ascorbinsäure und DNA der „organischen" Chemie.

Damit wäre das Verständnis der Welt auf den Kopf gestellt und die Software als Programm des Kosmos wäre das Primäre, und die ganze Entwicklungsgeschichte des Universums eine grosse, laufende und sich weiterentwickelnde Software. Heute bezeichnet man diese spekulativen Gedanken als „Digitales Universum" oder „Digitale Physik". Die bekanntesten neueren Vertreter sind der deutsche Physiker Carl Friedrich von Weizsäcker (1912–2007) mit einer Art von archetypischen Objekten in seinem Buch „Die Einheit der Natur, Studien" (1971), sowie insbesondere der amerikanische Physiker John Archibald Wheeler (1911 bis 2008). Wheeler schreibt:

> … es ist nicht unvernünftig sich vorzustellen, dass die Information im Kern der Physik sitzt, genauso wie im Innern des Computers. (1998)

Von ihm stammt der prägnante Slogan „*It from Bit*" für den Grundgedanken – das atomare *Es* (linke Säule) sei erzeugt aus dem informatorischen „*Bit*" (rechte Säule). Philosophisch ausgedrückt: Die Information und die Software hätten damit die ontologische Priorität.

Wir bleiben beim konkreten Dualismus von „It" und „Bit" nebeneinander und damit bei den beiden recht soliden und abgegrenzten Säulen Physik und Information/Software. Aber wir können sie miteinander verbinden, etwa durch

- den Begriff der Entropie als klassische Vorahnung einer Beziehung zwischen den Welten Materie und Information,
- die Ausführung von Computeroperationen – d. h. des Laufs von Software – auf der Basis von Hardware in vielen Formen, aber eben auf der ersten Säule,
- die Frage des minimalen Energieverbrauchs bei solchen digitalen Operationen (dies hängt eng mit den Fundamenten beider Säulen zusammen),
- chaotische Vorgänge, bei denen eine winzige Änderung der Eingangsdaten (aus der atomaren Welt) den Lauf der Dinge (d. h. der Software) drastisch ändert.

Zwischen realer Welt und virtueller Welt, der Säule 1 und der Säule 2, entsteht dazu ganz natürlich mit dem Wachstum der Leistung der Computer eine Brücke, die immer tragfähiger wird: Die immer präziser werdende Simulation der Welt im Computer. Ein Musterbeispiel ist die Berechnung der Eigenschaften der Materie, beginnend etwa 1960 mit der Berechnung der elektronischen Eigenschaften einfacher Moleküle, dann komplexer Moleküle und Gruppen von Molekülen. Heute lassen sich mit Superrechnern und fortgeschrittener Simulationssoftware, die mehr oder weniger Näherungen gegenüber den fundamentalen Grundsätzen der Physik (den „First Principles") enthält, realistische festkörper-ähnliche Strukturen mit Tausenden von Atomen simulieren und damit z. B. neue Batteriezellen berechnen. Die Software ahmt dabei die realen Wechselwirkungen der Bausteine immer wirklichkeitsnäher nach. Für Naturwissenschaft und Technik ist dies neben Experiment und Theorie der dritte Weg zur Erkenntnis, philosophisch bedeutet es, dass die beiden Welten „It" und „Bit" sich annähern.

Die Entwicklung der Informationstechnologie bringt weitere neue, ganz pragmatische Verbindungen des „It" mit dem „Bit":

- durch das „Internet der Dinge", die zunehmende Ausstattung der Dinge der Welt mit Software, die die Dinge beschreibt, mit ihnen und für sie agiert, nach aussen sendet und nach innen empfängt, sogar „Verantwortung" übernimmt,
- durch die zunehmende Digitalisierung der Welt als Ganzes, etwa mit „Google Earth".

Diese Software–Erweiterungen der Welt haben auch philosophische Bedeutung: Es entstehen digitale Identitäten der Dinge inklusive von uns Menschen und der Welt, der Erde und sogar der astronomischen Körper.

Wir betonen, dass dieses Weltmodell nicht im Konflikt steht mit gemässigten religiösen Vorstellungen. So schreibt der Jesuit und Geologe Teilhard de Chardin (1881–1955) in seinem Hauptwerk *„Le phénomème humain"* *(„Der Mensch im Kosmos")* genau im Sinne unseres Weltmodells:

> … aus dieser Sicht könnte man sagen, dass jedes Lebewesen gebaut ist (nach dem Aufbauplan) wie eine Ellipse mit zwei zusammenhängenden Brennpunkten, einen für die materielle Organisation, einen für das Psychische – und beide gehen immer zusammen.

Software mit den Eigenschaften der Dynamik, des Wachsens und Steuerns hätten für Teilhard de Chardin die zweite Kraft neben dem Materiellen sein können, die er in seinen Werken naturgemäss nur vage beschreiben konnte oder erahnen lässt.

In Kap. 4 führen wir noch ein fundamentales Element ein, das unsere Welt bestimmt: den Zufall. In der Natur (der It-Welt und dadurch auch in der Bit-Welt) ist dies eine gestaltende Kraft, die den Determinismus zumindest abschwächt, ja verdeckt: der Zufall im Rahmen der Naturgesetze. Kein Baum gleicht dem andern, keine Schneeflocke der andern, trotz gemeinsamen Naturgesetzen. Ohne Zufall (schon den klassischen, erst recht mit dem quantenmechanischen) erhält man nicht die wirkliche Welt. Eine Welt ohne Zufall und die damit verbundene Komplexität gibt es nur als Ausnahme (etwa in Kristallen) oder im Künstlichen (etwa einem modernen Gebäude oder einer nicht zu komplexen kommerziellen Software). Alles Wirkliche ist aus Prinzip „verrauscht". Darauf weist insbesondere der Mathematiker Benoît Mandelbrot in seinen Arbeiten hin, sei es bei einer Küstenlinie, der Gestalt eines Baumes oder eines Aktienkurses, die alle nahezu beliebig unstetig verlaufen.

2.3 Komplexität und Software

> Das Beherrschen der Komplexität ist das Wesen der Programmierung von Computern.
> Brian Kernighan, Informatiker, geb. 1942

und ähnlich:

> Die Kunst des Programmierens ist die Kunst, Komplexität zu organisieren.
> Edsger W. Dijkstra, Informatiker, 1930–2002

Bei Software haben wir komplexe Vorgänge und „Sein und Werden" in zwei Stufen:

1. Die Erstellung der Software (nach den Zielvorgaben, der Spezifikation oder „Spec" im Jargon), im Rahmen des Software Engineering und mit der Anwendung von Softwaretechnik,
2. Den Lauf der Software mit den folgenden Betriebsergebnissen, die sog. Laufzeit oder „Runtime".

Die beiden obigen Zitate beziehen sich vor allem auf den Vorgang der Beherrschung der Komplexität bei der Konstruktion der Software einschliesslich der Klarheit der Zielvorgaben. Allgemein nimmt man an, dass Schönheit eine Verminderung der Komplexität bedeutet – wie bei einem symmetrischen Gesicht, oder bei einem eleganten knappen mathematischen Beweis; eventuell ist es ja sogar eine Tautologie. In der Praxis ist Schönheit nicht so geradlinig zu definieren. Nach dem japanischen ästhetischen Prinzip des Wabi-sabi gehört zur idealen Schönheit ein Körnchen Unvollkommenheit, etwa in der Oberfläche einer Keramik aber auch in einem Gesicht. Wir kommen bei der Erwähnung der „agilen Softwareentwicklung" noch auf Wabi-sabi als „dem Leben des Entwicklers mit Unvollkommenheit" zurück; in der Softwarepraxis wird wohl am ehesten ein wohlstrukturiertes und gut lesbares Programm als „schön" angesehen – mit der Nebenbedingung, dass es seine Aufgabe dabei rasch und zuverlässig löst …

Wir halten fest: Softwareengineering ist die allgemeine Disziplin vom Bau komplexer Systeme, ob nun für eine Bank oder für ein Grossflugzeug.

Ein fundamentaler Punkt ist dabei die Kontrolle von Verzweigungen im Programmlauf, die (eventuell unumgänglich) Unübersichtlichkeit und Komplexität bringen. Berühmt ist der Kampf des niederländischen Informatikers Edsger Dijkstra gegen die Anwendung der Sprunganweisung GOTO, vor allem wenn mehrfach angewandt. In einem Brief von 1968 titelt er medienwirksam:

> „Die Go To – Anweisung vermutlich schädlich" „Go To Statement Considered Harmful".

Der Ersatz dafür sind besser überschaubare Strukturen mit lesbarer und getrennter Auswahl (siehe Abb. 2.6), die die Komplexität für den Menschen verbessern. Ein übersichtlicher Knoten verteilt die Alternativen an einer Stelle des Programms; eine komplexere Alternative wäre eine Folge von mehrfachen Verzweigungen gewesen, etwa mit mehr-

Abb. 2.6 Ein einfaches Software- Beispiel zur Strukturierung als Verfahren, etwas besser zu verstehen. (Beispiel nach Wikipediaartikel „Mc Cabe-Metrik“ (07/2015))

```
String wochentagsName(const int nummer) {
 switch(nummer) {
   case 1: return "Montag";
   case 2: return "Dienstag";
   case 3: return "Mittwoch";
   case 4: return "Donnerstag";
   case 5: return "Freitag";
   case 6: return "Samstag";
   case 7: return "Sonntag";
 }
 return "(unbekannter Wochentag)";
}
```

fachen IF THEN ELSE oder mit GOTO-Anweisungen. Vor allem im Fehlerfall oder bei einer Erweiterung macht sich die gute Strukturierung und Lesbarkeit des Codes bezahlt. Das betrifft sogar den Autor eines Programms selbst, für den Struktur eine grosse Hilfe ist, sein Werk wieder zu verstehen, sei es für eine Erweiterung oder für die Fehlersuche.

Im Gegensatz dazu gibt es auch (nichttechnische) Autoren mit gegensätzlicher Tendenz, hier das berühmte Zitat von Martin Heidegger 1936:

> Das Sichverständlichmachen ist der Tod der Philosophie. (siehe Trawny 2010)

Die Software ist der Träger der gewollten und konstruierten Komplexität und damit zentral für die Welt und das Leben – ungewollte Komplexität gibt es auch: In menschengemachter Software durch Fehler, in der Natur durch den Zufall. In menschengemachter Software bestimmen Fehler auch eine praktische Grenze für die Grösse eines Programms oder Programmsystems: Korrigiert man einen Fehler und führt man dabei im Mittel wieder einen Fehler ein, so sollte man aufhören (und strukturiert neu anfangen). De facto wird dies auch wirklich so gehandhabt: Erfolgreiche kommerzielle Software wird im Inneren immer wieder neu geschaffen.

Die Komplexität des Individuums mit den persönlichen Eigenheiten entsteht durch (von aussen gesehen zufällige) Wechselwirkung mit der Umwelt, so klein diese Wechselwirkung auch sein mag. Wir erläutern dies am fiktiven Beispiel der Natursoftware, die einen Baum mit Blättern wachsen lässt:

- Die Software (vor allem die Genetik) bestimmt das Grundprinzip der Art, z. B. des Apfelbaums (Malus X domestica), mit Art der Rinde, Form der Krone und der Knospen und Blätter, die potentielle Wuchshöhe, Form und Farbtextur der Früchte usf.
- Der Zufall bestimmt auf dieser Grundlage die einzelnen Blätter, Zweige, Wurzeln, Rindenrillen und die individuelle Maserung der Äpfel usw.

Es wäre unsinnig, von Determinismus zu sprechen (das Wort ist aus dem 19. Jahrhundert und wegen der mechanistischen Vorstellung zu vermeiden), obwohl natürlich die Naturgesetze gelten und sonst nichts. Wir können (zumindest im Gedankenexperiment) die auftretende Komplexität messen,

- einmal die Grösse des „Mach-den-Baum-wachsen"-Programms, im Wesentlichen des Genoms der Art „Apfelbaum",
- zum andern die Komplexität des vor uns stehenden Baumes, der als Individuum mit allen Feinheiten de facto unkomprimiert zu kodieren ist.

Die Datenmenge der Kodierung des Baumes mit allen zufallserzeugten Feinheiten wird um Grössenordnungen höher sein als die Komplexität des Kernprogramms. Es gibt also zwei Arten von Komplexität:

- gesetzmässig erzeugte Komplexität, sozusagen „poietische" Komplexität[2],
- und zufällig erzeugte Komplexität, „spontane" Komplexität.

Wir verwenden zur Messung den Grundgedanken der Konstruktion:

> Die Komplexität einer Aufgabe ist die Länge des kürzesten Programms, die notwendig ist, um eine Aufgabe zu lösen.
> Kolmogorow-Chaitin Komplexitätsmass (1965/1969)

Eine pragmatische Software-Weisheit drückt dies sinngemäss aus:

> Eine Softwareentwicklung ist dann gut, wenn die Menge Arbeit, die [zur Erfüllung der Funktion] NICHT getan wird, maximal ist.

Dieses Mass bedeutet, dass NICHT die Grösse eines Systems die Komplexität bestimmt, sondern die interne Verwicklung der Struktur: Abb. 2.7 erläutert die (geringe) Komplexität einer regelmässigen Folge. Das Programm ist einfach und kurz „*Wiederhole N-mal die ‚1'*". Redundanz trägt nahezu nichts zum Komplexitätsmass bei. Dies reduziert die „echte" Komplexität vieler Systeme beträchtlich, etwa von Rechenzentren oder auch vom Gehirn.

Bei einer Kette von Zufallszahlen dagegen lässt sich nichts komprimieren, man muss alle Zahlen direkt speichern. Der Zufall ergibt die höchstmögliche numerische Komplexität für eine Struktur – es sei denn, es handelt sich um „Pseudozufallszahlen", die durch einen kurzen Algorithmus, eventuell mit einem Startwert oder Samen, deterministisch erzeugt werden. Das Wissen um diesen Algorithmus ist Macht. So sind die berühmten Mandelbrotschen Apfelmännchen (Abb. 2.8) beliebig komplizierte Objekte, aber nicht komplex, da sich aus zwei kurzen Gleichungen alles berechnen lässt. Das Apfelmännchen in Abb. 2.8a ist wie eine Landschaft, in der man herumgehen kann und beliebig vergrössern: Es tauchen dabei immer neue Figuren auf ohne aufzuhören. Ein Beispiel dafür ist das untere „Seepferdchen" im Bild 2.8b.

---

[2] „Poiesis" von alt-griechisch ποιέω, *machen*.

11111111111 ..... insgesamt 450 Mal 11111111111

Durch ein Programm:
„Wiederhole
450-mal die '1'"

1011011010101001110010110011100000011110010100001
0001001101111011000010001010100011101110010101111
0000010011010000110111011110101011000001000111O1
0001001111100000111110100100011011110010101000000
0011000110100011001111011111000110111001001100000
0100000011000010000001101010100000110001011000001
0010000110111111111001001010100111110010001001000
0000100010100111001111011000001010011111110010111
1100011101101011000001110110011110101100111011000

Wenn 450 Zufallsbits:
Nicht komprimierbar.

Abb. 2.7 Komplexität: Die Länge der benötigten Erzeugungsvorschrift ist nach Kolmogorow und Chaitin das Mass der Komplexität einer Struktur. (Bild: Autor; Zufallsbits nach Rainer Hoffmann)

Die Beschreibung des individuellen Baumes mit den Zufallsdetails kann viel umfangreicher (und kaum komprimierbar) sein als das Kerngenom des Apfels mit „nur" etwa 743 Mio. Basenpaaren (nach Campos 2002). Die zusätzliche Information für den ausgebildeten Baum kommt aus der Umgebung und von der Wechselwirkung in sich und mit der Umgebung.

Die beiden Arten von Komplexität, gesetzmässig erzeugte und sich wiederholende „poietische" Komplexität, und die zufällig erzeugte einmalige „spontane" Komplexität bis zum fertigen Individuum, sind daher ontogenetisch[3] (den Entstehungsprozess betreffend) verschieden zu bewerten. Die Information der spontanen Komplexität wird durch die Ge-

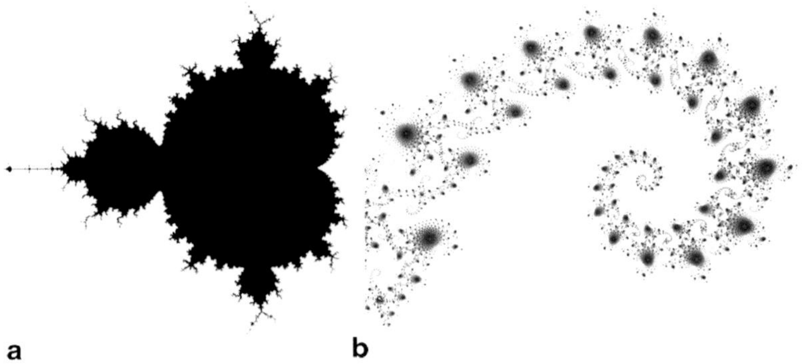

a b

Abb. 2.8 Die graphische Darstellung der Mandelbrot-Menge als pseudokomplexes Objekt. **a** Das „Apfelmännchen" (Bilder: „Mandelbrot black ITR20", Wikipedia Commons George). **b** Ein vergrösserter Ausschnitt daraus. (Bilder: „Mandelbrot Seahorse Spiral", Wikimedia Commons, Jordan Pierce)

[3] ontogenetisch: ὄνον, „das Seiende" und γένεσις génesis, „Geburt", „Entstehung".

setze der Umwelt zwar erzeugt und geführt, aber sie selbst muss nicht zur Kerndefinition des Lebewesens gerechnet werden.

Ein einfaches Softwarebeispiel, das diese zwei Arten der Information demonstriert, ist die umgekehrte Aufgabe der künstlichen Erzeugung von Naturszenen im Computer, etwa von einer Gebirgslandschaft, von Wolkenbergen oder Pseudo-Pflanzen. Eine Technologie für derartige Strukturen beruht auf der Fraktaltheorie (Mandelbrot 1987) des französisch-US-amerikanischen Mathematikers Benoît Mandelbrot (1924–2010). Damit ist es möglich, naturgetreu aussehende Objekte zu erzeugen mit beliebig feinen Details, die die Informationsmenge der spontanen Art beliebig aufblasen.

Ähnliche Kompaktheit gilt für den Bau des Gehirns, das uns besonders interessiert. Wir Menschen haben etwa 3000 Mio. Basenpaare im Genom entsprechend etwa 800 Megabyte an Daten unkomprimiert; dies lässt sich auf etwa 50 „harte" Megabytes komprimieren. In dieser geringen Datenmenge ist die gesamte initiale Bauinformation für das Gehirn enthalten.

Die weitere Information des ausgewachsenen Gehirns wird beim Wachsen und Lernen zugefügt, spontan per Zufall, aber natürlich hier vor allem durch die Wechselwirkung mit der Umgebung und durch Lernen. Dies wird den Physiker enttäuschen: Aus den einfachen Naturgesetzen folgt zunächst relativ wenig (natürlich wichtige) „poietische" Information. Beim Beispiel der Bahn zweier Himmelskörper umeinander reichen zwölf Grössen aus, um die beiden Bahnen im Raum zu beschreiben (legt man einen der beiden Körper fest, so sind es nur sechs Parameter). Kommt ein dritter Körper mit Zufall hinzu (das entspricht „Vielkörpermechanik" und „Rauschen") und erzeugt Chaos, so wächst die Informationsmenge zur Bahnbeschreibung unbegrenzt an. Natürlich gilt dies erst recht für die Millionen von Objekten in einer Galaxis und in den Milliarden von Galaxien. Es gibt offenbar sehr viel zufallsgenerierte Information im Universum.

Leider lässt sich für eine Aufgabe die minimale Programmgrösse zur Erfüllung dieser Aufgabe i. Allg. nicht berechnen. Andere, zweifelhafte Masseinheiten müssen verwendet werden. Aus der Praxis sind dies etwa das Mass der erwarteten oder hineingesteckten Arbeit in Form von Arbeitszeit („Menschenjahren" oder „People Years", früher „Manyears") oder die Anzahl der Programmzeilen (LOCs, Lines of Code) – beides sehr abhängig von den Programmierern und den verwendeten Hilfsmitteln: Die Programmierleistung kann selbst bei den gleichen Werkzeugen um den Faktor 10 oder mehr schwanken. Die Komplexität eines Projekts vor dem Arbeitsbeginn zu bestimmen ist von grosser wirtschaftlicher Bedeutung und die Aufgabe des Projektmanagers. Schätzverfahren wie „Funktionspunkte" oder „zyklomatische Messung" und viele andere versuchen genau diese Abweichungen von der Gleichförmigkeit zu bestimmen. Bei der Methode der Funktionspunkte wird eine Software bzw. die zugehörige Funktionalität in Elementarfunktionen zerlegt und daraus die Gesamtkomplexität, gemessen in Funktionspunkten, berechnet. Es ist damit ein Mass für die wesentlichen Entscheidungen, die der Programmierer zu treffen hat. Im Sinne des Komplexitätsmasses erhöht der Programmierer per Definition durch seine Entscheidungen systematisch die Komplexität – früher nahezu ohne Hilfsmittel, heute mit hochentwickelten „Tools" auf höherer Ebene.

Aber die Produktivität, gemessen in professionellen Entscheidungen pro Arbeitstag, bleibt gleich (und damit im Prinzip die Bezahlung), es ist eine menschliche Grösse; nur die Auswirkung der Designentscheidungen sind durch die moderne Technologie mächtiger geworden und gewachsen.

Eine philosophisch interessante Beobachtung ist dabei, dass man ein und dieselbe Aufgabenlösung in den verschiedensten Programmiersprachen und für verschiedene Rechnerarten („Rechnerarchitekturen") implementieren kann. Dies geschieht zwar verschieden leicht und die Lösung „läuft" wahrscheinlich verschieden gut, aber es ist nichttrivial. Es scheint also unabhängig von der materiellen Grundlage jeweils auch eine platonische Idee zu existieren: Eine Software realisiert eine Idee. Im Rahmen des Projektmanagements steckt diese Idee in den „Specs", dem Pflichtenheft zur Aufgabenlösung. Dies ist zu vergleichen mit einer mathematischen Aufgabe, z. B. die Berechnung der Kreiszahl π: Es existieren Hunderte von Wegen zur Berechnung von π mit verschiedener „Leistung", also der Geschwindigkeit, mit der man die Folge der Nachkommastellen erhält, aber dahinter steht immer die Kreiszahl.

2.4 Arten und Eigenschaften von Software – nützliche Beobachtungen

> Software ist wie Entropie: Sie ist schwierig zu begreifen, wiegt nichts und folgt dem zweiten Gesetz der Thermodynamik, d. h. sie wächst immer an.
> Norman Ralph Augustine, Raumfahrtunternehmer, geb. 1935

Die „Maschinerie Software" benötigt zum Lauf eine Hardwaregrundlage und Energie, aber die grundlegende Hardware der Bauelemente ist nur passives Material, es sind vor allem Ströme von Elektronen, von Löchern (im Kristall fehlenden Elektronen) oder Änderungen von Spinrichtungen und Magneten. Egal in welcher Programmiersprache programmiert wird, letzten Endes wird das Programm zu Anweisungen an diese Bauelemente: Tue dies, tue das, bis zum „Stop" – allerdings in Milliardenfacher krauser Folge pro Sekunde. Es sind im Prinzip nur wenige Grundoperationen, die elementar ausgeführt werden: Additionen, Vergleiche, Verschiebungen und Kopiervorgänge. Allerdings werden wegen der Einfachheit der Operationen selbst für einfache Aufgaben lange Sequenzen von Grundbefehlen benötigt, Befehle in sogenannter Maschinensprache.

Dagegen ist die konstruierte Hardware des Computers, der Prozessorenchip, eigentlich selbst Software. Die Komplexität und Funktion liegt im Verschalten der Bauelemente, nicht in der Hardware. Die Physik und Chemie mit Grenzschichten, Silizium, Siliziumdioxid u. a. sind „nur" die Grundlage wie die Holzperlen und Stangen beim Abakus, nur schneller, leichter zu steuern und mit viel, viel mehr Bausteinen. Dazu geschieht die Verschaltung der eventuell Milliarden von Transistoren (2014 bis zu 2.5 Mrd. bei einem Intelprozessorenchip) ebenfalls mit Software; die Aufgabe ist schon längst menschlichen Fähigkeiten entwachsen. Die Funktionssoftware der Chipgeneration n + 1 wird mit Hilfe der Funktionssoftware der Generation n entwickelt, und die Entwurfssoftware bestimmt, wie der Chip n+1 schliesslich produziert (geätzt, beschichtet und getestet) wird: Software überall, und Software hat als Ergebnis wieder neue, leistungsfähigere Software. Das Vorurteil „ein Computer liefert nur das, was hineingesteckt wurde", ist Unsinn. Der Computer ist ein Werkzeug für Neues; es ist gerade die Definition von Software, etwas Neues zu erzeugen.

Ein Prozessor mit seiner eingebauten Logik („die Hardware") ist zunächst eine feste logische Maschine. Aus verschiedenen Gründen ist es vorteilhaft, sie ändern zu können (es gibt auch Technologien, die kurzfristige interne Umprogrammierung des Prozessorkerns erlauben, etwa sogenannte FPAs, Field Programmable Arrays). Firmware ist Software, die den Prozessor in seinen Fähigkeiten grundlegend verändert und besser anpasst oder einfach gefundene Fehler korrigiert. Die Hardware wird von den Ingenieuren und Physikern so gebaut, dass die Elementaroperationen so schnell wie möglich ablaufen; in einer positiven Spirale gehen die laufende Miniaturisierung und die immer kürzeren Zeiten pro Operation ursächlich Hand in Hand. Der Chipdesigner passt die Logik der Hardware so an, dass die am meisten verwendeten Operationen am schnellsten ablaufen, am besten sogar jeweils nur in einem Takt (sog. RISC-Prinzip). Muss man eine Operation mit Software (also von aussen geladen) umschreiben, so kann die Ausführung leicht eine oder mehrere Grössenordnungen länger dauern als direkt in Hardware. Diese Umschreibung mit einem kleinen Programm kann auch im Innern des Prozessors geschehen; man spricht dann von Mikrocode. Mikrocode ist also Software, die vom Computer unterhalb der Programmiererebene verarbeitet wird. Er konnte bei einem Rechner früher Millionen von Zeilen Programm umfassen. Heute hat man mehr Schaltkreise auf dem Chip dafür in der Hardware zur Verfügung und Platz für mehr Instruktionen; der Mikrocode ist z. T. ebenfalls zu Hardware geworden.

Aus dem Mikrocode und aus Betriebssystemkommandos entsteht dann erst die äussere Hardwaresicht des Computers in Form der Assemblersprache mit einigermassen menschlichen Ausdrücken, dann setzen darauf die üblichen (noch maschinennahen) Programmiersprachen wie z. B. Fortran oder C oder Python auf, die den Computer jeweils zu einer spezifischen Maschine machen. Damit ist der Weg frei für „ganz oben", für die Anwendungen (die Applikationen) oder die (mobil ladbaren) Anwendungspakete oder „Apps", die auf allen Hilfsprogrammen für den Betrieb und, last not least, auf der Hardware aufsitzen. In diesem Sinne werden die Hilfsprogramme wie die Software für Kommunikation oder für Daten und Dateienorganisation auch die „Middleware" genannt.

Konfiguration ist ein Verfahren zur Veränderung des Verhaltens durch die Auswahl von den in der Software vorbereiteten Möglichkeiten – subtraktiv oder additiv. Es ist die Komposition des für eine Art von Anwendungen optimierten Systems aus Komponenten ohne Änderung des Codes selbst. „Konfiguration" erinnert an die Epigenetik in der Natur (die griechische Vorsilbe *epi bedeutet etwa* „hinterher", „um … herum" oder „zusätzlich". Epigenetisch sind danach alle Prozesse in einer Zelle, die als „zusätzlich" zu den Inhalten und Vorgängen der Genetik gelten. In der Biologie bestimmt Epigenetik die Aktivität eines Gens durch Maskierung von Programmteilen (z. B. durch sog. Methylierung) unter Beibehaltung des Programms selbst (d. h. bei unveränderter DNA) und legt damit dauerhaft die Entwicklung der Zelle fest.

„Firmware“ ist ein Begriff, der in Analogie zu Lernvorgängen im Gehirn gesehen werden kann: Es entspricht aufgenommenem Lernstoff, der nicht *ab initio* schon im Gehirn vorbereitet ist, aber in unsere Grundprozesse (also auch unsere Seele) fest eingeht (s. u.). In diesem Sinne ist von Geburt vorgegebenes also „Hardware“ (nicht sehr hart, eher „Wetware“), und der weitere Lernstoff, z. B. kulturelle Prozeduren, die Firmware des Gehirns. Es ist Aufgabe der Forschung, hier die richtige Aufteilung zu machen – etwa für unsere Fähigkeit, überhaupt Sprechen und dann eine bestimmte Sprache erlernen zu können.

Eine fundamentale Eigenschaft von „echter“ Software ist die Grösse der Gesamtheit der zu bauenden Software: In der Wirklichkeit, bei künstlicher Software in der kommerziellen Praxis wie bei natürlicher Software, etwa in Genetik und Gehirn, geht es um grosse, sehr grosse Systeme (Ultra Large Systems). Zum Verstehen der intellektuellen Bedeutung der Software in der Gesellschaft stört bedauerlicherweise etwas sonst ja Erfreuliches: Es stört die (gute) Erfahrung vieler Menschen durch das Programmieren eines kleinen Übungsprogramms. Dies hinterlässt den Eindruck von Trivialität *(„da ist ja nichts dahinter“)* – aber dies gilt nur für kleine Programme. Grosse Programme wie Betriebssysteme, Bankensoftware oder auch Fotoshop gehören zu den komplexesten Objekten, die Menschen geschaffen haben.

Wie selbstverständlich es ist programmieren zu können, zeigt der kleine Dialog, gefunden im Blog geschäftsmann20.com:

> Frage an einen Mitarbeiter: „Was machst Du da?“ Antwort: „Ich scripte hier etwas Kleines“.
> „Aber Du hast mir gesagt, du könntest nicht programmieren?“
> „Das ist ja nicht wirkliches Programmieren!“

In der Tat wird die Fähigkeit des Programmierens immer selbstverständlicher. Das Programmieren kleiner Aufgaben wird immer leichter, immer mehr nur eine ausführliche (umgangs-) sprachliche Formulierung der Aufgabe, etwa mit Skriptsprachen (wie im Zitat erwähnt), anstelle von kniffliger und trockener Systemarbeit. Dabei sind Skriptsprachen die allgemeinste Form der Programmierung. Ein Skript ist eine Folge von direkten Anweisungen, etwas zu tun für eine (praktische) Umgebung, mit der der Ablauf einer Folge von Aktionen automatisiert wird.

Häufig sind die Einzelaktionen durch gebrauchsfertige Programmbausteine gegeben. Es soll schon Gründer von Softwarefirmen geben, die nicht „richtig“ programmieren können, d. h. keine fundamentale Programmiersprache kennen und nicht die Prinzipien der Softwaretechnik, aber eine erfolgreiche soziale Anwendung erschaffen haben. Das erste erfolgreiche Programmieren kleiner Aufgaben, so pädagogisch wertvoll es auch ist, führt zu einer weltanschaulichen Fehleinschätzung, nämlich die Software als etwas Kleines anzusehen, aus dem ja nichts Neues kommen kann. Damit wird es schwierig, das Beeindruckende, ja das „Lebendige“ in grossen Systemen zu verstehen.

Abbildung 2.9 zeigt einige kollektive Programmgrössen von Systemen zusammen mit der Anzahl der Auslieferungen pro Jahr als Indiz für die wirtschaftliche Bedeutung. Die Grösse wird hier gemessen in der Zahl der Programmbefehle eines Programms nach dem

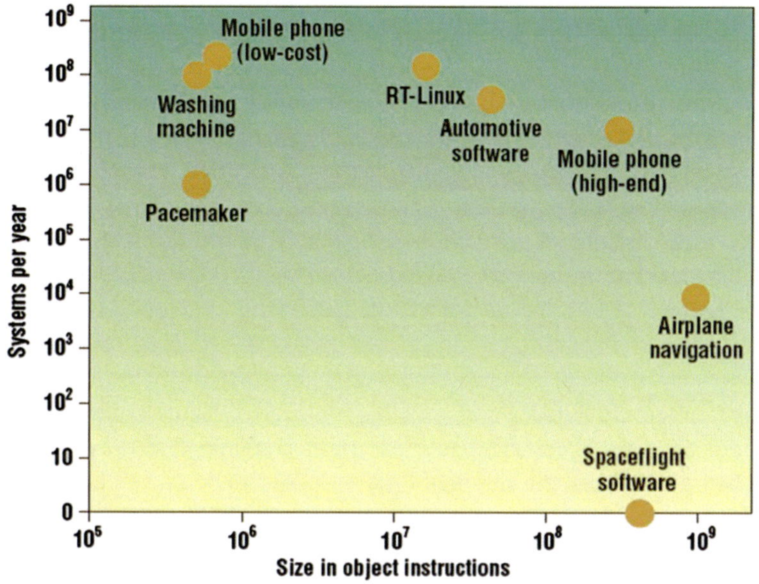

Abb. 2.9 Umfang und Anzahl von ausgelieferten kommerziellen (Software-) Systemen. (Bild: Christof Ebert und Capers Jones in „Embedded Software: Facts, Figures and Future", Computer Vol 42, no 4, 2009)

Übersetzen (der „Objekt Code", im Gegensatz zum „Quellencode" in einer höheren Sprache, den der Programmierer erstellt). Im Herzschrittmacher ist die mögliche Systemgrösse wegen der Kleinheit des Geräts sehr niedrig (aber die Qualität des Codes muss sehr hoch sein) – im Smartphone und erst recht in Grosssystemen wächst die Betriebssoftware auf mehr als hundert Millionen Zeilen und Tausende von „Peopleyears" von Entwicklungs- und Testarbeit an.

Es ist eine Art von Gesetz, dass Software und Komplexität bei einer Geräteklasse im Laufe der Zeit kontinuierlich zunehmen. Software ist von Natur aus prädestiniert, die Innovationen mit neuen Funktionen oder Erweiterungen von Funktionen zu übernehmen. Das durchaus mögliche Giessen dieser Software in ein eigenes Chipdesign kostet viel mehr und ist dann schwer zu ändern. Dies drücken die sogenannten „Gesetze von Lehmann" aus für die Evolution von (kommerzieller) Software. Hier ein Auszug:

- Software einer Anwendung muss laufend weitergebaut werden, sonst veraltet sie und der Nutzer wird unzufrieden,
- Software wächst laufend in der Komplexität,
- das Wachstum des Systems muss mit dem Aufbau an Kompetenz im Team Schritt halten, vice versa,
- die Qualität eines Softwaresystems reduziert sich im Laufe der Zeit durch die vielen Änderungen, es sei denn, man macht besondere Anstrengungen zur Verbesserung.

Die Evolution der Software grosser Systeme ähnelt damit der biologischen Evolution.

Die Qualität ist ein prinzipielles Problem: Alle hinreichend grosse Software enthält Fehler oder „Bugs". Ausgefeilte Tests inkl. Beta-Tests (das sind Tests mit den ersten Kunden zusammen) dienen dazu, die Hauptmenge der Fehler zu finden. Eine mögliche Art von Flickmethode ist das „Patchen" von Fehlern beim Kunden, die Einspielung von Korrekturen in das ansonsten fertige System. Historisch rührt der Begriff vom Vorgehen in den Anfängen der elektronischen Datenverarbeitung her. Die ersten Programme wurden in der Form von gelochten Papierstreifen geliefert oder als Stapel von Lochkarten – und bei einer schnellen Korrektur wurden geänderte Stücke geliefert und eingeklebt oder Lochkarten ausgetauscht, also das Programm geflickt (engl. *to patch* – flicken, ausbessern) ohne das ganze System neu aufzusetzen und zusammen zu bauen. Mit der nächsten grossen Weiterentwicklung werden die Patches dann „richtig" integriert. Heute kommen solche Änderungen über das Internet, ganz wichtige sogar in das laufende System hinein als Hotfixes.

Aber Fehler gehen trotzdem mit dem Produkt zum Kunden – es bleibt die Hoffnung, dass die restlichen Fehler in Programmzweigen liegen, die nie erfasst und durchlaufen werden. Diese toten Programmteile sollte man eigentlich entfernen, aber dies wäre gleichzeitig ein neues Fehlerrisiko. Eine andere Beobachtung ist die erstaunliche Langlebigkeit von Programmen als sogenannter Legacy-Code. Wir ergänzen die Lehmann-Gesetze:

- Ein zufriedenstellend funktionierendes Programm wird so lange wie möglich am Leben erhalten, bevor eine neue Lösung aufgesetzt wird. Sogar dann noch, wenn niemand mehr im Unternehmen die Kompetenz hat, es zu verstehen. Der alte funktionierende Code wird dann eben als „Black Box" benützt.

Bei einem Neuanfang kann man durch bessere Struktur wieder bei geringerer Komplexität beginnen. Bei kommerzieller Software gibt es noch einen Mittelweg: Man verbessert nur die äusseren Aspekte des Programms und belässt den Kern („Face Lifting").

Die Evolution behält die gefundene Lösung für eine Aufgabe bei, solange sie funktioniert, auch wenn es sich eventuell nicht mehr um den direkten Lösungsweg handelt – genau wie der kommerzielle Legacy-Code. Viele Teile unserer Gene sind solcher Legacy-Code, sogar aus den Zeiten der Einzeller oder vom Übergang zu Mehrzellern. Andere Genabschnitte sind sogar „toter Code" mit dem anscheinend nichts geschieht – oder doch? Im Software Engineering ist toter Code ein Programmteil, das aus dem Kontrollfluss des Programms heraus unerreichbar ist. Zum Zwecke einer Übertragung auf die Software der Evolution (s. u.) sind die Gründe für das Vorkommen von „totem Code" in üblicher Software interessant, es sind dies z. B.:

- Programmierfehler wegen zu grosser Komplexität,
- Fehler, geschehen durch eine Folge von Umformungen,
- veralteter Code, den der Programmierer zu entfernen vergass,
- nicht mehr benützter Code, der so mit anderem Code vernetzt ist, dass der Programmierer es nicht gewagt hat, ihn zu entfernen,

- Programmteile, die effektiv nicht mehr erreicht werden, weil der Zugangspfad nicht mehr beschritten wird,
- Programmteile, die bewusst still gelegt wurden, aber als Vorlage oder zur Wiederverwendung beibehalten wurden.

Eine für viele Projekte nützliche Beobachtung bei Fehlern betrifft ein Gesetz zum Testen auf Fehler:

- Je früher im Entwicklungsprozess der Fehler auftritt und je später er dann entdeckt wird, umso aufwändiger wird es, den Fehler zu beheben (Abb. 3.9).

Es ist verlockend, die Erfahrungen der kommerziellen Softwareentwicklung mit dem Vorgehen der Natur in der Evolution als der biologischen Softwareentwicklung zu vergleichen: In der Evolution wächst in der Regel ebenfalls die Komplexität (das entspricht einer Definition der Evolution) durch Zufall und Selektion. Im Prinzip lassen sich nahezu alle Begriffe und Aussagen der Softwareentwicklung – von Hardware über Software zu den Lehmannschen Gesetzen – sinnvoll in die Natur übertragen.

Der amerikanische Mathematiker Gregory Chaitin (geb. 1947) schreibt in diesem Sinne:

> Jetzt haben wir digitale Software in der natürlichen Welt, das ist die Biologie, und dann auch in dieser künstlichen Welt, das sind die Computer.

Mit der Übertragung der Eigenschaften von kommerzieller Software auf Natursoftware lassen sich die philosophischen Begriffe der Teleologie, Entelechie und Teleonomie verstehen.

Teleologie

Teleologie (altgr. τέλος *télos*, Zweck, Ziel, Ende' und λόγος *lógos*, Lehre') versteht eine Entwicklung als Erfüllung eines vorbestimmten Zwecks. Kommerzielle und wissenschaftliche Software ist genau dies: Zu Beginn des Projekts steht ein Pflichtenheft für die zu entwickelnde Software (die „Specs"); die Festlegung der Specs ist sogar ein wesentlicher Teil der Entwicklung selbst. Aber bei der Evolution ist dies nicht der Fall; es ist nur unsere menschliche Betrachtungs- und Ausdrucksweise:

> Die Schwalben fliegen im Herbst in den Süden, um den Winter zu umgehen.

Dies ist eine teleologische Ausdrucksweise, menschlich, aber unsinnig. Niemand (oder doch?) will damit sagen, dass die Schwalbe sich dies überlegt und dann entscheidet *„diesen Winter geht die Familie an die Côte d'Azur"*.

Dagegen wäre korrekt (aber nicht so kommunikativ), es ohne den kausalen Zusammenhang auszudrücken:

> Die Schwalben fliegen im Herbst in den Süden und umgehen damit den Winter.

oder nüchtern und kausal

> Die Schwalben haben durch die Evolution ein Programm, das sie veranlasst, im Herbst in den Süden zu fliegen.

Ein berühmtes sarkastisches Zitat zur Teleologie stammt von dem deutschen Physiker Christoph Lichtenberg, 1742–1799:

> Er [der Philosoph?] wunderte sich, dass den Katzen gerade an der Stelle zwei Löcher in den Pelz geschnitten wären, wo sie Augen hätten.

Teleonomie

Die menschliche teleologische Ausdrucksweise deutet eine geheimnisvolle lenkende Kraft an wie den Vitalismus, die die Augen in die Löcher im Fell steuert. Diese Ausdrucksweise war und ist wissenschaftlich als Scheinerklärung verpönt. 2400 Jahre nach dem Wort „Teleologie", erfunden von Aristoteles (384–322 v. Chr.), wurde deshalb vom Biologen Colin Pittendrigh (1918–1996) das Wort Teleonomie geschaffen als eine kausalanalytische Erklärungsweise für einen (menschlich) zielgerichtet scheinenden Vorgang. Die „Erklärung" durch ein Ziel (*„die Schwalben fliegen fort um nicht zu erfrieren"*) ist einfach, das Aufdecken der Kausalstrukturen häufig schwierig. Dies gilt insbesondere wenn in der Biologie die Ursachen erst auf der molekularen Ebene und mit „High Biology" verstanden werden können.

Entelechie

Dieser von Aristoteles geschaffene Begriff enthält wie Teleologie das Wort *télos*, Zweck, geht aber weiter. Er bezeichnet damit einen hypothetischen Agenten in den Lebewesen, der zu dessen Lebenszweck führt. In der Formulierung von Wilhelm Weischedel (1988):

> Ein jedes Lebewesen trägt Ziel und Zweck in sich selber und entfaltet sich dieser seiner inneren Zweckmässigkeit gemäss.

Als anschauliches Beispiel wird häufig der Schmetterling (und die Raupe) verwendet: Die Raupe trägt in sich als Entelechie den Zwang zur Vollendung als Schmetterling, der Schmetterling als (eine) Entelechie die Fähigkeit zu fliegen.

Heute sehen wir diese Ideen der Antike und den postulierten inneren Agenten als Vorahnung an für die Software, die allen Objekten der 2. Säule per Definition innewohnt. Das Ziel ist, dass der Lebenscode überhaupt „läuft" und, bei künstlicher Software, das vorgegebene Aufgabenheft, der „Specs", erfüllt. Bei Natursoftware werden die Specs erst nach der Softwareentwicklung geschrieben.

Softwareleute lieben die teleologische Ausdrucksweise: Programme, Computer und Aktionen des Programms werden vermenschlicht: Wir nennen diese personifizierte Ausdrucksweise die Homunkulus-Sprache, *„Jetzt will er [sie, es] dies haben, jetzt holt er* *diese Daten, damit er dies kann ... usw.*" Im Sinne der gemeinsamen Bedeutung des Softwarekonzepts als Befehlsgeber für übliche Computer wie bei Intelligenz und Seele für das Gehirn (s. u.) scheint diese Ausdrucksweise im Prinzip sogar sinnvoll, zumindest für alle Objekte, die Aufgaben ausführen können.

Vor allem im 18. und 19. Jahrhundert diente das teleologische Denken als Pseudoerklärung für das Leben und die Evolution als Lebenskraft im Vitalismus. Die Idee war, dass die ganze Entwicklung in jeder Stufe die Bestimmung des Endziels (meistens der Mensch natürlich) in sich trägt als Entelechie. Vitalismus ist eine Pseudoerklärung, weil der Gedanke kein neues Wissen bringt, sondern nur das menschliche Gefühl des Verstehens erzeugt. Die dabei vermutete harte Trennlinie „anorganisch" vs. „organisch" gibt es nicht.

In der Tat haben wir mit Aristoteles gemeinsam, den Menschen als das Wesen der höchsten Komplexität anzusehen und damit als Krone der Schöpfung (ein Ausdruck von Aristoteles) – aber eine direkt einwirkende Kraft ist nicht zu sehen, und auch kein Ende der Entwicklung. Der Effekt ist nur ein Sonderfall des „anthropischen Prinzips":

> Rückwärts in der Zeit gesehen wirkt alles immer so, als haben sich Milliarden von Umständen magisch zusammengefunden, um gerade mich zu machen.

Leider sagt dies nichts aus über die Zukunft. Es ist logisch verwandt mit dem erwähnten Kindervers zum Geburtstag „*Wie schön, dass du geboren bist, wir hätten dich sonst sehr vermisst.*" Das hindert auch den Physiker nicht, durch den Zufall hindurch eine unpersönliche Tendenz zur Weiterentwicklung von Softwaresystemen zu spüren. Diese Tendenz oder Neigung aus dem Zufall heraus ist ungefähr auch der philosophische Gedanke des österreich-britischen Philosophen Karl Popper, den er auch direkt „Propensität" (*Neigung zu, Hang zu*) nennt. Für die Evolution belebt dieser Gedanke beinahe wieder den Vitalismus. Allerdings – all dies sind nur Gefühl und Worte, die das Gefühl umschreiben.

Tabelle 2.1 listet die Arten von Software in diesem Sinn auf: Teleologisch oder nicht, d. h. gibt es ein eindeutiges Ziel für das Endprodukt? Wer baut die Software zusammen und wer produziert den Code? Per Definition ist bei drei der vier Quadranten das Endprodukt (und das finale Programm zur Erzeugung) nicht festgelegt: es wird auf ein Ziel hin „gezüchtet" (z. B. ein neuer Propeller), es wird aus Anregungen systematisch erzeugt (etwa ein Aquarell oder eine Fuge im Stile von Bach) oder es entsteht das ganze Programm selbst und zieht damit die ganze Umwelt hoch (eine Evolution).

Tab. 2.1 Zur Teleologie von Software. Einordnung nach den Fragen: Ist das Endprodukt festgelegt? Wer erschafft die Bauvorschrift (den Code)?

	Ein Mensch codiert	Zufall produziert Code
Zielgerichtet („Specs")	Übliche Softwareentwicklung	Evolutionäres Programm zur Lösung von Aufgaben, Automatisches Testprogramm
Ungerichtet: Das Endziel ist nicht fest	z. B. „kreatives" wie malende und komponierende Programme	Evolution

Nur die übliche Softwareentwicklung mit vorgegebenen „Specs“ ist teleologisch; allerdings ist selbst dort das Ziel oft im Fluss und ändert sich im Laufe der Entwicklung und im Laufe des Lebens des Produkts.

Eine andere Betrachtungsweise der planmässigen Entwicklung von Software zur Erfüllung eines Pflichtenheftes ist die Interpretation des Entstehens der Software durch die Forderung des Auftraggebers. Dies wirkt im Ergebnis wie eine Art von nicht-physikalischer Kausalität, der sog. Abwärtskausalität, oder im Jargon „top-down“. Der Wunsch des Kunden nach einer neuen Funktion des Programms („das wäre noch gut zu bekommen“) „erzeugt“ die Funktion. Mehr zum Begriff im Kap. 4.

Noch eine Bemerkung zur religiösen Bedeutung von Zufallsentscheidungen: Eine Interpretation als ein Eingriff einer höheren Macht ist kein logisches Problem – es ist genauso widerspruchsfrei, wie ein tödlicher Verkehrsunfall entweder als göttlicher Eingriff betrachtet werden kann oder als eine zufällige Verkettung von Umständen. Allerdings kann man die Entwicklung der Ereignisse hin zu einem Unfall mit den menschlichen Sinnen sehen und verstehen, wie sich zufällig zwei Lebenslinien, vom Täter wie vom Opfer, treffen – bei der Evolution sehen wir ja mit unserer kurzen bewussten Menschheitsgeschichte von einem Bruchteil des Promilles der ganzen Evolution nur eine Art von Momentaufnahme. Heute überzeugen uns allerdings direkt Entwicklungen wie die unangenehm rasche Immunisierung von Bakterien gegen Antibiotika.

3 Philosophisches aus und für Software und Softwaretechnologie

Aus der Ingenieursdisziplin vom Bau grosser (Software-) Systeme ergeben sich allgemeine Lehren zum Verstehen grosser Systeme. Manche dieser Ideen finden sich im Ansatz schon in antiken Philosophien. Sie sind dort verbal viel schwieriger zu definieren und zu klären als in Softwarebegriffen. Hierzu vergleichen wir z. B. die aristotelischen Kategorien für „das Seiende" mit den Gesetzen der objektorientierten Programmierung. Laufende Softwaresysteme sind dynamische Systeme. Damit lehrt Software die Do's und Don'ts beim Bau dynamischer Systeme und wir besprechen „tödliche Umarmungen", die Kommunikation in Schichten, Grob- und Feinkörnigkeit, Spaghetticode usw. Dazu gehören auch sehr menschliche Konzepte wie das Arbeiten mit Entwurfs- oder Denkmustern und agiles Management in der Softwareentwicklung. Diese Prinzipien können auch durchaus allgemeinere praktisch-philosophische Anwendung finden.

3.1 Software als Ingenieursdisziplin

> Der Programmierer ist der Schöpfer eines Universums, dem er ganz alleine die Gesetze gibt. Kein Drehbuchautor, kein Regisseur, kein Kaiser, so mächtig er auch sein mag, hat solch absolute Macht um eine Bühne oder ein Schlachtfeld zu besetzen, und dann solch ergebene Schauspieler oder Truppen.
> Joseph Weizenbaum,Informatiker, 1923–2008

Softwaretechnik ist die Ingenieursdisziplin vom Bau von logischen Maschinen und dann von deren Lauf. Einige Charakteristika haben wir schon diskutiert; nun noch einige typische Eigenschaften von grundsätzlicher Bedeutung: Was man von der Freiheit im Universum der Software lernen kann.

Bei der Entwicklung von Software ist der Mensch der „ID", der Intelligente Designer, und damit in einer Position, die mit ihrer Macht dem philosophierenden Menschen über-

W. Hehl, *Wechselwirkung*, DOI 10.1007/978-3-662-48114-1_3

legen ist: Er (oder sie) sieht nicht nur die Dinge der Welt, sondern a) baut Neues und b) lässt die Werke laufen – ganz wie im klassischen Gottesbild. Zum Begriffspaar „Seiendes" und „Sein" kommen jetzt „Werdendes" und „Werden" sowie „Laufendes" und „Laufen". Dabei soll das Gerundium die Realität und das aktuell Vorliegende bezeichnen, das Verb direkt die Abstraktion davon.

Herkömmliche philosophische Betrachtungsweisen sind verbal, in extrem individueller Formulierung, sogar i. Allg. ohne jede helfende Skizze. Software dagegen ist formalisiert, weitgehend exakt und durch Grafiken im Prinzip und wenigstens Schritt für Schritt verständlich. Allerdings waren bereits die ersten grossen Programme (von Betriebssystemen wie das System MVS der IBM) bereits im Detail vom Einzelnen nicht zu erfassen. Ein Ausdruck des Programmcodes ergab bereits Papierstapel bis zur Zimmerdecke. Last not least: Das Funktionieren ist der Beweis für die Erfüllung der Aufgabe und nicht die Autorität oder das Charisma einer Person.

Das „Werden", d. h. die Entwicklung des Programms vom Entwurf bis zur Abgabe als Produkt, ist die Aufgabe des Entwicklers. Es beinhaltet sowohl die Definition der grundlegenden Objekte für diese Software wie die Vorbereitung und das Durchdenken des Ablaufs. Zum Letzteren gehören sowohl die Kreativität wie die Auswahl der besten Lösung und die Vor- und Nachbereitung der Umgebung der Software. Dazu betrachtet der Entwickler den Lauf des Programms beim Kunden (die von ihm geschaffene Welt) und analysiert und korrigiert eventuell auftretende Mängel und Fehler. Als intelligenter Designer macht er schon die Pläne für die Weiterentwicklung der Software, für die Abarbeitung von weiteren Kundenanforderungen und von noch offenen Fehlerkorrekturen. Tabelle 3.1 listet die Rollen des technischen Schöpfers auf.

Tab. 3.1 Die Softwarewelt umfasst alles: „Seiendes und Sein" zu „Werdendem und Werden" und „Laufendem und Laufen"

Phase	Typisch für die Softwarewelt	Typische Grundfragen
Seiendes und Sein	Objekte der logischen Maschine für reale oder virtuelle Identitäten	Was ist ein Objekt? Was darf damit überhaupt geschehen?
Werdendes und Werden	Entwurf und Erstellen der logischen Maschine	Wie definiert man den Sinn?
		Was kann ich/will ich von anderen bekommen?
Laufendes und Laufen	Eigenschaften zur Laufzeit und Zukunft	Was will ich im Lauf ändern?
		Was will ich analysieren?
		Womit will ich koexistieren?
		Wie geht es weiter?

3.2 Sein und Seiendes: Einige technologische Konzepte. Von Objekten, Klassen und Geheimnissen

> 1. Alles ist ein Objekt, 2. Objekte kommunizieren durch das Senden und Empfangen von Nachrichten (welche aus Objekten bestehen).
> Alan Kay, Informatiker, geb. 1940

Wir haben die Aktion von Software bisher „prozedural" beschrieben, d. h. in der Form von Kommandos an den oder an die Prozessoren wie „Tue dies, tue das"; alle Software wirkt letztlich in der Tat auch so im Sinne der „Leonardo-Welt". Für das Verständnis der Welt (die Ontologie) wählen wir das Softwareparadigma der sog. Objektorientierung: „*Alles ist Objekt*". Damit begeben wir uns im Prinzip in die Nähe von Gedanken von Platon und dessen Schüler Aristoteles, zunächst von Platons Welt der Ideen. Klare Beispiele für den Gegensatz von realem Objekt und der Idee („dem Ding an sich") fand Platon in der Geometrie: Zum einen ein „realer Kreis", gezeichnet in den Sand mit den Unzulänglichkeiten des kleinen geschlossenen Grabens im Sand, der schnell verwischt wird, andrerseits die Idee des Kreises: klar, unveränderlich und ewig, symbolisiert durch die unendliche Präzision der Kreiszahl π. Die Ideen sind das Göttliche hinter der Sinnenwelt, wie es Platon im Höhlengleichnis vorführen wollte: Wir sollen lernen, hinter der Realität die Ideen zu sehen.

Dies passt formal zum Paradigma der objektorientierten Softwareentwicklung: Der Programmierer baut ein (für uns eventuell grosses, im Vergleich zur Natur kleines) Universum auf von Objekten – Kunden, Konten, Abfragen von Kontoständen in einer Bank; Bücher, Ausleihen, Mitarbeiterkompetenzen zur Modellierung eines Bibliotheksbetriebs usf. Die Objekte sind nahe an den Einheiten unseres Denkens und damit an den Einheiten, die miteinander agieren. In manchen dieser Einzeluniversen stecken Tausende von Menschenjahren Arbeit. Jedes Objekt ist eine Abstraktion und es muss mindestens so detailliert erfasst werden, wie es der Grad der Genauigkeit im System verlangt, um alle systemrelevanten Vorgänge zu erfassen. In sich trägt das digitale Objekt eingekapselt seine Identität, seine Geschichte, seine speziellen Daten. Es ist nützlich, gleichartige Objekte zu Klassen zusammenzufassen. Eine Klasse ist wie eine Schablone, aus der gleichartige individuelle Objekte gestanzt werden können („instanziiert"), z. B. ein „neuer Kunde". Dabei werden von der Schablone die Randbedingungen und Konstruktionsleitlinien für das neue individuelle Objekt mitgegeben, insbesondere die Art des möglichen Inhalts (die Attribute, was ist das Objekt?) und die möglichen Aktionen (was kann das Objekt tun? was kann man mit dem Objekt tun?) Es entsteht eine individuelle digitale Kapsel wie „Kunde XYZ" mit genau definierten Möglichkeiten für den Inhalt („wichtiger Kunde") und den erlaubten Umgang („Kreditlimit 5000 SFR"). Die Kapsel besteht solange, wie das Programm sie braucht – eventuell „ewig". In der Praxis ist das korrekte Entfernen nicht mehr benötigter Objekte ein Problem, die sog. „Garbage Collection" oder Mülleinsammlung, und häufige Ursache von Systemabstürzen. Nach unserer Definition entspricht das Objekt (der Kunde XYZ) dem „Seienden", die Klasse dieser Kunden an sich beschreibt dagegen das „Sein" durch abstrakte Vorschriften.

Tab. 3.2 Die universellen Klassen (Kategorien) von Aristoteles. (nach: Deutsche Wikipedia, Artikel „Kategorien“, 07/2015

Kategorie	Lateinisch	Frage	Beispiel
1. Ding, Substanz	Substantia	Was ist etwas?	Der Mensch, das Pferd
2. Quantität, Größe	Quantitas	Wie viel/groß ist etwas?	Das Zweiellige
3. Qualität	Qualitas	Wie beschaffen ist etwas?	Weiss, sprachgelehrt
4. Bezogenes	Relatio	Worauf bezieht sich etwas?	Doppelt, halb, grösser
5. Wo, Ort	Ubi	Wo ist etwas?	Auf dem Marktplatz
6. Wann, Zeit	Quando	Wann ist etwas?	Gestern, voriges Jahr
7. Lage, Zustand	Situs	In welcher Lage ist etwas?	Das Liegen, das Sitzen
8. Haben	Habitus	Was hat etwas?	Schuhe anhaben
9. Tun, Wirken	Actio	Was tut etwas?	Schneidet, brennt
10. Erleiden	Passio	Was erleidet etwas?	Wird geschnitten

Auch hier kann man Vorläuferideen in der antiken Philosophie finden, so bei Aristoteles, dem Schüler von Platon. Aristoteles versucht, die Welt (und die zugehörige Sprache) als Ganzes in Klassen einzuteilen, im philosophischen Kontext (und im Bibliothekswesen) Kategorien genannt. Er entwickelt so zehn Klassen, die er für nicht aufeinander zurückführbar hält (Tab. 3.2); Objekte innerhalb einer Klasse sind logisch äquivalent. Diese Fundamentalklassen geben die Antwort auf die grundlegenden Fragen „Was ist?“, „Wie?“, „Wann?“. Die Klasse der Substanz ist Aristoteles dabei am wichtigsten.

Für das objektorientierte Programmierungsdogma ist sein Begriff der Synonymität interessant. Zwei Elemente sind synonym, wenn sie zur gleichen Wesensart gehören – wir würden sagen, Abkömmlinge der gleichen Oberklasse sind.

Ein Beispiel bei Aristoteles geht von der Aussage aus:

> Ein Mensch und ein Ochse sind beides Tiere.

Aristoteles schliesst damit:

> Mensch und Ochse haben den gleichen Namen und das gleiche Wesen, nämlich Tier und Tierwesen.

Der Programmierer definiert:

> Mensch und Ochse sind (Unter-)Klassen aus einer gemeinsamen Oberklasse, den Tieren.

Mensch und Ochse erben von der Klasse der Tiere einen Satz von Eigenschaften. Abbildung 3.1 zeigt das technische Prinzip dieser Vererbung an einer einfachen Hierarchie von Fahrzeugen. Jede untere Klasse erbt von der oberen Klasse (in Richtung des Pfeiles) die Eigenschaften und die zugehörige(n) Aktion(en), etwa *„prüfe die Fahrerlaubnis, ob in Ordnung für dieses Fahrzeug“*. Natürlich sind für die Attribute Datenfelder vorgesehen und für die Aktionen Programme. Damit ergibt sich (wenn eine Programmiersprache dies

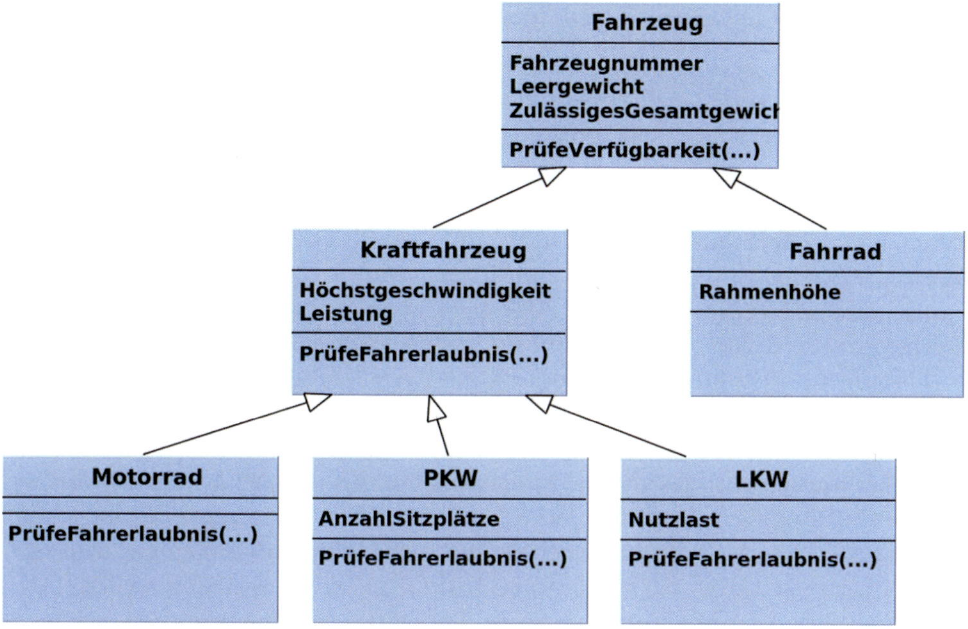

Abb. 3.1 Praktische Beispiele einer Hierarchie von Klassen. (Aus: Wikimedia Commons, Grafik Vererbung (Programmierung), Cactus)

zulässt) eine nützliche Eigenschaft der Flexibilität, der Polymorphismus von Objekten. Erst zum Zeitpunkt der Anwendung („*Prüfe jetzt den Führerschein*") wird die richtige Methode hervorgeholt – für den Motorradfahrer oder den LKW-Fahrer – und die allgemeine Methode wird durch die spezielle Methode überschrieben. Auch diese Eigenschaft des Polymorphismus kennen wir aus der Umgangssprache und dem Alltagsverhalten. In der mündlichen Anweisung „Berechne die Fläche" würden wir auch automatisch die richtige Formel herausholen für den Kreis oder das Quadrat, je nach der vorliegenden Figur.

Der antike Philosoph hatte auch für den Inhalt der oberen Klasse einen Namen. Den Satz von Eigenschaften, der die oberste Klasse ausmacht und weiter vererbt wird, nennt Aristoteles das Zugrundeliegende, das Hypokeimenon (griechisch ὑποκείμενον *hypokeimenon*; lateinisch *subiectum* oder *substratum*).

In den Klassenbeziehungen der Objektorientierten Programmierung verstecken sich weitere antike, insbesondere aristotelische Gedanken, etwa aus der Logik. Hier ein bekannter Syllogismus (d. h. ein Schluss aus zwei Vorgaben), der die Vererbung von Klasseneigenschaften verwendet:

Erste Vorgabe: „*Alle Menschen sind sterblich*",
Zweite Vorgabe: „*Sokrates ist ein Mensch*",
also der korrekte Schluss: „*Sokrates ist sterblich*".

Da Menschen von den Sterblichen die Sterblichkeit erben, und Sokrates von den Menschen erbt, hat er diese Eigenschaft.

Die Klassen in einem kommerziellen Programmsystem sind naturgemäss speziell gewählt und nur für einen Zweck (Bank, Bücherei, etc.) konstruiert, allerdings mit der Absicht, soviel wie möglich von der Arbeit (dem Programmcode) wiederzuverwenden. In der Praxis wachsen die zugehörigen Bibliotheken im Laufe der Zeit zu richtigen Objekt- und Funktionsbanken an.

Die Strukturen sind in der Praxis (auch in der Logik zwischen den Objekten, erst recht beim Programmieren der grossen Systeme als Ganzes) wesentlich komplexer, und Dutzende von Programmiersprachen versuchen, dem Programmierer die Arbeit leichter zu machen und das Resultat, das laufende Programm, so gut wie möglich. Hunderte von Büchern und Tausende von Veröffentlichungen beschreiben mögliche Varianten und die praktischen Technologien der Objektorientierten Programmierung im Einzelnen.

Noch eine Bemerkung zu Aristoteles aus der Sicht des heutigen Ingenieurs: Die Fülle der (recht konsequenten) Betrachtungen und das aufgebaute logische System ist ausserordentlich beeindruckend. Naturgemäss eingebettet in das (damalige) Alltagswissen und auf der Grundlage nur weniger Vordenker, erarbeitet er, vor allem auf der Grundlage der Sprache, deren Eigenschaften und innerer Logik, ein grossartiges System. Mit Platon hatte er dazu einen Vordenker und Lehrer, dessen Gedanken er offensichtlich wenig schätzte und „gegen" den er andenkt, z. B. in seiner Ablehnung der absoluten Ideen und in seiner Befürwortung des Atomkonzepts. Die Prinzipien des Softwareengineering sind dagegen das Ergebnis der mühsamen praktischen Erfahrungen von Hunderttausenden von Programmierern.

Das bisherige Vorgehen war vor allem analytisch und auf das Bestehende ausgerichtet. Es gibt weitere, neue Aufgaben und Ideen, wenn wir das (Software-) Universum effektiv bauen und laufen lassen wollen und nicht nur wie bisher zuschauen. Genau dies ist der Inhalt der Softwaretechnologie und der Softwaretechnik. Wir verstehen dabei unter

- Softwaretechnologie die Methoden zur Erstellung von Software und zum Lösen von Aufgaben, z. B. Algorithmen und Compiler, und unter
- Softwaretechnik das gesamte Gebiet der Software und Softwaresysteme, einschliesslich z. B. des ‚Lebenszyklus' von Software von der Erstellung bis zur Erneuerung (Reengineering). Es entspricht dem englischen Ausdruck des Software Engineering.

Im objektorientierten Paradigma ist dies zunächst die wechselseitige Kommunikation der Objekte, die den Lauf des Systems weiterführt. Hier ist die verwendete Idee das „Geheimnisprinzip" (Abb. 3.2).

Das Geheimnisprinzip separiert das Innere des Objektes von der Aussenwelt und damit vom Zugriff anderer Objekte. Von aussen ist nur die Aussenschnittstelle des Objekts zu sehen, d. h. das Senden und Erhalten von Nachrichten (und was dann geschieht) ist festgelegt und bekannt, aber nicht, was und wie es erzeugt oder verarbeitet wird. Die Grundeinheit Objekt (oder allgemein ein Softwaremodul oder Softwarebaustein) ist also eine Black Box oder Daten- und Methodenkapsel. Dabei können die Objekte auch beliebig weit voneinander entfernt sein und über ein Netz miteinander kommunizieren. So lassen

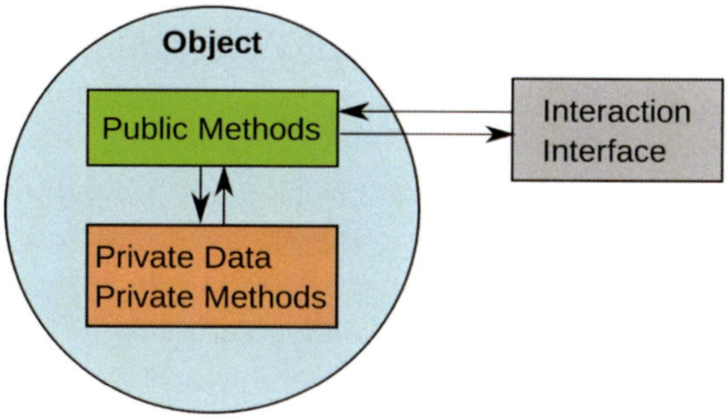

Abb. 3.2 Geheimnisprinzip (Einkapselung) als Beispiel für das Prinzip der „Trennung der Belange" bei der Systemkonstruktion. (Bild: „Object Oriented Design Object" aus Wikimedia Commons, Ervin)

sich grosse Systeme leichter bauen und sich verändern mit minimaler Rückwirkung auf das Ganze.

Der Anwender (ausserhalb des Objekts) ist froh, dass er nichts über das Innere des Objekts lernen muss. Der Besitzer (Programmierer, in/nen) des Objekts ist erleichtert, dass er nichts von der Aussenwelt wissen muss ausser der Schnittstelle. Die Trennung reduziert die Komplexität des Systems. Dieses Prinzip wird als Gedanke in der Software schon seit über 50 Jahren implizit angewandt und ist z. B. auch für Datensicherheit und Datenschutz gültig.

Der allgemeine Gedanke für die Konstruktion von Systemen durch Aufteilen der Funktionalität heisst „die Trennung der Belange", eine gute Übersetzung des englischen „Separation of Concerns"; es ist ein Grundkonzept zur Beherrschung der Komplexität von Systemen. Die Architekturprinzipien der Objektorientierten Programmierung wurden im Zuge der Entwicklung der Programmiersprache Smalltalk um 1970 im Labor der Firma Xerox herausgearbeitet; auch das Wort „Objektorientierte Programmierung" wurde dabei geprägt.

3.3 Ideen für und aus interagierenden Systemen: Von Hollywood und fünf Philosophen

> Seit über einem Jahrzehnt haben uns Propheten vorhergesagt, dass wir mit einzelnen Rechnern nicht weiter kommen und dass wirklicher Fortschritt nur durch die Verbindung einer grossen Zahl von Rechnern möglich ist.
> Gene Amdahl, Computerkonstrukteur, 1967

Menschlich ist es schon schwierig, die Beziehungen zwischen gerade zwei Objekten zu organisieren; die Software hat es mit der Dynamik eines zusammenwirkenden Systems von Millionen, ja Milliarden von Objekten zu tun. Beispiele für solche Vielteilchensysteme mit Software sind

- Gruppen von Menschen bis zur gesamten Weltpopulation,
- Sterne von Haufen bis zu Galaxien und Haufen von Galaxien,

- die Menge der Prozesse in einem Superrechner (eventuell Millionen).

In den ersten beiden Beispielen werden die Menschen als Kunden oder Patienten simuliert (eigentlich emuliert, zum Unterschied mehr im Kap. 6) oder die Sterne in ihrer Bewegung, im dritten Fall ist die Software selbst das System (und das Problem). Ein Superrechner ist heute „massiv parallel" gebaut, d. h. er besteht aus Tausenden, ja Hunderttausenden von Prozessoren (Chips) mit typisch 8 oder 16 Kernprozessoren pro Chip. Dazu ist jeder Kernprozessor befähigt, eine Reihe von Programmfäden gleichzeitig zu verarbeiten (dies sind leicht zu verschiebende Ablaufstränge von Prozessen). Ein praktisches Zahlenbeispiel vom Rechner IBM BlueGene/Q zeigt den Grad der Komplexität der Interaktionen im arbeitenden System:

> Das System besteht aus 96 Schränken (Racks) mit je 1024 Rechnerknoten, mit 16 Kernen pro Knoten und 4 Programmfäden pro Computerkern. Dies ergibt insgesamt 6 291 456 miteinander dynamisch zu mischende Programmstränge.

Das Eingangszitat von Gene Amdahl (damals ironisch gemeint) ist heute allgemeine Ansicht der Computerfachleute geworden: Die Entwicklung der Supercomputer geht nur weiter mit immer mehr parallelen Rechnern.

Damit reicht die Skala von Systemen von Computern mit einem einzigen, seriellen Programmlauf mit einem oder einer kleinen Zahl von wechselwirkenden Prozessen zu sehr grossen Anzahlen von gekoppelten Abläufen, die sich gegenseitig brauchen oder blockieren. Es sind vor allem drei prinzipielle Problemkreise, die auftauchen:

- Kommunikation: Wie organisiert man die Kommunikation zwischen vielen Komponenten?
- Synchronizität: Was für Probleme treten beim Wettbewerb der Komponenten auf?
- „Skalierung nach oben": Was entsteht an neuen metatechnischen Ideen bei Systemen mit Riesenzahlen von Komponenten? Da entsprechende Computersysteme Rechenleistungen in der Ordnung von Petaflops (10^{15} Operationen/s) erreichen und bis zum Jahr 2020 dann Exaflops (10^{18} Operationen/s) haben werden, nennt man sie Petascale- oder Exascale-Systeme. Es ist so, als ginge man von einer kleinen Gruppe von Menschen zur gesamten Menschheit und deren Fähigkeiten über.

Aus der Rechnerkommunikation wählen wir zwei „mitteltiefe" Ideen aus, das Konzept der invertierten Kontrolle (Hollywood-Prinzip) und das Konzept der Körnigkeit von Aufgaben (d. h. von Software).

3.3.1 Rechnerkommunikation: Hollywood-Prinzip

„Don't call me, we'll call you" „Rufen Sie uns nicht an – wir rufen Sie an".
Feststehender Ausdruck aus der US-Theater- und Filmbranche

Zum Erklären des Hollywood-Prinzips denken wir uns einen arbeitslosen Hollywood-Schauspieler, der naturgemäss laufend Agenten anrufen wird, ob sie eine Rolle für ihn haben. Gibt es nun viele arbeitslose Schauspieler, so wird der Verkehr der Anrufe lästig, ja unerträglich für alle Beteiligten, Agenten wie Schauspieler.

Wäre nicht eine Umkehrung der Aktionsrichtung sinnvoll: Ein Agent sucht jeweils für einen Film einen Schauspieler und ruft den oder die passende Person gezielt an? Abstrakt gesprochen wird die Kontrolle der Aktionen dem System übergeben (in der Software einem „Framework").

In Computernetzen ist vieles flexibel und verteilbar: der Ort der Eingabe wie der Ort der Verarbeitung und der Kontrolle über die möglichen Dienstleistungen im Netz, also der Macht. Bei intellektuellen Dienstleistungen ist dies sozusagen der Ort des „Geistes". Diese Macht kann lokalisiert sein oder verteilt. Verschiedenste Strategien zur Vergabe von Ressourcen können realisiert werden: Wer die Anforderung als erstes gestellt hat (oder als letztes), wer am wenigsten will (oder am meisten), wer am wichtigsten ist oder einfach schon lange nicht dran war (s. u.). Der Ort der Steuerung kann sich leicht verschieben, ja kann sogar vermengt werden. In einem Projekt hatten wir die Eingabe von verschiedenen Tastaturen verschiedener Menschen zusammengeschaltet: Jeder einzelne Buchstabe einer Eingabe konnte von einer verschiedenen Person kommen und wurde dann zusammengefügt. Menschlicher Geist ist an unseren Körper gebunden – „Computergeist" nicht, er kann durchs Netz „geistern" und sich neu verbinden.

3.3.2 Rechnerkommunikation: Körnigkeit von Arbeiten und Kohärenz von Systemen

Das Geheimnis um anfangen zu können ist es, das überwältigende Ganze in kleine handhabbare Aufgaben aufzubrechen und dann mit der ersten zu beginnen.
Mark Twain, Schriftsteller, 1835–1910

Eine andere Idee aus dem Bereich der Rechnerkommunikation betrifft die inneren Eigenschaften von Software, d. h. von Aufgaben, insbesondere von sehr grossen Aufgaben wie den „Grand Challenges" für Computing, etwa für die Berechnung der Faltung von Proteinen. In der Praxis geht es darum, wie viele Teilaufgaben aus einer solchen Aufgabe herausgezogen werden können (das ergibt das Gesetz von Amdahl, 1967) oder umgekehrt, wie viele parallele Arbeiten einem Rechner zugeordnet werden können (Gesetz von Gustafson, 1988). Man spricht von Parallel Computing, wenn alle Teile zu einer einzigen Gesamtaufgabe gehören. Betreffen die Einzelprogramme verschiedene Aufgaben, so spricht man von Nebenläufigkeit (Concurrent Programming).

Viele Aufgaben sind durch ihre Natur in sich hochgradig parallel und werden parallel bearbeitet: So entwickelt sich der Aktienmarkt mit vielen gegenseitigen Beeinflussungen, eine Autokarosserie wird für den rechnerischen Crash-Test in eine grosse Zahl von Gitterelementen zerlegt und die Erdoberfläche für das globale Wetter in gekoppelte Zellen aufgeteilt.

Die Software lehrt, dass es bei solchen Aufgaben Anteile gibt, die – nach Vorbereitung – parallel zueinander (und damit verteilt, billiger und schneller) berechnet werden können, und einen harten Teil, der Schritt für Schritt (seriell) berechnet werden muss und sich der Verteilung widersetzt. Der harte Teil entspricht der bekannten Managementweisheit in alter Machoformulierung (selbst vernommen)

> es ist nicht möglich, die Schwangerschaft einer Frau von neun Monaten auf neun Frauen zu einem Monat zu verteilen.

Ein Beispiel ist die Erstellung einer realistischen Szene in einem Computerspiel oder Film. Ein Teil ist das Berechnen des Inhalts der Szene mit den Bewegungen der Spieler, den gewünschten Wolken usf. Dann erfolgt das Berechnen der Feinheiten der Szene (Texturen, Licht und Schatten Reflexionen etc.) in Parallelität über die Szene hinweg, mit beliebig vielen Grafikprozessoren, etwa mit Unterteilung und Berechnung von Hunderten von Millionen von Dreiecken pro Sekunde, die das Bild realistisch zusammensetzen.

Dies bedeutet eine pragmatische Ergänzung zur obigen Definition der Komplexität: Die Komplexität eines Problems lässt sich aufteilen in den irreduziblen Teil (der eng und unauflösbar mit sich selbst verbunden ist), und in parallele Teile, alles für die Lösung einer einzigen Aufgabe. Diese Aufteilung ist mühsam und ein grosses aktuelles Problem der Softwaretechnologie; sie kann in grossen Softwarebrocken geschehen (grobkörnig) oder, wenn möglich, in kleinen Stücken (feinkörnig). Allerdings, je feinkörniger die Aufteilung, umso mehr Kommunikation ist zwischen den Softwarekörnern (und der Steuerung) notwendig und das Kommunikationssystem wird zum Flaschenhals für die ganze Rechnung.

Abbildung 3.3 zeigt den historischen Beginn von Parallelrechnen bei CERN in der Form von Server-Farmen. Die Aufgabe der Voranalyse von Tausenden von Datensätzen (1. Ebene der Verarbeitung) wurde dabei von einem Meisterrechner auf Reihen von Sklaven verteilt und die Ergebnisse („interessant" oder „uninteressant") eingesammelt. Die Konsole im Bild und ihr zugehöriger Rechner dienen zur Verwaltung der Farm, die übrigen PC-Boxen sind Rechensklaven. Dieser Organisationsfall ist allerdings trivial, da die Arbeitsstücke voneinander unabhängig sind (also so grobkörnig wie nur möglich), und sogar immer mit dem gleichen Programm, nur betrieben mit anderen Daten. Heute sind die Web Server die grössten Computerfarmen geworden. So wurde aus dem Energieverbrauch von Google geschätzt, dass Google für seine Dienste Farmen mit etwa 900.000 Servern betreibt (Jonathan Koomey 2005).

Wir lernen aus diesen Graden der Parallelisierung von Software

> total aufteilbar – feinkörnig verteilbar – grobkörnig verteilbar – nicht teilbar

Abb. 3.3 Eine Computer Farm bei CERN. Ein historisches triviales Beispiel für Parallelprogrammierung (1988). (Bild: CERN)

etwas über die innere Struktur von Aufgaben, seien es künstliche Aufgaben oder Bereiche der Natur: Der nicht auftrennbare Teil hat dichte interne Verbindungen, die ihn zusammenhalten in enger Kopplung. Dies erinnert an Faust, der dies sucht:

> Daß ich erkenne, was die Welt Im Innersten zusammenhält.
> Johann Wolfgang von Goethe, Faust I

Zwei nicht-technische Beispiele mit inhärenter Parallelität:

- das Gehirn mit einem extrem hohen Grad an Parallelität.
  Gruppen von Neuronen sind (wohl) die untersten Einheiten, und die wesentlichen Prozesse sind Mustererkennung auf verschiedenen Ebenen. Damit kann das Gehirn die Langsamkeit der zugrunde liegenden elektrochemischen Technologie ausgleichen, und z. B. ein Gesicht in weniger als einer halben Sekunde erkennen – bei einer Verarbeitungszeit von nur etwa 5–10 ms pro interner Stufe.
- die Evolution.
  Eine der Schwellen zum gefühlsmässigen Verstehen, dass Mutationen auch komplexe Systemveränderungen hervorbringen können, liegt in unserem seriellen Denken: Organismen, vor allem niedrige, wirken zusammen und mit der Umwelt in astronomischen

Zahlen von Events jede Sekunde. Evolution läuft auf einer sehr grossen Vielzahl von Entwicklungen parallel ab (vgl. die Fäden oder Threads) und gekoppelten Prozessen.

Parallelverarbeitung im Computer bedeutet dabei nicht einen einmaligen Schritt aller, sondern nach einem solchen Schritt einen Austausch der Ergebnisse und erneutes angepasstes paralleles Verarbeiten bis die Aufgabe hinreichend gut gelöst ist und z. B. das Gesicht erkannt wurde oder, wie bei der Evolution, immer weiter solange eine Population existiert.

3.3.3 Synchronizität: „Tödliche" und „lebendige" Umarmungen und die fünf essenden Philosophen

> Wenn sich zwei Züge zusammen einer Kreuzung nähern, sollen beide stehenbleiben und keiner soll weiterfahren, bevor der andere weggefahren ist.
> (angeblicher) Gesetzestext in Kansas, USA, ca. 1900

Dieser Text ist kaum zu glauben; er beinhaltet klar die Definition eines Deadlocks, der Verklemmung eines Systems durch einander widersprechende Anforderungen. Eine Verklemmung (engl. Deadlock) ist eine Situation, in der zwei oder mehr miteinander konkurrierende Aktionen jeweils auf den Abschluss der anderen warten um weiter zu kommen, und der Abschluss kommt nie.

Eine dynamische Variante der Verklemmung ist der Livelock, das Pendeln zwischen zwei kollidierende Zuständen – etwa wie zwei Personen, die sich in einem Gang entgegenkommen und sich immer gleichzeitig derart ausweichen, dass sie nicht aneinander vorbeikommen.

Deadlock und Livelock gehören mit ihrer inneren Widersprüchlichkeit („alle wollen, niemand kann gerade deshalb") in die Reihe der Paradoxien, hier in dynamischen Systemen. Das bekannteste (Lehr-) Beispiel ist das „Problem der fünf essenden Philosophen" (Dining Philosophers Problem), erdacht 1968 vom niederländischen Informatiker Edsger Dijkstra (Abb. 3.4).

Die Philosophen dienen (leider nur) als Versinnbildlichung von Akteuren mit zwei Zuständen, nämlich zu denken und zu essen. Die grossen Namen im Bild sind für das Problem natürlich unnötig; im Bild sind es im Uhrzeigersinn von oben: Plato, Konfuzius, Sokrates, Voltaire und Descartes. Jeder hat einen Teller mit Spaghetti vor sich. Zum Essen von Spaghetti benötigt jeder Philosoph zwei Gabeln. Allerdings waren im Haushalt nur fünf Gabeln vorhanden, die nun zwischen den Tellern liegen. Die Philosophen können also nicht gleichzeitig speisen. Wenn ein Philosoph genug gedacht hat, nimmt er die linke Gabel, dann die rechte und isst. Der Deadlock tritt ein, wenn alle fünf gleichzeitig ihre erste Gabel nehmen – niemals wird eine rechte Gabel frei, niemand wird essen, alle fünf verhungern. Gibt ein Philosoph nach dem Essen seine linke Gabel durch einen Fehler nicht ab, so verhungert nur sein Nachbar.

Abb. 3.4 Veranschaulichung des Problems der „fünf essenden Philosophen" zum Effekt der inneren Blockierung eines Systems. (Grafik von Benjamin Esham in Wikimedia Commons)

Bei abgeänderten Regeln sind verschiedenste Störungen denkbar – aber es gibt auch die verschiedensten Lösungsansätze zur Vermeidung, z. B.

- einen Kellner, der die Gabeln verwaltet (eine sogenannte Semaphore, ursprünglich das Wort für ein mechanisches Eisenbahnsignal),
- die Einführung von Klassen unter den Gabeln und/Essern,
- eine umlaufende Berechtigung zu essen (ein Token, also eine Spielmarke),
- oder Essen nur nach ausdrücklicher Aufforderung (Polling).

Interagierende Systeme können im Prinzip zwar funktionieren, aber falsche Resultate liefern. Intern kann es zu einem Wettlauf der Operationen (Race Condition) kommen und das Resultat hängt von der genauen zeitlichen Bedingungen ab. Ein Beispiel wäre die Geldausgabe an einem Automaten durch zwei Zugriffsberechtigte zur gleichen Zeit: Das System der Bank könnte so eine Abbuchung verschludern.

Monitore sind strenge Methoden, um Ressourcen kontrolliert zu vergeben und um Dead- locks zu verhindern, sogar mit moralischem Inhalt: Der Zugriff zu einer Ressource, etwa zu einer Rechenroutine, oder umgekehrt der Zwang, eine Ressource verlassen zu müssen, wird durch eine Strategie geregelt, z. B.

- der zuerst Kommende bekommt die Ressource (First In, First Out, FIFO), die übliche Gerechtigkeit,
- der zuletzt Kommende (Last In, First Out, LIFO), die „heisse Kartoffel"-Strategie für Aufgaben hoher Priorität,
- der am längsten zurückliegt (Least Recently Used, LRU), der demnach wohl am wenigsten gebraucht wird,
- der am wenigsten will, also die kleinste Belastung darstellt,
- oder es wird unter mehreren Aspiranten ausgelost (Random). Dies ist eventuell die schlechteste Lösung, weil man bei Pech sehr lange auf Bedienung warten muss,
- oder unterbrechende (präemptive) Strategie, d. h. der Wichtigere wirft den weniger Wichtigen sogar aus der Ressource.

Es sind alles logische Vorgehensweisen, jede mit anderem Sinn, nicht nur auf einem Blatt Papier, sondern in dynamischen und umfangreichen Umgebungen mit manchmal Millionen von Entscheidungen in der Sekunde. Vom Funktionieren des Systems dieser Mechanismen hängt es ab, ob das System als Ganzes funktioniert oder „unerklärlicherweise" steht.

Was geschieht, wenn im System eine laufende Aktion plötzlich stoppt, unterbricht oder ganz ausfällt, etwa weil eine Bezahlung schief läuft? Oder sich die Voraussetzungen ändern und man möchte die Bestellung zurückziehen? Ein klassisches Beispiel sind eine Mietwagenreservierung, eine Hotelbuchung zusammen mit der Buchung einer Flugreise. Dies sind drei Aktionen, die zusammenhängen und jeweils Seiteneffekte haben. So hat das Hotel wegen der Buchung vielleicht einem anderen Kunden abgesagt. Fällt der Flug aus, so muss man etwas machen können, was sonst nicht möglich ist – die Zeit zurückdrehen wie in einer Zeitmaschine. Dafür müssen alle Seitenaktionen in anderen Programmen und Computern wieder zurückgeholt werden (die „Roll Back" Aktion). Das Löschen muss Schritt für Schritt zurückgehen bis zum Beginn. Beim Computernetz kann man dies bei geeigneter Systemarchitektur tun, solange man nicht explizit gesagt hat: Es gilt jetzt („*Committed*").

Bei Software geht also (wenn vorbereitet) das Zurückdrehen der Uhr und das Löschen von allem, was geschehen ist, in allen tangierten Computern. In der physikalischen Welt wäre eine solche Maschine sehr schwer zu bewerkstelligen – etwa wenn Adolf Hitler, wie in einem bitterbösen Film gedacht, als Kind oder Erwachsener einem Unfall zum Opfer gefallen wäre und man die Welt auf das Jahr 1889 oder 1933 zurücksetzen könnte und neu loslaufen …

3.4 Wie baut man grosse Systeme: Gedanken zur und Ideen aus der Gesamtarchitektur

3.4.1 Warum Architektur?

> Alles, was nach Ordnung, Maß und Gesetz geschieht, erzeugt Gutes. Das Untergeordnete und schlecht Eingeleitete ist dagegen an sich schädlich und löset auch das Wohlgeordnete auf.
> Platon, griechischer Philosoph, 428–348 v. Chr
> Die Kunst der Programmierung ist die Kunst, Komplexität zu organisieren.
> Edsger W. Dijkstra, Informatiker, 1930–2002

Wenn wir komplexe Systeme bauen können, sollte uns dies nicht helfen, andere komplexe Systeme zu verstehen? Vielleicht sogar das Management von Menschen und Projekten? Das obige Zitat von Dijkstra gilt jedenfalls im Management.

Systemarchitektur ist die Lehre vom Bau grosser (Software-) Systeme, von der Entwicklung hin auf ein Ziel, von den Komponenten und ihren Beziehungen zueinander. Beispiele sind:

- etwa das System „Auto", (mindestens) die informationstechnische Hardware und alle Programme, insbesondere die eingebetteten Systeme,
- ein System zur „Betreuung und Beratung von Privatkunden und ihren Portfolios" einer Bank,
- die Software des Space Shuttle.

Autos sind von der investierten Arbeit betrachtet heute vor allem Softwareprodukte, grosse Banken haben (neben standardisierter Software) noch Tausende von Programmierern in ihren IT-Abteilungen, und die Space Shuttle-Software musste nicht nur funktionieren, sondern dazu so zuverlässig sein wie überhaupt möglich.

Wir betrachten die Problematik des Systembaus von zwei extremen Seiten:

- Bei sehr grossen Projekten (und seit 50 Jahren gibt es solche mit Hunderten von Programmierern über Jahre hinweg) geht es um eine feste Organisation mit möglichst hoher Unabhängigkeit von „menschlichen" Schwächen,
- bei kleinen bis mittleren Projekten kann man Menschliches und Technisches direkt und flexibel miteinander verbinden.

Einen recht allgemeinen Grund für die Einführung von Architektur oder wenigstens Struktur illustriert Abb. 3.5. Es geht um „Spaghetti – Code" mit der grossen Unordnung der Spaghettifäden, die einen Code mit vielen Quer-, Vorwärts- und Rückwärtssprüngen symbolisieren. Dadurch sind die Beziehungen zwischen den Systemteilen so vermengt und

Abb. 3.5 Spaghetticode: Die Nichtarchitektur. (Foto: Joost van Dongen/Pastas Roma)

verwirrt, dass Änderungen sehr schwierig sind. Architektonisch gut sind dagegen „Ravioli" (getrennte Softwareobjekte) und „Lasagne" (schichtenorientierte Struktur).

Mit einem Begriff, der letztlich aus der Physik des 19. Jahrhunderts stammt, sagt man, die Software habe hohe Entropie[1]. Das entsprechende Programm (d. h. das die gleiche Spezifikation erfüllt, sozusagen die gleiche platonische Idee, aber „architekturisiert" ist), ist weniger komplex und hat „niedrigere" Entropie. In diesem Sinn sind die Begriffe „Entropie" (aus der Physik und It-Welt) und „Kolmogorow-Chaitin-Komplexität" (aus der Bit-Welt) tendenziell äquivalent. Der Entropiebegriff beschreibt dabei den Grad der externen Unordnung, das Softwaremass auch die interne Komplexität.

Wie die originale physikalische Entropie eines Systems (die ohne Gegenmassnahme immer wächst) hat die Entropie eines Programmsystems im Betrieb die Tendenz wieder zu wachsen durch Fehlerkorrekturen und neue, aufgesetzte Funktionen (durch „Flickschusterei"), bis das System nicht mehr handhabbar ist. Dann muss man einen Neuanfang machen, der bei der Komplexität aufsetzt, die zur Lösung der Aufgabe mit den vorhandenen Mitteln unbedingt notwendig ist.

3.4.2 Architekturprinzipien für Softwaresysteme

> Architektur beginnt, wenn man mit Überlegung zwei Backsteine zusammenfügt.
> Ludwig Mies van der Rohe, Architekt, 1886–1969

Die Architektur eines Softwaresystems ist i. Allg. die Architektur einer dynamischen vernetzten Struktur zu einem Zweck. Der Systemarchitekt entwirft sie und trägt dafür die Verantwortung. Er oder sie trifft die grundlegenden Entscheidungen, bestimmt die Komponenten und deren Zusammenwirken ganz im Sinne des Wortes Architektur (altgriech. *ἀρχή* „Anfang", „Grundlage" und *τέχνη* „Kunst", „Handwerk"). Wir interessieren uns hier vor allem für die Prinzipien guter Architektur (in der Praxis heisst dies z. B. gut überschaubare und wartbare Lösungen), von denen wir erwarten, dass sie auch jenseits der IT helfen können. Dazu gehört insbesondere ein Gedanke, der in verschiedenen Ausprägun-

[1] Es ist ein Kunstwort griechisch: ἐν (*en*) = innen, τροπή (*tropē*) = Umkehr, Wende.

Tab. 3.3 Prinzipien für guten Systembau. (Frei nach Helmut Balzert, „Lehrbuch der Softwaretechnik", Spektrum, 2009)

Bezeichnung	Typ	Erläuterung
Kohärenz	Sinn des Systems	Durchgehend für einen Zweck
KISS, Ökonomie des Entwurfs	Einfachheit	*Keep it Simple and Stupid*: So einfach wie möglich, so komplex wie notwendig
DRY/SPOT		*Don't repeat yourself/Single Point of Truth*: Nur möglichst an einem Ort, aber dort richtig
YAGNI		*You ain't gonna need it*: Nichts was nicht gebraucht wird (ein klassisches Ingenieursproblem)
Konzeptuelle Integrität Konvention vor Konfiguration Symmetrie	Integrität	Aus einem Guss, gleichartige Lösungen im ganzen System Möglichst einheitliche Bezeichnungen u. ä. Auch das Gegenstück vorhanden (Erzeugung – Vernichtung)
Selbstorganisation	Steuerung	Geeignete Steuerung ohne Flaschenhals und Deadlocks
Trennung von Zuständigkeiten, Geheimnisprinzip, Strukturierung, Hierarchisierung, Modularisierung	Lokalität	Zusammen was zusammen gehört – sonst möglichst orthogonal

gen auftritt, als Geheimnisprinzip (Information Hiding), Trennung von Zuständigkeiten (Separation of Concerns), Modularisierung und Einkapselung.

Die benötigte Funktionalität wird jeweils konzentriert an einem Ort im Netzwerk des Systems zur Verfügung gestellt und die Schnittstellen zu diesen Örtern so klar und so dünn (d. h. so knapp) wie möglich formuliert (vgl. Abb. 3.2). Das bedeutet, dass man eine Art von speziellen Organen baut, die miteinander kommunizieren, sich Aufgaben zuschicken und Resultate abholen. Nur wer es durch seine Verantwortung im System benötigt, darf in das Innere sehen.

Es dürfen nur Funktionen an die Kapsel oder an das Modul hinzugefügt werden, aber keine Funktion entfernt oder geändert werden (Open-Closed Prinzip). Ein pragmatischer Vorteil dieser Modularisierung ist es, dass man im Netzwerk dieser Module einen Baustein durch eine andere, verbesserte Version mit gleicher Schnittstelle austauschen kann. Tabelle 3.3 listet schlagwortartig eine Reihe solcher Prinzipien auf, die zu einem Gleichgewicht von Komplexität und Einfachheit führen sollen. Es sind Prinzipien für eine gute Architektur grosser Systeme, nicht nur für Softwaresysteme.

Ein wesentlicher Grundgedanke führt von der spätmittelalterlichen Philosophie zum Softwareentwurf, hier in der Jargon-Form als KISS-Prinzip bekannt (s. Tabelle) oder als angebliches Einstein-Zitat:

> Man muß die Dinge so einfach wie möglich machen. Aber nicht einfacher.
> sinngemäss nach Albert Einstein

Der philosophische Ausgangspunkt ist das ontologische Sparsamkeitsprinzip, das bis auf Aristoteles zurückgeht und heute vor allem den Namen des englischen Scholastikers Wilhelm von Ockham (1288–1347) trägt als „Ockhams Rasierer".

Danach sollte man in einem Wissenssystem nur das als wahr annehmen und einbringen, was wirklich ist. Wenn es zwei Theorien gäbe, die einen Sachverhalt erklären, dann solle man die knappere Version wählen.

Obwohl das Prinzip auch bei der Softwareentwicklung sinnvoll erscheint, um aus verschiedenen Entwicklungsstrategien den ökonomisch optimalen Entwurf und die knappste Realisierung auszusuchen, so gibt es in der Praxis starke Gründe, davon abzuweichen.

Ein starker Beweggrund vom Ockham-Prinzip abzugehen ist es, für ein Softwareunternehmen wie für die Natur, lieber existierende und bewährte alte Software oder Softwarestücke wiederzuverwenden (Code Reuse) als neues Elegantes mit neuen Fehlern zu schreiben. Dieser alte Code ist vielleicht nicht optimal aber erprobt und vorhanden.

Auch kann eine elegante und knappe Problemlösung einen grossen praktischen Nachteil haben, obwohl der Autor stolz auf seine Arbeit ist: Je knapper der Code, umso schwerer versteht ein anderer Programmierer das Programm. Dies ist aber ein Muss in einem Unternehmen. Ein grossartiges Beispiel in diesem Sinn sind Programme in der Sprache APL (A Programming Language), die als eine Art Stenographie des Codierens angesehen werden kann, Ein ganzes Programm, in einer anderen Programmiersprache Hunderte oder Tausende von Programmzeilen, steckt in einer einzigen APL-Zeile mit einer Sequenz von Operatoren. Leider ist es selbst für den Autor des APL-Programms schwer, nach wenigen Wochen seine eigenen Gedankengänge zu reproduzieren.

Ein weiteres Grundprinzip für die natürliche und historische Organisation eines Systems ist der Bau in einer Schichtenstruktur. Dabei werden die Funktionen getrennt und die zugehörigen Schnittstellen definiert. Man spricht von einer Multitier-Architektur (engl. *tier* Schicht). Historisch ist diese Architektur für die Kommunikation von Computern in Computernetzen entstanden, 1974 bei IBM als „SNA" (System Network Architecture) und ca. 1984 als Standard „OSI" (Open System Interconnection Model). Die unterste Schicht betrifft die physikalische Kommunikation und ist damit hardwarenah, die oberste ist nahe an der Anwendung oder ist die Anwendung, die der Existenzgrund für das System ist.

Abbildung 3.6 zeigt das typische Bild eines Systems als Ganzes:

- Horizontale Schichten sind funktional, liegen übereinander und kommunizieren streng nur vertikal über vorgegeben Schnittstellen (direkt von innen heraus oder nach innen im Kurzschluss ist nicht erlaubt), z. B. eine Hardwareschicht, Betriebssystem, Bibliotheken von Programmen (z. B. Treibersoftware[2]), die Anwenderprogramme, die Apps. Zusammen bilden die Schichten die Arbeitsmaschine oder im Jargon den „Technologie Stack"[3].

[2] Software, die den Computer mit Geräten verbindet.

[3] *stack*, engl. für Stapel.

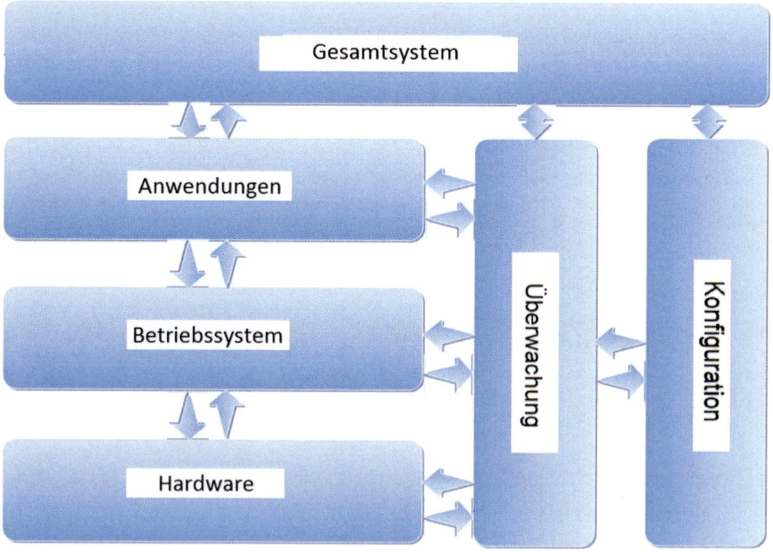

Abb. 3.6 Die typische Organisation eines grossen Software-Systems. Hier das Beispiel der Software auf einem Rechner

- Übergreifende Blöcke („querschneidende Belange", Cross-Cutting Concerns) betreffen alle Funktionalschichten und werden gemeinsam geführt, z. B. Qualitätsaufzeichnungen und Sicherheitsfragen.
- Die Gesamtverwaltung liegt über allem und sorgt für die Kohärenz des Gesamtsystems. Was sind die Ziele, welche Aufgaben soll das System lösen, welche Kapazitäten braucht es.

Ein Schichtenmodell und das Schema der Abb. 3.6 kann nicht nur für den Bau von Softwaresystemen verwendet werden, sondern für viele andere Systeme, etwa für Unternehmen („unten" sind je nach Blickwinkel z. B. „die Mitarbeiter" oder „die Daten" oder „die Kunden") oder bei psychologischen Strukturen („unten" ist dann etwa die Neurobiologie). Auch die Ausdrücke „Top-down" und „Bottom-up" implizieren das Schichtenmodell.

Wir übertragen diese Ideen auf den vertikalen Systemaufbau der Welt und auf das Wissen von der Welt. Wir beginnen bei den Fundamenten, „unten" bei den Atomen, und gehen Schicht um Schicht „hoch" bis zum Menschen. Der katalanische Philosoph Ramon Llull (1232–1316) hat dies bereits im frühen Mittelalter mit einer Treppe des Wissens illustriert (Abb. 3.7).

Seine *Scala Intellectus* führt von den Steinen über Feuer zum Menschen, danach zu Gott und in das Haus der Weisheit. Wir verstehen den Treppenaufbau der Welt dreifach:

- historisch (phylogenetisch) in der Evolution von „unbelebt" zu immer höheren Lebensformen, von geringer zu immer grösser werdender Komplexität, in Softwaresprache also die Softwareentwicklung,

Abb. 3.7 Die Treppe des Wissens des katalanischen Dichters Ramon Llull, 1232–1315. (Bild aus dem „Liber de Ascensu et Descensu Intellectus" (1304, publiziert 1512))

Tab. 3.4 Die Evolution als Doppelstrang für „Körper“ und „Information/Software“. (Quelle: Autor)

Evolution des Körpers	Evolution des Informationssystems
	(Computer, Internet)
Biosphäre	Psychologie, Soziologie
Körper, Organe	Menschliche Intelligenz Gehirn, Sensorik, Genom
…………	…………
Zelle	Zelluläre Prozesse, Genetik
Mittelgrosse Moleküle, DNA	DNA Prozesse, „Folding“
Atome, kleine Moleküle	(Elektronenwolken Symmetrien)

- praktisch, die untere Schicht ist jeweils Grundlage für die Funktionen der oberen Schicht. In der Software werden untere Funktionen als Dienste für höhere Funktionen beim Lauf von Programmen aufgerufen (in der Runtime),
- in der konstruktiven Hierarchie der zugehörigen Wissenschaften, die ebenfalls aufeinander aufbauen wie die Chemie auf der Physik.

Wir haben im Abschnitt „Was ist Software“ beschrieben, dass die Konstruktion der Welt eigentlich zwei nebeneinanderstehende Säulen benötigt, die atomare („materielle“) und die informatorische mit Bits („geistig“). In diesem Sinne finden wir es sinnvoll, zwei getrennte wenn auch wechselwirkende Treppen (Evolutionsstränge) in Tab. 3.4 zu unterscheiden:

- der körperliche Strang: das ist die übliche, von Biologen gesehene Evolution von der Chemie zu den Spezies und zum Menschen, dazu gehört etwa die Entwicklung der Energieversorgung des Organismus,
- der informatorische Strang: die Entwicklung der biologischen Informationsverarbeitung vom Kopieren der Proteine bis zum Gehirn und seiner Funktionalität und dem Intellekt von uns Menschen.

Die körperliche Evolution erscheint uns Menschen komplex, aber die grundlegenden Vorgänge sind vom Standpunkt der konstruierten Komplexität relativ einfach im Vergleich zur Entwicklung des Gehirns und dessen Software. Die Chemie in verschiedensten Ausprägungen ist eng in die Evolution integriert (etwa für die Verdauung). Die typische Energie der linken Säule ist die Energie der chemischen (kovalenten) Bindung, etwa der C-C – Bindung von etwa 350 kJ/Mol. Dagegen sind die physikalischen Kräfte, die die Prozesse der Informatik beschreiben, viel kleiner. Es sind Kräfte, die als Differenz von Verzerrungen der Elektronenwolken zu verstehen sind (elektrostatische Wechselwirkungen, Wasserstoffbrücken, Hydrophobie und Van Der Waals Kräfte), typisch zwischen 5 und 20 kJ/

Mol[4]. In der Tat brauchen wir für Informationsverarbeitung als Grundlage nur bistabile Elemente, die hinreichend beständig in ihren Schaltzuständen verharren auch im Ansturm der Wärmebewegung der Moleküle der Umgebung.

3.5 Die Idee der Denk- und Entwurfsmuster

> Viele der Muster sind archetypisch, so tief in der Natur der Dinge verwurzelt, dass es wahrscheinlich ein Teil der menschlichen Natur und des menschlichen Handelns ist, heute und in fünfhundert Jahren.
> Christopher Alexander, Architekt, geb. 1936

Bei Archetypen denkt man zunächst an die Vorstellungen von C.G. Jung von allgemeinen menschlichen Ideen, er sagt „im kollektiven Bewusstsein", etwa „der alte Mann" als Archetypus von „Geist", aber auch an die Typenlehren, wie sie in der angewandten Psychologie (etwa in Mitarbeiterführungskursen) verwendet werden. Von C.G. Jung stammen z. B. die erfolgreichen Muster der „extravertierten" und „introvertierten" Persönlichkeiten, die in den Myers-Briggs-Typindikatoren weiterleben.

Eine historische, recht extreme Idee von Denkmustern stammt von Gottfried Leibniz. Er hatte 1666 in seiner Schrift „De Arte Combinatoria" eine Art Alphabet für Denkkonzepte entworfen: Alle philosophischen Ideen sollten durch systematische Kombination einfacherer Konzepte synthetisiert werden – auch z. B. das Rechtswesen (heute vielleicht ein Kandidat für künstliche Intelligenz und sinngemäss im Prinzip durchführbar).

In moderner Zeit hat der Architekt Christopher Alexander 1977 konstruktive Denk- und Entwurfsmuster in einem sehenswerten Büchlein eingeführt, zunächst in seiner Disziplin, der urbanen Architektur. Mit insgesamt 253 Mustern beschreibt er Städte und Stadtviertel, Räume und Möbel, Fenster und Türen bis hinunter zum Türknopf und betrachtet dies als eine Architektursprache (Abb. 3.8). Die Muster sind „wie Worte in einem Satz", bei hinreichender Dichte von Mustern in einer Domäne entsteht eine Art von Sprache für dieses Fachgebiet. In der Tat nennt er sein Hauptwerk auch *„A Pattern Language. Towns, Buildings, Construction." (1977)* – eine Mustersprache. Es ist ein Versuch, die Komplexität des Systems „Konstruktion" zu erfassen und zu reduzieren. Die architektonische Mustersprache wurde vor allem als Theorie und insbesondere in den angelsächsischen Ländern bekannt.

Die Bedeutung der Entwurfsmuster für die praktische Architektur ist umstritten, aber grossen Erfolg hatten das philosophische Konzept selbst und das Verfahren, eine Sprache von Mustern zu schaffen um Ideen „zu bauen". Sprache heisst hier, dass die Muster sich gegenseitig referieren. Beispiele sind z. B. in der Pädagogik, in der Kommunikationstheorie, in der Musik (im Jazz), aber insbesondere in der Softwareentwicklung. Musik

[4] Energiewerte findet man z. B. bei Sefer Baday, Protein Folding Mechanisms, Universität Basel.

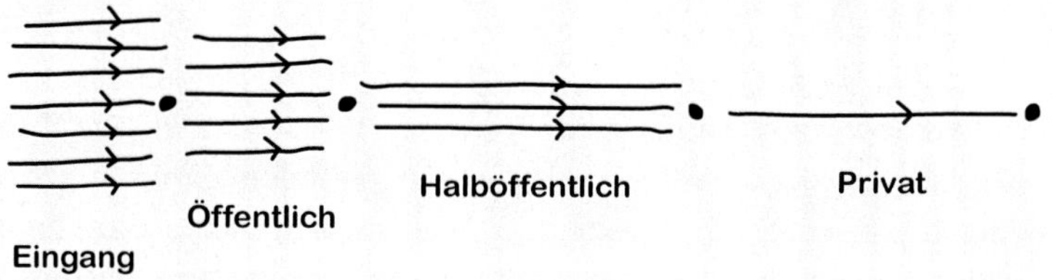

Abb. 3.8 Ein simples Beispiel eines Entwurfsmusters aus der Architektur (Bauwesen): „Eingangstür" nach Christopher Alexander „A Pattern Language", 1977

und Softwareentwicklung sind ja verwandte Gebiete – die Komposition entspricht einer Softwareentwicklung, die Interpretation dem Lauf des Programms.

In der objektorientierten Softwareentwicklung haben sich Entwurfsmuster zu einem wichtigen Werkzeug entwickelt mit Dutzenden von Lehrbüchern, allen voran das Pionierbuch der „Gang of Four" („GoF": Erich Gamma, Richard Helm, Ralph Johnson, John Vlissides) über „Entwurfsmuster – Elemente wiederverwendbarer objektorientierter Software" (1994) mit 23 Entwicklungsmustern, das dem Konzept von Mustern in der angewandten Informatik zum Durchbruch verhalf. Hier ein humorvolles Beispiel im ernsthaften Stil, entnommen dem englischen Wikipedia-Artikel „Pattern Languages" (Stand 07/2015). Es ist ein Teilprogramm für das Backen von Schokoladecookies und zeigt die Rubriken an, die zur Beschreibung dieses Musters gehören:

Name: ChocolateChipRatio
Kontext: Zum Backen von Schoko-Cookies in kleinen Mengen für Familie und Freunde
Zuerst diese Muster ansehen: SugarRatio, FlourRatio, EggRatio
Problem: Bestimmung des optimalen Verhältnisses von Schokochips zu Cookie-Teig.
Lösung: Bedenken Sie, dass für die meisten Menschen die Schokolade der beste Teil am Schoko-Chip ist. Beachten Sie auch, dass bei zu viel Schokolade der Cookie nicht zusammenhält und weniger appetitlich wird. Da Sie nur wenig Cookies machen, spielen Kosten keine Rolle.
Benutzen Sie deshalb ein Maximum an Schokolade das ein festes Cookie ergibt.
Als nächstes: NutRatio oder CookingTime oder FreezingMethod.

Es geht darum, gute Lösungswege zu erfassen, zu verallgemeinern und weiterzugeben. Nach einer Evans Data Study aus 2013 gab es in diesem Jahr 18.2 Mio. Softwareentwickler weltweit mit einer Zuwachsrate von 45 % pro Jahr; davon sind 3.6 Mio. in USA und 2.75 Mio. in Indien. Für Deutschland werden 600.000 Softwareleute geschätzt. Alle Zahlen sind mit grosser Unsicherheit behaftet, vor allem schon in der Definition des Berufs „Softwareentwickler". Es wird also jeden Tag viele Programmierer geben, die jeweils an ähnlichen Aufgaben arbeiten an denen schon eine Vielzahl von Kollegen mehr oder weniger erfolgreich gearbeitet hat. Das führt auf die Idee des Oregon-Experiments von Christoph Alexander mit der Anekdote von der Anlage neuer Wege durch die Grünflächen (etwa 1970): Zuerst wurden die Flächen geebnet und Gras eingesät. Dann durfte die Fläche von den Studenten begangen werden, so dass sich Trampelpfade ausbildeten. Diese Trampelpfade (die sog. Wunschlinien oder Desire Lines) wurden zu den harten „richtigen" Wegen planiert – und ein optimales Wegenetz gefunden. In diesem Beispiel sind die Anwender der „Software" (die Benützer des Wegenetzes) gleichzeitig die Entwickler oder Mitentwickler, und das Muster beschreibt den „Bottom-up"-Entwurf als Lösung im Gegensatz zum „Top-down"-Ansatz durch die Parkplanung.

Die etwa achtzig publizierten und von der Softwaregemeinde akzeptierten Entwurfsmuster umfassen viele Aufgaben, meistens mit prägnanten Namen wie z. B. „Singleton" oder „Memento"; eine Anzahl davon wird anschaulich erläutert bei Michael Duell, Non-Software Examples of Software Design Patterns, 1997.

Die Anti-Muster sind auch ausserhalb der Softwareentwicklung interessant. Es sind Beispiele von Verhaltensmustern der schlechten Art (Tab. 3.5).

Sie sind anwendbar in allen Bereichen, in denen Menschen organisieren. Während bei positiven Mustern die Sequenz ist

„Problemstellung" → „Lösung nach Muster",

ist sie bei Antimustern:

„schlechte Lösung" → Problem erkennen nach Muster
→„gute Lösung durch Umstrukturieren bei Erhalten der Funktionalität".

Tab. 3.5 Auswahl von „Antipatterns", also schlechten Verhaltensformen in (Software-) Projekten in Stichworten

Name	Bedeutung
Brookssches Gesetz	Mehr Mitarbeiter kann verschlechtern
Design-by-Committee	Schlechter Entwurf durch viele Kompromisse
Ein quadratisches Rad neu erfinden	Eine unnötige neue, schlechte Lösung
Impedanz-Mismatch[a]	Zwei Welten passen schlecht zusammen
Gasfabrik	Zu viel Komplexität, mehr als notwendig
Gottobjekt	Objekt, das zu viel weiss und macht
Lavafluss	Tote Codeteile
Management mit Perkele[b]	Extrem autoritäres Management
Poltergeist	Nur ein Bote, sonst nichts
Rauch und Spiegel	Funktioniert nicht, „Potemkinscher" Code
Silberkugel „Silver Bullet"	Autoritäres Stoppen einer Idee[c]
Todesmarsch	Zieht sich ewig hin
Warme Leiche	Ein Mitläufer
Wunderwaffe, goldener Hammer	Man erwartet zu viel

[a] Ein Ausdruck aus der Elektrotechnik
[b] Perkele ist finnisch/baltisch und bedeutet „Donnergott, Teufel"
[c] Dies ist die Originalbedeutung, jedenfalls bei IBM

Ein Jargonausdruck für „Problem im Code erkennen“ ist „*einen Code Smell feststellen*“, „*es muffelt*“. Der Begriff für die möglichst sanfte und fehlerfreie Umstrukturierung eines Softwaresystems ist „Refactoring“, d. h. eine Zerlegung der Programme in Komponenten (Faktoren) und deren Umordnung für eine Strukturverbesserung unter Beibehaltung der externen Funktionalität. Es ist also eine Art von Neuordnung der Gedanken. Moderne Entwicklungsumgebungen unterstützen diese Analyse und Refaktorisierung sogar direkt mit Werkzeugen.

Ein Antipattern der Software, das wir schon erwähnt haben, ist der Spaghetticode (Abb. 3.5); der Bogen der Antimuster reicht von technischem Fehlverhalten bis zu weisen Managementtipps. Softwareentwicklung hat einen starken Bezug zu Psychologie und Soziopsychologie, denn es geht ja um die Organisation von exakter Arbeit durch (inexakte) Menschen, und zwar von grossen Mengen von Arbeit mit unerbittlichen Richtern. Zunächst wird die Arbeit durch den Computer (bzw. Compiler) beurteilt (der sie vielleicht ganz als untauglich ablehnt), dann durch die Kunden und natürlich durch die Kollegen und das Management. Tabelle 3.5 ist eine kleine Auswahl von Antipatterns (oder weisen Jargon-Sprüchen) mit malerischen Bezeichnungen aus dem Englischen.

Diese Begriffe können auf viele Bereiche angewandt werden, in denen organisiert wird – allgemeine Projekte, philosophische Wissenssysteme, wissenschaftliche Teams, persönliches Wissen. Die Softwaretechnik definiert ihre zentralen Muster in recht genauem Pseudocode. Die Muster werden im Detail zu Lösungen erweitert; dies erleichtert die Implementierung und verbessert die Qualität durch die Wiederverwendung erprobter Gedankengänge. Denkmuster können die Neuankömmlinge im Gebiet einführen und die Sprache allgemein präzisieren oder wenigstens bereichern, etwa zu sagen: „*Unser Chef managed das Projekt wie Perkele*“ oder „*er ist ein richtiges Gottobjekt*“.

Philosophisch betrachtet sind die Entwurfsmuster die Bausteine für Ideen – eine Ebene unter den Ideen, eine Ebene über der detaillierten Realisierung. Sie beinhalten das generische Fachwissen für eine Domäne, das sonst nur implizit vorhanden ist. Wir haben z. B. in der Naturphilosophie immer wiederkehrende Gedanken wie

> „es gibt ein Endliches, nicht weiter teilbares“, „die Kraft wird erhalten“ (oder etwas anderes) oder „es muss symmetrisch sein“.

Es gibt noch viele Wissensbereiche, die man nach Denkmustern durchsuchen kann. C.G. Jung hat es versucht mit seinen Archetypen als Ideen und seelische Strukturen, die in den verschiedensten Kulturen auftreten sollen.

3.6 Agiles zur Managementphilosophie und Software

> „It can’t be done“ – „Das kann man nie“:
> „Es gibt nichts was man in Software nicht machen könnte.“
> Der Killer-Satz No 1 für neue Ideen in Projekten mit der Replik des Softwaretechnologen Navneeth Mandavilli (2012).

Die obige Liste von Antimustern gibt schon allgemeine Managementweisheiten. Wohl jede könnte einen Artikel für sich abgeben. In diesem Abschnitt wollen wir noch auf eine Erfahrung eingehen, nämlich dass manchmal weniger mehr ist. Zur Einleitung wieder eine pragmatische Weisheit oder ein Antimuster, das aufgelistete Brookssche Gesetz:

„Adding manpower to a late software project makes it later." – „Liegt ein Projekt im Zeitplan zurück und bringt man deshalb weitere Leute dazu, so verzögert es sich noch mehr".

Es stammt von Fred Brooks, IBM, und wurde 1975 in dem Software- (und Management) Klassiker „*The Mythical Man Month*" („*Vom Mythos des Mann-Monats*") publiziert. Dabei ist der Mann-Monat die gender-inkorrekte Masseinheit für Arbeit; die grössere Einheit war Manyear, aber heute ist es das neutrale Peopleyear. Weitere Mitarbeiter verzögern zunächst das Projekt durch ihre Einarbeitung und durch den erhöhten Kommunikationsaufwand im Team. Naturgemäss nimmt der Aufwand für die interne Organisation mit der Zahl der Mitarbeiter rasch zu. Am geringsten ist dieser Aufwand für den Einzelkämpfer – der geniale Einzelkämpfer ist sowieso ein besonderer (häufig vorkommender) Softwareentwickler.

Unter Ingenieuren wird die Entwicklung von Software als ein recht „weicher" Prozess angesehen, weicher als z. B. der Prozess zur Konstruktion einer Brücke. In der Tat gibt es im negativen Sinne von „Weichheit" seit Anbeginn grosser Softwareprojekte vor etwa 50 Jahren immer wieder glorreich scheiternde Beispiele. Aber gerade deshalb ist es lehrreich, sich die Lösungen (oder Ansätze) zum schwierigen Bau von solchen Wissenssystemen anzusehen, die sich ihre Arbeitsumgebung selbst definieren und mit Menschen (eventuell Hunderten, ja Tausenden) zusammenarbeiten.

Eine allgemeine Lehre (und ebenfalls ein Anti-Muster) aus der Softwareentwicklung heben wir hervor: „*Entdecke den Fehler bald*" am Anfang des Entwicklungsprozesses oder im Jargon „*Fail fast*". Jeder Fehler muss so früh wie möglich entdeckt werden. In der Software können die Kosten der Behebung in verschiedenen Phasen der Entwicklung gemessen werden. Man beobachtet, dass die Kosten zur Behebung rasch ansteigen, wenn ein Fehler unbemerkt durchgezogen und weiter ausgebaut wird bis zur Entdeckung und Korrektur (Abb. 3.9). Die Korrektur beim Kunden („im Feld") kann das Hundertfache der Kosten einer frühen Korrektur des Fehlers im Design betragen. Eine Schätzung in USA ergab, dass bis zu 60 % der Programmierer mit Fehlerbehebung beschäftigt sind.

Dazu passt der sarkastische Ausspruch des Pioniers der Softwaretechnik David Parnas (geb. 1941):

Ein schlechter Programmierer kann leicht im Jahr zwei neue Arbeitsplätze schaffen.

Ein besonderes Entwurfsmuster oder Systemprinzip bei agiler Entwicklung ist die Übertragung des schon erwähnten japanischen Schönheitsideals Wabi-sabi auf den Entwicklungsprozess. Dabei wird die harte Forderung nach totaler Fehlerfreiheit und totaler Erfüllung aller Vorgaben aufgegeben zugunsten der Akzeptanz eines gewissen Anteils von

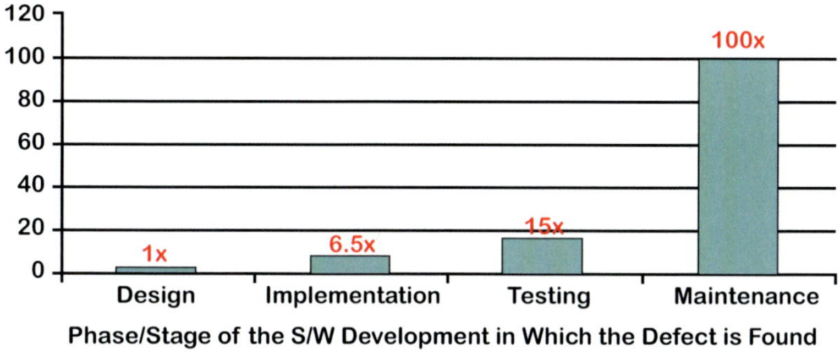

Abb. 3.9 Die relativen Kosten der Behebung von Fehlern während der Entwicklung: Je später entdeckt, umso teurer ist die Behebung. (Quelle: IBM Systems Sciences Institute)

Imperfektion bei der Erfüllung der Programmieraufgabe und beim Ausliefern des Codes. Der Zwang zur Perfektion würde eventuell extrem hohen Aufwand bedeuten, die rasche Auslieferung zum Kunden verhindern und durch Änderungen wieder entwertet werden.

Wenn der ausgelieferte Code beim Kunden auch (nahezu immer) Fehler enthält, soll wenigstens der Computer nicht abstürzen. *„Fail fast"* kann dann z. B. bedeuten, dass bei einer Division zuerst geprüft wird, ob durch „0" dividiert werden soll. In diesem Fall wird nur die Anwendung gestoppt und nicht das System (mit dem Erscheinen des erwähnten blauen Screen-of-Death, des Todesbildschirms).

Das „Fail Fast"-Verhaltensmuster kann eine gute Regel für den Alltag sein, aber auch für Firmen und Politiker. Wenn bei einer Start-Up-Firma die ursprüngliche Geschäftsidee nicht funktioniert, so muss man eine Änderung des Produktplans oder auch das Aufgeben erwägen.

Gerade für einen sanfteren Prozess hat man besondere Methoden entwickelt, um vor allem bei kleinen und mittleren Projekten Fehler schneller zu finden und leichter Änderungen einbauen zu können, etwa bei neuen Kundenwünschen: die sog. Agilen Methoden. Gewünscht ist Agilität (lat. *agilis: flink; beweglich*) im Entwicklungsprozess.

Wir benützen zur Einordnung der agilen Methoden das Schema zur Einordnung der Komplexität von Prozessen (Abb. 3.10) des Ökonomen Ralph Douglas Stacey (geb. 1942). Die Situation eines Projekts wird beschrieben durch

- die Unsicherheit im Verstehen der Lösung im Vorfeld, z. B. welche Technologie überhaupt zu wählen ist,
- die Bestimmtheit, mit der das Ergebnis erwartet wird und versprochen ist, d. h. der Grad der Detailliertheit des Pflichtenheftes.

Wie sicher kennt man den Prozess, technisch und im Vorgehen? Wie klar sind die Ziele gefasst und vereinbart? Ist alles klar (und das Projekt hinreichend gross), so bietet sich das klassische sog. Wasserfall-Vorgehen an: Man schiebt das Projekt wie Wasser in einem römischen Brunnen von einem Becken (d. h. einer Entwicklungsphase) als Ganzes hinunter zum nächsten Becken (zur nächsten Entwicklungsphase) und zum übernächsten.

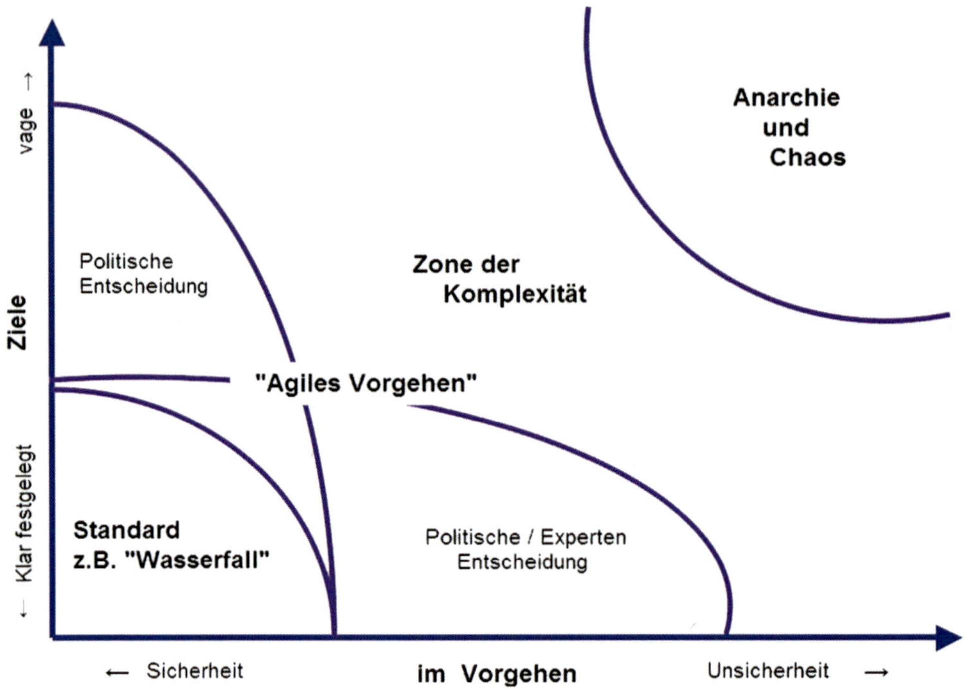

Abb. 3.10 Die Komplexitätsmatrix für Prozesse nach Ralph Stacey. (Frei nach Ralph D. Stacey, Complexity and Creativity in Organizations, 1996)

Das andere Extrem einer Prozessumgebung ist die Anarchie, positiv ausgedrückt die Freiheit zu tun, was dem Unternehmen eventuell nützt, und mit Technologie, die noch zu entwickeln ist, vielleicht sogar als zusätzliches Grundlagenforschungsprojekt.

Der Anwendungsbereich agiler Verfahren liegt dazwischen in der Zone mit hohem Anteil von Unbekanntem, die Stacey die Zone der (Prozess-) Komplexität nennt. Die Prinzipien des agilen Managements wurden 2001 von einer Gruppe von Entwicklern formuliert als das „Manifest der agilen Softwareentwicklung“, kurz das „Agile Manifesto“. Die ersten vier postulierten Prioritäten der agilen Philosophie sind:

> Menschen und Interaktionen sind wichtiger als Prozesse und Werkzeuge.
> Funktionierende Software ist wichtiger als umfassende Dokumentation.
> Zusammenarbeit mit dem Kunden ist wichtiger als Feilschen um Verträge.
> Eingehen auf Veränderungen ist wichtiger als Festhalten an einem Plan.
> Gruppe von Softwareleuten 2001

Praktische Regeln der Agilität sind etwa

- so schnell wie möglich etwas vorzeigen können,
- Änderungswünsche rasch aufnehmen (und nicht ablehnen),

- enge Zusammenarbeit im Team mit täglichem Zusammenkommen, dem „Scrum“ (engl. Gedränge) wie die Absprachherunde „mit allen Köpfen zusammen“ im angelsächsischen Sport vor einem Spiel,
- Selbstorganisation und Eigenverantwortung im (kleinen) Team,
- laufende (tägliche) Eigenkontrolle der neuen Ergebnisse „was jetzt schon läuft“, und damit hoffentlich laufend Erfolgserlebnisse für das Entwicklungsteam und den Kunden.

Für Software haben sich die Verfahren der Agilität bewährt und werden durch ausgefeilte (kommerzielle) Methodik unterstützt. Die Prinzipien des Manifestes bieten jedoch auch eine allgemeinere Anleitung und Philosophie für zielgerichtetes Handeln mit menschlichen Randbedingungen. Zwei Beispiele hierfür sind

- Kindererziehung:
  Bruce Feiler, US-amerikanischer Autor (geb. 1964) schreibt:
  „Behandeln Sie Ihre Kinder wie ein Team von agilen Software-Entwicklern, und Sie haben weniger Stress in der Familie“.
  Er plädiert dafür, dass es in der Familie einen agilen Familienrat gibt, dass Kinder Entscheidungsbefugnisse erhalten (z. B. über eine Strafe), und auch kleine Fortschritte belohnt werden.
- Junge Unternehmen:
  Bei Start-ups ist beinahe per Definition nicht alles klar und risikolos (obwohl es sicher einen Geschäftsplan gibt für die Kreditgeber). Dazu ist die Zeit knapp und überall ist Flexibilität notwendig, z. B. wenn sich eine neue Chance bietet oder das geplante Produkt oder die geplante Dienstleistung nicht die Begeisterung findet wie erwartet und abgeändert werden muss. Der CEO eines Start-Up Unternehmens führt damit einen agilen Prozess, für die Entwicklung des Produkts wie für den Aufbau des Unternehmens.

Softwareentwicklung ist eben das Zusammentreffen von Technik und Menschen in schwankender Umgebung, aber mit dem unerbittlichen Nachweis des Erfolgs (oder Scheiterns) – die Beobachtungen, das Gelernte oder gar die gefundenen Gesetzmässigkeiten gelten auch für andere Aufgaben mit Menschen.

4 Philosophisches mit Software: Emergenz, Evolution und Weltmodell (Ontologie)

Eine Reihe von philosophischen Begriffen, insbesondere zum Werden, sind unmittelbar aus der Softwarewelt zu verstehen oder es sind eigentlich Softwarebegriffe. Wir erläutern „Emergenz" und „Evolution" und bauen damit (und mit dem Zufall) ein duales physikalisch/informationstechnisches Modell der Welt. Insbesondere zeigen wir am Beispiel der Texterkennung, dass die Erzeugung von Emergenz eine Grundeigenschaft von Software ist. Kommt der Zufall dazu (oder „Brute Force"-Computerleistung), so erzeugt dies Evolution und Kreativität per Computer. Die Anfänge der computergenerierten Kreativität gehen dabei überraschenderweise ins 13. Jahrhundert zurück zum genialen Katalanen Ramon Llull. Wir erläutern dazu verschiedene Arten des Zufalls. Der Zufall hilft dem philosophischen Esel des Buridanus und erzeugt in der Natur (und in der Technik) neue Details, aber auch fundamental Neues. Allerdings erweist sich der „maschinenschreibende Affe" (der versucht, den Hamlet zu schreiben) mit dem blinden Zufall als zu einfaches und sinnloses Bild.

4.1 Was ist Emergenz?

> Ein guter Programmierer kann GOTT spielen, er kann eine Welt schaffen. Seine schlimmste Angst ist, nicht genügend Speicher zu haben.
> Student auf der Website des North Carolina College of Engineering.
> So können Wasserstoff und Sauerstoff eine neue Substanz ergeben, ein neues Bündel von Effekten genannt Wasser.
> John Stuart Mill, englischer Philosoph, A System of Logic, 1843.

Emergenz ist die Bildung einer neuen Eigenschaft eines Systems, die in den Komponenten noch nicht vorhanden ist, wobei es bei den Komponenten sinnlos ist, nach dieser Eigenschaft zu fragen. Man bezeichnet diese Eigenschaft als irreduzibel. Allerdings wäre es

W. Hehl, *Wechselwirkung*, DOI 10.1007/978-3-662-48114-1_4

mystisch, den konstruktiven Zusammenhang der Eigenschaft zu den Komponenten zu leugnen (wie beim Gehirn und dem „Geist“ immer wieder und noch geschehen). Elementare Beispiele sind etwa

„Flüssiges“ Wasser – ein Molekül allein ist nicht flüssig,
„Wellen“ auf dem Wasser – ein Molekül kann keine Wasserwelle machen,
„Verkehrsstau“ von Autos – ein Auto allein hat keinen Stau,
„Roman“ aus Buchstaben – ein Buchstabe ist kein Roman,
„Buchstaben“ aus gescannten Bits (s. u.) – ein Bit sagt nur „schwarzer“ oder
„weisser“ Punkt.

Das grosse historische philosophische Interesse an Emergenz liegt vor allem an zwei „grossen Emergenzen“, nämlich

- der Entstehung des Lebens aus Unbelebtem,
- der Entstehung von Geist (oder Intellekt) im Gehirn.

Beide haben mit Software in weiterem Sinne zu tun, das Leben z. B. mit Software auf DNA-Basis, das Gehirn mit Software auf letzten Endes elektrochemischer Basis.

Wir analysieren deshalb das Phänomen Emergenz genauer. Das Wort Emergenz kommt vom lateinischen *emergere* für „Auftauchen“, „Emporkommen“ im Gegensatz zu *mergere* „Versenken“. Es ist aus sprachlicher Sicht nicht ideal gewählt: Es suggeriert, dass Emergenz verborgen, aber schon vorhanden ist. Dies ist nicht gemeint: Der Verhaltensforscher Karl Lorenz schlug stattdessen die Bezeichnung „Fulguration“ (vom lat. *fulgur* „Blitz“) vor. Allerdings kann das emergente Phänomen kontinuierlich weiter wachsen wie die Komplexität der Lebewesen und die des Gehirns in der Evolution.

Der Zusammenhang von Emergenz und Software erscheint besonders eng, denn Software als Konstruktionsdisziplin baut neues aus elementaren Einzelschritten:

- Der Softwareentwickler hat die Rolle eines Schöpfers. Der Schöpfer komponiert und hat Kenntnis der inneren Details und des Zwecks. Der Benutzer sieht nur die Ergebnisse.
- die Software betrifft sowohl die Phase des Aufbaus (entsprechend z. B. der Evolution oder Phylogenese), wie die des Betriebs (entsprechend z. B. dem Aufbau des Individuums (der Ontogenese) oder den Ablauf einer menschlichen Reaktion im Gehirn. Es gibt in diesem Sinne „Emergenz des Codes selbst“ und „Emergenz durch die Arbeit des Codes“ in den Produkten.
- Software und ihre Prozesse sind recht gut verstanden, und nahezu alle Vorgänge und Handlungen sind oder entsprechen Software.

Dazu haben wir aus der Konstruktionslehre der Software Veranschaulichungen zur Hand, um die Abläufe im Detail zu verstehen, etwa mit dem Hierarchiemodell und dem Netzwerkparadigma. Das Hierarchiemodell ist fundamental zum Verstehen mehrfacher Emergenz, von tiefen fundamentalen Schichten zu höheren Schichten, z. B. von nackten Bits zu semantischem Inhalt. Diese Hierarchie ist ein typisches Modell für die Säule aus der Information ähnlich einer Emergenzsäule auf der atomaren Seite (Atome – einfache Moleküle – komplexe Moleküle und die biologische Wachstumsreihe bis zum Menschen).

Emergenz ohne explizite Steuerung (d. h. softwarefrei) ist weit verbreitet, vor allem in der Physik (etwa bei der Kristallbildung, in der Nanotechnologie, bei der Proteinfaltung), in der Soziologie (etwa bei den kollektiven Eigenschaften von Menschengruppen), aber auch in der Automatentheorie (etwa dem berühmten Spiel „Game of Life"). Man spricht von „Selbstassemblierung" bei der Entstehung statischer Muster oder von „Selbstorganisation" bei der Entstehung dynamischer Muster.

So entstehen Muster aus Bausteinen direkt aus den physikalischen Gesetzen und dem Zufall „wie von allein". Ein konkretes physikalisches Beispiel zur Selbstorganisation sind die regelmässigen Strömungszellen, die z. B. in einer Pfanne mit einer dünnen Wasserschicht entstehen (Bénard-Zellen) oder auf der Sonnenoberfläche als körnige Struktur (Granulation). Inhärente Eigenschaften der Komponenten führen im Rahmen von statistischen Schwankungen und Wechselwirkungen zu neuen, oft eindrucksvollen Strukturen. Selbstorganisation ist ein Modewort geworden,

> der universellen Anwendbarkeit verdankt der Begriff der Selbstorganisation seine breite Resonanz. Deutsches Wikipedia Artikel „Selbstorganisation", 08/2015

Diese physikalischen selbstorganisierenden Systeme können durch Software simuliert werden, aber erst konstruierte Emergenz, also Software, hat das Potential zum (vermutlich) unbegrenzten Wachsen in der Komplexität. Die Beziehung zur Selbstorganisation erinnert an das Verhältnis von „organischer" zu „anorganischer" Chemie. Im anorganischen Fall der Selbstorganisation ist die Idee eines Homunkulus (und Homunkulus-Sprache, s. u.) nicht naheliegend: Die Strukturänderung erfolgt von selbst durch die Grundeigenschaften wie Symmetrien oder gekoppelte Strömungen, aber ohne ein explizites Steuerelement.

Bei Software unterscheiden wir drei Typen von Emergenz:

- Emergenz als Ergebnis des Laufs von vorgegebener und konstruierter Software,
- Emergenz beim Bau der Software,
- Emergenz durch Softwaresysteme und deren Wechselwirkung.

In allen Fällen entsteht „das Neue" erst im Ganzen oder einer grösseren Einheit wie einem Funktionsblock. Allerdings: Software ist selbst eine Datenmenge, die beim Lauf von sich selbst geändert werden kann – es gibt also Software, die neue Software bauen kann.

Das Vorliegen von Emergenz durch die Computeraktion (d. h. durch Software) ist leider in der Allgemeinheit noch weitgehend unverstanden nach dem hier unsinnigen Motto *„Es kann ja nicht mehr herauskommen, als wir Menschen hineingesteckt haben"*. Der Satz übersieht, dass auch normale kommerzielle Software ein Werkzeug ist, eine Maschine zur Erzeugung eines neuen Produkts oder Dienstleistung, die emergent ist in Bezug auf die Ausgangseigenschaften. Was wird in ein Werkzeug vom Ergebnis hineingesteckt? Mit Hardware und Betriebssystem ist ein Computer ein allgemeines Werkzeug („General Purpose"), mit einer zusätzlichen Anwendungssoftware, einer App, ein Spezialwerkzeug. So erzeugt die App „Routenplaner" etwa einen neuen Weg zur Umfahrung eines aktuellen Verkehrsstaus.

Wir können dies mit dem Auffinden eines neuen Naturgesetzes vergleichen, etwa der Entdeckung des klassischen Gravitationsgesetzes durch Newton im Jahr 1687: Im Sinne der obigen falschen Argumentation wäre ja mit dem Gesetz alles bekannt gewesen im Bereich der Himmelsmechanik, und es hätte nichts Neues mehr gegeben. Aber es war im Gegenteil der Beginn von mindestens zwei fruchtbaren Jahrhunderten der himmelsmechanischen Astronomie: Es kamen Doppelsterne, Sternhaufen, Satelliten, Galaxien, Lagrangesche Punkte und vieles mehr dazu.

Im nächsten Unterabschnitt erläutern wir Emergenz durch „fertige" Software am Schichtenmodell.

4.2 Emergenz durch vorgegebene Software

> Da haben Sie diese tote Maschine, eine Maschine, ein physikalisches Objekt, aber dann legen Sie Software darauf, und plötzlich lebt es.
> Gregory Chaitin, Mathematiker, geb. 1947

Emergenz (zur Laufzeit, durch ein existierendes Programm) mit Hilfe einer Softwareschicht i definieren wir (siehe Abb. 4.1):

> Gegeben sind Eigenschaften $E_{out}(i-1)$ und ein Programm P(i) mit $E_{out}(i-1)$ als Eingangsdaten $E_{in}(i)$. Das Programm produziert die Eigenschaften $E_{out}(i)$, die disjunkt sind mit $E_{out}(i-1)$. Dann sagen wir $E_{out}(i)$ ist emergent aus $E_{out}(i-1)$.

Schichten (und damit Emergenzen) können weiter aufeinander gestapelt werden, traditionell mit der logisch höheren Funktion „oben", der hardware-nahen Funktion „unten". Die Eingangsdaten für die Funktion einer Software in einer Schicht i werden gezielt verarbeitet, erzeugen Ausgangsdaten und damit die Eingangsdaten für die Schicht i + 1.

Ein Beispiel hierzu ist das Erkennen eines Buchstabens in einem Strom von Bits, die ein Scanner aus den zunächst gescannten Grauwerten liefert (Abb. 4.2). Im einfachen Fall eines Schwellwerts wird eine ‚0' weitergegeben, wenn das Signal unterhalb, eine ‚1', wenn

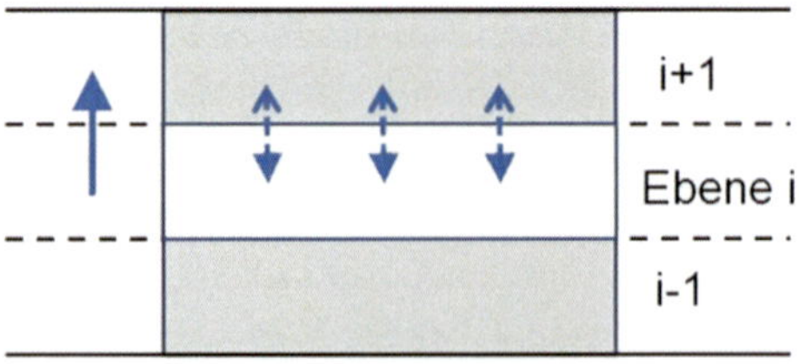

Abb. 4.1 Schichtenmodell und Emergenz

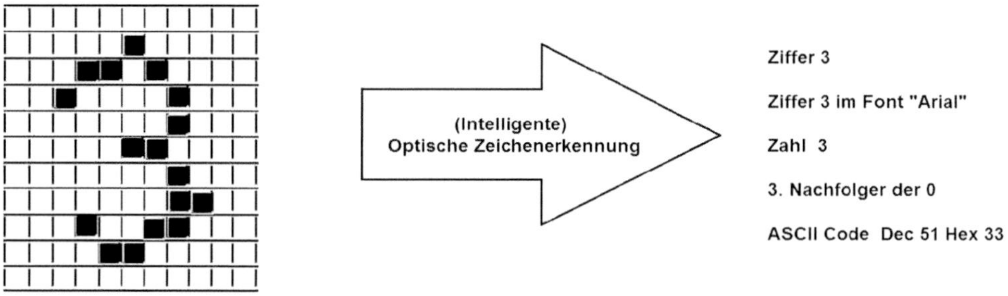

Abb. 4.2 Emergenz durch Informationsverarbeitung zur Laufzeit: Von „Tieferem" zu „Höherem"

es oberhalb der Schwelle liegt (oder umgekehrt). Erste Ausgangswerte sind damit Bits ohne semantische Bedeutung, nur ein Strom von ‚0' und ‚1'.

Die Bedeutung erhält der Bitstrom durch das spezifische, zugehörige Interpretationsprogramm der Mustererkennung, etwa durch die Analyse der Nachbarschaftsverhältnisse oder durch Transformation. Das Resultat ist eine neue, „höhere" Grösse, hier die Ziffer 3 (oder die Zahl 3, oder die abstrakte 3 der Mathematik, oder eine entsprechende Position in einem Zeichensatz). Das Programm „Zeichenerkennung" hebt („emergiert") Information auf eine höhere Ebene und es entsteht fundamental Neues. Wenn man vom Programm nichts weiss, ist diese Emergenz ein mystischer Akt.

In der Praxis kann die Emergenz weitergehen zu weiteren (höheren) Schichten:

> Vom Buchstaben oder Zeichen zur Wortbildung, von den Wörtern zu einem Kontext, vom Kontext zur Beantwortung von Fragen wie „Was enthält der Text?", „Ist der Text positiv eingestellt" (etwa in einer Kunden-Email), „welche unter dieser Million Texten haben eine ähnliche Aussage?"

Im Kapitel „Wissen und Software" vergleichen wir diese Hierarchie von Emergenzen mit der üblichen Wissenspyramide.

Bei der Texterkennung ist den Bits überhaupt nicht anzumerken, welches Zeichen entstehen wird (aber wir setzen voraus, dass wir ein Zeichen vorliegen haben): Das erkannte Zeichen erscheint überraschend, die Tatsache der Erkennung (und das Verfahren dahinter) sind bekannt und hier vorgegeben; manche Autoren bezeichnen dies als „schwache" Emergenz.

Für sie wäre „starke" Emergenz eine Erscheinung, die nach Behauptung prinzipiell nicht aus den Komponenten herrührt und nicht aus der Absicht der Software folgt, sondern als *deus ex machina* wirkt. Man muss sich aber darüber klar sein, dass dies unbekannte und unphysikalische Kräfte impliziert, aus dem Nichts heraus, etwa bei der Biologie einen „Vitalismus", im Gehirn einen unabhängigen „Geist".

Bei Software würde dies das Auftreten eines Softwaremoduls bedeuten, das zwar auf dem Rechner in dessen Architektur läuft, nicht analysierbar ist und etwas bewirkt, was nicht vom Rechner herrührt: Das gibt es aber nicht. Es ist prinzipiell möglich, den Ablauf der ausgeführten Befehle zu verfolgen. Der Rechner mit seinen internen Befehlen ist per Definition der Macher – aber je umfangreicher das System (oder gar das System von Systemen), umso komplexer werden die Wechselwirkungen. Dazu kommt der Zufall auch schon bei kleinen Programmen als Einbrechen von aussen: Es gibt softwaretechnische „starke" Emergenz. Es ist möglich, bei der Programmierung oder beim Lauf Instruktionen oder Daten zufällig zu ändern und etwas (eine neue Funktion, ein neues Objekt) *deus ex machina* zu erzeugen. Das System kann auch so komplex sein, dass seine Wechselwirkungen unüberschaubar sind und wie Zufall wirken. Allerdings sehen wir wieder eine Art Entropiegesetz:

> Macht man eine zufällige Änderung im Programmcode, so ist die erzeugte Operation ‚beinahe immer' katastrophal.

Der Autor hat dies selbst erlebt bei der Entwicklung der Codierung von Bildern (ca. 1980): Ein winziger Fehler in einem bildverarbeitenden Programm erzeugt ein abstraktes Kunstwerk, künstlerisch kreativ aber nicht hilfreich zum eigentlichen Ziel. Leider existiert kein Bild mehr aus dieser Zeit. Die inverse Aufgabe schien sehr schwierig, nämlich solche Bilder gezielt zu erzeugen. Ähnliches gilt wohl für die Evolution: Das Ergebnis einer radikalen Änderung im Erbgut ist höchstwahrscheinlich unsinnig, und wenn doch überlebend zu vereinzelt, um eine ganze Population zu verändern. Ein Strom vieler kleiner Änderungen mit einem kontinuierlichen Korrektursystem führt trotzdem zu neuer „stark emergenter" Bio-Software.

Die Eigenschaft, als Prozess nicht verstanden zu sein als Bedingung für „echte" Emergenz erscheint recht willkürlich und ist nicht ontologisch. Die obige Erkennungssoftware wird vom Laien nicht verstanden, selbst der Programmierer versteht nach drei Monaten sein eigenes Programm nicht mehr (nur die grossen Linien, aber er kann sich prinzipiell natürlich wieder vertiefen), ja die Lieferfirma hat das Programm vielleicht absichtlich eingekapselt zur Black Box – aber es funktioniert. Welche Prozesse etwa in Lebens- oder Neurowissenschaften verstanden sind, hängt vom Jahr ab, das man betrachtet. Ist es nicht erstaunlich (d. h. emotional unverständlich), dass ein Computerprogramm einen gesprochenen Satz versteht? So eine Ansammlung von Transistoren mit Gehäuse und nach ein paar Milliarden von Softwareinstruktionen gibt die richtige Antwort auf eine Frage, besser als wir? Dass man sich an Wunderbares gewöhnt, ist ja kein Grund, sich nicht mehr zu wundern. Es gibt allerdings auch Software, deren Ergebnisse auch den Programmierer in der Aussage selbst fundamental verblüffen, z. B. wenn ein Programm eine neue Lösung für ein Problem findet, einen mathematischen Beweis führt oder sich selbst verbessert; darüber mehr im Abschnitt „Evolution".

Emergenz entsteht insbesondere in der Dynamik von Systemen mit Wechselwirkung. Ein Beispiel mit Software der besonderen Art ist die Musik eines Orchesters: Es entstehen Melodien, Akkorde und Klangbilder, die weder in den akustischen Komponenten (akustische Schwingungen) noch in den musikalischen Komponenten (Noten oder Einzeltönen) vorliegen. In der Tat ist „Musik" eine Software. Die Komposition ist die Entwicklung, die Partitur die Programmliste, die Aufführung die „Laufzeit" – die Musiker sind die Prozessoren, natürlich mit individueller „Firmware", die sie sich in jahrelanger Programmierung angeeignet haben.

In der angewandten Informatik gibt es auch das Entstehen von negativem Neuem, z. B. die Emergenz im negativen Sinne von sich gegenseitigen blockierenden Programmen (Prozessen), etwa im „Deadly Embrace", der tödlichen Umarmung – sich selbst umarmen, das kann ein Prozess nicht allein.

Dieses Beispiel zeigt die Bedeutung des Zufalls für Emergenz: Zufall zerstört Ordnung und schafft neue, komplexere Situationen, hier negativ, aber auch positiv wenn z. B. gerade das Zusammentreffen etwas Neues ermöglicht.

Das Beispiel der Zeichenerkennung demonstriert (wenigstens technisch) zwei weitere philosophische Eigenschaften: Supervenienz und sog. „Abwärts – Kausalität":

Supervenienz (lat. von *super* „über", „zusätzlich" und *venire* „kommen") einer Eigenschaft i über die Eigenschaft i – 1 liegt vor, wenn eine Änderung in den Parametern in E(i) nur bei einer Änderung in den Parametern E(i – 1) erfolgt, aber nicht notwendigerweise umgekehrt[1]. Dies ist ein Indiz, dass „i" höher in der logischen Hierarchie steht als „i – 1". Die Zeichenerkennung ist ein anschauliches Beispiel hierzu; hier ist der Input (i – 1) doppelt variabel:

- die Ziffer 3 kann sehr verschieden geschrieben sein oder verschiedenen Fonts angehören,
- der Abtastvorgang liefert keine exakten Daten, sondern ist „verrauscht", immer wieder mit verschiedenen überlagerten elektronischen Rauschmustern bei anderen Scans.

Das Ergebnis (i) ist das Zeichen an sich – eine Drei, definiert als die Nachfolgezahl der Zwei. Umgekehrt muss einer anderen Ziffer ein anderes, hinreichend verschiedenes Muster entsprechen. Diese Supervenienz gilt allgemein beim Übergang von analogen zu digitalen Daten, etwa in der Biometrik, also der Bestimmung einer Identität aus biologischen Merkmalen. Dort ist es der Übergang aus der unscharfen analogen Welt der Fingerabdrücke oder der Eigenschaften der Stimme oder der Iris hin zur eindeutigen Identität des Trägers.

Abwärts-Kausalität („Downward Causation") wurde als Begriff vom US-amerikanischen Psychologen Donald T. Campell 1974 für biologische und hierarchische Systeme eingeführt. Es bedeutet im Hierarchiemodell, dass eine physikalisch gesehen obere Schicht eine untere Schicht beeinflusst. Im Rahmen der Evolution einer Tierart etwa ruft eine neue Beute eine andere Schnabelform der Tierart hervor. Die Auswirkung ist eine physikalische Veränderung, aber ohne eine unmittelbare physikalische Ursache – in vielen Bereichen erscheint dies zunächst mystisch, im Bereiche der Softwareentwicklung ist sie (i. Allg.) offensichtlich und einfach beabsichtigt. Die Existenz einer Software als Ganzes ist abwärts-kausal bestimmt durch die Absicht des Programmierers oder durch das Pflichtenheft des Projekts.

Hier zwei Abwärtskausalitäten an unserem Beispiel der Texterkennung:

[1] Adaptiert nach Hoyningen-Huene, Reduktion und Emergenz 2009.

- Vor allem in der Anfangszeit der Informationsverarbeitung hatte man besondere Schriften entwickelt, die sich gut per Software erkennen liessen, etwa 1968 die Schrift OCR-A im Auftrag der amerikanischen Regierung. Hier hat die Erkennungsebene die Analogmuster darunter indirekt bestimmt.
- Schwankt z. B. ein Erkennungssystem bei der Analyse eines Musters, ob das Zeichen eine „3" darstellt oder ein „B" (das könnte ja in der Eingabe ähnlich sein), so kann die höhere Ebene „nach unten entscheiden", z. B. weil es eine Postleitzahl sein soll, und das „B" als Buchstabe nicht passt, oder weil der Name der Stadt schon bekannt ist und eine „3" dort stehen sollte.

Zum Vergleich ein Beispiel „abwärtskausal vs. kausal" aus der Softwareentwicklung:

- Direkt und kausal: Eine Programmänderung (oder ein Fehler) schlägt unmittelbar zur Arbeit des Programms durch und eine neue Funktion erscheint (oder eine falsche, meistens unsinnige Aktion).
- Abwärtskausal: Ein Kundenwunsch oder Managementwunsch für eine Programmänderung wird in den Arbeitsplan der Programmierer eingebaut und dann getrennt realisiert – oder nicht.

Anders ist es bei der Entwicklung der Software im weiteren Sinn in der Evolution. Die Wechselwirkung der Population mit der Umwelt arbeitet wie ein Mechanismus, als stünde ein Management dahinter oder ein intelligenter Designer.

„Echte" Kausalität gibt es in unserem Weltmodell in der Säule 1, der physischen Welt, in der 2. Säule gibt es Kausalität und Abwärtskausalität. Mit diesen Begriffen erhalten wir diese sehr philosophische Definition von Software:

> Die Softwareentwicklung ist der abwärtskausale Bau einer künstlichen Handlungskette für eine bestimmte Aufgabe und Hardware. Der zugehörige Programmlauf ist die kausale Durchführung auf dieser Hardware.

4.3 Der Zufall als Schöpfer: Philosophische und physikalische Arten des Zufalls

> Es ist wahrscheinlich ganz klug, ein gewisses Zufallselement in eine lernende Maschine einzubauen.

> Ein Zufallselement ist recht nützlich wenn wir eine Lösung für ein Problem suchen.
> Alan Turing, Informatiker, 1950.

Wenn die „schwache" Emergenz durch vorgefertigte Software nicht ausreicht, weil das Ergebnis in seiner Struktur radikal anders sein soll, kommt der Zufall als Helfer ins Spiel, der von ausserhalb des Programms eingreift.

Die obigen Zitate sind kluge Worte des Pioniers vor 65 Jahren; dazu zwei Zitate zu Beginn, die aus dem 18. bzw. 20. Jahrhundert stammen, und nach unserem besten Wissen falsch sind:

> Zufall ist ein Wort ohne Sinn, nichts kann ohne Ursache existieren.
> Voltaire (1694–1778).
> Der liebe Gott würfelt nicht. Albert Einstein (1879–1955).

Aus moderner Sicht ist der Zufall wichtig und existent (philosophisch gesprochen ontisch). Eine erstaunliche Vorahnung der Bedeutung und der Funktion des Zufalls findet sich bereits in der antiken Philosophie in der Erweiterung der Atomtheorie des Demokrit durch den griechischen Philosophen Epikur (341–271 oder 270 v. Chr.) und den römischen Dichter Lukrez (etwa von 99–53 v. Chr.).

Für Epikur ist ein totaler Determinismus der Atome zu starr. Es gäbe dann nichts fundamental Neues (d. h. Lebendiges) und die Atome könnten sogar ohne jede Kollision im Gleichtakt fliegen und es gäbe überhaupt keine Kollisionen und keine Veränderung. Seine Gegenmassnahme ist die Einführung des Zufalls in einer besonderen mechanistischen Form, dem Clinamen vom Lateinischen *clinare*, sich neigen: Darunter versteht er winzige zufällige Abweichungen der Atome von ihrer Bahn (Schmid 2007):

> so springen zu schwankender Zeit
> und an schwankendem Ort von der Bahn sie ab um ein Kleines
> so, daß du von geänderter Richtung zu sprechen vermöchtest
> [Sonst] hätte nichts die Natur je schaffend vollendet.

heisst es in dem Gedicht „*De Rerum Natura*“ von Lukrez nach Karl Büchner.

Epikur führt den Zufall *ad hoc* ein um, in moderner Sprache, Kreativität und Ergodizität im Weltmodell zu erreichen. Der Zufall zerstört im Modell den langweiligen Gleichtakt und bricht, physikalisch gesprochen, die Symmetrie. Dies ist genau die Definition von Ergodizität später im 19. Jahrhundert. Für viele Philosophen war diese Einführung des Zufalls ohne jede weitere Begründung unverständlich, ja lächerlich. Eklatant ist die Bemerkung von Immanuel Kant in seiner „Allgemeinen Naturgeschichte und Theorie des Himmels“ (1755):

> Epikur war gar so unverschämt, daß er verlangte, die Atomen wichen von ihrer geraden Bewegung ohne alle Ursache ab, um einander begegnen zu können. Alle insgesammt trieben diese Ungereimtheit so weit, daß sie den Ursprung aller belebten Geschöpfe eben diesem blinden Zusammenlauf beimaßen und die Vernunft aus der Unvernunft herleiteten.

Genau dies macht die Evolution. Es ist in der Tat eine der grössten Erkenntnisse der Physik des 20. Jahrhunderts, dass es den Zufall gibt. Er ist mit der Quantentheorie „ontisch“ geworden, d. h. er existiert objektiv und ist nicht nur

- ein menschlicher Zwang, ihn zu denken, wenn wir die Ursachen nicht sehen weil sie vielleicht ausserhalb unserer Systemgrenzen sind, oder psychologisch, weil wir kausaldenkende Wesen sind,
- weil wir die Ursachen nicht durchschauen (kryptodeterministisch) und nicht genügend darüber wissen („epistemisch").

Beides sind verständliche Punkte: Wir können gar nicht anders, als zu fragen: Warum, wie funktioniert dies? Es gibt, wie wir unten sehen, für das Wissen (wieder) einen Dualismus zwischen Information und zugehörigem Erkennungsverfahren. Zum einen kann sich unser Jäger und Sammler auf niedriger logischer Ebene alles genau merken und repetieren, etwa „wo eine ergiebige Stelle im Wald für Wild ist (eigentlich war)". Aber es ist zum andern viel mächtiger und flexibler, daraus Schlüsse ziehen, sogar in die Zukunft schauen und damit kausal zu denken.

„Nur wie" Zufall wirkt es, wenn wir die Ursachen eines Ereignisses nicht durchschauen: Dieser scheinbare Zufall ist der Schiedsrichter bei winzigsten Unterschieden, die wir nicht erfassen können, und trifft die Entscheidung. Er löst in der Welt zig-Trillionen Mal in der Sekunde für uns das Problem des „Esel des Buridanus" (Abb. 4.3): Dieser verhungert zwischen zwei gleich appetitlichen Heuhaufen. Es ist ein Paradoxon vom griechischen Philosophen Aristoteles (4. Jahrhundert v. Chr.) und dem persischen Philosophen al-Ghazālī (AlGazel, 11. Jahrhundert), bekannt ist es unter dem Namen des französischen Philosophen Jean Buridan (14. Jahrhundert).

Der Zufall fällt Entscheidungen, wo es sonst – wie beim Buridanschen Esel – Stillstand und „Deadlock" geben würde, und erzeugt dabei spontan die notwendige Information. Deadlock und „tödliche Umarmungen" sind uns ja schon von der Software bei mehreren kooperierenden Prozessen bekannt; dort hätte ein komplementäres Bild zwei oder mehr Esel und einen einzigen Heuhaufen darzustellen.

Abb. 4.3 Der Esel des Buridanus. (Nach einem politischen Cartoon zur Entscheidung Panamakanal vs. Nikaraguakanal. Original von W.A. Rogers, 1900, Quelle: Wikimedia Commons, New York Herald, The Granger Collection)

In der Informatik wird in blockierenden Situationen der Zufall per Software künstlich erzeugt, um diesen Stillstand aufzulösen (man sagt „*um die Symmetrie zu brechen*"). Ein Beispiel sind zwei oder mehr Stationen (z. B. PCs oder Smartphones), die zur gleichen Zeit senden wollen und dadurch gleichzeitig auf eine Ressource zugreifen (etwa auf einen Datenbus oder einen Datenkanal), die nur eine Sendung auf einmal übertragen kann. Die Stationen registrieren den aufgetretenen Konflikt und können nun jeweils würfeln – und der Gewinner darf als erstes die Ressource ergreifen. Wenn dies wiederum und trotzdem zu einer Kollision führt, wird das Spiel wiederholt, eventuell mit einem „Würfel", der grössere Zahlen und damit höhere Wartezeiten liefert.

Es gibt schon ganz ohne Quantenphysik Situationen mit einer derartigen Empfindlichkeit auf kleinste Änderungen, die den weiteren Ablauf bestimmen (insbesondere bei chaotischem Verhalten). Dies ist den rechnenden Astronomen wie Henri Poincaré (1854–1912) wissenschaftlich aufgefallen beim berühmten Dreikörperproblem. Die Bewegung von drei Himmelskörpern lässt sich deshalb nicht einfach vorhersagen. Im Alltag kann dies jedermann erfahren, der über einen Unfall nachdenkt, der das Leben verändert, oder bei jeder Zeugung eines Kindes, das vielleicht durch sein Leben den Lauf der Geschichte verändert.

Die Gegenüberstellung von „Quantenzufall" („echtem" oder irreduziblem, also auf keine Ursache zurückführbar) zum „Zufall aus mangelndem Wissen" erinnert an die Gegenüberstellung von „Gravitation" und „Beschleunigung" von Albert Einstein in seinem „Fahrstuhlexperiment":

> Es ist nicht möglich zu entscheiden, ob man in einem Gravitationsfeld steht (auf dem Boden der Erde) oder in einem beschleunigten Koordinatensystem (in einem Fahrstuhl).

Dieses Äquivalenzprinzip bedeutet hier:

> Es ist nicht möglich, bei einer Zufallsfolge zu unterscheiden, ob sie durch einen Quantenprozess oder durch einen klassischen Prozess mit de facto infinitesimalen Ursachen erzeugt wurde.

Die beiden Grenzfälle sind in Abb. 4.4 illustriert mit Würfeln (den klassischen Geräten zur Erzeugung von Pseudozufall) und mit Radioaktivität (einem Vorgang ohne Zugang zur Ursache). Es ist Zufall durch eine unfassbare infinitesimale Kausalität, sog. Kryptodeterminismus oder „epistemischer" Zufall, oder „echter" Zufall aus dem Nichts oder Indeterminismus. Sie sind in allen praktischen Fällen nicht unterscheidbar und beide effektiv „ontisch".

Für Software, die Zufall nachbauen oder in eine Lösung einbauen möchte, benötigt man einen Erzeugungsmechanismus für Zahlen, die sich wie zufällig verhalten. In der Praxis reicht es aus, einen Generator für künstlich-zufällige Zahlen zwischen Null und Eins zu haben; dazu gibt es viele mathematische Möglichkeiten, um „Pseudozufall" zu erzeugen. Dabei kann man erstaunlicherweise im Prinzip feststellen, ob eine lange Zahlenfolge „echt" zufällig ist, egal ob künstlich oder natürlich erzeugt, aber nicht, ob eine Zahl eine Zufallszahl ist.

Abb. 4.4 Zufall klassisch (Würfelspiel) und Zufall quantenphysikalisch (Radioaktivität) sind äquivalent und in der Auswirkung ununterscheidbar. (Bildquelle beide Bilder: Wikimedia Commons: *Links*: Macke-Würfelspiel nach Angela Arnold, *Rechts*: Warnschild vor ionisierenden Strahlen, IAEA)

Hier ein treffender Dialog frei nach der Cartoon-Figur Dilbert bei der Vorstellung eines Zufallszahlengenerators, vielleicht für einen Besucher:

> Mitarbeiter zum Besucher: Das hier ist unser Zufallszahlengenerator.
> Mitarbeiter zum Zufallszahlengenerator: Sage etwas.
> Zufallszahlengenerator sagt: Neun, neun, neun, neun, neun, neun.
> Besucher, zweifelnd: Sind Sie sicher, dass dies Zufallszahlen sind?
> Mitarbeiter: Na ja, bei Zufällen ist man nie sicher.

Wenn man einen Strom von Zufallszahlen lange genug beobachtet, kommen auch „sechs Neunen" vor.

Mit statistischen Tests kann man die Zufälligkeit eines vorgegeben Stroms nachweisen; eine einfache und effektive Methode ist die Visualisierung der Zahlen und die menschliche Beurteilung der Gleichförmigkeit (d. h. umgekehrt das Auftreten von Mustern); Abb. 4.5 vergleicht „echte" mit „unechter" Zufälligkeit. Links sind „echte" Zufallszahlen visualisiert (physikalisch erzeugt aus dem Radiorauschen der Atmosphäre), rechts Zahlen von einem üblichen nichtperfekten mathematischen Pseudozufallszahlengenerator. Das rechte Muster ist „offensichtlich" nicht vollkommen zufällig.

Dabei gilt ein kurioses, ja philosophisches Paradoxon:

> Ist eine Sequenz von ‚Zufallszahlen' zu gleichmässig verteilt, so handelt es sich wahrscheinlich nicht um Zufallszahlen, da sonst auch unwahrscheinliche Muster vorhanden wären.

In der Tat kann man spezielle falsche Zufallszahlen verwenden, bei denen auch Proben von wenigen Zahlen zufällig aussehen und nicht etwa zufällig „sechs Neunen" zeigen.

Wir unterscheiden damit vier Arten von Zufälligkeit (Randomness):

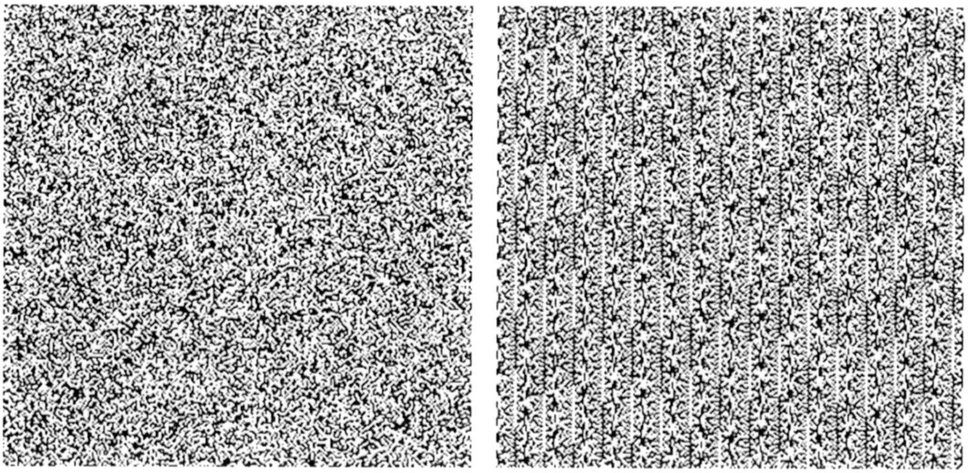

Abb. 4.5 Visualisierung von Zufallszahlen nach verschiedenen Methoden. (*Links*: Echte Zufallszahlen, *Rechts*: Pseudozufallszahlen. Bildquellen: random.org und Bo Allen, http://boallen.com/random-numbers.html)

1. Pseudozufälligkeit: Von Software und Mathematik deterministisch erzeugt,
2. Zufälligkeit durch Unkenntnis (subjektiver oder epistemischer Zufall oder Kryptodeterminsmus): Die Ursachen sind im betrachteten System undurchschaubar,
3. Zufälligkeit aus Prinzip (objektiver oder irreduzibler Zufall): Der Zufall der Quantenphysik. Es fehlt eine Ursache. Es gibt zwar auch Gesetzmässigkeiten (statistisch, durch die Wellenfunktion), aber Einzelevents, etwa beim radioaktiven Zerfall, sind perfekt zufällig,
4. Übernatürlicher Zufall für die Anhänger eines „Intelligenten Designs".

Die letzte Gattung wird notwendig, wenn einem Menschen der übliche Zufall im Rahmen der Naturgesetze emotional nicht ausreicht. Ein berühmtes Zürcher Beispiel vom Typ 4 ist hierzu die Auffassung des Schweizer Psychologen Carl Gustav Jung zu einem unerklärlichen Zusammenhang („Synchronizität") von Traum und Realität jenseits von Psychologie und Physik.

In Bereich der Software tritt auch ungeplanter Zufall auf, vor allem in der Form von Fehlern im Code. Bei der Evolution im Besonderen ist der Zufall fundamental. Dort übt der Zufall eine andere Wirkung aus, je nachdem er in die Software selbst eingreift oder den einzelnen Lauf betrifft. Wir nennen dies je nach Wirkung:

A. Passiver Zufall: Der Zufall, der die Detailgestalt der Blätter am Baum bestimmt,
B. Aktiver Zufall: Der Zufall, der Software (den Grundcode des Lebewesens) selbst verändert, z. B. unsere Gene.

Der „aktive" Zufall ergibt neue Software des Lebens. Mit unserer Sicht auf Software als dem Stoff, der etwas „macht" (Poiesis), wird der Zufall selbst formal zu einem Grenzfall von Software:

> Der Zufall ist eine Software, die ohne sichtbaren Programmkörper in einer bestimmten Umgebung eine oder mehrere passende Zufallsvariablen liefert.

Nach der obigen Liste der verschiedenen Arten „Zufall" ergibt dies die Autorschaft:

1. Der Kern der Zufalls-Software ist von einem Programmierer geschrieben, deterministisch-mathematisch und im Prinzip bekannt,
2. die Quelle ist im Prinzip bekannt, aber nicht lesbar,
3. es gibt keinerlei Hinweis auf das Innere der Software,

und beim „Intelligenten Design" im pseudowissenschaftlichen Sinn:

4. die Zufalls-Software ist ein Code, der von jemand anderem geschrieben wurde, aber nicht einsehbar ist.

Die Eigenschaften eines Stroms von „echten" Zufallszahlen spiegeln sich in einem bekannten Problem oder Gedankenexperiment wider, das in philosophischer Form und als Informatiktheorem existiert: Die Kreativität durch die unendliche Zufallskombination von Bausteinen zu Neuem,

- etwa von Atomen verschiedener Arten zu immer verschiedenen Körpern bei Demokrit,
- oder von Buchstaben zu neuen Texten, einmal Komödie, ein andermal Tragödie als Gedanke bei Aristoteles,
- oder von Aminobausteinen zu neuer Natursoftware.

Der römische Politiker und Philosoph Cicero (106–43 v. Chr.) macht sich über den Gedanken lustig:

> Wer dies für möglich hält, wird ebenfalls glauben müssen, dass, wenn unzählige Buchstaben aus Gold, jeder einen Buchstaben der einundzwanzig des Alphabetes stellvertretend, gemeinsam auf den Boden geworfen würden, sie die Annalen des Ennius in lesbarer Form bilden könnten. Ich bezweifle die Möglichkeit, dass Zufall einen einzigen lesbaren Vers erschaffen kann.

Heute ist dies literarisch bekannt als „Bibliothek von Babel" nach einer Erzählung des argentinischen Schriftstellers Jorge Luis Borges (1899–1986) oder mathematisch als „Infinite-Monkey-Problem". Die Erzählung von Luis Borges aus dem Jahr 1941 beschreibt eine Welt als unendliche Bibliothek, die alle möglichen Kombinationen von 25 (hebräischen) Buchstaben enthält und damit alle mögliche Literatur und alle möglichen Gedanken. Die mathematische Version der Aufgabe ist populär und als das „Problem des endlos maschinenschreibenden Affen" bekannt (Abb. 4.6):

Abb. 4.6 Der maschinenschreibende Affe. (Zum Theorem des/der endlos tippenden Affen. Bildquelle: Wikipedia Commons „Typing monkey 768px", Autor „KaterBegemot")

Ein Affe sitzt vor der Schreibmaschine (oder mehrere Affen vor mehreren Maschinen, das macht keinen Unterschied) und schreibt bzw. betätigt zufällige Tasten. Kann dadurch z. B. zufällig der Hamlet von Shakespeare entstehen?

Zwar ist die strenge Antwort: ja, es kann (mit Wahrscheinlichkeit 1) entstehen, und sogar beliebig oft – aber es nützt nichts. Dies liegt an der Eigenschaft des Unendlichen, das sozusagen in verschiedener Mächtigkeit existiert (das Unendliche ist gerade das, was den Philosophen oder Literaten reizt).

Praktisch geht es um Folgen von sehr, sehr grossen Zufallszahlen (ein bestimmter Text entspricht mathematisch einer Zahl, je länger der Text umso grösser). Die Anzahl N der benötigten Anschläge, um mit 50 % Wahrscheinlichkeit einen vorgegebenen Text von M Buchstaben zu erhalten, wächst mit Zunahme von M (längeren Texten) überproportional an; d. h. der Anteil an Unsinn (und gelegentlich anderen sinnvollen Texten) nimmt rapide zu. Bei einem vorgegebenen bestimmten Buchstaben (aus 25 möglichen Buchstaben) muss man bereits im Mittel 17,7 mal tippen, um ihn mit 50 % Wahrscheinlichkeit wieder zu erhalten; bei zwei vorgegeben Buchstaben sind es 433 mal, bei 1000 Buchstaben schon etwa $6{,}037 \times 10^{1397}$ Anschläge. Für die mathematisch Interessierten: Es wurde die Näherungsformel für die Anzahl N Anschläge für die Regenerierung eines Texts mit M Buchstaben mit 50 % Wahrscheinlichkeit benützt $N \approx 5^{2 \times M} \ln 2$. Absolute Sicherheit zur Erzeugung eines vorgegebenen Textes gibt es dabei nicht. Pragmatisch hatte Cicero also recht – für einen Vers mit 50 Buchstaben Länge ergäben sich schon notwendige $5{,}47 \times 10^{69}$ stupide Anschläge als mittlerer Erwartungswert.

Interessant ist die Beziehung zur Evolution: Es ist offensichtlich, dass stochastisch unabhängige Musterauslese kein sinnvolles Resultat ergibt. Stupide Kombination ist nicht der Mechanismus der Evolution, sondern führt zu sog. „kombinatorischer Inflation". Eine andere Erklärung für das Problem gibt ein vornehmer und wunderbar zutreffender Begriff aus der Physik des 19. Jahrhunderts: Der Affe arbeitet „ergodisch", d. h. für ihn sind alle Buchstabenkombinationen gleichberechtigt möglich. Der Ausdruck kommt vom Griechischen ἔργον: *Werk* und ὁδος: *Weg*. Er wurde vom Physiker Ludwig Boltzmann (1844–1906) geprägt in der statistischen Theorie der Wärme. In der Physik der Gase bedeutet diese Eigenschaft im Wesentlichen, dass die Gasmoleküle alle möglichen Werte von Energie und Impuls auch wirklich erreichen.

In der Evolution muss es inhärente Korrelationen geben, die die grossen Exponenten in den für die Evolution benötigten Anzahlen von Events reduzieren und Trends setzen. Beim Typing-Monkey gibt es keinerlei Wechselwirkung zwischen den Zeichen und keinen Trend, alle Zeichen werden stur eingegeben. Bei Molekülen sind es trendige Wechselwirkungskräfte, in der Evolution ist es der Parallelismus mit vielen Organismen und mit der Selektion, die den Exponenten von der reinen kombinatorischen Inflation herunterdrücken: Die von der Natur erlaubten Wahrscheinlichkeiten sind immer noch gross – aber mit Exponenten entsprechend molekularer oder biologischer Grössen, etwa 10^{20} bis 10^{60}. Es ist die Aufgabe der Evolutionsbiologie, die zugehörigen Mechanismen zu verstehen wobei hier „Verstehen" auch erfolgreiche Computersimulation bedeuten kann.

Ein nichtbiologischer Vergleich zur Reduktion der Kombinatorik ist das probabilistische Wachsen von Schneekristallen aus dem Chaos von Wasserdampf, natürlich auf einfacher chemischer Ebene und in der It-Säule, also auf der „anorganischen" Seite. Auch hier gäbe es eine Myriade von Möglichkeiten des Wachsens in allen Richtungen; die schwachen elektronischen Wechselwirkungen bedingen ein schwach deterministisches Wachstum innerhalb der Gesetzmässigkeiten der sechszähligen Symmetrie (sog. Selbstassemblierung) und richten den Zufall aus. Die Software zur Erzeugung eines beliebigen virtuellen Schneeballs ist nicht sehr komplex und findet rasch einen Weg zu einem Schneeball mit richtiger innerer Symmetrie – aber das Ergebnis ist eine gewaltige Menge an dreidimensionaler Information, beinahe nur aus Zufall gebaut, die den Ball beschreibt.

4.4 Kreativität durch Kombinatorik und „Brute Force" – Software

> Das ist meines Wissens das erste Mal, dass ein tibetanisches Kloster einen Computer möchte. Können Sie erklären, was Sie damit tun wollen?
> aus Arthur C. Clarke, „Die neun Milliarden Namen Gottes", 1952.

Diese Frage ist aus einem geistreichen Science-Fiction-Roman, in dem neun Milliarden Namen Gottes systematisch generiert werden (nicht manuell, sondern per Computer) – in dieser Geschichte mit dem von den Mönchen vorhergesagten Ergebnis des Weltendes: Als der Computer alle neun Milliarden Namen Gottes auftragsgemäss ausgedruckt hat, verlöschen die Sterne.

Die Wurzeln der Idee, durch systematische Kombinatorik Neues zu erzeugen, reichen weit zurück, zu

- dem Buch der Schöpfung *Sefer Yetzirah* der jüdischen Kabbalistik, etwa aus dem 2. Jahrhundert v. Chr., in dem die 22 hebräischen Buchstaben vertauscht (permutiert) werden und dadurch neues geschaffen wird,
- der Ars Magna (Grosse Kunst) des mallorquinischen Philosophen und Theologen Ramon Llull (1305), der mit einer mechanischen logischen Maschine vor allem religiöse Wahrheiten finden, aber auch philosophische Probleme lösen will.

Ramon Llull (deutsch Raimund Lull), ca. 1232–1316, hat die Erzeugung neuer Aussagen mechanisiert (Abb. 4.7), hier ein Auszug aus Friedrich Kirchner, Wörterbuch der philosophischen Grundbegriffe, 1907:

Abb. 4.7 Eine kombinatorische Grafik des katalanischen Philosophen Ramon Llull. (Bild: Aus Wikimedia Commons „Ars Magna Fig. 1“, von I.R. Annie IP)

> Lullus befestigte sechs konzentrische Kreise so übereinander, daß alle gedreht werden konnten, immer aber einer den anderen überragte. Auf diesen verschiedenen Kreisen waren nun Begriffe und Gedankenformen verzeichnet, und sobald man einen dieser Kreise bewegte, kamen immer andere und wieder andere Begriffe untereinander zu stehen.

In der Grafik der Abb. 4.7 steht das A in der Mitte für „Aleph“ (Gott). Auf dem Ring sind göttliche Eigenschaften angeordnet. Die Ringe können verschiebbar gedacht werden (in den Druckausgaben des 16. Jahrhunderts wurden sie mit einem Faden ins Buch gelegt). Die Begriffe bezogen sich auf den Menschen und Gott, auf Wahrheit und Ruhm, oder auf logische Operationen wie Unterschied, Übereinstimmung, Widerspruch und Gleichheit. Verschiedene Radkonfigurationen können (scheinbare oder wahre) logische Sätze generieren im Stil der philosophischen Syllogismen (scheinbare Schlüsse aus Vorgaben): z. B. „Gottes Tugend liegt in der Wahrheit“. Ramon Llull sah diese generierten Aussagen allgemein nicht als unmittelbare Wahrheiten an, sondern als Grundlagen für Interpretationen. Seine Fragen und versuchten Antworten waren ganz im Stil seiner Zeit, z. B.

> Haben Adam und Eva schon vor dem Sündenfall zusammengelebt?
> Wie sprechen Engel miteinander?
> Kann auch ein gefallener Engel bereuen?

Streng sachlich gesehen sind solche logische Radmaschinen nur tauglich zur „Auswahl von Babynamen oder zur Kombination von Farben in der Innenarchitektur“, wie der Wissenschaftsjournalist Martin Gardner 1982 schreibt. Aber diese „Ars Combinatoria“ hatte grossen Einfluss in Renaissance und Barock als mystisches oder philosophisches Werkzeug oder Vorform eines Computers:

- Giordano Bruno (italienischer Philosoph, 1548–1600) verwendet sie esoterisch und kabbalistisch,
- Georg Philipp Harsdörffer (deutscher Dichter, 1607–1658) baut Kombinationsräder für Wörter der deutschen Sprache,
- Gottfried Leibniz (deutscher Mathematiker, 1646–1716) versucht mit dem kombinatorischen Konzept ein System für universelles Wissen zu bauen.

Der wenig bekannte Barockphilosoph Georg Philipp Harsdörffer hatte in der Tradition von Ramon Llull eine Kombinationsmaschine ausgedacht, mit der man sprachlich korrekte Wörter der deutschen Sprache generieren konnte: Den „Fünffachen Denckring der Teutschen Sprache" (Abb. 4.8). Es ist eine Wortbildungsmaschine, die aus Komponenten der deutschen Sprache kombinatorisch Wörter erzeugt, die z. B. für poetische Zwecke benützt werden können. Die Ringe tragen dazu 48 Vorsilben, 60 Anfangs-, 12 Mittel- und 120 Endbuchstaben sowie 24 Nachsilben, das entspricht 99.532.800 Kombinationen.

Diese „logischen Maschinen" waren zwar unwissenschaftlich, aber sie zeigen auf, dass es im Prinzip zwei Wege zum modernen Computer gab:

Abb. 4.8 Der „Fünffache Denckring der Teutschen Sprache" von Georg Philipp Harsdörffer (1605–1658), einem deutschen Barockphilosophen. (Bildquelle: Wikimedia Commons „Denckring", Mattes)

1. der numerisch-wissenschaftliche Weg, der über Rechenmaschinen zum modernen Computer führte,
2. der logisch-wissensbasierte Weg, der von Ramon Llull zum heutigen Wissenscomputer wie dem Watson-Rechner der IBM führte, der im Wissensquiz gegen Menschen bestehen kann.

Ramon Llull ist (mit Vorläufern bei astronomischen Instrumenten der Antike wie den Astrolabien und den Armillarsphären) ein Vorläufer der Computerentwicklung überhaupt. Seine rotierenden Scheiben sind sozusagen die Hardware, die Drehungen und seine Interpretation eine Art Software. Insbesondere ist wenig bekannt, dass es sogar eine historische Linie von „echten" logischen Computern gegeben hat, die mechanisch oder elektronisch arbeiteten und logische Schlüsse ziehen konnten. Die bekanntesten waren das „logische Piano" von William Stanley Jevons aus dem Jahr 1869 (mechanisch) und die Ferranti-Maschine des „Feedback Logical Computor (sic)"[2] (elektronisch) aus dem Jahr 1951.

Damit waren im Prinzip logische Aussagen maschinell auf Korrektheit prüfbar. Die rasche Entwicklung der üblichen numerischen Computer hat diese logischen Maschinen in eine historische Technologie-Nische geschoben und zu exotischen Apparaten gemacht. Die möglichen rein logischen Anwendungen sind wirtschaftlich wenig interessant und können mit Hilfe der Software der „normalen" Computer bequem erledigt werden.

Die Ars Combinatoria selbst bleibt von Interesse, im kleinen menschlichen Massstab wie im Grossen im Computer, pragmatisch zum Lösen von Problemen, philosophisch als Methodik zur Strukturierung von Wissen, aber auch künstlerisch als Grundlage für die Erzeugung von Kunst. Die meisten dieser Kombinatoriker wissen wohl nicht, dass ihre Methodik auf Ramon Llull im 13. Jahrhundert zurückgeht.

Eine moderne kombinatorische Lösungsmethode von Problemen, der „morphologische Kasten", stammt vom Schweizer Astrophysiker Fritz Zwicky. Der Kasten ist technisch nahezu den Lullschen Scheiben äquivalent. Zwicky wählt als Physiker lieber die Form einer Matrix, aber die Zeilen mit den wichtigen Parametern entsprechen jeweils Lullschen Scheiben, die Spalten mit zugehörigen denkbaren Attributen den Zeichen auf den Scheiben. In Tab. 4.1 findet sich ein Beispiel aus der Literatur zum kombinatorischen Brainstorming nach Zwicky für ein innovatives Tischdesign. Die Matrix entspricht den

Tab. 4.1 Ein Beispiel der Anwendung des morphologischen Kastens von Fritz Zwicky als manuelles Kreativitätswerkzeug. (Tabelle nach Wikipedia-Artikel „Morphologische Analyse (Kreativitätstechnik)", 07/15)

Anzahl der Beine	0	1	3	4	5	100
Material	Holz	Glas	Kunststoff	Kork	Stoff	Metall
Höhe in cm	0	20	50	70	100	200
Form	Rund	Quadrat.	Rechteckig	Oval		

[2] Veraltete Schreibweise für Computer, dem Calculator nachempfunden.

Scheiben des Ramon Llull; die Kombinatorik zeigt auch wirklich neue, nicht angedachte Tischdesigns auf – der Betrachter muss daraus die Auswahl treffen (die Matrix ist die Hardware, die Interpretation die Software). In der Tabelle ist die ausgesuchte Kombination hervorgehoben.

In der Kunst ist Ars Combinatoria ein häufig verwendetes Prinzip, in der Musik von den „Musikalischen Würfelspielen" des 18. Jahrhunderts von Johann Philipp Kirnberger und Wolfgang Amadeus Mozart bis zu Kompositionen von John Cage im 20. Jahrhundert, oder in der Literatur von den „Proteusversen" des Georg Philipp Harsdörffer bis zur „Landsberger Poesiemaschine" von Hans Magnus Enzensberger.

Naturgemäss wachsen die kombinatorischen Anzahlen mit der Anzahl der Elemente N sehr rasch an (im Prinzip mit der Fakultäts-Funktion $1 \times 2 \times 3 \times \ldots \times N$); wir haben diese grossen Zahlen schon bei den „maschinenschreibenden Affen" gesehen. Der Computer ist viel besser als der noch so fleissige Mensch, um kombinatorische Systeme zu durchsuchen; seine Grenzen liegen bei milliardenfach höheren Rechen- und Logikleistungen als beim Menschen. Es gibt immer mehr Situationen, in denen der Computer stur alle Möglichkeiten einer kombinatorischen Situation untersucht – und etwas Neues findet. Es ist sozusagen „Kreativität durch Brachialgewalt", im Fachausdruck die Brute-Force-Methode der Suche oder Exhaustionsmethode. Dies ist eine Lösungsmethode (oder Kreativitätsmethode), die auf dem Ausprobieren aller möglichen Fälle einer Aufgabe beruht. Es ist oft möglich, Tausende, Millionen ja Milliarden von Varianten durchzurechnen:

- In der Informatik wird mit „Brute Force" versucht, Passwörter aufzufinden,
- in der Spieltheorie können mit Brute Force bei hinreichend einfachen Spielen alle möglichen Spielzüge und Gegenspielzüge berechnet werden, oder wenigstens für die einfacheren Endsituationen alle möglichen Teilzüge,
- in der Mathematik kann man manche Beweise in eine Vielzahl von Einzelbeweisen auflösen, die die formalen, menschlichen Beweisfähigkeiten quantitativ überschreiten.

Das Damespiel hat anscheinend das Stadium des perfekten (Computer-) Spiels erreicht. Seit 2007 soll die Damespiel-Software Chinook das Endstadium für Spielkompetenz erreicht haben und nicht mehr verlieren können. Der bekannte Vierfarben-Satz (früher das Vier-Farben-Problem oder die Vier-Farben-Vermutung genannt) war der erste computergeführte Beweis, zunächst über 1936 vom Computer geprüfte Einzelfälle. Der russisch-amerikanische Mathematiker Wladimir Wojewodski (geb. 1966) entwickelt sogar eine besondere Methode, mit der sich mathematische Probleme leichter in Beweisassistenten aus Software für den Computer umsetzen lassen sollen.

Gefühlsmässig sind sowohl Kreativität per Computer wie mathematische Beweise mit dem Computer schwierig zu akzeptieren für uns Menschen: Am schlimmsten (d. h. am wenigsten geistreich) sind hier wohl Brute-Force-Ergebnisse. Aber der Computer schafft Neues, hier auf der Grundlage von fester, vorgegebener Software. Es stört an dieser Art Kreativität durch den Computer, dass Brute-Force-Kreativität keine Freiheit benötigt und keine Freiheit gibt. Bei Computerbeweisen stört, dass sie nicht dem menschlichen Ideal entsprechen, „knapp und (für uns) einleuchtend" zu sein. Allerdings sind heutige mathematische Beweise häufig viele Seiten lang und durchaus nicht immer überzeugend klar für andere Mathematiker.

Mathematische Beweise per Computersoftware haben auch typische technische Fragezeichen:

- Funktioniert das System korrekt?
  Die Frage klingt überzogen (man kann ja mit einem anderen Rechner mit anderem Betriebssystem die Aufgabe nachvollziehen), aber es gibt durchaus Grenzbereiche, etwa die Rundung von Dezimalzahlen, die an den Grenzen der Rechnerarchitektur liegen und verschiedene Resultate generieren können.
- Ist die Software-Implementierung des Problems korrekt, d. h. bildet die Software das Problem exakt ab? Sind alle Fälle erfasst? Sind die Softwaretests korrekt?

4.5 Emergenz und Evolution durch emergente Software

> Unser Schöpfer ist ein kosmischer Computerprogrammierer.
> Rich Terrell, NASA Ingenieur.
> Gott ist ein Computerprogrammierer, und wenn man die Welt verstehen will, muss man es [das Programmieren] auch können.
> Gregory Chaitin, Mathematiker, geb. 1947.

Wobei in diesen Zitaten nicht gemeint ist, dass Gott die Welt bis in alle Einzelheiten „ausprogrammiert", sondern das Programm für die Welt und ihre Entwicklung vorgibt.

Bisher haben wir Emergenz erzeugt als reguläres Ergebnis der Aktion von fertigen Programmen, d. h. der Weg zum Programm und die Struktur des Ergebnisses waren vom Programmierer vorgedacht und vorgegeben. Aber es gibt noch die Möglichkeit, dass das Programm selbst im Laufen ganz neue, andere Strukturen liefert – oder dass das Programm sogar sich selbst ändert. Wir reden bei fertigen Programmen von „schwacher" Emergenz; bei Programmen, die sich kreativ selbst verändern, passt der Term „starke" Emergenz. Diese Terminologie versucht, die herkömmliche Bezeichnung „stark" für unerklärliche, ja mystische Emergenz, auf die Software-Realität zu übertragen.

Wir sehen z. B. als Mechanismen für starke Emergenz

1. Code, der sich selbst modifiziert,
2. Neuronale Netze: Software, die Strukturen verändert und anpasst ohne etwas zu verstehen,
3. Evolutionäre Software oder genetische Verfahren: Software, die neue Strukturen durch „kleine" Evolution erzeugt,
4. „Die Evolution" oder Evolutionen selbst: Software, die sich im Verbund mit einem stochastischen System weiter entwickelt.

Die Weiterentwicklung kann dabei zielgerichtet sein, oder, gerade bei No. 4, auch nicht – aber für uns zielgerichtet aussehen. Die Änderung wird geplant erzeugt, entsteht durch Anpassung an Eigenschaften oder wird durch Zufall injiziert – künstlich oder durch „natürlichen" Zufall wie in der Natursoftware der Biologie. Die künstliche Injektion von Zufall in den Ablauf eines Computerprogramms hinein hat schon Alan Turing (1950) als Möglichkeit erwähnt, um damit eine Art freien Computerwillen einzubauen:

> Eine interessante Variante der Idee des digitalen Rechners ist der „Computer mit eingebautem Zufall".

Der Zufall ist eine der wichtigsten Phänomene in der Natur, sowohl physikalisch wie philosophisch: Naturgesetze und Softwaregesetze einerseits, der Zufall andrerseits können zusammen Grossartiges, total Neues bauen. Der Zufall gibt dabei dem religiösen Menschen die Möglichkeit, ohne Konflikt mit der Wissenschaft dahinter einen göttlichen Einfluss zu sehen (allerdings gibt es den Zufall in der Natur und in unserem Leben sehr, sehr oft pro Sekunde, schon allein in einem einzigen Menschen). Dazu im Abschnitt „Evolution" mehr.

Die vier Konzepte für Emergenzerzeugung gehen dabei ineinander über; hier dienen sie vor allem der Erläuterung wie ein Computer im Kern sich verändern, ja wachsen kann, da viele Menschen den Computer als „dumme" Rechenmaschine sehen: Hierzu eine historische Anekdote in diesem (überholten) Sinn, vom Computerpionier Charles Babbage:

> Babbage suchte Geldgeber, und bei diesen Gelegenheiten kam er wohl auch mit Parlamentsangehörigen zusammen. Aus dieser Zeit berichtet er: „Bei zwei Gelegenheiten wurde ich gefragt: ‚Sagen Sie, Mr. Babbage, wenn man in die Maschine falsche Zahlen steckt, kommen dann die richtigen Antworten heraus?'." Es ist mir unmöglich, die Art von Verwirrung zu erfassen, die zu solch einer Frage führen könnte.
> aus seiner Autobiographie „Passages from the Life of a Philosopher", 1864.

Diese Verwirrung ist beendet: Ja, es ist sogar möglich, dass falsche Zahlen hineingesteckt werden und richtige herauskommen, weil es eine Möglichkeit für das Programm gibt, selbst in die richtige Richtung weiter zu gehen. Genau dies wollen wir näher ansehen; das obige Zitat stammt noch aus der Rechenmaschinenwelt.

4.5.1 Selbstmodifizierender Code

> Bei Redcode sind viele der besten [Software-]Krieger selbstmodifizierend.
> Bemerkung im Blog zum Programmierer-Kriegsspiel Redcode.

Betrachtet man Programme als etwas Aufgeschriebenes, so erscheint das Phänomen von „sich selbst verändernden Programmen" als dubios, etwas wie Münchhausens Zopf: Aber der passendere Vergleich ist eher das Auto, das ohne Zugpferde aus sich heraus fährt (was wohl auch einmal als unmöglich angesehen wurde). Schon Konrad Zuse mit dem ersten funktionierenden programmierten Computer hatte die Idee, dass ein Programm beim Lauf nicht nur innerhalb des Programms springen könnte, sondern sich selbst verändert. Das bedeutet, dass andere Befehle in den Code eingesetzt werden während eines Programmlaufs (und zwar absichtlich, beim berühmten Fehler „Buffer Overflow" kann es auch unbeabsichtigt passieren – und dann absichtlich von Hackern ausgenützt werden). Virenprogrammierer wenden z. B. selbstmodifizierenden Code an, damit ihr Virus nicht leicht gefunden werden kann.

Es ist philosophisch interessant, dass Programme über ihre eigene Struktur Bescheid wissen können. Dazu gehören z. B. eine Introspektions- oder Reflexionsfunktion und das Halten von Metainformation über die eigene Struktur. Es ist sogar möglich, dass das Programm selbst ein neues ausführungsfähiges Programm zusammenstellt. Aber allgemein sind Änderungen tief in einer Software schwierig kontrolliert zu handhaben, sowohl im Entwurf wie im Test. Die erzeugten Effekte sind bei einem kleinen Fehler auch recht drastisch, schwer zu verstehen, und deshalb ist selbständernder Code wenig verbreitet. Diese Beobachtung ist auch für das Verständnis der Evolution wichtig – die Evolution arbeitet in diesem Sinne gefährlich. Codeänderungen im Kernteil der Software würden wohl meistens eine radikale Innovation bedeuten, die zum Tod des Organismus führt.

4.5.2 Neuronale Netze: Vom Falschen zum Richtigen, ohne Verstehen, manchmal ohne Wissen

> Das Schwierige mit dem Gehirn ist, dass es nicht nur ein riesiges neuronales Netz mit Rückkopplung ist, sondern 50 bis 60 identifizierte Bereiche hat.
> Igor Aleksander, Elektroingenieur, geb. 1937.

Gerade bei neuronalen Netzen kommen zunächst falsche Zahlen „hinein" oder sogar gar keine Zahlen: Mit der Schaltung von Prozessoren zu Neuronalen Netzen (die im Prinzip die Neuronen im Gehirn nachahmen) kann der Computer lernen, Muster zu erkennen und damit etwa Bilder oder Klänge zu identifizieren. Das Grundprinzip war schon vor den digitalen Computern bekannt; bereits um 1940 hatte man elektrotechnische adaptive Filter entwickelt, die mit Analogsignalen ähnlich funktionieren wie neuronale Netze. Die Software oder das Filter müssen nicht „verstehen", ob die Muster Ziffern bedeuten oder schöne Gesichter oder Literaturzitate.

Abbildung 4.9 zeigt das zugehörige Schema mit den Datenflüssen zwischen den vernetzten Prozessoren. Zwischen Ein- und Ausgabe können dabei mehrere verdeckte Schichten von Knoten sein, die jeweils nichtlineare Operationen durchführen, sog. „Tiefes Lernen" (Deep Learning). Das Netzwerk arbeitet in Zeitschritten: Zu einer Zeit übernimmt es Eingabedaten, berechnet daraus (nichtlinear) die neuen verdeckten, eventuell vielschichtigen Werte und gibt neue Ausgabedaten aus. Derartige Netze können adaptiv lernen ohne zu „verstehen", etwa für Roboterbewegungen, für die Erkennung von Handschrift oder von gesprochener Sprache. Heutige künstliche neuronale Netze mit „Tiefem Lernen" können den Menschen übertreffen in einer der letzten Einzeldomänen menschlicher intellektueller Überlegenheit zum Computer, der Mustererkennung.

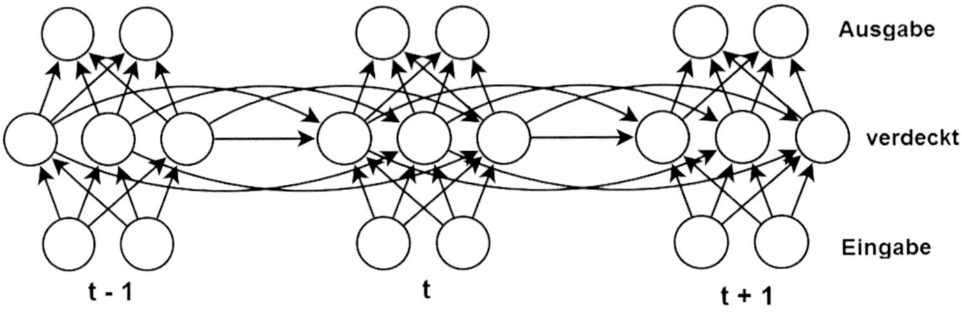

Abb. 4.9 Das Schema eines rekurrenten neuronalen Netzes. (Bild: Modifiziert nach Buhwan Jeong, „Deep Learning – conceptual understanding and applications", 2015)

Dies haben z. B. die neuronale Netze des Schweizer Instituts für Künstliche Intelligenz (IDSIA) gezeigt mit Beispielen wie der Erkennung von Verkehrszeichen in Verkehrsszenen (wichtig für selbstfahrende Autos), der Erkennung von fortlaufender Handschrift oder chinesischen handgeschriebenen Zeichen (Schmidhuber 2012).

Uns interessiert hier vor allem: Wie entsteht das Neue, das Wissen, die Emergenz. Neuronale Netze lernen ohne eine Abstraktion des zu Lernenden zu haben; man könnte auch sagen, „ohne zu verstehen": Die Krebszelle im Bild zu erkennen ohne zu verstehen, was Krebs ist. Man wird eventuell nach der Problemlösung, also *a posteriori*, analysieren, was eigentlich ausschlaggebend war für das ausgegebene Resultat – was ist eigentlich wichtig für das Erkennen von Handschrift oder was war das wesentliche Charakteristikum, um ein Gesicht als schön zu bezeichnen? Aber geht es uns Menschen nicht meistens genauso: Wir lernen auch ohne zu verstehen – wir gewöhnen uns an Muster, und sagen dann überzeugt „Wir verstehen". So lernen wir die erste Sprache, so lernen wir den Umgang mit dem Raum, so lernen wir formale Mathematik.

Im Netzwerk steckt das Gelernte (und damit das erstellte Programm) in der internen Struktur des Netzes und in den relativen Gewichtungen der Pfeile, die sich in der Lernphase einstellen. Für das Lernen (und damit die Emergenz) gibt es, wie bei der Programmierung von allgemeiner „normaler" Software, die zwei Grundprinzipien: Menschlich oder mit Hilfe des Zufalls. Bei neuronalen Netzen spricht man von:

- Überwachtem (betreutem) Lernen (Supervised Learning): Das neuronale Netz lernt anhand von kategorisierten Eingabemustern, z. B. Bildern von Katzen, sich auf diese Objekte einzustellen und lernt, wie eine Katze aussieht,
- Teil-überwachtes Lernen (Semi-supervised Learning): Zu einer kleinen Menge von bewerteten Eingaben kommen unbewertete Eingaben. Das Programm kann z. B. einen Menschen um Hilfe in schwierigen Fällen bitten,
- Unüberwachtes Lernen (Unsupervised Learning): Das neuronale Netz versucht aus dem Rauschen selbsttätig Strukturen zu finden.

Abb. 4.10 Ein Beispiel zum Prinzip des unüberwachten (selbstständigen) Lernens durch den Computer (d. h. die Software): Videokameras beobachten die Eingänge. (Bilder: Mit freundlicher Genehmigung Peter Viney, English Language Teacher's Blog)

Dazu kommen weitere stochastische Verfahren, die wir näher an einer Evolution sehen.

Im Sinne von Emergenz ist das unüberwachte Lernen am Interessantesten, denn das System (bzw. Gesamtprogramm) lernt selbst: Es sucht selbsttätig nach Gruppen, die in den Daten existieren. Dies ist eine Grundaufgabe zur Analyse grosser Datenmengen, etwa in den „Big Data" der Unternehmen (oder Geheimdienste). Aber philosophisch (epistemologisch) ist es erstaunlich, da ja häufig die Ansicht vorliegt, man „muss in den Computer alles hineinstecken". So hat Pablo Picasso, spanischer Maler, 1881–1973, noch gesagt: *„[Computer] sind nutzlos. Sie geben uns nur Antworten."* Dem ist nicht so, Computer stellen sogar ganz neue Fragen, manchmal sogar grundsätzliche – und wir müssen die Antwort finden. Hier ein triviales Beispiel, das die Magie entzaubert und das Prinzip zeigt.

Eine Videokamera beobachtet die Toiletteneingänge „Herren" und „Damen" (Abb. 4.10). Allein aus der Beobachtung und ohne a priori-Wissen könnte ein „unsupervised Lernprogramm" (oder ein anderes Data Mining – Programm) mit der übergeordneten Anweisung „Suche Korrelationen" zwei Sorten von Objekten finden und in Cluster gruppieren mit typischen Eigenschaften Typ ‚A' und Typ ‚B'. Das digitale Ergebnis wäre auch eine digitale Soziologie der Geschlechter mit gemessener Entropie (Verteilung der Geschlechter), Reinheit (Genauigkeit der Zuordnung), Kohäsion (Eindeutigkeit in einer Gruppe) und Distanz (Verschiedenheit der Gruppen). Die Probleme der automatischen Erkennung von „männlich" und „weiblich" sind auch „unsere" menschlichen Probleme der menschlichen Zuweisung zu „männlich" und „weiblich" bei manchen Personen. Der Computer (bzw. das Computernetz) hat dies alles selbsttätig aus der inneren Struktur der Daten gefunden.

„Sie lernen, wer ein Freund ist, durch Wiederholung", sagt der Neurowissenschaftler Gary Bradski zum Prinzip. Ein reales Beispiel war das Google-Projekt „Erkennen mit unüberwachtem Lernen in grossem Massstab" in diesem Projekt wurden 1000 Computer mit insgesamt 16.000 Prozessoren zu einem unüberwachten Neuronalen Netz mit einer Milliarde von Verknüpfungen verbunden (Le et al. 2012).

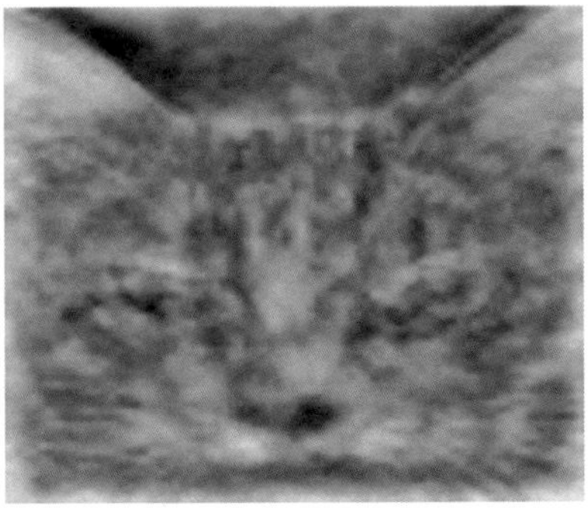

Abb. 4.11 Extrahiertes Merkmal „Katzengesicht". (Bild: Google Research)

Ziel war es zu sehen, wie gut dieses Netz aus Bildern Merkmale herausziehen kann (d. h. „etwas erkennt"). Dazu wurden per Zufall aus der Youtube-Bild- und Videobibliothek zehn Millionen Bilder ausgewählt als Trainingsmaterial für die Software. Die Software eliminierte dann (ohne menschliche Einwirkung) Duplikate, suchte Gemeinsames, Wichtiges, und führte Gruppen zusammen. Die wichtigsten Gruppen waren Gesichter, menschliche Körper und, vor allem, Katzengesichter durch die Beliebtheit von Katzen im Internet. Dies ist Emergenz: Von Ansammlungen von Pixeln als „dumme" Bilder zu höheren Objekten, zur Zuordnung von Katzen- und Menschenbildern. Abbildung 4.11 zeigt das Bildchen der gefundenen Katzendefinition, sozusagen die „kybernetische Cousine" der echten Katze in unserer echten Sehrinde des Gehirns (wie es ein Journalist ausdrückte).

Selbstlernende Systeme ermöglichen die Verarbeitung von sehr grossen („Terascale" und „Petascale") Datenmengen, auch etwa für Sprache oder in der Medizin, bei der Analyse von Aufnahmen von Krebszellen oder potentiellen Krebszellen: Ohne Menschen wird es nicht nur billiger, sondern auch (letzten Endes) von besserer Qualität.

4.5.3 Evolutionäre Verfahren: Emergenz durch Evolution in der angewandten Mathematik

> Man muss mit dem Unterrichten einer Maschine herum experimentieren und schauen, wie gut sie lernt. […] Es gibt einen offensichtlichen Zusammenhang zwischen diesem Prozess und Evolution […] Man darf allerdings hoffen, dass dieser Prozess schneller abläuft.
> Alan Turing, Informatiker, 1912–1954

Evolutionäre Verfahren sind vereinfachte mathematische Formen der „grossen" (biologischen) Evolution. Zur Lösung einer Aufgabe wird dabei „gerichteter Zufall" verwendet, um etwas Neues zu finden, z. B. eine optimale Lösung eines Problems: Abb. 4.12 zeigt als Beispiel die komplizierte Form einer Antenne, die das beste Strahlungsfeld ergibt, und die durch ein evolutionäres Verfahren entwickelt wurde.

„Gerichtet" wird der Zufall, da der Weg zur Lösung explizit durch ein Erfolgskriterium (eine Figure-of-Merit) gesteuert wird. Damit kann man den Fortschritt in der Optimie-

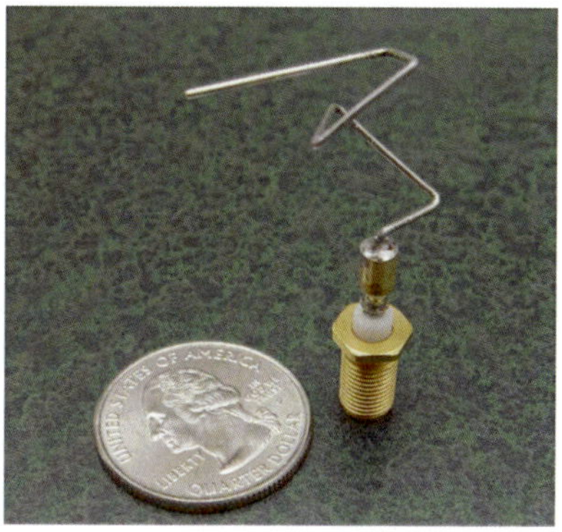

Abb. 4.12 Eine kompliziert geformte Antenne für den NASA Satelliten ST-5. (Bild: Wikimedia Common „ST 5x Band Antenna", NASA)

rung bestätigen (oder verneinen). Dieses Kriterium (es entspricht im biologischen Sprachgebrauch der „Fitness Funktion") bedeutet bei praktischen Aufgaben etwa, ob bei einer Formänderung der Antenne die Abstrahlung in eine Richtung stärker wird, der Widerstand eines Schiffrumpfes geringer, der Auftrieb eines Flügels grösser oder die Fläche eines Computerchips beim Chipentwurf besser ausgenützt wird.

Man kann sich die Problematik als eine Suche nach einem Gipfel in einer Landschaft vorstellen (der „Fitness Landschaft"): Täler in dieser Landschaft bedeuten geringeren Erfolg, Hügel dagegen bessere Lösungen. Das Verfahren verschiebt die betrachteten Kandidaten in Richtung Gipfel (so ist die Zielsetzung jedenfalls, wenn es „abwärts" ginge, so würde man von Gendrift sprechen). Die Algorithmen suchen strategisch nach Gipfeln, möglichst nicht nur dem lokalen, nächsten Gipfel, sondern nach dem absolut höchsten und nicht vorhergesehenen. Dies machen evolutionäre Verfahren in den verschiedensten Varianten, z. T. mit „Genen". Dabei „mutieren" die Gene von Generation zu Generation zufällig und „rekombinieren" nach biologischem Vorbild und mit grossem Erfolg – und oft grossem Rechenaufwand. Die Wirkungsweise evolutionärer Verfahren ist manchmal schwierig intuitiv zu sehen; umso überraschender sind manchmal die Resultate, selbst für die Fachleute. Es ist nur Computer-Software, aber es ist jeweils eine Art Evolution.

4.5.4 „Die" Evolution und Software

> Nichts in der Biologie macht Sinn ausser im Licht der Evolution.
> Theodosius Dobzhansky, Biologe, 1900–1975.
> Evolution is an up-hill random walk in software space.
> Die Evolution ist ein aufwärts führender Zufallsweg im Software-Raum.
> und
> Die Biologie ist die Domäne der Komplexität [als Software, Anmerkung des Autors]; es gibt keine einfache Gleichung, weder für Ihre Frau noch für ein Ökosystem.
> Gregory Chaitin, Mathematiker, geb. 1947

Der letzte Satz ist eine moderne Version des Kantschen Zitats „*es werde nie einen Newton des Grashalms*“ geben (volles Zitat in Kap. 10.2). In unserer Sprache ist Biologie ja knapp gesagt Chemie mit Software.

Definition „der“ Evolution
Der Begriff „der“ Evolution (vom Lateinischen *evolutio*, dem „Aufschlagen eines Buches, vor allem der Bibel“ bzw. *evolvere* hinauswälzen, -rollen) hat vor allem zwei Bedeutungen, eine alltägliche und die konkrete systemtheoretische Bedeutung:

1. *Evolution* als langsame Entwicklung im Gegensatz zu *Revolution; z. B.* die persönliche Entwicklung eines jungen Menschen oder eines Sterns,
2. *Evolution als die Weiterentwicklung einer Population unter der Wechsel- wirkung mit allen anderen Populationen des Systems und der Umwelt.*

Damit ist eine fliessende Entwicklung einer Population zu (i. Allg.) komplexeren Individuen gemeint, die stochastisch in der Gesamtpopulation aller Individuen und Arten und mit der Umwelt stattfindet. Es gehören dazu Wechselwirkungen mit Zufall und Statistik. Der Zusatz „i. Allg.“ bedeutet, dass auch Vereinfachungen und Rückentwicklungen möglich sind, sowohl in der Biologie wie in einer kommerziellen Softwareentwicklung. Ein biologisches Beispiel hierfür sind Viren.

Eine nicht-biologische Evolution ist die Entwicklung der Technologien, der Firmen und des Marktes als Ganzes: Eine Weiterentwicklung bringt neue Technologien hervor, die alte Technologien verdrängen, Firmen entstehen und vergehen wieder, einzelne Unternehmer und Erfinder verändern inkrementell das System – das Gesamtsystem entwickelt sich weiter zu (i. Allg.) immer komplexeren Technologien; Retroprodukte sind die Ausnahme.

Evolution und Software
Die biologische Evolution sieht von aussen (wie durch Charles Darwin und Alfred Russel Wallace als erste gesehen) prinzipiell ähnlich aus wie die Entwicklung der Technologien und Märkte: Aber sie enthält als Kern ein evolutionäres Softwaresystem, dessen (digitaler) Speicher das Globale Genom ist, die Gesamtmenge der genomischen Daten aller Lebensformen, insbesondere auch des (und der) Menschen.

Eine Vorahnung der genetischen Software (oder wenigstens Information) befindet sich beim Physiker Erwin Schrödinger in seiner Schrift „Was ist Leben?“: Er schreibt 1944

- von aperiodischen Kristallen, die es in der Zelle geben muss (d. h. komplexe Information) im Gegensatz zu den üblichen periodischen Kristallen – eine physikalische Umschreibung für Komplexität und die Information in den Genen,

- vom absoluten Nullpunkt der Temperatur, der für diese Kristalle notwendig sei (um die Lebensinformation nicht zu stören) – eine physikalische Umschreibung stabiler Programme.

Nur digital ist die Übertragung der Bauinformation über knapp 4 Mrd. Jahre hinweg möglich gewesen – analog wäre sie rasch verschmiert worden. Dazu ist die Trägersubstanz DNA auch ein physikalisch sehr stabiles Speichermedium.

Es ist kaum bekannt, dass der erste Anstoss zu dieser Idee des biologischen „Codes" vom Physiker George Gamow (1904–1968) kam; er schrieb 1953 an die Entdecker der Doppelhelix James Watson, geb. 1928, und Francis Crick (1916–2004) nach einem Bericht von Hubert Yockey, 2005:

> Jeder Organismus wird charakterisiert durch eine lange Zahl in einem quaternären Zahlensystem

und

> … die verschiedenen Eigenschaften sind durch die Mathematik der ganzen Zahl bestimmt.

Gamow verwendet das Wort „Code" als erster im mathematischen Sinn der Codierung einer Menge von Zeichen A durch eine Menge von Zeichen B; wir verwenden es darüber hinausgehend für ein Programm, d. h. für allgemeine Anweisungen, etwas zu tun, z. B. einen neuen Organismus wachsen zu lassen. Nach John von Neumann ist „Code" beides, Passives und Aktives im selben Datenstrom – wie im Speicher jedes üblichen Computers. Die Menschheit ist dabei, die biologischen Daten für die ganze Biodiversität der Welt zu sammeln.

Damit ergibt sich auch eine Definition, was Leben ist: Leben muss laufende Software enthalten:

> Die Existenz des Genoms und des genetischen Codes unterscheidet Lebendiges von toter Materie. In der physiko-chemischen Welt gibt es nichts, was auch nur entfernt kodierten Reaktionen ähnelt.
> Hubert Yockey, Physiker und Informatiker, geb. 1916.

Die Informationsmenge der physikalisch vorhandenen natürlichen Software in der Welt ist beträchtlich. Abbildung 4.13 zeigt eine Auswahl von Genom-Grössen von Lebewesen in Basenpaaren; dies entspricht der vierfachen Informationsmenge gemessen in Bytes. Der Mittelwert sämtlicher Arten liegt dabei nicht weit von der für den Menschen gültigen Zahl: Das menschliche Genom umfasst 3,27 Mrd. Paare von Aminobasen; die vier Aminobasen A, C, G, T bedeuten dabei vier Alternativen, die sich mit einem Bitpaar (einem „Dibit") kodieren lassen. Damit entsprechen diese 3,27 Mrd. Paare 6,54 Gbits oder 780 Mbytes, die in nur etwa 3 Pikogramm Material gespeichert werden. Dichter gepackt geht es beinahe nicht mehr.

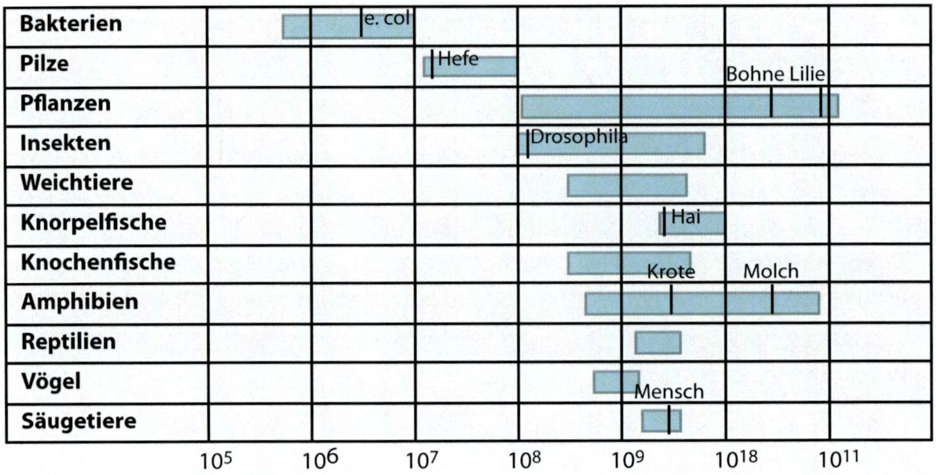

Abb. 4.13 Einige repräsentative Genom-Grössen von Organismen in Basenpaaren. (Eine Auswahl von Software-Systemgrössen nach Dietrich Spreter von Kreudenstein. Masseinheit sind die in der Biologie üblichen Basenpaare)

Selbst Viren als einfache Lebewesen enthalten Kilobytes, Bakterien Megabytes an Genmaterial; angesichts der grossen Anzahl von Lebewesen übersteigt die Menge natürlicher Software bei weitem die der künstlichen. So soll es allein schon 5×10^{30} Bakterien auf der Erde geben (Wikipedia-Artikel „Bacteria", 07/2015).

Software ist der Stoff für Poiesis, für aktives Handeln, und sorgt überall in Natur und Technik für den Bau und den Betrieb von komplexen Systemen. In der künstlerischen Abb. 4.14 entspricht der Schlüssel zum Aufziehen einer Softwareentwicklung. Er repräsentiert die Evolution, die aufgezogene Feder das wachsende Genom. Nach dem Aufziehen startet der Organismus und die Software des Lebens läuft los. Die Allegorie ist eine Anspielung auf den im Kap. 2 erwähnten „Blinden Uhrmacher" von Richard Dawkins (1986).

Leben ist konstruktiv, deshalb kann man es nur mit Software verstehen und damit nur seit etwa 1950. Selbst Erwin Schrödinger hatte 1944 mit seinem Buch „Was ist Leben" noch keine Chance, auf den Grund durchzudringen, sondern konnte das Prinzip nur ahnen. Ohne den Einbau der Software als Synonym für konstruktive Komplexität geht es nicht. Allerdings: Natürliche Software ist nicht so einfach gebaut wie die üblichen kleinen nahezu linearen Übungsprogramme, sondern ist vernetzt und enthält viel Redundanz, d. h. innere Wiederholungen, die sich verlustfrei komprimieren lassen. Dichtest gepackt

Abb. 4.14 Künstlerische Interpretation der biologischen Evolution. (Bild: Mit freundlicher Genehmigung von Charles Burdett)

wird unser menschliches Genom zu blossen 4 Mbytes, sozusagen zu „*einem Anhang einer Email*“ wie eine entsprechende Arbeit sagt (Christley et al. 2008).

Dualismus in Evolution und Softwareentwicklung

> Die DNA ist im Wesentlichen eine Programmiersprache für den Organismus und sein Funktionieren.
> Gregory Chaitin, Mathematiker, geb. 1947

Damit ist die Evolution die andauernde Entwicklung der Natursoftware des Lebens, und das Leben selbst ist der gemeinsame Lauf dieser Software auf der Hardware Erde (oder sogar im Universum).

Der dualistischen Aufteilung der Softwareaktivitäten in Entwicklung und Lauf entspricht in etwa die Phylogenese einerseits und die Ontogenese (und das zugehörige Verhalten) andrerseits:

1. Die Softwareentwicklung (das „Codieren“) erfolgt innerhalb der Phylogenese (altgriechisch φῦλον *phýlon Stamm* und γένεσις *génesis Ursprung*), der stammesgeschichtlichen Entwicklung der Gesamtheit aller Lebewesen und der Verwandtschaftsgruppen und Merkmale auf allen Ebenen der biologischen Systematik.
2. Der Lauf der individuellen Software (das „Decodieren“) bestimmt die Ontogenese (von griechisch ὀντογένεση; *Kompositum* aus ὄν *on*, „das Seiende“ und γένεσις *génesis*, „Geburt“, „Entstehung“), die Geschichte des Wachsens eines Individuums, aber auch weite Bereiche des körperlichen und seelischen Verhaltens.

Die Erforschung des Zusammenhangs der Evolution (der Phylogenese) mit der Individualentwicklung von Lebewesen und deren individueller Ausprägung durch Zufall ist Gegenstand der evolutionären Entwicklungsbiologie oder kurz der Evo-Devo. Es ist im erweiterten Sinn ein Natur-Software Engineering.

Zum Vergleich künstlicher Software mit Natursoftware ist es nützlich, einige mögliche Eigenschaften von technischen grossen Softwaresystemen zu verstehen. Diese Beobachtungen werden leicht übertrieben als die „Gesetze der Softwareentwicklung“ bezeichnet und mit dem Namen von Meir Lehmann (1925–2010) verbunden, der ab 1974 die fördernden und die bremsenden Kräfte in der Evolution von Software beschrieben hat.

Hier eine Auswahl:

- Fehler: Praktischer Code enthält ungewollt Konstruktionsfehler, d. h. vom Entwickler unbemerkte Abweichungen von den gewünschten Instruktionsabläufen. Je grösser das System, umso strenger muss deshalb die Entwicklung reguliert werden.
- Unnötige Komplexität und komplizierte, nichtoptimale Softwarestrukturen: Sie entstehen bei alter Software durch die akkumulierten Änderungen (Fehlerkorrekturen, funktionelle Erweiterungen), die den originalen Entwurf oft verletzen. Die Komplexität kann auch ohne funktionale Verbesserungen wachsen, wenn nicht aktive Gegenmassnahmen getroffen werden.

- Toter Code: Insbesondere enthält (vor allem alte) Software toten Code, der nie aufgerufen wird, und Sinnvolles oder auch Sinnloses enthalten kann.
- Komplizierte variable Konfigurationen des laufenden Softwaresystems, d. h. aktuelle innere Parameter und die Auswahl der aktiven Softwaremoduls, sind komplex, variabel und nicht voll verstanden.
- Komplizierte Zeitverhältnisse zwischen laufenden Programmteilen bzw. vernetzten Programmen, die zu speziellen (unerwarteten) Situationen führen.

Diese Unsauberkeiten und Probleme scheinen gesetzmässig in Software enthalten zu sein – sie erinnern an den Satz von der Zunahme der Entropie, der Unordnung in Systemen. Insbesondere sind sie für extrem grosse, sog. Ultragrosse Systeme (Ultra Large Systems) aktuelle Arbeits- und Forschungsgebiete.

Ein Softwarelehrbuch (Mens 2008) listet Gründe auf, die Änderungen an einem (üblichen) Softwaresystem bedingen. Sie lassen sich leicht auf die biologische Evolution übertragen wie

> neue Anforderungen erscheinen während der Lebenszeit der Software,
> die Geschäftsumgebung ändert sich,
> Fehler müssen behoben werden,
> neue Computer und Geräte kommen hinzu,
> das System muss leistungsfähiger werden oder zuverlässiger oder beides.

Charles Darwin könnte wohl zustimmen. Die Entwicklung der Natursoftware folgt bekannt erscheinenden Gesetzen, etwa:

- Die akkumulierte Software ist nicht-optimal. Alte, funktionierende Lösungen werden weiter verwendet. Auch nicht-optimale Routinen werden nicht neu codiert und auch „toter Code" wird eventuell weiter vererbt.
- Die Natursoftware ist konfigurierbar konstruiert („Epigenetik") und die gewählten oder bestimmten Konfigurationen sind kopierbar. Dies sind zentrale Forschungsbereiche der „Evo-Devo"-Biologie.

Drei wohlbekannte biologische Phänomene beruhen auf „totem Code" oder Uraltcode („Legacy-Code"): Atavismen, Rudimente und die „biogenetische Grundregel".

Atavismen („Rückschläge") sind Ausbildungen, die durch Programmteile veranlasst werden, die in der Software der Population schlummern und durch eine zufällige Mutation in Einzelfällen aktiviert werden. So treten bei Neugeborenen manchmal Stummelschwänzchen auf – oder bei einem oft benützten, sonst zuverlässigen Programm läuft das Programm durch eine besondere Kombination in einen exotischen Programmteil und erzeugt einen Systemabsturz.

Rudimente (Vestigien) sind Organe, die zu früheren Zeiten sinnvolle Funktionen ausführten, aber durch neue Implementierungen unnötig wurden (wie z. B. die männlichen Brusthaare). Es hat sicher viele alte Softwarefunktionen auch in moderner Windows- und

Applesoftware unter der modernen Oberfläche. Ein Beispiel eines ganz anderen sichtbaren (und gefürchteten) Rudiments ist manchem Windows-Benutzer bekannt, der „Blaue Bildschirm" oder sog. Screen-of-Death: Hier wird es ernst. Tiefliegende Fehler des Computers im Betriebssystem führen zum Stillstand (Absturz) und auf ein marineblaues Bildschirmbild. Auch Betriebssysteme durchlaufen eine Evolution; dieser normalerweise nicht erscheinende blaue Bildschirm stammt noch aus frühesten Entwicklungsstadien des Windows-Betriebssystems aus der Zeit des OS/2, etwa von 1988.

Ein drittes Beispiel hierzu ist die klassische und im Ansatz gültige biogenetische Grundregel von Ernst Häckel (1834–1919): *„Die Ontogenesis ist eine kurze und schnelle Rekapitulation der Phylogenesis.*" Da die Natursoftware sowohl das akkumulierte Protokoll der Evolution darstellt wie auch das Konzept für die Ausstattung und das Verhalten des Individuums, ist das Auftauchen von alten Softwareteilen beim Wachstum eines Organismus nicht verwunderlich, auch wenn die Grundregel insgesamt nicht richtig ist. Man beobachtet etwa, dass

- der Mensch im Alter von wenigen Wochen nach der Befruchtung in der Halsregion eine Art von Kiemenspalten ausbildet,
- noch vor der Wirbelsäule die Chorda angelegt wird, wie sie bei Lanzettfischchen zu finden ist,
- der Fetus am ganzen Körper eine Behaarung aufweist, das sogenannte Lanugohaar.

Der Titel eines Buches hierzu lautet knapp und prägnant: „Ihr innerer Fisch" (Shubin 2008). In der IT-Praxis wachsen Softwareprodukte in ihrer Komplexität im Laufe der Lebenszeit, oft durch Tausende von Korrekturen, bis ihre Wartung immer schwieriger und teurer wird, immer gefährlicher (da nahezu gesetzmässig bei jeder Korrektur neue Fehler eingebaut werden) oder eine eingebaute funktionelle Grenze erreicht wird (man denke an das „Jahr 2000-Problem", bei dem häufig in Programmen einfach zu wenig Platz für ein Datum mit neuem Jahrhundert vorgesehen war). In der Praxis kann es sich lohnen, alten Code, der sinnvolles ausführt, zu retten – auch wenn schon niemand im Unternehmen dessen Interna mehr versteht. Solche Programme werden zur Rettung eingekapselt und als Ganzes, als „Black Box" aufgerufen und aus Angst vor dem Einbau von Fehlern nicht mehr angetastet bis zum totalen Ersatz. Der Produzent wird eine Neuentwicklung starten, ganz neu („from the scratch") oder nicht vollständig neu mit Hilfe extrahierter Logik aus dem alten Programm zur Wiederverwendung als „Reengineering".

Dies könnte nach Ansicht der sog. Transhumanisten auch für uns Menschen als IT-System insgesamt gelten. Danach stünden wir am Ende der biologischen Evolution und vor einem Neuanfang mit einer Symbiose vom biologischen Menschen mit (Computer-) Technologie. Der Anteil alter Technologie in „Fleisch und Knochen und grauer Masse" würde im Grenzfall verschwinden. Aus der Sicht der Software wäre die Entwicklung ein kontinuerlicher Übergang von „nur biologischer Software" zu „nur maschineller Software". Wir sind offensichtlich inmitten einer Entwicklung in diese Richtung. Mit jeder App, Waschmaschine oder jedem Staubsaugerroboter hat es mehr Software in der Welt.

Nur die fernere Zukunft ist ungewiss. In Computerterminologie wären wir Menschen im Grenzfall mit unserer fleischlichen Form der Intelligenz nur der Bootstrapping-Prozess für eine technisch und intellektuell höhere Welt. „Bootstraps" sind im Englischen die Stiefelschlaufen, die beim Anziehen enger Stiefel helfen. Beim Computer ist es eine einfache rudimentäre Software, deren Funktion es vor allem ist, die komplexere „eigentliche" Software zu aktivieren oder „hochzuziehen." Aber wir Menschen können sicher nicht akzeptieren, dass wir und unsere Kultur nur Stiefelschlaufen für etwas anderes sind.

Der (negative) Effekt der von Menschen gemachten Programmierfehler erinnert an den (gelegentlich positiven) Effekt von Mutationen in der Natur. Charles Babbage, historischer Computerpionier, schreibt in seinen „*Passagen aus dem Leben eines Philosophen (1864)*" über Fehler in Tafeln trigonometrischer Funktionen für die Seefahrt (den Nautischen Almanach), sozusagen frühe Beispiele von Softwarefehlern:

> Neunzehn Errata erster Ordnung .... Ausgabe 1832

Dann ein Fehler entdeckt in einen der Errata:

> Erratum im Erratum der Ausgabe 1832 .... Ausgabe 1833

Darauf ein besonders schwerer Fehler im Erratum zweiter Ordnung:

> Erratum im Erratum des Erratum Ausgabe 1832 ... Ausgabe 1834.

Die Häufigkeit von Fehlern (und Fehlern in den Korrekturen) begrenzt die sinnvolle Grösse der konstruierbaren Systeme – und ermöglicht die Evolution.

Dazu zwei polemische Ausdrücke zum „intelligenten" Programmieren durch Menschen, insbesondere beim „Debugging", der Fehlersuche (Chandra 2014). Dies zeigt, wie unsystematisch in der Disziplin oft Fehler behoben werden. Übliche Tätigkeiten sind

- das „Tweaken" (oder „Twiddeln"), auf Deutsch etwa „Fummeln": Der Programmierer (oder die Programmiererin) versucht das Problem nicht zu verstehen, sondern nimmt an „es sei beinahe korrekt" und probiert ein wenig herum, oder
- das „Frobnicating" aus dem Hackerjargon, etwa „Herumprobieren": Ziellose grosse Änderungen im Programm durch Ausprobieren der verschiedensten Möglichkeiten.

Damit ist klar, dass übliche Software auch nicht nur vom „Intelligenten Designer" programmiert wird – sondern der Evolution ähnelt mit kleinen und grossen Sprüngen und Zufall.

Die „Software" für Gross-Berechnungen im 19. Jahrhundert (insbesondere für Mond- und Planetenstände) bestand aus vorgegebenen Hilfstabellen und Rechenschemata, in die Werte übertragen und die durchgerechnet werden mussten. Charles Babbage wünschte sich zur Tabellenberechnung eine fehlerfreie Maschine – die *de facto* fehlerfreie (Hardware-) Maschine haben wir, allerdings sind die Ultragrossen Systeme so komplex, dass die Softwarekomplexität und die aufkommenden Fehler eine prinzipielle Wachstumsgrenze darstellen.

Hardwarefehler, d. h. falsche Rechnungen, sind bei Computern dagegen sehr selten; z. B. bedeutet eine falsche Rechnung pro Jahr eine Fehlerrate von weniger als 10^{-16} Fehlern pro Rechenoperation bei einem üblichen PC – das sind so kleine Werte, dass sie bereits schwer zu messen sind. Es ist sicher viele Billionen Mal zuverlässiger als Menschen rechnen können.

Die Vergleiche von Eigenschaften der biologischen Evolution und evolutionärer Biologie mit Eigenschaften und Funktionalität üblicher Computer- und Anwendersoftware sind mit mehr als einem Körnchen Salz zu verstehen. Naturgemäss sind die echten biologischen Vorgänge viel komplexer, vor allem durch ihre vielfältigen inneren Vernetzungen, die enge Verbindung mit Chemie (wie den Methylierungen) und mit dem Zufall auf verschiedenen Ebenen (wie bei den Ausprägungen von Merkmalen): Aber die informatorischen Grundkonzepte sind gleich, jedenfalls aus „10.000 Fuss Höhe" betrachtet. Wir hoffen damit, doch zum prinzipiellen Verständnis beizutragen.

Künstliche vs. Natursoftware: Unterschiede

Der Entwickler üblicher technischer Software will wohlstrukturierte Programmsysteme haben mit eindeutigen, wiederholbaren Ergebnissen, die nicht von der Architektur oder der Marke des Rechners abhängen (d. h. unabhängig von der Hardware- und Betriebssystemplattform sind).

Die Funktionsweise biologischer Software ist demgegenüber in einigen Aspekten unscharf oder „fuzzy":

- Das Ergebnis mancher Operationen ist nicht ‚0' oder ‚1', sondern dazwischen,
- sogar (bzw. gerade) die Replikation kann fehlerhaft sein,
- die Software ist nicht linear strukturiert, sondern in sich vernetzt,
- die Software ist mit der Hardware (der Proteinchemie) und der Umwelt eng verkoppelt,
- Zufall ist Teil der Prozesse beim Speichern, beim Lauf wie bei der Replikation.

Die interne Vernetzung der Software (Querverweise und vielfach zusammenhängende Funktionen) erschwert das Verständnis der Prozesse; es ist in vielen Fällen nicht möglich, die Wirkung eines Gens isoliert zu verstehen. Die Forschung analysiert ja i. Allg. fertige Systeme von aussen – wir nennen dies technisch „Reverse Engineering".

Biologische Software ist, respektlos gesagt, vergleichbar mit alter technischer Software, deren klare Struktur des anfänglichen Entwurfs durch viele Flickarbeiten gestört wurde. Oft geflickte, erweiterte oder „verschlimmbesserte" Software wird manchmal auch hässlich „geriatrische Software" genannt. Dazu können die Laufeigenschaften biologischer Systeme durch äussere Parametersetzungen (durch „Rekonfiguration") verändert werden als „Epigenetik" und diese Veränderungen zur Replikation übernommen werden. Auch technische Systeme können mit Voreinstellungen konfiguriert werden, auch das hier zum Schreiben des Buches verwendete Wordprogramm.

Viele Menschen, die einmal selbst einfache Übungsprogramme geschrieben haben, stellen sich unter Software geradlinige und klare Stand-Alone-Programme vor. Natursoftware ist jedoch ein kompaktes Bündel aus gekoppelten Untersystemen einschliesslich notwendiger chemischer Wechselwirkungen.

Trotzdem muss es pragmatische Grenzen geben für die „Verschmierung" von Funktionen über grössere Gensequenzen. Ein Grundprinzip für Softwarebau ist Orthogonalität beim Bau, die Trennung von Funktionen als „Separation of Concerns" oder die „Trennung der Belange". Das Einhalten dieses Prinzips sollte auch die Weiterentwicklung natürlicher Software erleichtern. Nützliche Mutationen können dann lokal wirken und es müssen nicht mehrere Bereiche gleichzeitig richtig mutieren.

Die Häufigkeit von Mutationen (ein Mass für die „Fuzziness" der biologischen Softwareentwicklung) und deren Messung ist zentral für das quantitative Verständnis der Evolution als Softwareentwicklungsprozess. Typische Messwerte sind (Drake 1998; Nachman 2000)

für RNA-Viren etwa 1 Mutation pro Replikationsgeneration,
Bakterien etwa 1/300 pro Generation und
beim Menschen etwa 175 Mutationen pro Diploidgenom und Generation.

Die Mutationsraten bestimmen die dynamische Stabilität einer Spezies und die Geschwindigkeit evolutionärer Veränderungen: Viren müssen z. B. einen Lebenszyklus finden, der in eine Marktnische der Biosphäre passt, sonst verschwinden sie. Mit einem Körnchen Salz findet man in der kommerziellen Software und ihren Prozessen ganz analoge Vorgänge wie in der Evolution und ihren Prozessen. Wir zeigen dies in der Gegenüberstellung der Tab. 4.2. Allerdings legt der menschliche Entwickler bei Projektbeginn das Vorgehen (den Prozess) fest; die biologische Evolution entwickelt nicht nur den Code, sondern auch gleichzeitig die inhärenten Prozessmechanismen.

Tab. 4.2 Softwareengineering bei Softwareprodukten und Sicht auf Evolutionsmechanismen

Evolutionsprozess	Übliche Softwareentwicklung grosser Systeme
Mutationsrate, schädlich	Fehlerrate
Mutationsrate, neutral oder positiv	Rate des Einbaus neuer Funktionen, Fehler durch neue Funktionen
Massnahmen zur Begrenzung	Besonderer Designaufwand für niedrigere Fehlerrate, strenger kontrollierter Prozess, Vergrösserung der Releasezyklen
Test in der Umwelt	Regressionstests und Kundentests („Beta-Releases")
Aussterben der Art	Unzulängliche Anpassungsgeschwindigkeit, Rückzug vom Markt, ggf. Neudesign und Neuanfang

Aufgeführt ist z. B. die Eigenschaft von manchen Softwareprodukten, immer mehr Funktionen und Zusätze zu erhalten – d. h. die Manager geben immer wieder Kundenwünschen (zu schnell) nach, sog. „kriechender Funktionalismus" oder Creeping Featurism. Dies gefährdet die Qualität des Produkts und kann zu immer schnelleren Produktwechseln (Releases) führen. Bei der Evolution muss die Natur mit der Umwelt der Spezies für die Balance von Beständigkeit einerseits und Weiterentwicklung und Anpassung andrerseits sorgen.

Dem Auftreten eines neuen Merkmals bis zur Durchdringung der Biosphäre entsprechen in der Produktentwicklung die Begriffe und Stufen A-Test, B-Test und C-Test die bei IBM in den 1960er-Jahren eingeführt wurden. Nach Mike Cowlishaw (1990) ist insbesondere der B- oder Beta-Test definiert als:

> beta-Testen, Verb. Das Testen einer [möglicherweise unzuverlässigen] Software mit einer Auswahl von Kunden und Anwendern.

Die klassischen Stufen der Entwicklung sind dazu das Bauen eines Prototypen, die Herstellung einer kleinen Serie bis zum Ausliefern als normales Produkt: diese Stufen sollten sich in der Ausbreitung einer neuen Spezies oder eines Merkmals sinngemäss wiederfinden.

Die enge Kopplung mit der molekularen Chemie verschiebt Aktivitäten aus dem digitalen Bereich in die chemischen Interaktionen (das Falten der Proteinmoleküle ist eine entsprechende Aktivität). Damit ist es häufig nicht möglich, allein aus der digitalen Welt heraus die Aktionen des Lebens zu verstehen, sondern nur in enger Verbindung mit der Chemie.

Eine prinzipielle Aufgabe löst ebenfalls die Chemie: Den Start eines neuen Lebens (und Lebensprogrammes). Wie beim elektronischen Prozessor nach dem Einschalten des Stroms eine bistabile logische Zelle alles weitere auslöst, ist es in der Biologie die chemische Attraktivität passender Moleküle, die das neue Leben startet. Trotz der erhöhten Komplexität durch die Fuzziness (Verschwommenheit) der Prozesse und die Verbindung der biologischen Informatik mit Chemie ist es als Ganzes eine wunderbar funktionierende Software.

Eine bedeutsame Rolle spielt der Zufall in der Form des Auftretens von Neuem: Im genetischen Bereich kommt es ja sogar auf einzelne Moleküle an, ob vorhanden, nicht vorhanden, falsch besetzt. Dadurch ist diese Software punktweise empfindlich auf kleinste Störungen, die zu Mutationen führen können oder zur Neukombination vorhandener Programmteile. Je weiter fortgeschritten die Evolution ist, umso mehr Bausteine existieren im „Softwareraum" und umso mehr Rekombinationen können auftreten (die moderne Gentechnologie ist ein Gipfelpunkt hierfür).

Metabiologie und Software Engineering mit verrauschter Software

Dies erfordert ein neues Kapitel der Softwaretechnologie und des Software Engineering: Den Umgang mit Programmen, deren Instruktionen selbst unsicher sind. In üblicher Software können Einzelprozessoren ausfallen oder Daten falsch sein. Dazu wird z. B. Redundanz benützt mit mehreren Prozessoren und die Rechnung mehrfach durchgeführt und das häufigste Resultat wird genommen. Bei falschen Daten können die richtigen Daten aus redundanter Information zurückgewonnen werden.

Anders hier: Die Instruktionen, die in der Software enthalten sind, ändern sich selbst, und das System läuft damit weiter. In den verschiedensten digital-chemischen Schritten der Prozesse um Gene tritt Rauschen auf, also spontane Änderungen in den Codierungen, Transformationen und Replikationen. Die „Fitness" des daraus resultierenden Lebewesens entscheidet über das Bleiben oder Vergehen. Kommerzielle Programme würden abstürzen. Wie der Autor aus eigener Erfahrung mit digitaler Bildsoftware weiss, sind zufällige Softwarefehler meistens desaströs, aber manchmal führen sie zu überraschenden künstlerischen Effekten.

Der US-amerikanische Mathematiker Gregory Chaitin hat für derartige Entwicklungsbiologie eine digitale Simulation versucht und dafür den Begriff der Metabiologie geprägt (Chaitin 2012). Chaitin arbeitet an Modellen der Evolution als Evolution von höchst abstrakten komprimierten Programmen. Es ist eine mathematische Allegorie auf die reale „verrauschte" Softwareentwicklung der Natur.

Die Softwaretechnik der Evolution hat gegenüber der Entwicklung kommerzieller Software neben der Einwirkung von Zufall noch eine weitere Dimension: Die Weiterentwicklung erfolgt nicht an einer Stelle wie in einem speziellen Software Lab und nicht an einem einzigen Produkt, sondern parallel in einer breiten Population von Exemplaren und Arten, die wechselwirken. Ein Verstehen der Evolution durch Simulation erfordert damit die Simulation eines vielfachen Systems von verrauschten Programmen.

Suchräume und Phasenräume für die Evolution als Softwareentwicklung

Die Evolution eines Organismus von der Form A zu einer (höher entwickelten) Form B lässt sich im Sinne der Metabiologie als der Weg in einem hochdimensionalen Raum auffassen, dessen viele Koordinatenachsen zur digitalen Beschreibung von Organismen dienen. Die gesamte Software des Organismus ist ein Punkt in diesem Raum. Jede mögliche Evolution, Schritt um Schritt, ist dann ein Weg, z. B. von A nach B. Dieser Raum wird für unsere Anschauung in den Abbildungen 4.15 a bis c durch die zweidimensionale Fläche repräsentiert. Derartige Darstellungen sind gebräuchlich in der Informatik wie in der Physik:

- In der Informatik ist der Suchraum eines Suchproblems die Menge von Objekten, die durchsucht werden soll.
- In der Physik beschreibt der Phasenraum eine Darstellung der Menge aller möglichen Zustände eines physikalischen Systems aus vielen Teilchen.

Abbildung 4.15a baut den Weg von A nach B aus kleinen Einzelschritten auf (wie sonst sollte ein komplexes Organ wie das Auge entstehen). Hier eine Besonderheit von Mutationen in Software: Eine kleine Mutation in der Kernsoftware könnte schon eine grosse Wirkung haben. Wir verwenden den Evolutionsraum zur Illustration zweier möglicher

Evolutionsmechanismen. In Abb. 4.15b werden zwei Generationen einer evolutionären Entwicklung gezeigt, die symbolisch per Zufall in alle Richtungen ausschwärmen.

Ein solcher Mechanismus wird, wie beim „schreibenden Affen" erwähnt, nach der Physik und der klassischen statistischen Mechanik ergodisch genannt und bedeutet, dass letztlich der ganze Raum von Zuständen zum Begehen offen steht: Alles ist möglich, allerdings wird nicht jeder Punkt bei einem Zufallsspaziergang oder einer Irrfahrt mit Sicherheit erreicht. Nach dem Satz von Pólya gilt dies nur in zwei Dimensionen, der Raum der Evolution ist dagegen hochdimensional. Die Evolution kann nicht in alle Möglichkeiten hineingehen wie der schreibende Affe – und sie muss es auch nicht. Der Weg ist ein weiterschreitender Strom in diesem Evolutionsraum, der sich selbst beeinflusst. Manchmal ergeben sich sogar heftige Richtungsänderungen oder Ausdünnungen (wie etwa nach dem Einschlag des Grossmeteoriten vor 65 Mio. Jahren auf Yucatan).

Eine Einschränkung (vor allem für die beginnende Evolution) kommt durch die Chemie: Viele Anlehnungen von einem Atom ans andere zu Molekülen kommen gar nicht in Betracht. Diese Einengung der Alternativen ist vergleichbar den Anlehnungen eines Wassermoleküls an andere Moleküle bei der Bildung von Schneekristallen; dort muss ungefähr die hexagonale Symmetrie stimmen.

Das Fortschreiten der Evolution versucht etwa der britische Informatiker Leslie Valiant (geb. 1949) als maschinenlernendes Softwaresystem mit „Überwachtem Lernen" (Valiant 2013) mathematisch zu erfassen. Die Überwachung erfolgt durch das Erfolgskriterium im Überleben, gemessen in der Zielfunktion. Jede Generation von Schritten selektiert die nächste Generation gegen die zu dieser Phase als Ganzes gehörenden Zielfunktion (durch bevorzugtes Kopieren der „besten" Konfiguration im Sinne Darwins) und konfiguriert das Ziel weiter für die nächste Zielfunktion usf.:

„Evolution never looks to the future." – *„Die Evolution schaut niemals in die Zukunft"* sagt der britische Biologe Richard Dawkins. Es gibt kein „absolutes" Ziel, und damit auch keinen absoluten Zweck der Evolution (etwa um „uns Menschen" zu generieren). Das Ziel ist immer „Erfolg" oder „Gutes Verhalten im neuen Kontext", im Minimum muss „Es" (eine laufende Software) nur weitergehen. Zieht eine Spezies in das Dunkel von Höhlen, so verliert sie die Augen. Ein Beispiel aus dem wirtschaftlichen Bereich: Als das Unternehmen Nokia keine Gummistiefel mehr verkaufen konnte, stieg es um auf Mobiltelefone.

Das detaillierte Verständnis des Ablaufs der Evolution im Sinne einer quantitativen Theorie fehlt noch, inklusive die Antwort auf die Frage, die sich schon Darwin gestellt hat: Warum hat die Evolution so lange gedauert, wie sie dauerte? Darwin schätzte (nicht unvernünftige) 300 Mio. Jahre allein schon für einen Teilabschnitt, die Erosion des Kreidegebiets „The Weald". Der damals führende Physiker William Thomson, der spätere Lord Kelvin, hatte als Zeit für die (hypothetische) Abkühlung der Erde von einem (hypothetischen) Glutball auf nur 20 Mio. Jahre berechnet (nicht etwa geschätzt, er war sich 1897 autoritär sicher). Auch seine damals möglichen Abschätzungen für das Alter der Sonne lieferten ohne die Kenntnis der Nuklearprozesse nur etliche Dutzend Millionen Jahre. Damit war Lord Kelvin für Darwin sein *„sorest trouble"* – sein grösster Kummer.

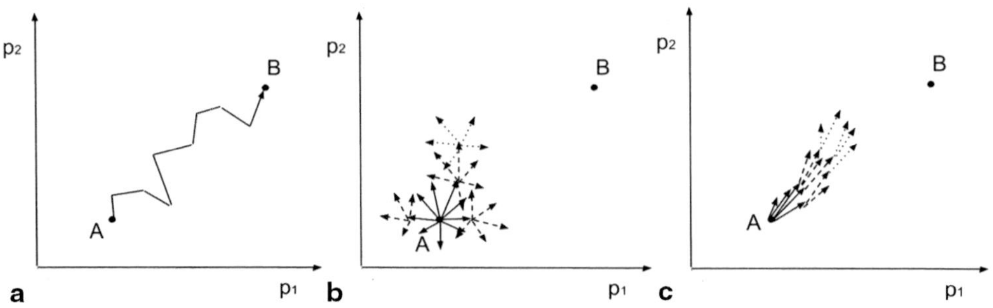

Abb. 4.15 Schematische Wege der Evolution im Softwareraum (Phasenraum der Physik). **a** symbolisiert einen Endzustand System B, erreicht ausgehend von A. **b** illustriert die initiierten Mutationen in einem ergodischen Zufallssystem. **c** zeigt den resultierenden evolutionären Strom einer Population

Heute kennen wir zur Erleichterung von Darwin das richtige, viel grössere Alter des Sonnensystems (etwa 4,57 Mrd. Jahre) und das Alter der Erde (etwa 4,54 Mrd. Jahre) und den ungefähren Ablauf der Evolution, sozusagen die Punkte A und B in Abb. 4.15, und den Weg dazwischen einigermassen, aber wir verstehen nicht quantitativ, wie Komplexität und „Bit"-Säule entstehen.

Die Antwort muss aus der Kombination von Physik/Chemie einerseits und Softwaretechnologie (hier „Computational Biology" genannt) andrerseits kommen. Ausschlaggebend ist die Beachtung der grossen Parallelität und Vernetzung der Evolution:

1. die Individuen tragen jedes in sich eine grosse Zahl von Möglichkeiten parallel und vernetzt,
2. neue Mutanten entstehen in riesigen Raten parallel und werden mit der Zielfunktion parallel getestet,
3. die Evolution entwickelt nicht nur den Code (das Programm) mit den Prozessketten, sondern auch gleichzeitig die Hardware und die Architektur von Hardware und Code (die inneren Gesetze).

Abbildung 4.15c verdeutlicht den Effekt, dass beim Weiterschreiten gar nicht alle Mutationen gleichgewichtig auftreten: Die „richtige" Richtung erscheint als Voreingenommenheit, vergleichbar im anorganischen Bereich dem Wachstum von Schneekristallen bevorzugt in die Symmetrierichtungen des Wassermoleküls, aber trotzdem noch vom Zufall bestimmt. Philosophisch sieht dies aus wie ein neuer schwacher Vitalismus (d. h. ein mystischer Trend zur richtigen höheren Komplexität). Religiös wäre dies eine verwandte These zum ID, dem „Intelligenten Design". Ein übernatürlicher Vitalismus oder übernatürliche Eingriffe sind hier nicht gemeint, sondern Gesetze der Informatik und Physik/Chemie zusammen mit der Wirkung von Zufall; hierzu unten die Analogie aus der anorganischen Welt, das Wachsen von Schneekristallen.

Es resultiert daraus (i. Allg.) ein Trend zum Anwachsen der Komplexität. Wir meinen damit eine schaffende Komplexität von Software, die eine Tätigkeit ausführt und diese Kenntnis weitergibt. Entsprechende Komplexität sehen wir bei der üblichen kommerziellen (menschlichen) Softwareentwicklung: Wird neue Software entwickelt oder weiterentwickelt, so entsteht und wächst (wieder i. Allg.) die Komplexität, dort gemessen in Zeilen Programmcode oder besser in Funktionspunkten. Es liegt nahe, diesen Wachstumstrend als universell anzusehen. Der deutsche Zoologe Johann Friedrich Blumenbach (1752–1840) hat das Wort „Bildungstrieb" oder lateinisch *Nisus formativus* erfunden, im Sinne einer fiktiven Kraft zum Bau von funktionierenden Strukturen ungefähr im Sinne eines Vitalismus. Er schreibt

> „.. in dem vorher rohen Zeugungsstoff … ein besonderer, dann lebenslang thätiger Trieb rege wird, ihre bestimmte Gestalt anfangs anzunehmen, dann lebenslang zu erhalten." aus „Über den Bildungstrieb", 1789.

Es liegt nahe, dies als eine Umschreibung der dynamischen Eigenschaften von laufender Software, des Wachstums der Softwaresysteme, ja der „Bit"-Säule anzusehen. Dass die Evolution in diesem grossen kreativen Raum gute Systeme (auch uns) findet, führt hier zur Idee einer pseudokausalen „Abwärtskausalität", die „von oben" die jeweilige Lösung bewirkt: „Von oben" heisst durch die Mechanismen der Evolution und der Wechselwirkung mit der Umwelt. In religiöser Transkription wird die „Abwärtskausalität" auch als direkte Kausalität verstanden.

Zur dritten Problematik der Evolution, der inneren Vernetzung, lernt man in der kommerziellen Softwareentwicklung, dass optimalerweise vier Aspekte aufeinander abgestimmt werden: Computerhardware, Systemarchitektur, Software und der Prozess der Entwicklung im Team. Eine Grafikkarte ist ein abgestimmtes Beispiel für spezialisierte Hardware zur Erhöhung der Arbeitsgeschwindigkeit bei Videos, agile Programmierung ist ein Beispiel der Teamorganisation für rasche Softwareresultate. Diese Elemente sind in der Evolution besonders eng miteinander verknüpft und dadurch schwer zu analysieren.

4.6 Konstruktiver Zufall

> Zufall ist vielleicht das Pseudonym Gottes, wenn er nicht unterschreiben will
> Anatole France, Erzähler, 1844–1924

Der Zufall ist entscheidend für das unsichtbare Wachstum von natürlicher Software, aber auch entscheidend für die Gestaltung unserer Welt. Der Zufall baut an den Softwarestrukturen weiter und schafft neue oder verändert die aktive, machende Komplexität (wir haben sie poietisch genannt), den Code der biologischen Welt. Es ist aber auch der Zufall, der die Feingestalt der Welt bestimmt, im Kleinen wie im Grossen, in einem Wassertropfen oder in einem Sternhaufen.

Regelmässige geometrische Gestalten wie Kugeln oder Würfel sind in der Natur die Ausnahme. Selbst Kristalle haben Fehlstellen und Verwerfungen in sich, jedenfalls Kristalle aus der Natur. Die Unregelmässigkeiten sind sogar häufig ausschlaggebend für die

Eigenschaften wie Elastizität oder elektrische Leitfähigkeit. Ohne Zufall kann man die Welt nicht beschreiben: Zufall prägt die Feingestalt von Wolken, Pflanzen und Küsten. Alles Elektrische hat Zufallsschwankungen in sich, „es rauscht", erst die Digitalisierung schafft künstlich rauschfreies. Benoît Mandelbrot hat mit seiner Theorie der Fraktale die Mathematik zu besonderen, selbstähnlichen Zufallsstrukturen geliefert – und Software, um diese Objekte wie Wolken und Landschaften täuschend echt synthetisch zu erzeugen:

> Wolken sind keine Kugeln, Berge keine Kegel, Küstenlinien keine Kreise. Die Rinde ist nicht glatt – und auch der Blitz bahnt sich seinen Weg nicht gerade.
> Benoît Mandelbrot, Mathematiker,
> in „The Fractal Geometry of Nature, 1977".

Der Autor verdankt einem Gespräch mit Benoît Mandelbrot diesen starken Eindruck vom Zufall in der alltäglichen Natur: Der Zufall schwächt den Determinismus innerhalb der Naturgesetze ab oder löst ihn sogar ganz auf, und baut dabei die Natur so, wie sie wirklich ist. Er ist der Schiedsrichter bei winzigsten Unterschieden und trifft die Entscheidung und löst die erwähnten „Esel des Buridanus" – Situationen zig-Trillionen Mal in der Sekunde.

Eine Bemerkung zum Computer: Die Computertechnologie hat mit den Petaflops der Superrechner (das sind 10^{15} Rechenoperationen pro Sekunde) eine Leistung erreicht, die es Software erlaubt, auch natürliche Komplexität „wie echt" künstlich nachzubauen. Die nächste Generation dieser Rechner peilt dazu bereits eine Erhöhung der Leistung um einen weiteren Faktor Tausend an, auf Exaflops. Damit lassen sich noch grössere künstliche Welten bauen.

4.6.1 Das Wachstum von Schneekristallen als anorganisches Lehrstück

Ein gut verstandenes (aber hinreichend komplexes) Beispiel zum Wachstum mit Physik und Zufall ist das Wachsen von Schneekristallen; das Bildchen 4.15a lässt sich genau darauf auch anwenden: A ist ein Keimling, B die Konfiguration einer grösseren Schneeflocke. Die Konfiguration grösserer Flocken ist jeweils einzigartig – die Chance, dass zwei Flocken im molekularen Aufbau identisch sind, ist gleich null. Dies demonstrieren die klassischen Bilder in Abb. 4.16.

Nach unserer Definition der Komplexität sind fertige Schneeflocken (da in ihrer individuellen Gestalt nicht digital komprimierbar) Objekte hoher Komplexität. Allerdings ist die Randbedingung für den Bau eine sechsstrahlige Symmetrie und diese Einschränkung ermöglicht eine teilweise Kompression. Die Gestalt wird durch Zufall und Physik bestimmt, durch Temperatur und Wasserdampfkonzentration. Jeder kleinste Lufthauch kann eine Änderung bringen – aber eben im Rahmen der hexagonalen Symmetrie. Damit sind bei dieser „Selbstassemblierung" beide Arten der Komplexitätserzeugung beteiligt: die „gesetzmässige" Komplexität, also nach Regeln für alle Gebilde aus Wassereis, und die spontane, zufällige. Die sechsstrahlige Symmetrie erscheint in jeder Flocke wie durch Magie, aber gesetzmässig. Man könnte denken, es gäbe einen besonderen „Bildungstrieb" oder hier „Hexagonalismus", den man makroskopisch nicht verstehen kann, oder

Abb. 4.16 Formen von Schneekristallen. (Bilder vom Schneeforscher Wilson Bentley aus dem Jahr 1902. Wikimedia Commons, Kleinstein95)

gar einen intelligenten Dämon, der Moleküle passend ansetzt. Ohne tiefere Kenntnis sieht dies mystisch aus, mit Kenntnis immer noch grossartig.

Die detaillierte Gestalt ist durch Zufall bestimmt. Dies spiegelt sich auch in der Simulationssoftware für die Bildung von Schneekristalle wider. Es gibt den hexagonalen determinierten „poietischen“ Teil, der das Wachstum bestimmt, und den zufälligen Teil mit Pseudozufall, der Ort und Form mit den Kristallverzweigungen.

4.6.2 Weltmodelle mit Zufall

Wenn wir die Software einbeziehen und über die unbelebten physikalischen Abläufe hinausgehen, so sehen wir drei Grundagenten zum Verständnis der Welt: Die Physik (mit den zugehörigen Wissenschaften), die Software (inklusive die Informatik) und den Zufall als nicht fassbaren Agent, sei es aus Nichtwissen oder aus der Quantenphysik. Software steht hier für Instruktionen, geschrieben in DNA oder in Python oder sonst einer „Programmiersprache".

In Tab. 4.3 vergleichen wir vier Welten oder Bereiche. Zwei der Weltmodelle in der Tabelle haben nur zwei Grundelemente:

- Die Welt der unbelebten Natur mit Wolken, Wellen und Schneekristallen wird beschrieben durch Physik und Zufall,
- die Welt der üblichen Software und Computer besteht aus Physik (der Hardware) und aus Software mit möglichst guter Unterdrückung des Zufalls in der Form von unerwünschten Fehlern.

Lebendiges benötigt drei Agenten: Hardware (manchmal eher „Wetware"), Software zum Betrieb und zur Fortpflanzung und den Zufall für die Einzelheiten des Organismus und die Evolution. Auch virtuelle Welten wie Computerspiele oder Second Life brauchen den gesteuerten Zufall für den realistischen Eindruck ihrer Szenarien.

Wir werden später noch das „Geistige" hinzufügen.

Der Zufall ist bis ins 19. Jahrhundert oft nur als Störfaktor gesehen worden, den man am liebsten verdrängen wollte (oder als Gottes Wille ansehen). Aber der Zufall prägt die Welt, er prägt auch, wie wir als Menschen aussehen, welches Spermium bei der Zeugung gewinnt und mit dem Ozean von Zufällen zusammen entsteht unser Lebensschicksal; alles im Rahmen der Naturgesetze und unserer Lebenssoftware. Auch einzelne Gedanken und Entscheidungen in unserer Seele entstehen aus der „Wetware" des Gehirns mit Zufallskomponenten; dazu reicht das normale „Rauschen" der Elektrik aus und es ist kein Quantenzufall notwendig.

Je weiter die IT-Technik fortschreitet, umso mehr wird Zufall, und damit verwandt Indeterminismus, auch in der Computerwelt ohne Fehlverhalten sichtbar, in den Computern selbst, in Netzen wie im Internet und in der Software. In virtuellen Welten erzeugt man die Figuren und Landschaften durch in Software gegossene Pseudogesetze, etwa den Flug des Raumschiffs oder das Gehen durch eine Wand. Der gerichtete Zufall produziert das realistische Aussehen in Kleinarbeit. Genau solche Kleinarbeit mit Zufall leistet die Natur beim Bau eines individuellen Baumes oder eines Menschen.

Tab. 4.3 Konstruktivismus der Welten: Die drei Agenten Naturwissenschaften, Software und Zufall bauen die Welt

Natürliches Unbelebtes, z. B. Wolken, Schnee	Üblicher Computer	Belebtes, z. B. der Mensch	Virtuelle Welt
Zufall	(-)	Zufall	Zufall
–	Software	Software	Virtuelle Welt Software
Physik usf.	Physik usf.	Physik, Chemie usf.	Plattform

5 Strömende Software und Bewusstsein

Im klassischen Materialismus wie im klassischen Idealismus gibt es eine unüberbrückbare Kluft zwischen Gehirn und Geist, insbesondere erscheint das Bewusstsein als ein fundamentales philosophisches Geheimnis. Informationstechnisch ist das Bewusstsein eine komplexe, laufende Software, die einen laufenden Strom von „Events" analysiert, bewertet und darauf reagiert (und daraus lernt). Ein solches künstliches System mit gar nicht so einfachem technischem Bewusstsein ist das „selbstfahrende Auto". Softwarebegriffe (Hardware, Firmware, wie sieht ein Blockschaltbild aus) dienen dem Verständnis. Insbesondere die Programmmodule über das Objekt mit Bewusstsein selbst machen für uns Menschen das Bewusstsein aus. Das berühmte philosophische Qualia-Problem erweist sich als inhaltslos. Heute ist das Bewusstsein des Autos noch beschränkt, aber wer besser Auto fahren kann, das Auto oder wir, kehrt sich gerade um (eines der „Reversal-of-Defaults" durch IT). Das IT-basierende Bewusstsein hat keine räumlichen oder quantitativen Begrenzungen wie das menschliche. Wir diskutieren Weltbewusstsein, Welthirn und Noosphäre.

5.1 Definition des Bewusstseins

> Der Mensch erkennt, dass er nichts anderes ist wie Evolution, die sich selbst bewusst wird.
> Pierre Teilhard de Chardin, Theologe, Philosoph und Geologe,
> in „Le Phénomène Humain", 1955

Das Bewusstsein ist eine der klassischen philosophischen Fragen zwischen Leib und Seele, oder besser, nach unserem Verständnis, von Leib, Seele und Geist. Heute ist die Frage des Bewusstseins nahezu zu einer (informations-)technischen Frage geworden im gleichen Sinne wie der Körper zu einer naturwissenschaftlichen – nur zusätzlich mit an-

W. Hehl, *Wechselwirkung*, DOI 10.1007/978-3-662-48114-1_5

gewandter Informatik. Es gibt nach unserer Ansicht keinen Grund mehr, das Bewusstsein als Mysterium und Rätsel anzusehen. Es ist ein konsequentes, natürliches, emergentes Phänomen aus der Zusammenarbeit unbewusster Softwarekomponenten, die für das aktive Leben notwendig sind. Der klassische Standpunkt der Philosophie spricht aus dem Zitat des deutschen Philosophen Thomas Metzinger (geb. 1958)

> Das Problem des Bewusstseins bildet heute – vielleicht zusammen mit der Frage nach der Entstehung unseres Universums – die äußerste Grenze des menschlichen Strebens nach Erkenntnis.

Dieser Satz entspringt einer klassischen materialistischen Sicht der Natur, die alle intellektuellen Vorgänge im Menschen als mystisch ansehen musste und den Zusammenhang Leib-Seele als buchstäblich unvorstellbar. Dies ist verständlich, wenn man nur die Vorstellung von einem Uhrwerk als möglichem Modell zur Verfügung hat. Weder das Leben, die Evolution, die Sexualität oder das Gedächtnis oder ein Wutausbruch sind mystisch, sondern werden oder wurden in die Domäne von Naturwissenschaft UND Information/Software geholt; UND gross geschrieben. Die „äusserste Grenze" liegt wohl weiter.

Im klassischen Dualismus Materie vs. Idee gibt es eine grosse Lücke zwischen dem Körper und allen informatorischen Funktionen. Das mechanistische Weltmodell des 19. Jahrhunderts mit der Welt als grossem Uhrwerk konnte die Informatikseite nicht erklären. Diese Lücke ist dabei, geschlossen zu werden – aber erst seit Alan Turing, Konrad Zuse und John von Neumann, und nur mit Hilfe von Softwareverständnis. Wir werden dazu letztlich drei zusammenwirkende Welten definieren – ähnlich Karl Poppers Drei Welten (1978). Die Rätsel mögen in der dritten Welt sein (der geistigen), mit Beethoven-Symphonien und der Schönheit des Sternenhimmels zusammen, aber nicht in der zweiten (der Information und der aktiven Software).

Das Wort „Bewusstsein" selbst ist eine recht moderne Lehnübersetzung vom lateinischen *conscientia* „Mitwissen" durch den deutschen Philosophen der Aufklärung Christian Wolff (1679–1754). Es ist ein weniger metaphysisch und theologisch belasteter Begriff als die oft synonym benützten Begriffe der „Seele" und des „Geistes" (die wir unten verwenden werden). Eine geeignete neutrale Definition ist hier, entnommen Wikipedia 07/2015:

> Bewusstsein als phänomenales Bewusstsein: Ein Lebewesen, das phänomenales Bewusstsein besitzt, nimmt nicht nur Reize auf, sondern erlebt sie auch. In diesem Sinne hat man phänomenales Bewusstsein, wenn man etwa Schmerzen hat, sich freut, Farben wahrnimmt oder friert. Im Allgemeinen wird angenommen, dass Tiere mit hinreichend komplexer Gehirnstruktur ein solches Bewusstsein haben.

Dazu der klassische (wir denken obsolete) und nicht-technische Zusatz:

> Phänomenales Bewusstsein ist als so genanntes Qualiaproblem eine Herausforderung für die naturwissenschaftliche Erklärung.

Dieser letzte Satz ist falsch. Es ist keine naturwissenschaftliche Fragestellung, sondern es ist vor allem eine Frage der informatorischen, komplexen Systeme. Philosophie, die dazu etwas aussagen will, muss Philosophie der Information (oder besser Software) sein. Dies ist im gleichen Sinn gemeint wie es die Aussage wäre: *„Die Funktionsweise von Android [ein mobiles Betriebssystem] ist eine Herausforderung für eine naturwissenschaftliche Erklärung“ oder „Die Funktionsweise der Gesichtserkennung durch einen Computer ist eine naturwissenschaftliche Herausforderung.“* Der grosse Unterschied ist, dass es beim Computer um Engineering geht, beim Menschen um „Reverse Engineering“ aus dem Unbekannten, und vor allem, dass wir mitten im System selbst sind. Unten diskutieren wir die Qualia weiter.

Hier noch ein Satz des österreichisch-britischen Philosophen Karl Popper, der hier das „Ich“ beschreibt:

> … [das Ich] ist wie ein Steuermann, der beobachtet und gleichzeitig handelt. Es ist tätig und erleidend, erinnert sich der Vergangenheit und plant und programmiert die Zukunft; es ist in Erwartung und disponiert.

Karl Popper will damit zeigen, dass das „Ich“ die Führung hat gegenüber dem Gehirn. Der Satz ist eine wunderbare Beschreibung der strömenden Software (siehe gleich unten), sei es für die Überwachung einer chemischen Fabrik oder unseres Gehirns. Es geht um Grundaufgaben der Informationstechnologie, die ohne Mystik, ohne spezifische Quantenmechanik und ohne „einen dritten Zustand der Materie“ gelöst werden können – all dies wurde vermutet oder wird es noch. Der wohl bekannteste Vertreter ist der theoretische Physiker Roger Penrose, der das Bewusstsein in einer provokativen Hypothese als kosmologisches Quantenphänomen sieht (Roger Penrose et al. 2011).

5.2 Strömendes Computing und Software für Komplexe Events

> … es kann Hunderte ja Tausende von Datenströmen analysieren und umgehend Material für blitzschnelle Entscheidungen des Managements liefern.
> Aus der Marketing Broschüre zu einem IBM Produkt mit „Stream Computing“ (2009)

Der technische Weg zum Bewusstsein führt über ein neues Computing-Paradigma, dem „Strömenden Rechnen“ oder „Prozessieren komplexer Situationen“, dem Stream Computing oder Complex Event Processing. Ein Ereignis oder Event ist die Informationseinheit, mit der das System mit der Aussenwelt kommuniziert und reagiert – es ist etwas, was geschieht. Ein strömendes Computersystem erhält (eventuell dauernd) Ströme von Daten von Ereignissen, die jeweils ein Ereignis näher beschreiben, und reagiert darauf. Das Konzept ist sehr allgemein; in der IT sind dies z. B. Datenströme,

- in der Produktion: die laufende Überwachung der Qualität auf Probleme in der Produktionslinie,
- im Verkehr: die laufende Überwachung des Verkehrsstroms und einzelner Fahrzeuge (Mobility Prizing Systeme),
- im Gesundheitswesen: das Monitoring von Gruppen von Patienten, z. B. aller Babys auf einer Babystation, bis zur gesamten Bevölkerung,
- in Sicherheitssystemen: das Geschehen auf den Strassen einer Region (Gesamtheit von Videoszenen),
- in Finanzsystemen: alle Marktbewegungen (sog. algorithmisches Trading).

Die mannigfachen Datenströme, meistens von Sensoren, werden von einem oder mehreren Prozessoren analysiert, kritische Events entdeckt und Reaktionen ausgelöst, automatisch oder etwa von einem Manager. Ein Videostrom (oder viele Videoströme) kann z. B. auf auffällige Szenen geprüft werden (etwa: „Person lässt eine Tasche zurück") und es kann eine Prüfaktion ausgelöst werden.

Die Grundsoftware für das „Bewusstsein" (Abb. 5.1), die „Plattform", stellt die benötigten allgemeinen Funktionsblöcke zur Verfügung. Nun folgen zwei Phasen:

- Die Vorbereitung des Systems auf die besondere Anwendung (der „Build", sozusagen das Lernen der Bedeutung von Situationen) und den Systemzweck. Hier lernt das System, was jeweils ein Event in diesem Zusammenhang ist und wie es darauf zu reagieren hat,
- der aktuelle Lauf des Systems (der „Run") mit der aktiven laufenden Verarbeitung der Umweltinformationen und Szenen.

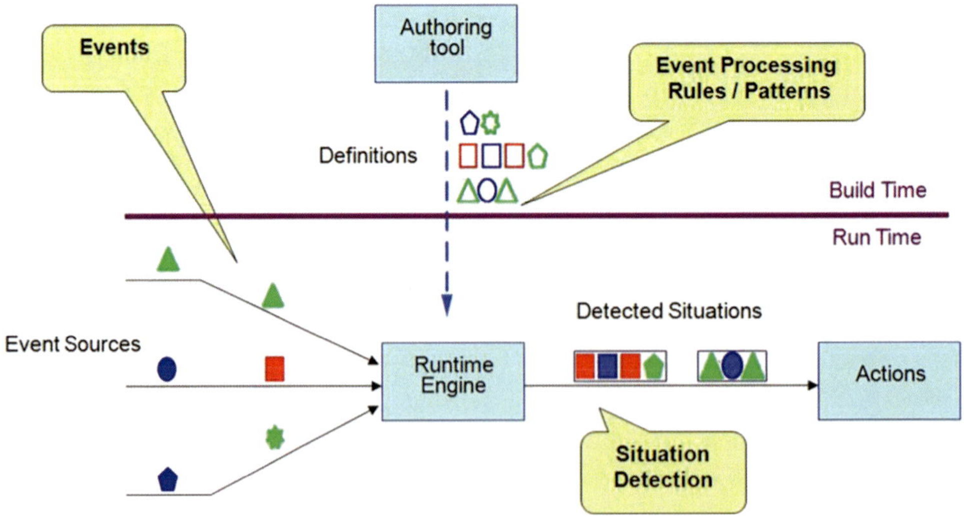

Abb. 5.1 Das Prinzip des Strömenden Computing – oder eines künstlichen phänomenalen Bewusstseins. (nach einer IBM Haifa Präsentation 2007)

Per manueller Eingabe oder per Beispiel „lernt" das System, auf was es im Datenstrom achten soll. Man wird versuchen, dieses Lernen sogar während des Betriebs ausführen zu können, d. h. auch im Flug die Regeln und ihre Parameter zu ändern.

Ein strömendes System enthält Software für die ganze Kette von Teilaufgaben, die für eine grosse Systemaufgabe laufend zu lösen sind

Fühlen → Analysieren → Verstehen & Vorausschauen → Bewerten & Entscheiden → Handeln

Dies ist insgesamt mehr als eine Datenanalyse von verschiedenen, wenn auch oft sehr grossen Datenströmen (sog. „Big Data"); es ist aktive Software. Es folgt dem Lehrsatz des Strategen Carl von Clausewitz (1780–1831):

> Das Wissen muss ein Können werden. aus Carl von Clausewitz, Vom Kriege.

Ein Beispiel für aktive Software und ein derartiges fortgeschrittenes künstliches „Situatives Bewusstsein" (Situational Awareness) ist die Software von selbstfahrenden Autos. Der Systemzweck ist das eigenständige Fahren. Das selbstfahrende Auto von Google erfasst nahezu ein Gigabyte von Daten in der Sekunde, vor allem Videodaten von der Umwelt, Radardaten von anderen Autos zu laufenden Abständen und Relativgeschwindigkeiten, vor allem aber 3D-Daten von Laserreflektionen: 64 Laser geben die zu den Videobildern gehörigen Entfernungen der Objekte (Abb. 5.2b). Die Software erfasst die anderen Personenautos oder Lastwagen, Vögel, Zigarettenkippen, einen auf die Fahrbahn rollenden Ball – und ist alarmiert, ob ein Kind nachfolgt.

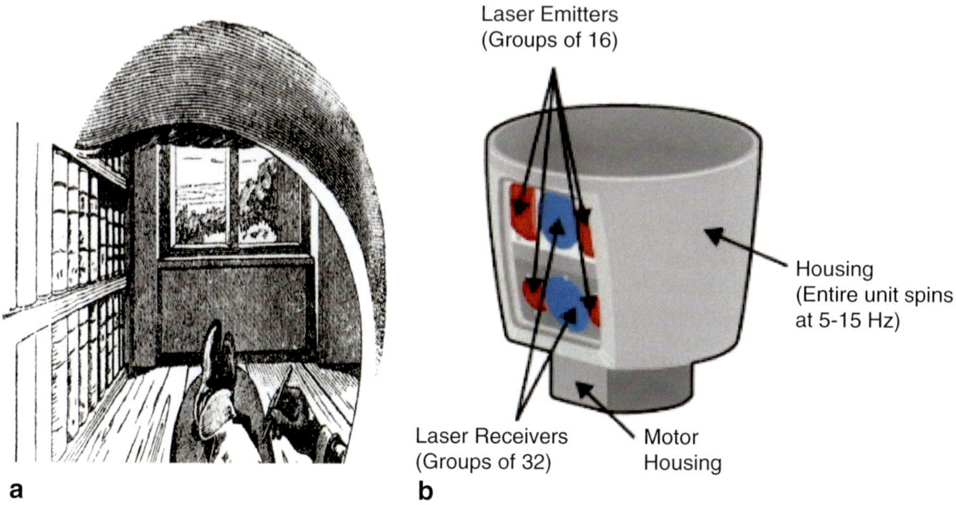

Abb. 5.2 Die Perspektive des menschlichen Bewusstseins und des künstlichen (Auto-) Bewusstseins. **a** Eine Zeichnung des Physikers Ernst Mach. (Quelle: Wikimedia Commons „Innenperspektive (1886)", Stern). **b** Das Laser-Radar. Das Hauptinstrument der Google-Autosensorik. (Quelle: Velodyne Inc.)

Philosophisch bedeutet dieses situative Bewusstsein die detaillierte digitale Erfassung unserer näheren, persönlichen Umgebung durch das Computerbewusstsein. Dies ist viel mehr als nur die absolute Weltkoordinate, die uns das GPS-System gibt. Diese Erfassungstechnologien – teure Lasertechniken oder preiswerte wie das Kinect von Microsoft – erlauben die Sicht auf die Welt vergleichbar zur Perspektive wie wir sie selbst sehen, unsere Innenperspektive. Dies zeigt das klassische Bild des Physikers Ernst Mach aus dem Jahr 1900 in Abb. 5.2a.

Beim Fahrzeug kommt die feste oder langsam veränderliche Information hinzu über die Strasse und deren Peripherie: GPS-Daten und die besten verfügbaren Strassenkarten. Für die Testfahrten fahren die Testingenieure die Strecke vorher ab und lassen die Systeme so viel wie möglich Lernen über die Routen: Die Software mit dem Namen *Google Chauffeur* erzeugt daraus ein Modell der Welt mit einem gleitenden Zeitfenster, einem „Sliding Window" von Aufmerksamkeit, Verstehen und Handlung. Eine wichtige besondere Eigenschaft muss das System handhaben: Den erfolgreichen Umgang mit der Unschärfe aller Daten und der Unsicherheit in allen Handlungen, die sowohl aus der Erfassung der Vergangenheit herrührt wie aus der unvollständigen Bestimmtheit der Zukunft, zumindest aus der Sicht eines Fahrers. Das beinhaltet, dass die Software Unstimmigkeiten zwischen „ihrer" Weltvorstellung (ihrem Modell) und neuen widersprechenden Erfahrungen im Fluge korrigieren und dazu die Wahrscheinlichkeiten des Auftretens neu abschätzen können muss.

> Die Daten zeigen, dass sie [d. h. die Software des selbstfahrenden Autos] sicherer und sanfter ist als Menschen am Steuer.
> Chris Urmson, Leiter der Softwareentwicklung des Google Self-Driving Cars (2013)

Aus den Eigenschaften und Trends der Software und Hardware folgen einige Eigenschaften, die über die eines menschlichen Fahrers (und menschliches Bewusstsein) hinausgehen:

- die Reaktionen können schneller erfolgen und besser (optimiert) sein als durch Menschen, s. Zitat oben, d. h. es ist absehbar, wenn im Auto der Computer in gefährlichen Situationen uns die Steuergewalt aus der Hand nimmt, weil er es besser kann,
- es lässt sich durch Wahl der Software der Typ (oder Charakter) des Fahrers einstellen oder die Fahrkultur des Landes, etwa auf „sanft" oder „aggressiv". Eine gewisse Aggressivität ist dabei notwendig, um sich in realistischen Verkehrsumgebungen effizient zu bewegen;
- die Quellen von Daten und der Umfang der Informationen können die Möglichkeiten von menschlichen Sinnesorganen überschreiten, z. B. Ultraschall oder Radioaktivität erspüren, oder einen 360° Rundumblick liefern,
- die einbezogene Umwelt kann die Dimensionen eines Menschen überschreiten, sowohl im Umfang der Information (z. B. alle Dokumente der Welt oder alle Sensordaten der Welt) wie in den Aktionen (z. B. alle Autos anhalten).

In der Beziehung zwischen Computer und Auto zeichnet sich eine Umkehr um 180° ab:

- ca. 1980: „Ein Computer wird nie ein Auto fahren können" – das hat der Autor selbst erlebt als heftige Absage an seine Vorhersage,
- ca. 2030: „Ein Mensch sollte nicht ans Steuer eines Autos dürfen, das ist viel zu gefährlich".

Es ist ein Beispiel eines nützlichen Prinzips, das man als Resultat der Entwicklung des Computers immer wieder sieht: eine Umkehrung der Ausgangswerte oder ein „Reversal of Defaults". Der amerikanische Mathematiker und Kryptologe Ron Rivest (geb. 1947) hat dies formuliert:

> Was einst privat war, wird jetzt öffentlich, was einst schwer zu kopieren war, wird jetzt leicht zu vervielfältigen, was einst schnell vergessen war, wird jetzt für immer gespeichert.

Die Ingenieure von Google, VW und Daimler bauen, ohne dies explizit zu wollen, mit ihren selbstfahrenden Autos ein erstes künstliches Bewusstsein. Vergleichen wir die üblichen Aspekte von Bewusstsein (hier nach dem deutschen Wikipedia-Artikel „Bewusstsein", gezogen 07/2015) mit der Software des selbstfahrenden Autos, so finden wir im Prinzip diese Eigenschaften wieder:

> *„bei Bewusstsein sein"* heisst menschlich *„belebt"* zu sein (d. h. *„beseelt"*)
> – das Auto fährt lebendig im normalen Verkehr,
> *„Bewusstsein zu haben"* heisst
> *„Gedanken zu haben"* – die Autosoftware denkt auf verschiedenen Ebenen, von „soll ich jetzt bremsen" bis „welche Route soll ich wählen",
> und *„seiner Selbst bewusst zu sein"* – die Software kennt viele Daten ihres verantworteten Objekts (des Autos) und die eigenen Daten (die Stände der Versionen), die Stärken, Schwächen und Grenzen.

In der Analogie zum Menschen scheint es sinnvoll, nur einen Teil der gesamten Software als eigentliches „Bewusstsein" zu identifizieren, etwa das Erkennen eines anderen Autos oder das Ergebnis der Routenberechnung und nicht die unterliegenden zugehörigen Hilfsfunktionen und Effekte wie die Steuerung des Motors. Der Softwarearchitekt kann bestimmen, welche Funktionen von „höherer" Software eingesehen werden können (oder müssen) und welche nicht. Beim Google selbstfahrenden Auto ist dies beim Entwurf der erwähnten Chauffeur-Software geschehen.

Man könnte sogar einen ersten Ansatz von Psyche in der erwähnten einstellbaren Aggressivität des virtuellen Fahrers erkennen.

Es ist fraglich, wann selbstfahrende Autos als Produkte auf den Markt kommen. Der Strassenverkehr benötigt eine höhere Sicherheitsstufe als es übliche Computersoftware bietet – ein Systemabsturz oder ein „Hängen" darf nicht vorkommen. Aber es gibt eine weitere Eigenschaften oder sogar Vorteil für das künstliche Bewusstsein der Autos:

- das Bewusstsein mit seinen Inhalten (z. B. der Ablauf eines Unfalls) kann exakt gespeichert werden oder auch angehalten, z. B. um beweisfähige Daten nach einem Unfall zu liefern. Das könnte bei den juristischen Problemen der Produkthaftung helfen.

In der Praxis benötigt man nicht immer totale Selbständigkeit – eine intelligente Assistenz könnte ja schon ausreichen, um einem älteren Fahrer länger die Fahrerlaubnis lassen zu können.

In der IT-Industrie hat sich ein Trend zur Selbständigkeit eines IT-Systems schon länger abgezeichnet. Man findet eine ganze Skala von immer stärker werdender Selbständigkeit eines Computersystems oder eines Systems von Computersystemen. Dazu gehören Begriffe wie Autonomic Computing (die Selbstverwaltung kommerzieller IT-Systeme) oder Organisches Computing (die weitergehende Selbstorganisation nach biologischem Vorbild), alles Architekturen mit dem Adjektiv „selbst" im Zentrum, d. h. mit möglichst wenig menschlichen Eingriffen. Darunter versteht man Computersysteme mit Selbstorganisation je nach den Ansprüchen durch die Benutzer, selbstheilend nach Ausfällen und selbstverbessernd zur besseren Ausnützung von Ressourcen. Naturgemäss hat man dabei das Problem, diese selbständigen Systemaktionen auch (selbst) zu kontrollieren, sonst würde man leicht katastrophale Zustände auch „selbst" erzeugen.

Bei selbstfahrenden Autos gilt dies erst recht; handelt es doch um einen noch höheren Grad von Autonomie durch die Wechselwirkung mit der Umwelt und untereinander: es sind autonome Systeme. Hier liegt ein prinzipieller und philosophisch interessanter Unterschied zwischen dem Bewusstsein des Menschen und dem „Bewusstsein" dieser technischen Systeme. Die „Bewusstseine" (Plural!) von technischen Objekten können unmittelbar und eng untereinander und mit der Umwelt verbunden werden zu neuen Organismen und einer neuen Art von Entität. Beim Menschen findet die Verbindung untereinander lose auf sozialer oder intellektueller Ebene statt („Schwarmbildung" ist recht treffend dafür), etwa durch Twitter oder durch ein aufsehenerregendes Buch und die darin vertretenen Ideen. Bei technischen Systemen ist eine enge Kopplung möglich, eng durch kurze Verbindungszeiten, breitbandige Verbindungskanäle und Kopplungssoftware, durch die neue „Organismen" entstehen, oder die „Noosphäre" (s. u.).

5.3 Menschliches und künstliches Bewusstsein

> Ich denke, das Gehirn ist im Wesentlichen ein Computer und das Bewusstsein ist wie ein Computerprogramm. Es stoppt, wenn der Computer abgeschaltet wird.
> Stephen Hawking, Physiker, geb. 1942

Das menschliche Bewusstsein (oder einfach „Das Ich") ist im obigen Sinn ein strömendes IT-System zum Zwecke des Weiterlebens, unmittelbar oder auf höherer Ebene wie etwa beim Lesen eines Romans. Das Strömen in der Zeit diktiert die Folge der Aktionen und

Reaktionen; beim Träumen geht der Zeitpfeil und die Logik der Folgen von Aktionen verloren und es wird ein fiktiver Strom von Ereignissen zusammengestellt..

Warum halten (wir) Menschen das Bewusstsein für etwas jenseits des Erklärlichen? Zwei Gründe vorweg, die für alle mentalen Prozesse gelten:

1. Es ist noch nicht in unser alltägliches Weltbild eingedrungen, dass das Gehirn ein Computer ist mit viel Software in verschiedenen Ebenen und vielen (verschwommenen) Unterprogrammen.
   Im Vergleich dazu sind revolutionäre Ergebnisse aus der unbelebten Natur als Ergebnisse und Methoden zur Welterfahrung weit verbreitet und akzeptiert, etwa Quantentheorie, Relativitätstheorie oder selbst Stringtheorien. Die Naturwissenschaften haben eine lange Tradition der Naturerklärung und der Popularisierung ihrer Erkenntnisse aus attraktiven Forschungsgebieten mit z. B. dem Universum oder der Nanotechnologie. Computer sind erst etwa 70 Jahre alt und werden noch als mechanistische Rechenautomaten betrachtet und nicht als Mittel zum Bau komplexer Welten. Dazu hat der schlechte Ruf der Teildisziplin „künstliche Intelligenz" durch voreilige Erwartungen wohl beigetragen.
2. Wir verstehen intuitiv nicht die Bedeutung unseres „Ich"-Bewusstseins in der Relation zur Aussensicht von uns selbst bzw. zu den Gefühlen von anderen Personen. Wir sind im Denken, wie man bei Videospielen sagt, „Ego-Shooter" oder „First-Person-Shooter" und spielen wie in diesem Typ von Videospielen nur aus unserer Innensicht heraus. Wir empfinden selbst Farben, haben Gefühle, denken einen freien Willen zu haben – und wir können dies nicht auf andere Gehirne in der Ich-Form übertragen. Es geht nur in der Literatur.

Der Problemkreis 1 bedeutet, dass noch nicht akzeptiert ist, dass die Welt aus einer It- und Bit-Welt erklärt werden kann, und dass philosophische Überlegungen darauf aufsetzen sollten. Der Problemkreis 2 ist menschlich; er entspricht dem philosophischen Qualia-Problem.

Unter Qualia (Singular: das Quale, von lat. *qualis* „wie beschaffen", „welch") oder dem phänomenalem Bewusstsein versteht man den subjektiven Erlebnisgehalt eines mentalen Zustandes. Wir – jeder von uns – fühlt, d. h. wir haben in IT-Sprache unsere artspezifische, individuelle und kontextabhängige strömende Software. Wir fühlen die Gesamtheit der strömenden Software, insbesondere das Strömen selbst: Dieses Ich-Gefühl ist selbst ein laufendes Programm in der Menge der Software, die das Bewusstsein ausmacht. Aber es von aussen anzusehen und gleichzeitig subjektiv zu empfinden (das nennen wir wohl ein „echtes" Gefühl), das ist unsinnig. Korrekt und eindeutig ist ein Gefühl im Prinzip die Frage an unser grosses Softwaresystem nach seinem inneren Zustand. Man kann dies bei Software feststellen mit Hilfe des Entwicklers: Es können in die Software Sensoren und Register eingebaut werden, die innere Information nach aussen senden oder von aussen abgefragt werden können, ja man kann, wenn vorbereitet, den Lauf an einer Stelle anhalten und den gesamten Status „dumpen", d. h. *post mortem* herausziehen. Es ist auch möglich, den Lauf der Software zu verlangsamen bis nur überschaubare Einzelschritte ausgeführt werden. Dies alles ist bei einem Organismus nur sehr begrenzt möglich.

Dazu ein besonderes Qualia-Erlebnis als Beispiel, das „Subitizing". Subitizing, abgeleitet vom lateinischen *subitus* (plötzlich), ist die Fähigkeit, eine Gruppe von Objekten anzusehen und spontan die Anzahl nennen zu können (Abb. 5.3) – oder bei sehr vielen Objekten die näherungsweise Zahl, aber jedenfalls ohne die Objekte einzeln zu zählen. Das Phänomen passt ausgezeichnet zum Begriff Qualia gleich „wie beschaffen?" Das zugehörige Erlebnis ist recht beschränkt, aber klar: Das Empfinden der Zahl. Wir haben vor allem für kleine Anzahlen von Objekten zwei Softwarelösungen zur Bestimmung der Zahl zur Verfügung: Spontanes Zählen als Gefühl (Subitizing) oder explizites Zählen (im Wesentlichen auf der Anwendungsebene).

- Bei normalem Zählen löst die Software im Kopf die Objekte auf in Individuen und zählt von n auf $n+1$,
- beim Subitizing verarbeitet die Software das Bild soweit, dass sich merkliche Ausprägungen ergeben, die als ein bestimmtes Muster auf einmal ausgelesen werden. Die Zählsoftware wird nicht angesprochen.

Es erscheint unnötig, hier noch ein philosophisches (Qualia-) Problem zu sehen im Sinne von *„Wie empfindest Du die Zahl"*? oder gar *„Wie würdest Du die Zahl empfinden, wenn Du an meiner Stelle wärst?"*, auch wenn die internen Details der Erkennung bei verschiedenen Individuen, Objekten und Objektanordnungen verschieden sein werden.

Der australische Philosoph David Chalmers (geb. 1966) schärft den klassischen Standpunkt des menschlichen Denkens *„Wie kann es sein, dass wir ein Bewusstsein haben, oder besser, dass wir ‚fühlen' wie wir fühlen?"* Er teilt dazu die Funktionen des Bewusstseins ein in „weiche" Fragen und in die „harte" Frage (eben die obige). „Sanft" sind in seiner Einteilung die direkt gestellten IT-Anforderungen an die Bewusstseinssoftware, etwa Objekte zu unterscheiden, auf Umweltreize zu reagieren, zu sagen, „wie es mir geht",

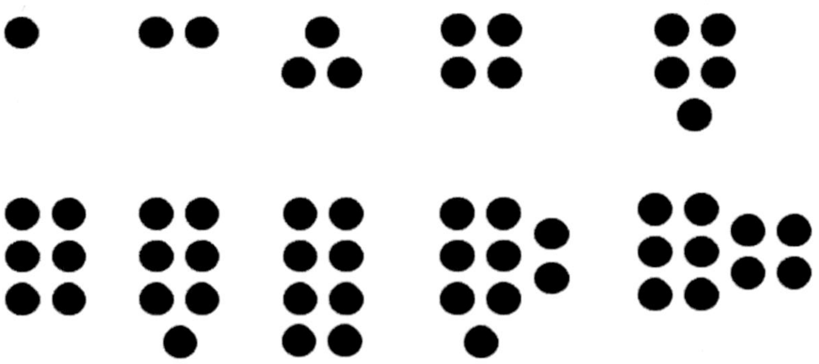

Abb. 5.3 „Subitizing" oder spontanes Zählen ohne zu zählen als psychologischer Effekt und als mögliches einfaches Qualiaphänomen

Erkenntnisse zu gewinnen, sein Verhalten zu kontrollieren, auf etwas die Aufmerksamkeit richten, Wach sein und Schlafen. Dies sind alles Funktionen im Rahmen der Abb. 5.1, d. h. eines Softwaresystems „Bewusstsein". Hier sieht er kein philosophisches Problem.

Im Gegensatz dazu ist die „harte" Frage nicht von aussen gestellt, sondern geht in den Menschen hinein, genauer in uns als Computer. Und genau deshalb ist es ganz natürlich, dass wir fühlen wie wir fühlen, weil unser IT-System eine flexible Anwendungsebene hat und wir (in uns) mit Apps arbeiten. Aus der Sicht des Analogons mit dem üblichen Computer gibt es hier zwei Möglichkeiten:

1. Es gibt keine Anwendungsebene, d. h. keine „von oben" zugänglichen Programme. Dann ist alles Betriebssystem und wir reagieren und registrieren nur reflexartig.
2. Es gibt eine Anwendungsebene und damit Applikationen. Dann haben wir sichtbar (fühlbar) eine Software, die mit den Apps arbeitet und die Signale erhält, interpretiert und weitergibt.

Beide Fälle sind in Abb. 5.1 enthalten in der Runtime-Engine, dem strömenden Programm: Reflexartiges und Überlegtes. Das Problem entsteht nur durch die Vermischung der Betrachtung von „innen" und „aussen": Von aussen gesehen existiert es nicht (da beobachten wir ja nur), und von innen muss das System zum Funktionieren entsprechend entworfen sein. In der Biologie gibt es naturgemäss Übergänge zwischen Fall 1 (nichts gefühlt) und Fall 2 (gefühlt und bewusst reagiert); hier sind Hardware, Architektur und Software nicht so scharf definiert wie im normalen digitalen Computer.

Die berühmte Frage des Philosophen Thomas Nagel (geb. 1937): *„Wie fühlt sich eine Fledermaus gerade?"* ist Literatur. Die Frage ist in sich unsinnig, man kann nicht „fremdfühlen"; das ist philosophisch ein Widerspruch in sich: *„Sage mir von aussen, wie Du Dich innen fühlst."* Da ist die ähnliche Frage von Sherlock Holmes bzw. Arthur Conan Doyle im „Abenteuer des sterbenden Detektivs" simpler und weniger philosophisch gemeint:

> Ich bin etwas erschöpft; ich frage mich, wie sich eine Batterie fühlt, wenn sie Elektrizität in einen Nichtleiter pumpt.

Von dem chinesischen Philosophen Chuang Tzu ist folgende Parabel überliefert, die die Problematik noch erhöht (nach Karl-Friedrich Fischbach, 1981):

> Zwei Philosophen standen auf einer kleinen Brücke, über einem klaren Bach, und sahen dem Spiel der Fische zu. Da sagte der eine: ‚Sieh nur, wie die Fischlein dort im Kreis herumschwimmen und plätschern. Das ist ein Vergnügen für sie'. Darauf versetzte der zweite: ‚Woher weißt du, was für die Fische ein Vergnügen ist?' – ‚Und wieso weißt du', entgegnete ihm der erste, ‚der du doch nicht ich bist, daß ich nicht weiß, was den Fischen Vergnügen macht?'

Technisch kann man sich den Fragen nähern durch „objektive innere" Information: Etwa dass die Fledermaus Töne mit vielen Kilohertz, ja Megahertz, vernimmt oder beim Menschen durch Sensorik wie neurologische Beobachtungsverfahren. Aber philosophisch bleibt es ein logischer Widerspruch. Der portugiesische Lyriker Fernando Pessoa (1888–1935) drückt die Problematik so aus: *„Es gibt keinen Spiegel, der uns selber als äußere Wesen zeigen könnte, weil es keinen Spiegel gibt, der uns aus uns selbst herausziehen könnte."* Der Cartoon in Abb. 5.4 illustriert diese Hilflosigkeit, seine innere Position von aussen zu sehen.

In der Linguistik sind wir die Verschiebung von Bezugspunkten gewöhnt: Es ist das logische Problem der Indexikalität oder Deixis: Deixis (von griech. δείκνυμι, „zeigen") oder Indexikalität (von lat. *index*, lat. Pl. *indices*, ‚Anzeiger', ‚Kennzeichen') bedeutet die Eigenschaft, dass Begriffe erst im Kontext einen konkreten Sinn erhalten. Beim Programmieren entspricht dies der Zuweisung eines Wertes an eine Variable, wobei zugewiesene Grösse und Variable dem gleichen Typus angehören. In der Umgangssprache sind dies auch ganz einfache Wörter wie „ich", „hier" oder „heute". Man muss wissen, auf wen oder was sich der Sprechende bezieht um die Gesamtsituation zu kennen. Man spricht z. B. von

Personaldeixis (ich, du): Um zu wissen, auf wen oder was diese Deixis zeigt, muss man wissen, wer der Sprecher bzw. Hörer ist, also die Gesprächssituation kennen,
Lokale Deixis (hier, dort): Lokaladverbien können mit Bezug auf den Sprecher bzw. Hörer auf Näheres und Ferneres verweisen.
Temporale Deixis (jetzt, dann): Ein Bezug zum Äußerungszeitpunkt wird hergestellt.

Das Verschieben des „Ichs" von einer Person zur anderen oder des „hier" von einem Ort zum anderen oder des „jetzt" von einer Zeit in eine andere – oder auch des „ich fühle" vom Sprechenden zu einem anderen – ist literarisch eine wunderbare Technik, aber real oft schwierig: Etwa das Versetzen einer Person aus dem Mittelalter in die Jetztzeit (dieses Wort ist auch ein deiktischer Begriff). „Das Fühlen" ist gebunden auf sich selbst, der Zeiger zeigt nur auf sich selbst: Es ist sozusagen nicht-indexikabel, d. h. „fremdseelisch" geht per Definition nicht. Die Forderung zu fühlen wie eine andere Person oder wie ein

Abb. 5.4 Das Dilemma, die eigene Position von aussen zu sehen. Mit freundlicher Genehmigung von Dithard von Rabenau

anderes Lebewesen ist logisch so unsinnig wie die Anweisung *„Dividiere die Zahl durch Null"*, schliesslich bedeutet dieser Befehl in einfachen Worten *„Wie oft ist nichts in der Zahl enthalten?"*

Fühlen ist ein Prozess (oder mehrere Prozesse), der im Fühlenden abläuft und den gleichen Computer, die gleiche Software und die gleiche Sensorik benötigt oder die perfekte Emulation, d. h. das perfekte Nachahmen der Wirkung dieser Software nach aussen. Das Computermodell gibt die Grundlage und die Grenzen, auch für philosophische Gedankenexperimente. Wir fühlen den Geschmack einer Ananas, weil wir selbst die Sensordaten verarbeiten, der Geschmack ist das Prozessieren der Sensordaten selbst: *„Wir können uns keinen Begriff vom Geschmack einer Ananas bilden, ohne diese tatsächlich gekostet zu haben"*, sagt David Hume (1739) und hat recht. Die sogenannte Erklärungslücke des amerikanischen Philosophen (dass mentale Zustände als unerklärbar hingenommen werden müssen) ist damit trivial.

Ein anderes Beispiel für eine unnötige Mystifizierung ist das bekannte philosophische Gedankenexperiment „Marys Zimmer", erdacht im Jahr 1982 vom australischen Philosophen Frank Cameron Jackson, geb. 1943. In dieser Konstruktion lebt die Wissenschaftlerin Mary in einer schwarzweissen Welt: ihr Zimmer ist schwarzweiss, ihre Bildschirme sind schwarzweiss usf. Aber sie kennt und beherrscht die Physik und ihre Messinstrumente zeigen das ganze Spektrum der elektromagnetischen Strahlung auf. So weiss sie, welche Strahlung ein „blauer Himmel" bedeutet und sie kann (angelernt) auch sagen „der Himmel ist blau". Was passiert, wenn sie in die farbige Aussenwelt kommt?

Frank Cameron argumentiert, dass Mary zwar alle Informationen hat, aber dass sie in der farbigen Welt etwas ganz Neues von aussen erfährt, etwas Geistiges (das Blauerlebnis, das Quale des Blaus). Frank Cameron hat recht, dass sich die grosse Lücke von der Physik zur Empfindung nicht durch Physik allein schliessen lässt, aber ein mystischer Schritt ist nicht notwendig. Die Lösung ergibt im Sinne des erweiterten Softwarebegriffs ein Schichtenmodell, das die Lücke füllt mit Software und der 2. Säule des Weltmodells. Details des Modells resultieren aus den Antworten auf Fragen wie

- *Hat Mary schon vorhandene Sensoren für die Farben, und wenn ja, in welcher Bauart?*
- *Hat Mary Mikrocode (d. h. schon vorhandene Programme) für ihre Farbsensorik, auch wenn bisher nicht gebraucht? Was muss sie dazulernen?*
- *Kann Mary die Farbe in ihr Weltbild unmittelbar einbauen?*
  Was muss und kann sie hier lernen?

Sensornahe Software liegt in unteren Schichten, Gedanken und Verbindungen zu Erinnerungen zum Himmelsblau in oberen Schichten des Modells. Dazu kommt wieder die Verschiebung des Bezugspunkts der Gefühle *per Definition* der Qualia „in" das Bewusstsein von Mary. Damit löst sich das philosophische Experiment auf in Fragen der Psychophysik, der Psychologie und Neurologie. Das Gedankenexperiment ist in unserer Sprache eine (fiktive) Systemerweiterung, ein System-Upgrade mit neuer Funktionalität, und erfordert damit Systemverständnis aus Physik und Sensorik, zur vorhandenen Software und der möglichen Adaption. Es gibt keine philosophische Lücke, sondern nur wissenschaftliche Forschungsarbeit in diesen Bereichen. Der US-amerikanische Philosoph Daniel Dennett (geb. 1942) bemerkt zu „Mary's Zimmer" leicht polemisch, es sei

> ein klassischer Auslöser des Philosophensyndroms: es bedeutet, ein Versagen der Vorstellungskraft mit einer Einsicht in Notwendigkeit zu verwechseln.

Es ist ebenfalls trivial, aber für viele Menschen überraschend, dass Computer „Gefühle haben können". Der oft gehörte Ausdruck „Computer haben keine Gefühle" sieht nur mechanistisch einen Kasten mit elektrischen Schaltungen und nicht ein Softwaresystem; in Wirklichkeit ist alles offen. Erinnern wir uns, dass wir Menschen für den Computer der „intelligente Schöpfer" sind. Es ist möglich, verschiedenste Gefühle zu programmieren, pseudomenschlich (z. B. Empathie oder Hass, Freund oder Feind) oder computer-egoistisch (auf den Computer selbst bezogen, z. B. Strombedarf zu signalisieren und entsprechende Handlungen einzuleiten, etwa eine Steckdose zu suchen und ggfls. den Stecker eines anderen Roboters herauszuziehen). Ob „falsche" oder „echte" Gefühle, das ist in der Aussenperspektive nicht zu unterscheiden. Auch ein Lügendetektor nützt prinzipiell nichts, denn die Gefühle wären ja im Einklang mit den einprogrammierten Vorgaben.

Für viele Menschen bedeutet „echtes Gefühl", dass das Gefühl auf tieferen, sozialen Prinzipien beruhen soll: Auch ein Computer kann sein Handeln auf der Grundlage sozialer (oder antisozialer) Regeln fassen und so „gefühlsechter" programmiert werden. In der Evolution sind es nützliche Prinzipien wie „Mitgliedern der Gruppe oder gleicher Spezies helfen" oder umgekehrt „gleichartiges Objekt als Rivalen einschätzen", im militärischen Bereich, „Freund-" und „Feindbilder".

Andrerseits personifizieren Menschen häufig Objekte und entwickeln „Gefühle" für sie, vergleichbar der Sympathie für den kleinen Alien im Film „E.T. – Der Ausserirdische". Bereits einfache Spielzeugroboter, z. B. in Robbenform mit Pelz, mit etwas Bewegung des Körpers und der Augen, lösen kindliche Sympathiegefühle aus und ergeben eine Art Beziehung. Wer hat nicht schon sogar den total nicht-menschlichen Computer gefühlvoll und damit menschlich beschimpft? Dazu gibt es oder wird es Computerprodukte geben, die für das Gefühl gebaut und gekauft werden, sogar Sexroboter oder Sexbots. Es ist nicht möglich, einen prinzipiellen beweisbaren Unterschied Mensch (biologische Software) und Computer (künstliche Software) zu finden.

Andere Eigenschaften des menschlichen Bewusstseins sind ebenfalls im Computer/Softwaremodell zu erklären und künstlich zu modellieren:

- Bewusste Gedanken und Erinnerungen: Das ist unmittelbare, bewusste IT mitbeobachtet. Es bedeutet, dass es Software im Gehirn gibt, die uns bewusst ist, ja das Bewusstsein ausmacht, und die Erinnerungen in unserer Speicherhierarchie mit Kurzzeit und Langzeit abrufen kann,
- Bewusstsein des Selbst: Der Programmierer im Modell hat die volle Information über das Selbst, körperlich wie in der Software („geistig"). Das gilt bereits für übliche

Computer, z. T. von Anbeginn des Computerzeitalters. Computer hatten schon als grosse Kästen („Mainframes“) ein Modul, das die eigenen Identitätsdaten unveränderbar enthielt. Damit überwachen Softwarefirmen bei ihren Kunden das Portfolio in allen Einzelheiten und liefern die aktuellen Korrekturen und Verbesserungen (Patches). Eine Selbstreferenz zu programmieren ist eine bekannte Programmiertechnik, und für einen Roboter ist es kein prinzipielles Problem, sich selbst zu erkennen oder eigene Interessen zu verfolgen,

- Bewusstsein als ethische Instanz: Es liegt in der Hand des Programmierers, die ethischen Regeln festzulegen. Technisch ist es sinnvoll, dabei eine Flexibilität und eine leichte Veränderbarkeit einzubauen. Der Extremfall ist das Bewusstsein von militärischen Drohnenrobotern mit tödlichen Waffen und der programmierten eigenen Ethik, nämlich eigenmächtig zu töten.

Unser menschliches Bewusstsein ist ein wunderbares, umfassendes System vom Schmecken der Ananas bis zum Lesen dieser Zeilen: Kein Computersystem ist heute derartig umfassend, dafür existieren aber bereits andere technische Eigenschaften, z. B. ein globales Zeitbewusstsein durch die Globalität des Web. Die übliche Informationstechnologie und ihre Software zeigen modellhaft, was Bewusstsein ist. Der britische Biologe Thomas Henry Huxley (1825–1895) schrieb noch weit weg von Computern und Neurologie:

> Wie kann so etwas Bemerkenswertes wie unser Bewusstsein aus gereiztem Nervengewebe kommen? Das ist genauso mystisch wie das Erscheinen des Dschinn wenn Aladin an seiner Lampe reibt.

Hundert Jahre später ist es immer noch bemerkenswert, aber heute verstehen wir das Arbeitsprinzip im „Nervengewebe“. Das Bewusstsein erschien auch nicht plötzlich, sondern wurde von der Evolution aufbauend geschaffen.

Während viele Menschen noch das Bewusstsein für mystisch halten (und nicht für eine im Prinzip erklärbare Funktionalität), und andrerseits den Computer für selbstverständlich annehmen und als „einfach da“, wäre es wohl an der Zeit, die Argumentation und Frage auch umzukehren und den Computer ebenfalls als geheimnisvoll anzusehen: Das Bewusstsein ist Software, aber wie funktioniert es im Detail? Wie können Transistoren (oder ähnliche kleine quasi-mechanische Vorrichtungen) erkennen, dass dies Bild das Gesicht einer lächelnden Frau ist? Diese Frage ist genauso mystisch wie die Erklärung dafür, dass ich als Mensch das Lächeln auch erkennen kann mit meinem Computer aus „Wetware“.

5.4 Weltbewusstsein und Noosphäre

> Une collectivité harmonisée des consciences, équivalente à une sorte de super-conscience. La Terre non seulement se couvrant de grains de Pensée par myriades, mais s'enveloppant d'une seule enveloppe pensante, jusqu'à ne plus former fonctionnellement qu'un seul vaste Grain de Pensée, à l'échelle sidérale.

Wir stehen einem harmonisierten Kollektiv von Einzel-Bewusstseinen gegenüber, einer Art Super-Bewusstsein. Die Erde ist nicht nur von Myriaden von Einzelgedanken bedeckt, sondern bekommt eine grosse denkende Hülle, die funktionell nichts anderes ist wie ein grosser Gedanke auf planetarer Ebene.
Pierre Teilhard de Chardin, Theologe, Philosoph und Geologe, in „Le Phénomène Humain“,1955

Das menschliche Bewusstsein unterliegt durch die Begrenzung auf eine Person einer natürlichen Beschränkung, die für technische Informationssysteme nicht gilt:

- die Steuerung durch eine Person, das Ich,
- die Begrenzung auf den Ort der Person,
- die Begrenzung auf die Fähigkeiten und das Erleben einer Person,
- die Flüchtigkeit der meisten Augenblicke.

Das künstliche Bewusstsein durch Informationstechnologie kann hier „transzendieren“:

- die Steuerung kann verteilt sein, zentral, autoritär oder selbstorganisierend,
- die Art und die Anzahl der Sensoren ist *de facto* unbeschränkt (es kann Schall sein jenseits der Hörbarkeit, Radioaktivität oder die politische Stimmung vor einer Wahl),
- das Bewusstsein (oder Komponenten davon) kann mit anderen Menschen oder Computern geteilt werden, mit elektronischer Geschwindigkeit und mit beliebig vielen Systemen,
- die Zustände des Systems und die Abläufe können gespeichert werden.

Einfache pragmatische Vorboten eines kollektiven Bewusstseins sind die Netze der mobilen Telefone im Betrieb mit Millionen von eingeschalteten und mitgeführten Geräten: Das Mobiltelefonnetz ist ein kollektiver Sensor für die Position der Geräte (oder Benutzer) und deren Bewegung. Die zugehörige Software „fühlt“ damit Verkehrsstaus und gibt Ratschläge für optimale Routen im Strassenverkehr.

Der Bereich des informationstechnischen Systems dehnt sich vom einzelnen Kopf aus zum globalen System mit Sensoren und Software überall. Dies ist hier technisch bemerkt ohne Wertung, denn die Transzendenz kann natürlich gut oder böse sein. Es ergibt sich jedenfalls ein Strom von Innovationen, die unser Leben bestimmen. Allerdings bringt die Globalisierung für viele Anwendungen einen eindeutigen Vorteil für grosse Systeme (ein Gesetz der Grösse oder ein „Scaling Law“), etwa zu Gunsten eines globalen Buchhändlers wie Amazon. Ein ähnliches Gesetz, das Gesetz von Grosch, galt zu Beginn der Computerära bei den damaligen Grossrechnern (den Mainframes): Je grösser, desto besser war das Preis/Leistungsverhältnis. Eine oder wenige grosse Strukturen oder Unternehmen, die die verschiedensten Quellen an Information und Dienste zusammenfassen können (Entfernungen spielen ja kaum eine Rolle) und damit Synergien bekommen, sind von Natur aus gegenüber kleineren Strukturen damit begünstigt zu wachsen.

Das Internet ist im Kommunikationsbereich als World Wide Web am weitesten fortgeschritten; hier kann die Ausbildung eines globalen Bewusstseins auf intellektueller Ebene beginnen. Eine einfache mittelbare Sensorik der intellektuellen Welt sind die Anfragen bei Suchmaschinen im Web: Sie sind Indikatoren für aktuelle Trends und den Zeitgeist. Google stellt diese Häufigkeiten in nahezu Echtzeit öffentlich zur Verfügung in Werkzeugen wie „Hot Trends" oder (früher) „Zeitgeist"; so weiss Google schon vor den Gesundheitsämtern vom Ausbruch einer Grippeepidemie. Abbildung 5.5 zeigt den normierten Verlauf von Google-Aufrufen zum Begriff „Flu" (Grippe) als ein Beispiel; die Grafik wurde mit dem öffentlichen Softwarewerkzeug „Google Trends" erzeugt.

Die Gesamtheit aller Anfragen an Google reflektiert das Weltbewusstsein zu einem Zeitpunkt, und wir (bzw. Google) haben Zugriff zu dieser globalen Information. Wir sehen dies zum einen sofort, noch während der Formulierung der Frage, durch die automatischen Ergänzungsvorschläge von Google während wir tippen: Was wollen wir wohl fragen, wenn wir die Frage fertig gestellt haben (dies ist die Autocomplete-Funktion). Der Zeitgeist sagt es uns schon vorher. Dazu kommt die Endauswahl an Ergebnissen auf unserer ersten Antwortseite aus der Vorauswahl von Tausenden oder Millionen möglicher Webseiten; hier sehen wir durch die Filter der Algorithmen (und der Werbung) von Google auf den Zeitgeist und wer und was wohl wichtig ist.

Eine Fülle von Softwarewerkzeugen verbindet im Web Menschen und Information und Menschen mit Menschen – von einfachen Foren über Videos zu Facebook und Twitter. Die Anfänge von Diskussionsforen in Computernetzen reichen weit zurück, etwa im firmeninternen IBM-Netz bis etwa 1985. Themen waren sowohl geschäfts- wie auch schon damals freizeitbezogen (und vom Management geduldet). Ideen können sich viral ausbreiten, „echtes" und „falsches" Wissen kann sich lawinenartig verstärken. Das intellektuelle Resultat ist eine zusammenhängende Gemeinschaft einerseits – und eine Vielzahl von besonderen Gemeinschaften, von fachlichen oder sozialen oder religiösen Gruppen einschliesslich von Kuriositäten, die sich weltweit zusammenfinden mit sexuellen Perversitäten oder unsinnigen Verschwörungstheorien.

Diese Entwicklung erinnert an die philosophische (und theologische) Vision der Noosphäre (altgr. *νοῦς nous*, „Geist", „Verstand", zusammen also „Sphäre des menschlichen Geistes/Verstandes"). Die Idee der Noosphäre entstand zwischen 1920 und 1930 beim

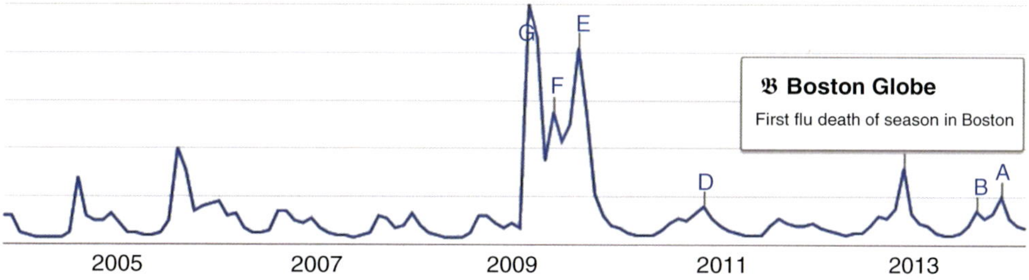

Abb. 5.5 Die normierte Häufigkeit von Google-Nachfragen im Bereich „Flu" von 2005 bis 2014. (Quelle: Google)

russischen Geologen Wladimir Iwanowitsch Wernadski, dem französischen Mathematiker und Philosophen Édouard Le Roy und vor allem bei Pierre Teilhard de Chardin, einem Jesuiten und Geologen, Paläontologen und Philosophen. Die Noosphäre wird als konsequente Weiterentwicklung der Evolution gesehen, bei de Chardin mit christlicher Triebkraft und christlichem Ziel (dem „Punkt Omega"). Gerade dadurch wurde er zum Teil als Bedrohung für die Kirche angesehen (aber auch berühmt). Teilhard de Chardin hat auch eine Fülle eindrucksvoller weltlich-philosophischer Gedanken vorgebracht, etwa in *„Le Phénomène Humain", 1955:*

- *„de la confluence naturelle des grains de pensée"* – vom natürlichen Zusammengehen der Einzelgedanken,
- von der *„céphalisation"* der Welt, die also ein Gehirn erhält und *„un jeu de conscience"*, ein Spiel des Bewusstseins,
- und von kollektiven Phänomenen wie *„de la resonance de vibrations humaines par millions"* – der kollektiven Resonanz der „Schwingungen" von Millionen Menschen.

Der letzte Satz kann heute nüchtern als Beschreibung des „viralen Marketings" verstanden werden; er wurde allerdings schon wörtlich genommen: Im parapsychologischen „Global Conscience Project" wird seit 1998 versucht festzustellen, ob emotional menschenbewegende Ereignisse (wie der 11. September) eine objektive globale physikalische Wirkung haben. Dazu werden physikalisch erzeugte Folgen von Zufallszahlen mit mathematischen Pseudozufallsfolgen statistisch verglichen (natürlich ohne Erfolg im Sinne der Parapsychologie).

Teilhard de Chardin spekuliert bereits über intelligentes Leben auf anderen Planeten und die Vereinigung von zwei Noosphären. Die Technologie für das Zusammenwachsen und Zusammenfühlen zu einem gemeinsamen Bewusstsein ist Software, für die Kommunikation in den verschiedensten Ausprägungen wie für die Analyse. So ist es möglich, aus Tausenden oder Millionen von Kommentaren die Emotionen zu extrahieren: Steht der Kunde oder der Bürger diesem Produkt oder dieser Idee positiv gegenüber oder negativ?

Es gibt damit IT, um die Menschheit als Ganzes zu bedienen: In diesem Sinne ist z. B. Facebook im Prinzip ein persönliches Betriebssystem für die ganze Menschheit. Eine besondere aktuelle technologische Entwicklung, die diese „Céphalisation" der intellektuellen Welt in grossem Stil unterstützen kann, sind die Big Data – Techniken: Die Analyse von sehr grossen Datenmengen, von vielen Terabytes bis zu vielen Petabytes. Ähnliche Analysen gibt es schon lange unter dem Begriff „Business Intelligence", entstanden etwa 1958. IBM hatte schon um 1998 einen eigenen Geschäftsbereich Business Intelligence. Aber damals wurden Daten in strukturierten Datenbanken untersucht, typischerweise „nur" einige Gigabytes von Daten. Heute sind es vor allem unstrukturierte Daten wie Texte, Audio oder Video im Umfang von Terabytes oder gar Petabytes, in denen Information und Wissen (vielleicht) vorhanden sind. Leicht werden die Möglichkeiten zwar überschätzt, aus grossen Datenmengen relevante Informationen zu erhalten, sowohl wirtschaftlich wie politisch. Beim wachsenden Datensammeln wächst nach der Erfahrung des Autors der Anteil von unnützem Rauschen überproportional an: Software und Algorithmen können dann eine fehlende kausale Beziehung nicht ersetzen (es gibt Vertreter von Big Data, die dies behaupten). Aber mittel- und langfristig wird es mehr und mehr „globale“ Software geben.

Eine neue Ära des Zusammenwachsens zeichnet sich auf der biologisch-menschlichen Grundebene statt. Dies wurde natürlich von de Chardin nicht erwartet und überhaupt nicht gesehen und wäre vielleicht auch für ihn nicht wichtig gewesen, aber heute gibt es erste Anzeichen dafür. Die biologische Teilsphäre ist die Grundlage mit der Gesamtheit des Quellcodes der Menschheit (die persönlichen Geninformationen in Softwaresprache), ja von allen Lebewesen. Diese Information ist ein Erbe der Menschheit, sozusagen unser oberstes Naturerbe. Daran schliesst sich die Information an über Defekte und Krankheiten, wie gesagt: Für die Menschheit als Ganzes mit vielen politischen (wem gehören die Daten?) und wirtschaftliche Fragen (wer darf mit meinen Daten verdienen? Aber auch umgekehrt: Wem muss ich für Dienste damit zahlen?). Dann geht die Integration weiter im globalen Massstab mit personalisierter Medizin, mit Implantaten, mit Unternetzen von Patienten mit bestimmten Krankheiten oder ganz einfach mit dem Austausch von persönlichen Gesundheitsdaten – das Letztere gibt es ja schon in der Bewegung des „Quantified Self“, dem Austausch mit anderen und der Speicherung der eigenen biologischen und der intimsten Lebensdaten von Puls und Blutdruck, Sportaktivitäten bis zur täglichen Ernährung. Die Biologie der Menschheit wächst mit IT und Software zusammen zu einer Art von Organismus.

Der Begriff der Noosphäre wird neben dem christlich-philosophischen Ursprung und neben der Bedeutung in diesem Buch als entstehende Softwarehülle der Erde auch für vielerlei esoterische und Science Fiction-Ideen verwendet. Die Collage der Abb. 5.6 zeigt einige künstlerische Impressionen hierzu, von Marketing über Esoterik zur christlichen Philosophie von Teilhard de Chardin. Das Wort Noosphäre beschreibt allgemein die Zusammenfassung und das Zusammenwachsen der Welt zu einem eng verbundenen (beim Computer sagt man „tightly coupled“ oder „eng gekoppelten“) Ganzen als höchste Stufe einer Entwicklung.

5.5 Die technologische Singularität

> Toujours plus de complexité: et donc encore plus de conscience. Immer mehr Komplexität [der Organismen]: und damit immer mehr Bewusstsein.
> Pierre Teilhard de Chardin, Theologe, Philosoph und Geologe, in „Le Phénomène Humain“, 1955

Dieses Zitat ist für den Philosophen de Chardin so wichtig, dass er es das „grosse Gesetz“ nennt; es bestimmt die Richtung der Entwicklung der Welt (er schreibt „die Krümmung und die Konvergenz der Welt“).

Wir wissen, dass das grosse Gesetz des Wachstums von „Komplexität und Bewusstsein“ auch das Gesetz der Informatik-Welt ist (die Evolution ist ja in unserem Verständnis

Abb. 5.6 Eine Collage von künstlerischen Darstellungen zum Begriff der „Noosphäre". Die Bilder aus dem Web demonstrieren die Vielseitigkeit des Begriffs

auch eine Softwareentwicklung). Die Komplexität einerseits und resultierende zunehmende Funktionalität wachsen seit mindestens 100 Jahren in den Rechenmaschinen, zunächst mechanisch, elektromechanisch, dann elektronisch und seit 50 Jahren in integrierten Schaltungen. Für die Anzahl der Schaltkreise pro System gilt das bereits erwähnte Wachstumsgesetz von Gordon Moore, meist formuliert als eine Verdopplung der Computerleistung pro Kosten etwa alle zwei Jahre. Die Rohgrössen der IT (wie Instruktionen pro Sekunde und Speichergrössen) wachsen exponentiell, die intellektuelle Leistung allerdings eher linear.

Die Leistungsfähigkeit von allem, was mit IT zusammenarbeitet, wächst und es gilt der Spruch *„die Flut hebt alle Boote"*. Insbesondere werden dadurch die Werkzeuge effizienter, damit wieder die Produkte, wieder die Werkzeuge usf. Computer entwickeln die Chips und die Computer jeweils der nächsten Generation wie Deep Thought im Roman:

> Deep Thought weiss zwar nicht die Antwort auf die letzte Frage zum Leben, zum Universum und allem, aber er bietet an, dafür einen noch mächtigeren Computer zu bauen.
> Douglas Adams, Schriftsteller, in „Per Anhalter durch die Galaxis", 1979

Der Futurologe Ray Kurzweil interpretiert dies als „das Gesetz der beschleunigten Erträge" („Law of Accelerated Returns"). Da auch moderne Chiphardware in Transistoren gegossene Software ist, ist es die Software, die die Komplexität trägt.

Teilhard de Chardin sieht die ferne Zukunft teleologisch, gerichtet auf einen Endzustand „Omega" in Liebe. Die Zukunft der informationstechnischen Noosphäre ist unklar, ein Ziel ist nicht definiert. Es liegt in der Natur des exponentiellen Wachstums der Grundgrössen der IT, dass langfristige Vorhersagen im ganzen Umfeld der IT sehr riskant sind. Eine Futurologenweisheit dazu:

> Wir tendieren dazu, eine Technologie kurzfristig zu überschätzen, sie aber langfristig zu unterschätzen.
> Roy Amara, Futurologe, 1925–2007

Aber es gibt zur Zukunft der IT auch einen (fiktiven) Zeitpunkt, eine (nahezu religiöse) Vorstellung im futuristischen Teil der Cyberwelt: Die Idee der technologischen Singularität, oft gedacht als Zeitpunkt einer „Intelligenzexplosion der IT". Der Begriff taucht in Bezug auf die IT Zukunft bei den Mathematikern John von Neumann (1903–1957) und Stanislaw Ulam (1909–1984) auf, hier aus einer Diskussion der beiden im Jahr 1958:

> Mit dem sich beschleunigenden Fortschritt und den Veränderungen im Leben der Menschen sieht es so aus, als würden wir uns einer wichtigen Singularität in der Geschichte der Menschheit nähern, hinter der es nicht so weitergehen kann wie bisher.

Die Idee wurde popularisiert vom Mathematiker und Science Fiction-Schriftsteller Vernor Vinge (geb. 1944). Die Singularität wäre also die „Vorhersage-Mauer" mit unbestimmter Zukunft danach – deshalb können viele Science-Fiction-Autoren die „Singularität" und die Zeit danach frei und mit Fantasie beschreiben.

Die Idee einer Intelligenzexplosion (die uns Menschen schlagartig marginalisiert) erscheint naiv, eine weitere andauernde Weiterentwicklung mit unübersehbaren Folgen dagegen nicht. Die Vorhersage-Mauer gibt es durchaus, schon wenige Jahre vor der Jetztzeit: Auch der CEO von Apple, Google oder Facebook weiss nicht, wie die Welt der Informationstechnologie in drei Jahren aussehen wird. Es ist offensichtlich, dass ein grosser Teil des Fortschritts durch die unternehmerische Praxis und nicht durch die Forschung getrieben wird. Verschiedenste Entwicklungen laufen nebeneinander, auch Intelligenz hat viele Facetten.

Es ist sprachlich eine Paradoxie, aber die technologische Singularität kommt damit nicht plötzlich, sondern sie erstreckt sich auf Jahrzehnte und hat in diesem Sinne schon begonnen. Die progressive Entwicklung der Hardwaretechnologien geht weiter für Jahrzehnte, erst recht die Gesamtintegration und die Weiterentwicklung der Software auf absehbare Zeit und damit der Aufbau weiterer Komplexität mit unabsehbaren Folgen und philosophischen Konsequenzen für uns Menschen und unsere Welt.

5.6 Physisches Weltbewusstsein und „Weltgehirn"

> Sie entwickeln ein spontanes Weltbewusstsein, denken an die Menschen und bekommen eine grosse Unzufriedenheit mit dem Status der Welt und den zwanghaften Wunsch, etwas für die Welt zu tun.
> Edgar Mitchell, Astronaut (Apollo), 1974, Gedanken zum Anblick der Erde aus dem All

Für eine integrale Sicht der Welt – intellektuell und physisch – kommen als Basistechnologien zu der intellektuellen Bindung die Geosensorik hinzu und das Internet der Dinge. Im globalen Dorf ist die gesamte Erdoberfläche jedermann virtuell zugänglich, auf ein paar Meter genau, und Milliarden von Objekten sind mit Sensoren versehen, die ihren Ort und ihren Status zeigen. Zur Hardware tritt wieder als omnipräsentes Hilfsmittel Software für die Kommunikation, die Analyse und ihre Darstellung und für Aktionen.

Ein Problem sei herausgegriffen: Wie findet man ein Objekt unter den Milliarden von Objekten? Es ist die Grundaufgabe für die Kontaktaufnahme zweier Partner im Internet. Das Tripel von zugehörigen Grössen ist der Name eines Objekts, die Adresse eines Objekts und der Weg zum Objekt (die Route). Jedes Objekt, das am Internet teilnimmt, benötigt eine Adresse (die IP-Adresse), die es im Netz eindeutig bestimmt und durch die es gefunden werden kann. Hier liegt ein aktuelles prinzipielles Problem: Im jetzigen Internet (IP Version 4) gibt es „nur" 4.294.967.296 Adressen (dies sind 2^{32} Adressen) durch die Verwendung von 32 bits, üblicherweise dargestellt durch vier Dezimalzahlen zwischen 0 und 255, etwa 192.0.113.195. Schon 2011 waren einzelne Adressbereiche aufgebraucht. Heute gibt es etwa 3 Mrd. verbundene Geräte (vor allem Smartphones und PCs), bis 2020 werden etwa 30 Mrd. Geräte im Netz sein, die meisten Geräte für maschinelle Anwendungen in der Wartung, im Gesundheitsbereich oder für Versicherungsanwendungen. Die neue Softwaregeneration IP Version 6 verwendet 128 Bit zur Beschreibung einer Adresse, damit sind $2^{128}=256^{16}=340.282.366.920.938.463.463.374.607.431.768.211.456\approx 3{,}4\cdot 10^{38}$

Adressen darstellbar. Dies entspricht etwa $6{,}65\times 10^{17}$ Adressen für Objekte auf jeden Quadratmillimeter der Erdoberfläche. Die Erde kann also *de facto* beliebig dicht mit Sensoren und Software eingehüllt werden, z. B. zur Messung von Temperatur, Feuchtigkeit und chemischen Stoffe im Boden oder verschiedenster Strahlung.

Für ein umfassendes physisches Weltbewusstsein gibt es mehrere Ansätze, etwa die Daten des NASA Goddard Institutes für Weltraumstudien zur Temperatur der Erdoberfläche und Bewölkung und die zugehörigen Modellrechnungen. Ein integrales Projekt ist die „Digitale Erde", ursprünglich 1998 von Al Gore, dem ehemaligen US-amerikanischen Vizepräsidenten angeregt. Ziel ist es, Geobrowser-Software wie Google Earth (mit der man über den Globus hinweg zu jedem Ort fliegen kann) mit anderer Information zu verbinden, etwa mit kulturellen oder wirtschaftlichen Daten. Es entsteht eine digitale „planetare Haut" (so der Name eines anderen Projekts) zur Erkennung von Risiken, etwa von kommenden Dürren oder Unwettern.

Ein weiter gehender Vorschlag für ein solches Software-Bewusstsein der Welt mit Schwerpunkt im gesellschaftlichen Bereich war das als EU-Projektvorschlag gescheiterte FuturICT-Projekt, das eine Softwareplattform werden sollte um mit *„Simulation, Visualisierung und Zusammenarbeit die Entscheidungsträger in Politik, Wirtschaft und Gesellschaft"* zu unterstützen. Dieses angedachte Ziel war schon nahe an einem „globalen Bewusstsein" und einer „globalen Selbsterkenntnis" mit der kompletten Aktionskette (mit den damaligen FuturICT-Bezeichnungen):

Fühlen („Planetares Nervensystem")
→ Analysieren, Verstehen & Vorausschauen („Living Earth Simulator")
→ Bewerten & Entscheiden & Handeln („Global Participatory Platform")

mit gewünschten Rückkopplungen zu neuen Technologien und zu gesellschaftlichen Entwicklungen, die daraus entstehen. Insbesondere ist es ein Ziel solcher Systeme mit ihrer Analysesoftware, Vorwarnungen zu geben („Early Warnings") zu Risiken, physischen Risiken wie drohenden Dürren oder zu politischen Risiken wie kommenden Revolutionen.

FuturICT als zentrales integrierendes Projekt ist gescheitert – aber einzelne Technologien sind vorhanden und entwickeln sich weiter und mindestens ein Unternehmen [Google] betrachtet diese digitale Integration der Welt als seine Mission. Heute ist die Softwarebasis für weitere Utopien vorhanden, so wie Kommunikationssatelliten, GPS und mobiles Telefon einmal Utopien für ein globales Bewusstsein waren. Ein konkretes Beispiel für eine digitale Integration sind seit mehreren Jahrzehnten grosse Softwareprojekte: Ein Team arbeitet z. B. in Europa, gibt seine Arbeit am Abend weiter zu einem Team in den USA, dieses seine Arbeit nach Indien usf. Integrationsinstrumente sind eine globale gemeinsame Bibliothek für die Arbeit und viel Kommunikation. Die Möglichkeit, von jedem Ort der Welt aus zu arbeiten, hatte der britische Science-Fiction-Schriftsteller Arthur C. Clarke in 1962 in seinen „Profilen der Zukunft" vorhergesagt, aber auch ein „Weltgehirn" für das Jahr 2100. Der britische Schriftsteller Herbert George „H. G." Wells (1866–1946) hat sich schon 1938 das Weltbewusstsein gewünscht (allerdings ohne den physischen Teil des Internets der Dinge); er spricht von der „World Brain" (Abb. 5.7) als

> einer Art geistigen Ausgleichsstelle, ein Depot, das Wissen und Ideen aufnimmt, sortiert, zusammenfügt, verdaut, klärt und vergleicht.

Herbert George Wells wollte die Welt so „kohärent und konsistent" wie möglich machen. Ironischerweise ist die Welt durch IT teilweise kohärent geworden, aber zum anderen verschiedenartig, sektiererisch und voller Mythen und Unwahrheiten.

Ein Wunsch von ihm nach einer Basistechnologie für die „World Brain" ging (wenigstens ungefähr) bereits in Erfüllung, die „Global Library": Am 15. Januar 2001 wurde Wikipedia als freies Online-Lexikon gegründet. Arthur C. Clarke hatte im Jahr 1962 eine globale Wissensbibliothek für etwa das Jahr 2000 vorhergesagt. Was Clarke wohl nicht

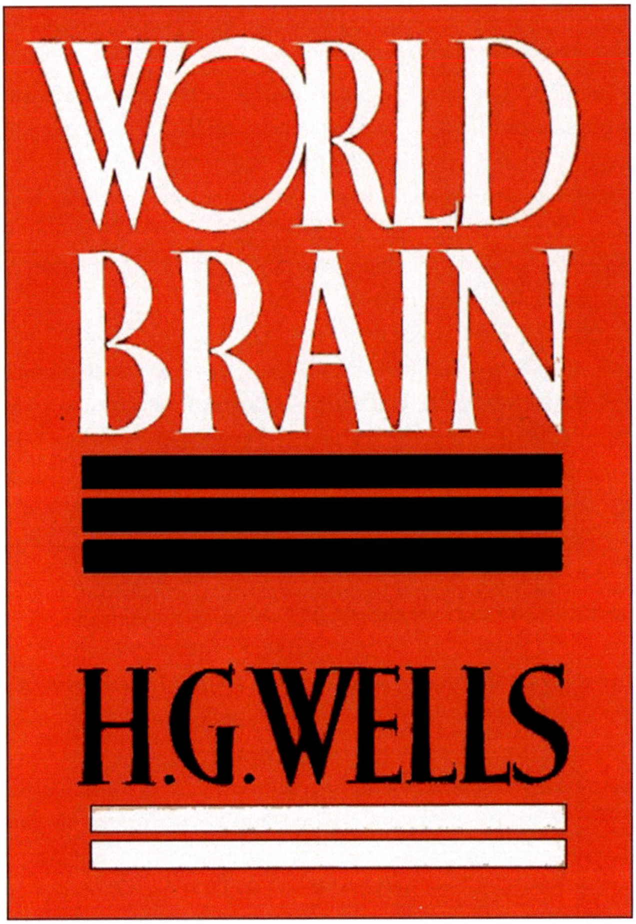

Abb. 5.7 Das „Weltgehirn" von H. G. Wells. (Bildquelle: Wikipedia, Artikel „World Brain", gezogen 07/2015, Bild Hardy Graham)

vorhersah, war der Modus der Herstellung von Wikipedia, nämlich nicht durch professionelle Enzyklopädisten, sondern durch eine Gemeinschaft von (oft Laien-) Autoren als „Crowd-Sourcing" mit lose überwachten Beiträgen von Laien wie Fachleuten.

Die Grundlage für diese Bibliothek Wikipedia ist wieder Software, hier eine besondere Software namens Wiki, die Beiträge von vielen Menschen zu einem lebendigen Dokument organisiert. Wiki (hawaiisch *„schnell"*) erzeugt Texte, die nicht nur gelesen, sondern auch einfach von Lesern verändert werden können. Natürlich ist das Internet (eigentlich „das World Wide Web", das Internet ist der Verbund der Computer und die Art und Weise des Verknüpfung) selbst auch eine Art von „Weltbibliothek", vor allem durch eine Funktion, die in einer Papierbibliothek mühsam ist, in der Internetsoftware (und in der Inhaltssprache HTML) einfach: dem Springen innerhalb eines Dokuments oder zu einem anderen Dokument irgendwo in der Welt. Software und die Idee des britischen Physikers

Tim Berners-Lee aus dem Jahr 1991 machten aus einfachen linearen Texten einen grossen Hypertext, ein vermaschtes, eventuell weltweites Textsystem.

Im Denken der frühen Visionäre wie Arthur C. Clarke gab es nur zwei Ebenen, nämlich Hardware und Technologie einerseits (wie Kommunikationssatelliten) und die Anwendung andrerseits (wie weltweiten Kontakt mit Menschen). Dazwischen ist jedoch eine mächtige Softwareschicht gewachsen, die niemand vorhersah. Aber diese Schicht ermöglicht erst die komplexen Systeme, in der Technik wie im sozialen Bereich.

Mit der Erfassung aller Entitäten der Welt durch IT mit Dokumenten, Tätigkeiten, Diensten und den physischen Objekten ergibt sich eine ganz andere, pragmatische und mächtige Grundlage für die Erfassung der Welt. Heute liegen die Technologien vor, um die Noosphäre zu schaffen oder für die Grundlagen eines „Weltgehirns“ (oder sie sind in Reichweite) – aber eine humane politische Vorgehensweise für eine umfassende Lösung ist in weiter Ferne. Im Gegenteil zeigen sich eher negative Tendenzen im Weltgeist mit Unsicherheit und bösartiger Software. Ein weiteres wachsendes Problem für die Verbindung der Menschen ist allerdings politischer Natur: Politische Zwänge können dafür verantwortlich sein, dass es mehrere Unter-Noosphären geben könnte, z. B. eine chinesische und eine amerikanische, oder sogar private-kommerzielle.

Es gilt der Satz des Medientheoretikers Marshal McLuhan: die Technologien im Umfeld der Noosphäre sind

> Erweiterungen der Fähigkeiten des Menschen, die tiefe und bleibende Veränderungen in ihm verursachen und seine Umgebung transformieren.

Dieser weitsichtige Satz stammt aus einem Interview mit dem Playboy-Magazin über neue Medien im Jahr 1969. Dieser Satz gilt genauso für die gesamte Softwareentwicklung und für das Wachstum der Softwaresäule. Es ist sinngemäss auch eine Beschreibung der Evolution als Erweiterungen des Lebens durch neue Software. Für uns bedeutet das Softwarewachstum laufend per Definition Erweiterungen unserer Fähigkeiten, deren Konsequenzen wir auf lange Sicht nicht überblicken. Den Umgang mit dem Neuen müssen wir laufend lernen.

6 Wissen, Verstehen und Intelligenz mit Software

Wissen ist für Philosophie wie für Informationstechnologie ein zentrales Thema (das Internet ist z. B. Wissen in verknüpften Dokumenten und Medien, Software ist Wissen über Prozesse). In unserer Epoche werden Wissens- und Intelligenzsysteme nicht nur analysiert, sondern gebaut; das betrachten wir als höchste Stufe des Verstehens eines Vorgangs. Wir diskutieren die Hürden für maschinelle Intelligenz in Form der philosophischen Aufgaben von Imitationsspielen (Turing-Tests). Der Umgang mit Unsicherheit erweist sich (wie für uns Menschen, im Leben wie im Web) als grosse Herausforderung. Es gilt wieder wie beim Bewusstsein: Es gibt keine sichtbaren Leistungsgrenzen und keine räumlichen Begrenzungen (Internet der Dinge). Als hilfreiche philosophische Idee diskutieren wir die Sorites-Problematik, „ab wann ist ein System intelligent?" Die Position des Menschen, z. B. in der Arbeitswelt, ändert sich weiter fundamental, aber auch philosophisch, wenn Computer (eigentlich grosse Softwaresysteme) immer mehr wissen und besser können als Menschen.

6.1 Wissen und Verstehen mit Softwarearchitektur

> Daten sind keine Information, Information ist nicht Wissen, Wissen heisst noch nicht Verstehen, Verstehen ist noch keine Weisheit.
> Clifford Stoll, Astronom und Publizist, geb. 1958

> Es gibt keinen ‚Tatbestand an sich', sondern ein Sinn muss immer erst hineingelegt werden, damit es einen Tatbestand geben kann.
> Friedrich Nietzsche, Philosoph, 1844–1900

> Computers machen kuriose Dinge mit Wissen.
> John Lienhard, Bibliothekar, 1996

W. Hehl, *Wechselwirkung,* DOI 10.1007/978-3-662-48114-1_6

Für die klassische Philosophie sind „Was ist Wissen, was ist Wahrheit" zentrale Fragen. Die Software ist selbst aktives Wissen, nämlich wie man etwas tut. Es ist mehr als ein Bonmot, dass in einer Firma der Lauf der Software entscheidet, was möglich ist, jedenfalls ohne Eskalation beim höheren Management. Dazu gehört auch das Wissen in den Vorformen Daten oder Informationen.

Technisch entspricht der „Wahrheit" in der Software, dass die Daten und der Computer zuverlässig sind, dass Software und Computerarchitektur zusammenpassen und dass die Software das zugehörige Pflichtenheft erfüllt. Es gibt zwar „True" und „False" (Wahr und Unwahr) als Werte (genau genommen besteht in der Praxis die ganze digitale Welt aus „True's" und „False's", **d. h.** aus ‚1' und ‚0'), aber ohne philosophische Tiefe. Auch in der Physik wird das Wort „Wahrheit" nicht verwendet: Zu einer Situation entwirft der Wissenschaftler ein Modell, das mit dem Ergebnis des Experiments verglichen wird, und das Resultat entscheidet, ob das Modell gültig ist. Damit haben Wissenssysteme formal oder tatsächlich die Struktur von Softwaresystemen: Wissenssysteme geben die Anweisung für die Fragen (das Aufsetzen und Durchführen von Experimenten) und die Anweisungen für die Erklärung in Modell und Simulation – Anweisungen sind *per Definition* Software. Wenn Naturwissenschaft in Mathematik gegossen wird, dann wird sie tatsächlich auch zu „richtiger" Software wie z. B. die mathematischen Softwaresysteme Mathematica (eines der meistbenutzten mathematisch-naturwissenschaftlichen Programmpakete) oder Nastran (ein universelles Softwarepaket, ursprünglich von der NASA, zur Berechnung mechanischer und thermischer Eigenschaften von Objekten).

Die Formalisierung und Technisierung von philosophischen Zusammenhängen schränkt naturgemäss die Begriffe ein, aber macht sie und die Beziehungen untereinander klarer, insbesondere wenn es möglich ist, sie mit einfachen Grafiken zu veranschaulichen.

Konstruktivismus (Ernst von Glasersfeld, 1997) ist die philosophische Sicht, dass unser Wissen konstruiert ist und nicht einer objektiven Wahrheit entspricht. Als Konsequenz dieser Sicht steht die Konstruktion selbst im Mittelpunkt: Genau dies gilt für Software, sogar (wieder) im dualistischen Sinn: Software wird erstens selbst konstruiert, und ist zweitens dazu in der Lage, als Konstrukt etwas zu tun (Funktionalismus), auch etwas zu bauen – ein Auto, ein Dokument, ein Aquarell. Mit der Konstruktion von Software entsteht konkretes Wissen: Wie die Treibstoffzufuhr des Autos funktioniert, wie ein Bestellvorgang abläuft, wie ein Text schön zu formatieren ist. Dieses Wissen hat einen nüchternen minimalen Wahrheitswert schon durch das Funktionieren der Software an sich. Die Praxis entscheidet, ob das Programm eine gute Motorsteuerung ist, oder, in der Physik, ob das Modell die Experimente korrekt beschreibt. Es kommen sogar explizit weitere Ansprüche an das Wissen dazu: z. B. ob die Motorsteuerung optimal läuft, ob das physikalische Modell das kompaktest mögliche ist. In diesem Abschnitt betrachten wir Software, die Wissen erzeugt. Das Wissen liegt in einer Vorform vor und entsteht durch Anwendung der Software auf die Vorform „emergent", **d. h.** es ist vorher nicht vorhanden wie oben definiert.

Für eine Form des Wissens Z nennen wir die Eingangsdaten die zugehörige Information X (Abb. 6.1). Informationen ohne einen Algorithmus (d. h. ohne Software) zur

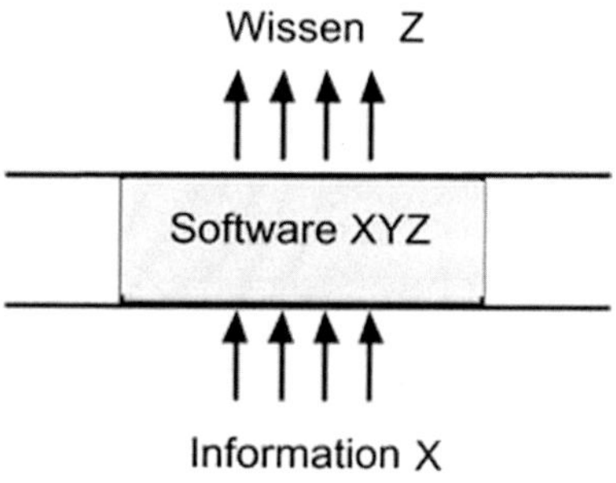

Abb. 6.1 Von Daten und Informationen zu Wissen

Interpretation sind nur Daten. Verstehen heisst, über einen passenden Algorithmus zu verfügen, der die Emergenz erzeugt. Die sprachlichen lateinischen Quellen für diese Begriffe passen: Daten sind „das Gegebene", Information „das Bildende, das die Gestalt Gebende". Information auf der untersten Ebene, der Maschinenebene in ‚0' und ‚1', ist nur Daten, die Transistoren „ein" oder „aus" schalten, und die Maschinensoftware ist eine Folge von Maschinenbefehlen: Daten und Befehle ergeben zusammen Schritt für Schritt den Lauf des Programmsystems.

Das Eingangszitat von Friedrich Nietzsche drückt den Sinn dieser Grafik ebenfalls aus: Information allein ist sinnlos, sondern es ist wieder, wie so häufig bei Software, ein Dualismus: zu jeder Art von Information gehört *per Definition* eine passende Software zur Interpretation. Ein pragmatisches Beispiel ist die Information einer Strassenkarte: Als Daten betrachtet besteht sie aus Linien, Flächen und Zeichen. Durch das Verstehen der Legende wird aus der Doppellinie eine Autobahn und aus dem Pfeilchen an der Linie eine Einbahnstrasse. Ein extremes Beispiel ist „Big Data". Dabei ergeben Milliarden oder Billionen von Daten, die direkt für den Menschen kaum informativ sind, erst durch einen Analysealgorithmus eine sinnvolle Aussage wie etwa „Achtung, hier entsteht ein neuer Markt für ein neues Produkt".

Klassisch nach Claude Shannon und Warren Weaver (1949) findet man mindestens drei Ebenen der Information und zugehöriger Software zur Bearbeitung:

1. Information, technisch (Daten), „unten":
   z. B. Buchstaben, denen beim Tastenanschlag interne Codes zugewiesen werden,
2. Information, semantisch, „in der Mitte":
   z. B. Textstücke, die einfach gelesen, analysiert und hingenommen werden,
3. Informationsanwendung, „oben":
   Hier wird der Sinn- und Wahrheitsgehalt geprüft und es werden Konsequenzen aus dem Text gezogen.

Dabei hat man früh eine (scheinbar) paradoxe Beobachtung gemacht: Als technische oder semantische Information genommen, ist eine Information anscheinend umso aussagekräftiger (und damit wertvoller), je seltener und ungewöhnlicher sie ist. Anders auf der Ebene der Anwendung: Bei Google-Suchen werden praktisch nur die ersten fünf Antworten auf der ersten Seite angesehen (und als wichtig betrachtet) – die Millionen darunter werden ignoriert. Etwas, das häufig vorkommt und häufig nachgefragt wird, wird wichtig. Technisch erhöht zweimal die gleiche Information die Information kaum und bringt nur Redundanz, in der realen Welt dagegen wird sie dadurch wichtiger. Besonders eklatant wird das Paradoxon bei einer erfundenen oder unsinnigen Information: Eine vernünftige Anwendung wird solche Information als wertlos ablehnen, technisch würde der Wert als Unikat dagegen explodieren. Dieses Phänomen ist das sog. Bar-Hillel-Carnap Paradoxon.

Es ist nach dem Prinzip der „Separation of Concerns" oder „Trennung der Belange" (s. Kap. 3) vorteilhaft, grössere Softwaresysteme wie auch Wissenssysteme durch mehrere übereinander gelegte Schichten als „Emergenzkaskade" aufzubauen, ausgehend von (softwaremässig) einfachem Physikalischem (traditionell als Grundlage „unten") zu komplexem Logischem („oben"). Eine Schicht darf dabei zur Konstruktion nur konstruktive Elemente aus unteren Schichten verwenden, keine höheren. Operativer Nachteil einer Schichtenstruktur ist eine mögliche Verlangsamung der Ausführung durch die zusätzlichen Schnittstellen.

Die „Separation of Concerns" wird auch menschlich verwendet mit menschlicher informeller Definition der Schnittstellen und den zugehörigen Funktionen in den Schichten, etwa in der Maslow-Pyramide der menschlichen Bedürfnisse oder der Wissenspyramide von Pixeln oder Buchstaben zu Wissen. Die Maslow-Pyramide hat als unterste Schicht die physiologischen Bedürfnisse des Menschen – an der Spitze steht z. B. die „Selbstverwirklichung". Bei der menschlichen Wissenspyramide bilden Daten die Grundlage, an der Spitze steht Weisheit. In der Software geht es um ausgefeilte Systeme von zu bauenden Funktionen und die Definition von Schichten ermöglicht die präzise Zusammenarbeit von Hunderten oder Tausenden von Menschen, wenigstens in der Zielsetzung: ein hoher Prozentsatz der Softwareprojekte scheitert trotzdem.

In der Software ist der Designer zwar frei, Funktionalitäten in einer einzigen Schicht im Programm frei zu mischen, aber es ist eine bevorzugte und natürlich erscheinende Konstruktionsmethode, bei grösseren Aufgaben eine Schichtenarchitektur zu wählen.

Es entsteht eine Emergenzkaskade, hier am Beispiel eines Textes

(Pixel) → Buchstabencodes → Font → Wörter → Lauftext → Seitenumbruch→ (semantische Analyse)

Hier reicht die Kaskade von den Bildpunkten, die die Bildchen der Buchstaben aufbauen, bzw. den Codes dafür, über Wörter, Umbruchelemente bis zum Inhalt und damit den Aussagen darin, z. B. ob der Inhalt eine Frage ist oder eine Gefühlsäusserung. Jedem Pfeil entspricht eine funktionelle Softwareschicht mit typischen Datenformaten und typischen Operationen, etwa zu den Buchstaben ein Editor, zu Wörtern die Rechtschreibeprüfung, zum Gesamttext ein WYSIWYG-Editor und zum Inhalt vielleicht ein Tutorial. Die Menge an Daten, die jeder Informationsebene entspricht, nimmt dabei von den Rohdaten „nach oben" zu den Inhalten üblicherweise ab – auch deshalb ist eine Darstellung als „Wissenspyramide" sinnvoll. So könnte sich für ein Kreuzchen auf einem Formular aus Hundertausenden von Pixels Ausgangsdaten vom Scanner gerade ein „Ja" herauskristallisieren. Das wären noch ein oder zwei Bytes als Text oder ein Bit als Entscheidung.

Das Konzept von Multischichten (Multilayers oder Multitiers im Englischen) ist fundamental für die Organisation grosser Software- (und Wissens-) Systeme, auf einem Rechner wie auf vielen Computern. Es entstand historisch für die Software für die Kommunikation in Rechnernetzen von Rechner zu Rechner (als SNA für IBM's proprietäre Netze im Jahr 1974, als offener Standard OSI um Jahr 1983). Vorher enthielt die „Teleprocessing Software" in einem Paket alle benötigten verschiedenen Funktionen, von der Kodierung für die Übertragung bis zur Neuwahl der Leitung nach einem Fehler.

Wir können aus dieser Software ein allgemeines Prinzip der Kommunikation lernen (Abb. 6.2). Zur Kommunikation benötigen wir naturgemäss zwei Partner und damit zwei zugehörige Funktionssäulen (Türme oder Silos genannt) bestehend aus Software mit bestimmten Aufgaben. In der IT sind dies logische Operationen, gruppiert zu Schichten, die die Architektur bilden und Dienste zur Verfügung stellen. Diese Dienste sind konkret definiert, oft auf Hunderten von Seiten von Spezifikationsbüchern, bei einer alltäglichen Kommunikation gehen sie häufig unbewusst durcheinander. Das eigentliche physikalische Kommunikationsmedium mit elektrischen Signalen oder Lichtimpulsen wird durch die unterste waagrechte Verbindung der Softwaresilos symbolisiert.

Beim Senden einer Nachricht in Abb. 6.2 von links nach rechts wird die Nachricht im Schema von der linken Säule aufgenommen und nach unten weitergereicht und dabei für den Versand im Netzwerk und auf der Leitung präpariert; nach dem Empfang auf der rechten Seite wird sie umgekehrt von der Hilfsinformation befreit. Bei jeder Schicht wer-

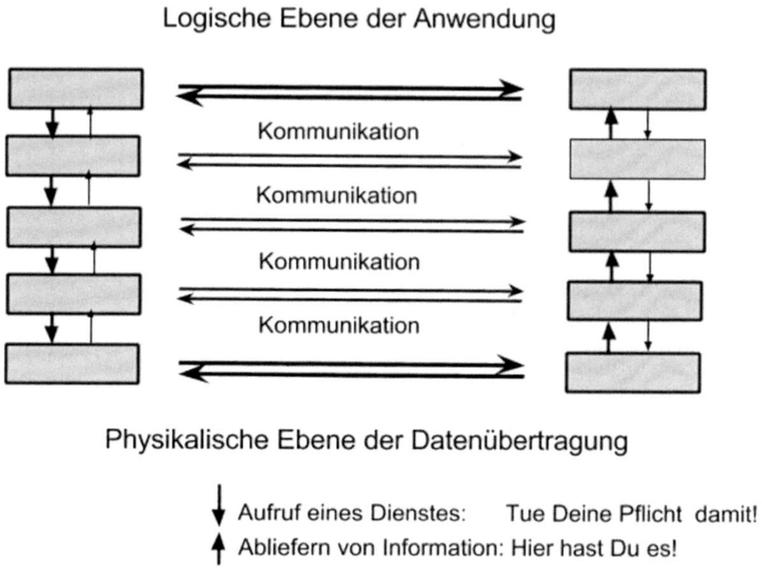

Abb. 6.2 Die Organisation der Kommunikation: Zwei Softwaresäulen für Sender und Empfänger

den bestimmte Dienste aufgerufen: „*Tu für mich dies, dann reiche das Ergebnis weiter*", und damit die Nachricht für die Kommunikation oder den Empfang vorbereitet. Diese anthropomorphe Ausdrucksweise („Homunkulus-Sprache") mag für manchen fremdartig wirken. Aber sie ist Absicht und treffend. Sie hilft, sich an die Stelle der agierenden Software zu setzen.

Innerhalb einer Säule arbeiten die Softwareschichten vertikal zusammen, zwischen den Säulen kommunizieren jeweils die gleichen Schichten miteinander. Die Anwenderinformation wird zur technischen Übertragung verpackt (links) und rechts wieder ausgepackt.

Als kleines Lehrbeispiel verdeutlichen wir die Vorgänge bei einer Kommunikation durch die Sendung eines Briefes, z. B. „von links nach rechts", vom Sender zum Empfänger nach Abb. 6.2:

- Der Brief hat Inhalt, um den es eigentlich geht („Ich liebe Dich"), in der obersten Ebene, der App-Ebene.
- Dazu kommen Floskeln („Meine Liebste"), die Präsentationsebene,
- Umschlag und Adresse für das Netzwerk („An Elise G."), die Netzebene,
- Zur Übertragung in einen Ausgangs-Briefkasten und zur Post,
- der Brief wird im Postsystem transportiert und kommt an,
- und gelangt zum Eingangs-Briefkasten, wird geöffnet, die Floskeln werden abgestreift und der Inhalt verarbeitet.

Der Weg der Daten in Abb. 6.2 ist in den Softwaresilos vertikal, etwa wenn der Brief in den Umschlag gesteckt wird oder umgekehrt wieder entnommen. Die waagrechten Pfeile deuten an, dass Kommunikation nicht nur auf der untersten Ebene erfolgt, wenn der Brief von der Post transportiert erfolgt, sondern dass die technischen Ebenen ebenfalls miteinander kommunizieren, z. B. die Postfunktionen auf beiden Seiten. Die Pfeile in Abb. 6.2 geben die Richtung des Datenflusses an und haben nichts mit „abwärtskausal" oder „normal kausal" zu tun: Alle Software ist als Befehl „abwärtskausal" und in der Ausführung in der Hardware „kausal".

Die Funktionalität jeder Ebene entspricht jeweils einer Art von Sprache (Fachsprache zur Anwendung, zur sozialen Umgangssprache, zum Postsystem): Sprache ist eine Konversation (in Software) zwischen den Softwareebenen. Die Kommunikation ist horizontal zwischen „Peers" (d. h. auf gleicher Stufe) oder vertikal (zwischen verschiedenen Ebenen), sozusagen „horizontale" oder „vertikale" Sprache, etwa zwischen Fachmann und Laien.

Durch Schichten werden Fachbereiche getrennt, es werden Änderungen isoliert und Lernen wird leichter, und es spricht Fachmann mit Fachmann. Der Gedanke scheint trivial, ist aber nicht selbstverständlich. Im Beispiel reden die Anwender untereinander, aber auch Post mit Post. Bei komplexen Systemen wird das Verstehen erst durch diese Architekturisierung möglich, und Denkfehler wie in Abb. 6.3 werden vermieden. In diesem Cartoon erfolgt die Bestellung auf der Ebene Menu als „Gericht Nr. 9" auf der Karte. Die Lieferung erfolgt auf einer logisch viel tieferen Ebene, dem Zeichen bzw. der Zahl „9".

Abb. 6.3 Ein Missverständnis und die Erklärung mit dem Schichtenmodell. (Bilder: Mit freundlicher Genehmigung von Dithard von Rabenau.)

Dies scheint hier künstlich, aber in Diskussionen werden immer wieder die Ebenen vermischt.

Wir verwenden das Schichtenbild zur Definition einiger weiterer Begriffe.

- Ein **Phänomen zu verstehen** heisst zumindest, es auf sinnvolle Schichten aufteilen zu können.
- Eine **Schicht i zu verstehen** heisst zumindest, die Ein- und Ausgänge zu i+1 und i-1 zu kennen.
- Der **Sinn oder Zweck einer Schicht i** wird von der oberen Schicht i+1 aus gesehen: Es ist ihr Sinn oder Zweck, der Schicht i+1 alle vereinbarten Dienste zu erweisen.
  Wir unterscheiden zwischen „Sinn" und „Zweck":
  Der Sinn einer Schicht i ist es, einer Schicht i+2 (oder höher) einen Dienst zu erweisen, der Zweck wird nur von der Nachbarschicht aus gesehen.

- Der **Experte** (oder **Guru** nach Mike Cowlishaw, 1990) versteht das Innere einer Schicht i und ihren inneren Aufbau sowie die Schnittstellen zu den Schichten $i+1$ und $i-1$. Er (sie) kann Fehler beheben und Änderungen einbauen.
- Ein **Wizard** (engl. für Zauberkünstler, ebenfalls nach Mike Cowlishaw, 1990) versteht alle Schnittstellen zu und von einer Schicht i und alle Tricks im Umgang mit ihr von aussen, d. h. von oben, unten und von der Seite.
- Ein **Weiser** versteht, was in einer Schicht im Prinzip abläuft, auch ohne Detailkenntnisse von dieser Schicht zu haben.
- Der **Architekt** versteht das Bild der Schichten insgesamt und ihre technische Aufteilung,
  und schliesslich
- der **Philosoph** macht sich vor allem Gedanken zur obersten und zur untersten Schicht ….

Menschlich verstehen wir unter „verstehen" oft mehr, als nur eine Schicht zu verstehen (bei einem Verständnis nur einer Schicht spricht man wohl von einem Fachidioten). Es ist menschlich, die Schichten nur teilweise oder nur oberflächlich zu verstehen. Aber das allgemeine vage Wissen gibt uns das Gefühl, „richtig" zu verstehen. Mehr dazu unten.

Menschlich sehen wir manchmal auch „Sinn" in entgegengesetzter Richtung, etwa wenn der Mitarbeiter sagt: *„Der Sinn des Unternehmens ist es, meinen Unterhalt zu garantieren"*. Dies wäre dann „Aufwärts-Sinn" oder „teleologischer" Sinn im Gegensatz zum hierarchischen „Abwärts-Sinn". In diesem Beispiel *„Der Sinn des Mitarbeiters ist es, zum Umsatz und Gewinn hinreichend beizutragen"*. Der Abwärts-Sinn ist sozusagen das Pendant zur Abwärts-Kausalität.

6.2 Software weiss Wissen: Google, Watson und weiter

> Ich bin ein Gehirn, Watson. Der Rest von mir ist nur Appendix.
> In: „Der Mazarin Stein", 1921
>
> Ich stelle mir das Gehirn zunächst vor als einen kleinen leeren Dachboden, und du musst es mit Möbeln ausstatten nach deinem Geschmack.
> In: „Eine Studie in Scharlachrot", 1887
>
> Aussprüche von Sherlock Holmes in Romanen von Arthur Conan Doyle (1859–1930).

Ein gebildeter Mensch kennt wohl einige Zehntausend Wörter (das Wörterbuch der Gebrüder Grimm zählt etwa 350.000 Begriffe auf, das Oxford English Dictionary 170.000), aber dazu kommen Millionen von intellektuellen Konstrukten wie *„der Rubikon ist überschritten"* oder *„ein kleiner Schritt für mich, ein grosser Schritt für die Menschheit"*, die ein Gebildeter verstehen und verwenden kann und ihren Ursprung kennt. Zwei mögliche Tests nach dem Wissen eines Menschen oder Computersystems sind Fragen oder Anweisungen wie

a. Wer hat wann gesagt „ein kleiner Schritt für mich, ein grosser Schritt für die Menschheit"?
b. Gib mir mehr Information zu Konstrukt „XYZ", etwa zu *„der Rubikon ist überschritten"!*
c. Wie viel Nährwert haben zehn M&M Schokopillen?

„Mehr Information geben zu den Suchargumenten" (Typ B) – das ist die Aufgabe der Suchmaschinen. Die Abfrage funktioniert als „assoziativer Speicher" in Software, d. h. die Suchbegriffe sind ein Teil der Lösung. Es ist relativ einfach für den Computer, einen derartigen Begriff in einer strukturierten Menge von Textinformation (einer Datenbank) wohlstrukturiert herauszufinden. Interessanter ist das Suchen im Web, im Internetverbund der Information – hier ist die Information unstrukturiert verteilt. Eine Web-Suchmaschine ist ein Softwaresystem, das nach den Suchbegriffen in allen zugänglichen Dokumenten Wort für Wort nachschaut und die Findlinge nach Bedeutung (möglichst aus Sicht des Suchenden) sortiert: Die Zahl der zugänglichen Dokumente war bei der Google-Suchmaschine in 2014 nach www.statisticsbrain.com (2015) etwa 30 Billionen Seiten (sic!), die mit 920.000 Servern präpariert und durchforstet wurden.

Damit ist das Web eine spezielle Softwarekopie des Zeitgeistes der Welt, eine Quelle für populäres, populär-wissenschaftliches und soziales Wissen (mit einem Schwerpunkt auf Pornographie allerdings). Eine spezielle Robotersoftware, ein „Web Crawler" (engl. *„Web-Kriechtier"*), durchsucht das Web und analysiert auf allen zugänglichen Seiten die Information und lernt damit die Struktur des Inhalts. Die Suchmaschine speichert dabei zusätzlich selbst diese gefundene Quellinformation als „Cache", um der Flüchtigkeit der Information zu begegnen und um festzuhalten, was sie selbst vorgefunden hatte.

Die Idee einer Wissensmaschine mit berührungssensitivem Bildschirm und assoziativer Suche existierte schon lange vor dem PC. Der Ingenieur und Leiter des amerikanischen Manhattan-Projekts Vanevar Bush (1890–1974) hatte seine Vision der Maschine „Memex", den MEMory EXtender, in aufsehenerregenden Artikeln im Jahr 1945 unter „Wie wir denken werden" vorgestellt. Abbildung 6.4 zeigt seine konzipierte persönliche Wissensmaschine. Die Abb. 6.4 a skizziert die Suche nach „Bögen" und das Hinzufügen

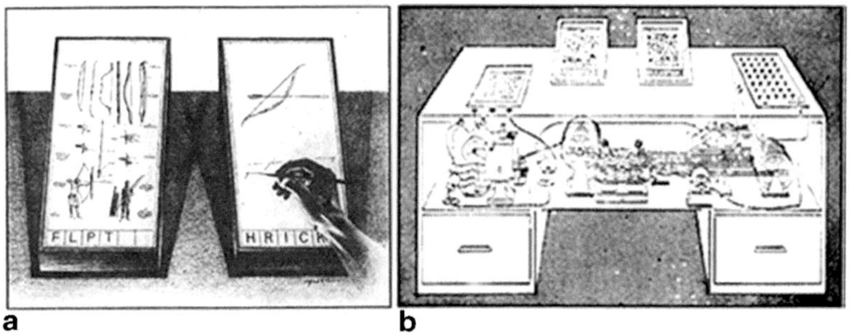

a b

Abb. 6.4 Die Idee der Wissensmaschine „Memex" von Vanevar Bush (1945). **a** Schirm für eine Eingabe eines Objekts und seine Codierung. **b** Die gesamte Speichermaschine für persönliche Informationen. Bilder aus Life-Magazin, 10. September 1945. (Quelle: Google Books.)

einer neuen Art von Bogen per Zeichnung. Das Gewirr an Kabeln und Rädern in Abb. 6.4b bedeutet eine Art „mechanischer Software“ für die Speicherung und die Suche. Das Memex sollte als externes Gedächtnis die gesamte persönliche Information strukturiert speichern (er spricht von „Trails“, heute sagt man „Threads“ oder Fäden). Das Wiederfinden solle mechanisiert ablaufen und durch die Eingabe einer Teilinformation („assoziativ“) leicht möglich sein.

Die logische Verknüpfung in der Maschine (die Software) war nur elektromechanisch und optisch denkbar (etwa mit Mikrofilmen): Eigentliche Komplexität war mechanistisch nicht durchführbar; der mechanische Zuse-Rechner Z1 war unzuverlässig und an der mechanischen Machbarkeitsgrenze weil „die Bleche sich verklemmten.“ Die Verwendung von elektromechanischen Relais bei den Modellen Z2 und Z3 ergab bereits mehr Stabilität.

Mit wachsender Anzahl der zusammenarbeitenden Teile wachsen die Anforderungen an die Präzision der einzelnen Teile rasch an. Sinnvoll wird dieses Konzept einer Wissensmaschine erst bei hinreichender Grösse. Das Wachsen oder das „Scaling“ der Systemgrössen ist eine Herausforderung und erzeugt neue Effekte, insbesondere die prinzipiellen Veränderungen eines Systems beim Wachsen zu übermenschlicher Grösse, d. h. zu Grössen, die die Fähigkeiten des Einzelnen oder einer kleinen Gruppe von Menschen übersteigen. Es ist wie der Übergang von den Beziehungen in einer Familie zu denen der globalen Politik. Im sehr Grossen ergeben sich neue Gesetzmässigkeiten und neue technische und philosophische Probleme.

Für Such- und Wissensmaschinen wird die Wissensbasis durch „Scaling“ im Prinzip mächtiger und mächtiger. Ein Scalingproblem bei der Suche nach Information ist dabei in der Praxis die häufig riesige Menge von Gefundenem zu einer Anfrage, in denen das „Gute“ untergeht. Benutzer sehen bei Suchergebnissen praktisch nur die erste Seite der zurückgegebenen Ergebnisse an. Ein guter Mechanismus für das erfolgreiche Ranking (das Ordnen nach Priorität) hat Google den Erfolg gebracht. Dazu kommen immer mehr auch persönliche Kenntnisse der Maschine über den Benutzer, etwa zur Historie des suchenden Ports (des Benutzers) im Internet, die z. B. aus Sicht der Werbung das Resultat immer treffender machen.

Bei einer Kenntnisfrage (Typ A) wie *„Wie heisst die Hauptstadt der Schweiz“* wird die richtige Auswahl der Antwort schwierig: Unter verschiedenen gefundenen Möglichkeiten muss man entscheiden, welche ist richtig im Kontext der Frage? Dazu werden häufig die Behauptungen im Internet falsch sein wie hier auf die obige Frage *„Bern“*: die Schweiz hat offiziell gar keine Hauptstadt. Der intelligente Umgang mit unsicherer Information wird zu einer zentralen Aufgabe.

Ein klassisches, wenn auch unwissenschaftliches Medium für Wissenstests ist der Fernsehquiz. Die IBM-Forschung hatte sich den wohl bekanntesten Wissensquiz „Jeopardy“ aus USA als Prüfungspartner für ihr Wissensprojekt Watson ausgesucht. Projektidee war es, einen weiteren Meilenstein der Technikgeschichte und IBM-Geschichte (vielleicht Menschheitsgeschichte) zu setzen, ähnlich dem gewonnenen Schachturnier des IBM-Computers Deep Blue gegen den amtierenden Schachweltmeister Garri Kasparow im Jahr

1997. In der Tat hat die Software „Watson" von IBM in zwei Runden im Februar 2011 die (ausgezeichneten) menschlichen Konkurrenten klar geschlagen.

Das Arbeitsgebiet von „Jeopardy" ist eine Art erweitertes Allgemeinwissen, lokales US-amerikanisches Wissen wie Sport und Geschichte, populäre Ereignisse, aber auch Weltwissen und Weltbildung. Abbildung 6.5 zeigt ein Beispielbrett von Jeopardy mit den Kategorien des speziellen Spiels in der oberen Leiste und den möglichen Gewinnen, die der Spieler für eine zugehörige Frage erhalten kann. Etwa 200.000 schon gestellte Fragen („Clues") haben Fans in einer Archiv-Website zusammengestellt. Eigentlich sind die Jeopardy-Fragen die „Antworten", und gesucht werden die (mehr oder weniger gut) dazu passenden Fragen. Auf die Vorgabe *„Die Hauptstadt von Australien"* würde ein Kandidat antworten *„Was ist Canberra"*. Meistens erfordert die richtige Antwort nicht nur Wissen, sondern auch logische Kombination, im Englischen ein „informed reasoning", etwa hier bei dem „Clue" (der so genannten Fährte im Spiel):

„diese beiden Jungennamen sind unter den 10 beliebtesten in den USA, sie enden beide auf denselben Buchstaben und es sind Apostelnamen." Wenn man die Statistik der Namen nicht weiss, dann hilft nur Überlegen (die Lösung ist „James" und „Thomas", „Judas" wäre möglich, ist aber natürlich nicht gut).

Abb. 6.5 Ein Auswahlbrett des Wissensquiz „Jeopardy". (Bildquelle: Wikimedia Commons „Jeopardy Game Board", SethAlien623.)

Die Schwierigkeit für Watson als Softwareagent im Quiz ist wieder das „Scaling", die Grösse und hier auch Vielfalt des Problems: Es ist ein Paradoxon, dass alltägliches Wissen für ein Wissens-Softwaresystem ein grösseres Problem darstellt wie wissenschaftliches und technisches Wissen. Die Menge und die Unsicherheit, ja die Widersprüchlichkeit der Informationen (die zweifelhafte „Verazität") erschweren eine simple Lösung. Die Einschätzung der Verazität, also des Grades an Wahrhaftigkeit, Glaubwürdigkeit und Qualität von Informationen, ist für uns alle, ob Mensch oder Computer, im Alltag wie im Internet, eine Aufgabe, die immer schwieriger wird. Der Begriff vom lateinischen *veracitas*, der Wahrhaftigkeit, erlebt eine Renaissance durch die problematische Verazität bei grossen Datenmengen, in den „Big Data". Das Internet ist eben auch eine Plattform für Geschwätzigkeit, Unsinn und Unwahrheiten. Es ist auch für uns und unsere Kinder eine wesentliche Aufgabe der Ausbildung für das tägliche Leben.

Watson verarbeitet etwa 500 GB an Daten pro Sekunde, entsprechend einer Million Bücher. Das Schema von Abb. 6.6 erläutert die Funktionsweise von Watson:

1. Die Frage (schriftlich, aber in natürlicher Sprache) wird von einem linguistischen Programm analysiert,
2. Teilfragen werden an eine Reihe von Suchmaschinen weitergeleitet, die aus verschiedenen Datenquellen (von Wikipedia bis New York Times) ca. 100–250 Kandidatenlösungen generieren;
   im Prinzip wäre auch Zugriff auf das Internet und auf neueste Daten möglich, wurde aber nicht verwendet,
3. diese Hypothesen werden von etwa tausend Expertenprogrammen (Agenten) analysiert auf zeitliche und räumliche Konsistenz, auf mathematische Plausibilität und Heteronyme (also Ausdrücke, deren Bedeutung je nach Arbeitsgebiet verschieden sein kann) geprüft, bewertet, gewichtet und gefiltert.
4. Die Ausgabeform (als Frage) wird formuliert und Sprachausgabe getätigt.

Bei einer einfachen und direkten Suche mit Google ist das richtige Ergebnis einer Jeopardy-Aufgabe in etwa 60 % der Fälle bereits auf der ersten Ergebnisseite versteckt, und wenn ja, sogar wiederum zu 60 % im allerersten angezeigten Dokument (nach Stephen Wolfram

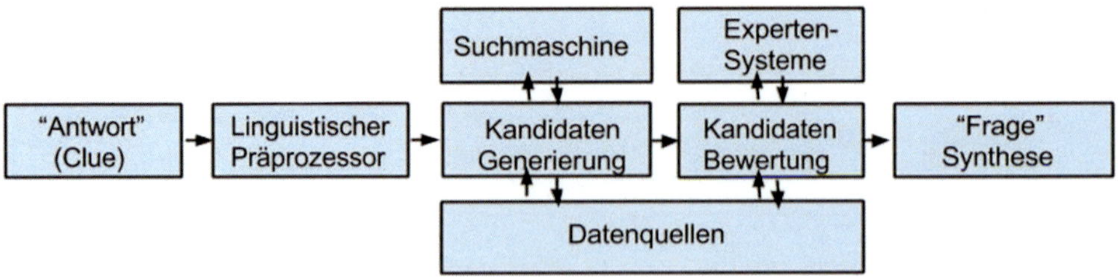

Abb. 6.6 Das Arbeitsschema der Wissenssoftware „Watson" bei Aufgaben von „Jeopardy". Vereinfacht nach AI Magazine, „Building Watson", Fall 2010

2011). Aber es ist ein weiter Weg mit vielen Zwischenschritten, um die Frage „gut“ zu beantworten. Die menschliche Sprache ist voller Zweideutigkeiten, wie Anspielungen (Innuendos), Idiosynkrasien (Ausdrücke von besonderen Sprachgruppen) und idiomatischen Ausdrücken. Eine kleine Änderung kann den Sinn umkehren („*das war eine grosse Leistung*“ oder „*das war eine ‚grosse‘ Leistung*“), und warum füllt man in der deutschen Sprache ein Formular „aus“, wenn man eigentlich Daten „einfüllt“? Der Leser hat vielleicht selbst schon eine Suchabfrage gestellt wie „Hotel mit Kindern“ (und ein kinderfreundliches Hotel gesucht) – und ein schönes Hotel vorgeschlagen bekommen mit „keine Kinder erwünscht“, weil die simplen Suchwörter eben enthalten waren. Das Verständnis aus dem Kontext ist (von der Software aus gesehen) im wesentlichen Fleissarbeit; das grosse Problem ist der gewaltige Umfang und die Vielfalt der Wissensobjekte und ihre Beziehungen untereinander. Wir Menschen haben für unser Verstehen ein zusammengebundenes Netzwerk von Wissensobjekten und kleinen Wissensnetzen aufgebaut, das eigentlich recht viele Lücken aufweist, aber uns trotzdem meistens das Gefühl gibt, dass „wir verstehen“.

Eine Möglichkeit der Weiterentwicklung der Wissensanalyse kann Software sein, die *ad hoc* zu einer Frage ein massgeschneidertes Programm mit Spezialwissen und Spezialfähigkeiten zusammenstellt, das die Aufgabe löst: Also passende Information und Software. Wir Menschen lernen entsprechend ja auch indem wir ausgehend von einem Wissensknoten die Umgebung ausbauen mit Fakten, Fähigkeiten und Verbindungen zu anderen Knoten. Damit werden wir vom Anfänger zum Experten.

Die bekannte asiatische Fabel der „Sechs blinden Männer und der Elefant“ verdeutlicht die Wissensnetzwerke wunderbar, die jedes System (in der Fabel jeder blinde Mann) aufbaut, um sein Wissen zu konstruieren:

> Der Blinde, der das Bein befühlt, sagt, dass ein Elefant wie eine Säule sei; der, der den Schwanz befühlt, dass ein Elefant sich wie ein Seil anfühle; der, der den Rüssel befühlt, dass ein Elefant Ähnlichkeit mit einem Ast habe; der, der das Ohr befühlt, dass ein Elefant wie ein Handfächer sein müsse; der, der den Bauch befühlt, dass ein Elefant sich wie eine Wand darstelle; der, der den Stoßzahn befühlt, dass ein Elefant wie eine solide Röhre sein müsse.

Eine vermutete Schwierigkeit ergibt sich in der Praxis nicht, jedenfalls nicht prinzipiell, sondern sie bedeutet nur Arbeit für die Auflösung: Das sog. Symbol Grounding Problem (Luc Steels 2007), bekannt aus der Kritik der Künstlichen Intelligenz, vor allem durch den Philosophen John Searle (geb. 1932). Das Problem wird aus unserer Sicht hier wegen seiner historischen Bedeutung kurz erläutert. Es beruht auf der klassischen (und sinnvollen) Unterscheidung der Linguistiker des 19. Jahrhunderts (auch des Mathematikers Gottlob Frege, 1848–1925) von:

- dem Objekt selbst, z. B. der „*Planet Venus*“ oder „*Frau Angela Merkel*“,
- dem Konzept oder der speziellen Instanz, z. B. „*Morgenstern*“, „*Abendstern*“, „*Liebesstern*“, *oder* „*die deutsche Bundeskanzlerin*“ *oder* „*die Frau von Joachim Sauer*“ (zur Zeit des Schreibens),
- dem Symbol oder der Dar*stellung,* „*Venus*“ und „♀“ oder „Angela Merkel“.

Von diesen Eigenschaften wurde gesagt: Die Beziehung zum Objekt kann nur ein Mensch herstellen. Softwaretechnisch ist die Beziehung ein ganz gewöhnliches Verfahren (s. Kapitel Software) der Definition einer Klasse und Instanzen dieser Klasse (und eventuell noch Oberklassen und Ober-Oberklassen), und wird in kommerzieller Software in beliebiger Komplexität durchgeführt. Auch ist es sicher einfach, dieses Wissen durch Menschen eingeben zu lassen: Aber wie bekommen wir Menschen aus der Sprache und aus einigen Zeitungsartikeln heraus, dass Herr Joachim Sauers Frau die Bundeskanzlerin ist? Das ist wahrscheinlich nicht schwer und erfordert nicht zu viel Intelligenz. Der Computer (oder Watson) kann sogar Tausende von Artikel finden, sogar wissen, dass „Ehemann“ eine enge Beziehung zwischen zwei Personen (i. Allg. verschiedenen Geschlechts) darstellt, Angela weiblich ist und Joachim männlich usf. Natürlich ist die Verbindung bei abstrakten Begriffen schwieriger, aber dies ist sie auch für uns Menschen.

Dies ist ein Beispiel, dass es Zeit ist, die menschliche Regel *„Dies [XYZ] kann nur der Mensch, weil es geistig ist“* umzukehren zur inversen Mensch-Computer-Regel:

„Der Mensch ist ein IT-System und kann es. Also kann es der Computer auch, wir müssen nur herausfinden, wie“. Dazu kommt allerdings die Warnung: Wenn der Computer die Fähigkeit XYZ hat, wird er XYZ wahrscheinlich auch besser, weiter, schneller können als der Mensch.

Watson wird zuerst den Typ der Frage und die Kategorien der Schlüsselwörter (Personen? Ortsnamen? Verb, Substantiv?) bestimmen, dazu kommen eine Vielzahl von Prüfungen, die den internen Datenfluss in der Anfangsphase der Beantwortung explodieren lassen.

Kleine oder grössere logische Aufgaben sind bei „indexikalischen“ (d. h. verweisenden) Wörtern zu lösen; es sind dies Ausdrücke wie: *dort, hier, in unserer Zeit, früher, jetzt, du, sie*, aber auch *„wie vorher erwähnt“* oder sogar *„im Winter“* (dies ist davon abhängig, ob der Referenzort auf der Nord- oder Südhalbkugel liegt).

Es sind Fälle der schon erwähnten Deixis der Sprachphilosophie, in denen der Standpunkt des Texts oder der Szene in Raum, Zeit und im Zusammenhang mit dem Umfeld selbst bestimmt werden muss um ihn überhaupt sinnvoll interpretieren zu können. Abbildung 6.7 illustriert die verschiedenen Dimensionen und Achsen von Koordinaten, die dafür kalibriert werden müssen. Die Watson – Software versucht mit verschiedensten Werkzeugen den Text einer Frage zu positionieren. Neben den lokalen, temporalen und personenbezogenen Zeigern, die aufgelöst werden müssen, ist die soziale Zentrierung des Textes wichtig; Text, Umfeld und Verstehen gehen zusammen. In einer Jeopardy-Frage schwankte Watson z. B. zwischen Cervantes und Thoreau als Antwort auf „Steuereintreiber in Andalusien im Jahre 1594“: bis „er“ (der Computer Watson) oder „sie“ (die Software) entdeckte, dass Thoreau im Jahr 1817 geboren war und deshalb nicht in Frage kam.

Während Deixis bisher philosophisch beobachtet und linguistisch analysiert wurde, wird es nun in grösserem Rahmen von einer Maschine aufgelöst, von Software durchgeführt. Dabei geht es auch um die besonders vieldeutige Alltagssprache, ja um sozialen Jargon und Lifestyle-Sprache, philosophisch genannt Oinoglossie oder Winetalk. Dies sind spezielle Ausdrücke, die zwar (ein wenig) sachlich sind, aber auch die soziale Zugehörigkeit – z. B. zum Kreis der richtigen Weinkenner zu gehören – mit sich tragen.

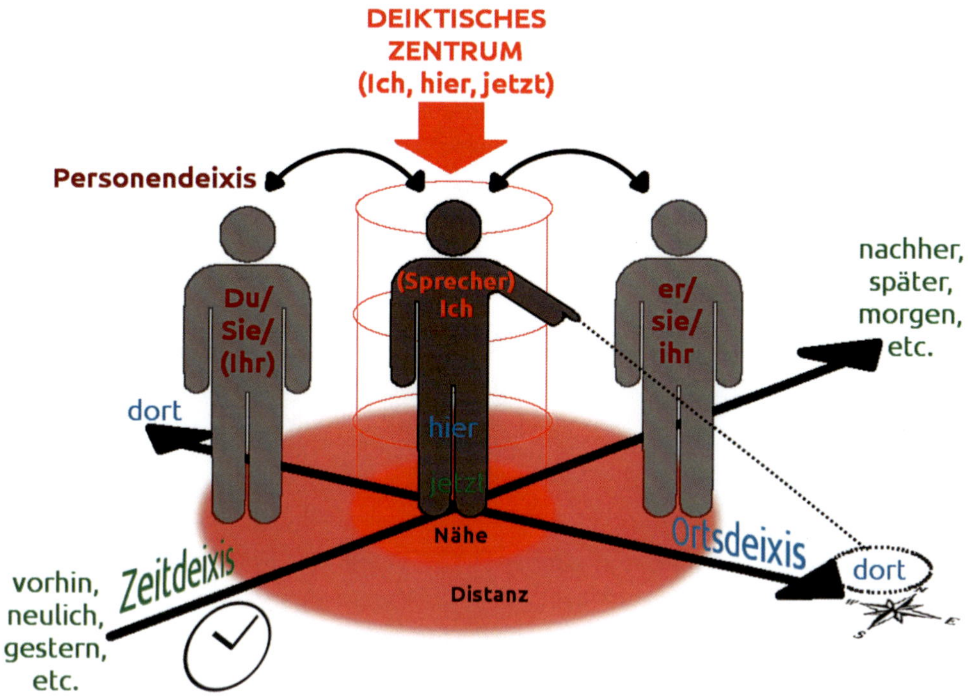

Abb. 6.7 Die Deixis: Die Zentrierung eines Textes oder Videoausschnitts auf die innewohnende Position als eine Voraussetzung für „Verstehen". (Bildquelle: Wikimedia Commons „Deixis(DE)", Wesn.)

Für Watson sind die beiden epistemologischen Hauptaufgaben für die Antwortsuche zu einer Jeopardy-Frage die Hypothesenbildung und die bestmögliche Auswahl einer Antwort aus den Antwortkandidaten zu finden. Tausende von Agenten prüfen und lösen Einzelaufgaben und es explodiert intern die Zahl der Hinweise, typischerweise Hunderttausende, die für die endgültige Antwort herangezogen und gewichtet werden. Es muss auch entschieden werden, ob das Vertrauensniveau erreicht wird, um überhaupt eine Antwort zu geben.

In einer Computersprache für Programmierbefehle geht es vor allem um die Eindeutigkeit des Ausdrucks und damit um Präzision und Genauigkeit unmittelbar; dies gilt abgeschwächt auch für die Sprache eines Ingenieurs. In natürlicher oder gar poetischer Sprache mit Vielfalt und Esprit nützt es wenig, alle Wörter in einem Ausdruck wie *„ein Schwert des Damokles hängt über ihm"* zu verstehen; man muss breiter (und tiefer) wissen und verstehen, vielleicht sogar antike Geschichte kennen. Watson hat bei der Aufgabe *„Auch solch ein kaputtes Ding an der Wand hat zweimal am Tag Recht"* die Uhr als Antwort gefunden – eine direkte noch so präzise Interpretation der Frage hätte nichts gebracht (schliesslich ist es ja auch ein Rätsel).

Eine ganz andere Fragemaschine ist gebaut für Antworten nach Zahlen zu suchen und eventuell Rechnungen auszuführen: Wolfram | alpha. Ein triviales Beispiel dafür ist die Eingabe *„10 M&Ms"* (die Schokolinsen). Wolfram | alpha weiss, dass es sich um Nahrungsmittel handelt und antwortet mit dem Gesamtgewicht, den gesamten Kalorien, Fettgehalt, wie viel Theobromin damit gegessen wird usf.

Es gibt noch eine epistemologische Triviallösung, um Fragen zu beantworten: Die Vorratssammlung (aller) möglichen oder vorkommenden Fragen und Antworten. Die Website ask.com, früher Ask Jeeves, sammelt nach eigenen Angaben jeden Tag 8 Mio. Fragen und Antworten bei einem Bestand von 14 Mrd. Fragen, z. B. die Frage „*Haben Babys schon im Mutterleib Schluckauf*?"

Damit sind dies vier bereits existierende technische Wege zur (sachlichen) Erkenntnis:

- Suchmaschinen wie Google, die nach Information in Richtung auf Antworten von Fragen suchen, die der Fragende dann selbst nachsehen kann,
- eine Wissensmaschine wie Watson, die aus dem Wissen der Welt Schlüsse zieht und Antworten gibt,
- ein System wie Wolfram | alpha, das vor allem exakte numerische Informationen sucht, ggfls. die Antwort selbst berechnet,
- wie die Website answer.com, die „menschliche" Fragen und „menschliche" Antworten in astronomischer Anzahl sammelt und hofft, dass sie sich damit asymptotisch an die Menge aller Fragen annähert.

Die Technologie von Watson, genannt „DeepQ&A", ist hier philosophisch am interessantesten: Sie erreicht eine gewisse „Tiefe", die auch andere, vom Menschen dominierte Anwendungen denkbar macht, insbesondere als Experte in der Medizin, in der Rechtsprechung oder im Finanzbereich zum Treffen Kaufentscheidungen. Es ist eine natürlich Weiterentwicklung des Verstehens natürlicher Sprache hin zur Interaktion und schliesslich zur Problemlösung und zum Handeln. Das Unternehmen IBM nennt solche Lösungen „Kognitives Computing" – das Verstehen steht im Mittelpunkt.

Die Medizin ist tatsächlich ein gutes mögliches und ernsthaftes Anwendungsgebiet für derartige kognitive Software von grosser wirtschaftlicher und sozialer Bedeutung. Medizinische Datensätze bestehen einerseits aus präzis formulierter (aber trotzdem noch mit Unsicherheit) behafteter Fachsprache wie:

> Kurative endoskopische Therapie früher Adenokarzinome der Speiseröhre. Die Karzinomentwicklung erfolgt auf dem Boden der Refluxkrankheit über die prämalignen Vorstufen der so genannten Barrett-Metaplasie,

übertragen aus unpräziser alltäglicher natürlicher Sprache der Patienten wie

> Seit meinem Rückflug von einer Konferenz habe ich einen schmerzhaften roten Streifen an meiner rechten grossen Zehe …,

dazu die verschiedensten Messwerte, z. B.

> HDL-Lipoprotein-Cholesterinkomplex 67,10 mg/dl normal >35

und die Genanalyse des Patienten oder wenigstens seiner SNPs (Single Nucleotide Polymorphism), den speziellen Einzelmutationen des Patienten, sozusagen aus der Natursoftware des Patienten – alles Wissen, das dem Expertensystem im Prinzip zugänglich ist. Denkbar ist die Entwicklung eines „Dr. med. cogn.", spezialisiert auf den Umgang mit Inferenzmaschinen und kognitivem Computing, oder ein begleitendes Werkzeug, ein „kognitiver Assistent" für jeden Arzt oder jedes Krankenhaus. Der kognitive Assistent hilft bei der Diagnose und bei der Behandlung. Er kann zwar auch Fehler machen, aber er kennt die medizinische Literatur, eventuell auch Laborberichte und Pilotstudien, die Krankengeschichte des Patienten und viele ähnliche Historien.

Für den einzelnen Menschen ist der Umfang der Information viel zu gross. Technisch scheint dies realisierbar zu sein mit neuen kognitiven IT-Funktionen wie

- Aufsuchen von Kausalketten von einem Phänomen bis zur eigentlichen Ursache einer Krankheit,
- „Negativ"- Abfragen, was gegen das Vorliegen einer bestimmten Krankheit spricht und damit die Diagnosesicherheit erhöht,
- Ketten von sekundären Fragen, die vom System ausgelöst werden für sog. reverse Inferenzen,
- Neuanpassung der Aussagen mit persönlicher Information vom Zustand des Patienten sowie neuer „Best Practice"-Information und mit neuer Forschung.

Der letzte Punkt ist ein allgemeines Netzwerkkonzept für Software: Ein Bayessches Netz von Wahrscheinlichkeiten. Bei dieser Software werden alle relevanten Evidenzen, die Symptome und die Krankheiten, nach dem Wissensstand zur Zeit t bewertet und ausgewertet für Diagnose und Behandlung. Zur späteren Zeit $t+\Delta t$ liegen neue Informationen vor – damit werden die Aussagen korrigiert, neu bewertet, neue Wahrscheinlichkeiten berechnet und neue Entscheidungen getroffen mit neuen Vertrauensgraden usw.

Ein guter Experte führt ähnliches in seinem (oder ihrem) Kopf durch, einschliesslich der Bewertung der Güte der Informationen, aber ist naturgemäss in den Möglichkeiten zur Aufnahme von neuem Wissen beschränkt. Aber ohne Zweifel: Das Wissen wandert in Softwaresysteme und wird mit Softwaresystemen analysiert. Dynamisch lernende Bayessche Netze sind die epistemologische Methode der Zukunft. Das Verstehen als Netz, d. h. mit Knoten und ihren Verbindungen als Einheit, ist eine technische und nüchterne Form der Aussage von Ignatius von Loyola (1491–1556):

> Denn nicht das Vielwissen sättigt und befriedigt die Seele, sondern das Verspüren und Verkosten der Dinge von innen her.

Wir verstehen darunter die Gesamtheit der Verknüpfungen einer Aussage mit anderen Aussagen mit einem Schwellwert von Verbindungen, dessen Überschreiten uns „Verstehen der inneren Werte" suggeriert. Ignatius von Loyola meinte damit sicher auch das, was wir in Kap. 10 als „dritte Säule" bezeichnen werden.

Auch die einzelnen Knoten des Wissens, die Wissensobjekte wie „Claudia Schiffer“, der „Eiffelturm“ oder „der Mount Everest in New York“ werden vielseitiger, mächtiger und leichter zugänglich. Die Zugänglichkeit und das Verstehen für den Computer werden dramatisch erleichtert durch das Einhalten von Regeln bei der Beschreibung der Objekte. Man kann die Art (das Format) vereinbaren, wie man über „Personen“ spricht, wie über „Bauwerke“ und über „geographische Punkte“. In einem Unternehmen hat man etwa die Typen „Mitarbeiter“, „Kunden“, „unteres Kader“ oder „CEO“. Der Antrag eines unteren Kaders für den Bau eines neuen Gebäudes führt dann sofort zu einem Fehler ohne weitere Nachfrage. Ein Wissensnetz mit solchen semantischen Hilfen wäre viel einfacher zu durchforsten nach Wissen. Formal und scharf haben wir dies als Prinzip der objektorientierten Programmierung kennengelernt: die Einkapselung von Information und Methoden, die zum Objekt gehören.

Gerade bei physischen Objekten erhält das Wissen durch IT im „Internet der Dinge“ eine weitere Dimension: Die Physik des Objekts geht eine enge Verbindung ein mit der Information über das Objekt einschliesslich mit den Möglichkeiten, mit diesem Objekt umzugehen. Durch Informationstechnologie trägt das Objekt die eigene Information effektiv mit sich wie ein virtuelles Abbild und als Teil seiner Identität. Wenn der Fragende die Erlaubnis hat, dann erzählt „es“ seine Geschichte, seine Bestandteile, seinen Zustand. Der Tourist steht vor einem Gebäude, und sein Smartphone oder seine Brille sagt ihm den Namen des Gebäudes, den Architekten, den Eigentümer oder den Mietpreis. Das gilt für ein Auto und dessen Befindlichkeit, einen Baum und dessen Wasser- und Düngerbedarf, aber im Prinzip auch für den Menschen und dessen Krankheitsgeschichte oder die Liste seiner Buchkäufe. In der Informationstechnologie spricht man seit 1990 hier von „verstärkter Realität“ oder „Augmented Reality“. In unserem Weltmodell verbindet sich die „It“-Säule mit der „Bit“-Säule. Erwünscht oder nicht – Software und Information verändern so die Ontologie der Welt und das Wissen und Verstehen zumindest für einfache Fragen.

6.3 Das Sorites-Problem und die Intelligenz der Computer

> Die Frage, ob ein Computer denken kann, ist nicht interessanter als die Frage, ob ein Unterseeboot schwimmen kann.
> Edsger W. Dijkstra, Informatiker (1930–2002)

> In das, was Denken heisst, gelangen wir, wenn wir selber denken.
> Martin Heidegger, Philosoph (1889–1976)

Watson ist bei weitem nicht perfekt (aber im Jeopardy-Spiel über dem Niveau sogar der besten Köpfe), aber er beantwortet doch nicht-triviale Fragen: Er hat Wissen. Aber kann „er“ denken? Verstehen? Ist er intelligent? Die menschliche Frage ist jeweils „echt“ verstehen, „echt“ denken, „richtig“ intelligent? Wir vermuten, dass der Mensch es irgendwie „echter“ macht – kein schönes Wort, aber es ist unser Gefühl.

6.3.1 Denken und Computer

Denken bezeichnet nach Wikipedia (gezogen 07/2015):

> … alle Vorgänge, die aus einer inneren Beschäftigung mit Vorstellungen, Erinnerungen und Begriffen eine Erkenntnis zu formen versuchen.

Aus der Perspektive des Computerbildes gilt:

> Denken ist die Gesamtheit der Prozesse der obersten Schicht der Hirnsoftware, d. h. der bewussten Prozesse. Gedanken sind die aktuell laufenden Programme. Die natürliche Sprache ist der einschaltbare laufende Interpretierer (im Sinne einer Programmiersprache). Formulierung des Autors

In diesem Sinn denkt Watson, z. B. wenn das System Personen identifiziert und nach dem Geburtsdatum einer Person entscheidet, ob diese Person als Antwort in Frage kommt. Der britische Informatiker Alan Turing hat genial versucht, das Problem der Definition zu umgehen durch die Idee eines Wettbewerbs Mensch vs. Computer. Er schreibt 1950:

> Die ursprüngliche Frage ‚Können Maschinen denken' ist zu sinnlos, um eine Diskussion zu verdienen.

Er führt dafür ein „Imitationsspiel" ein, den Turing-Test, mit einem Mann A, einer Frau B und einem Schiedsrichter C im Nebenraum. Im Ausgangsspiel stellt der Schiedsrichter laufend schriftliche Fragen an den Mann und die Frau. Dabei ist es sein Ziel festzustellen, wer in Wirklichkeit der Mann ist und wer die Frau. Der Mann soll dabei seine Antworten so zweideutig wie möglich geben. Nun wird der Mann (nicht die Frau, die sich im Wesentlichen selbst spielt) durch eine Maschine, den Computer, ersetzt. Wenn der Schiedsrichter dies nicht bemerkt, sondern weiter denkt, mit dem Menschen zu kommunizieren, dann hat der Computer gewonnen. Er formuliert neu: *„Gibt es digitale Computer (d. h. Software), die sich im Imitationsspiel gut schlagen können?"*

Das Jeopardy-Spiel mit den Sachfragen von Jeopardy ist gewissermassen eine Teilaufgabe dieses Turing-Tests und ist seit Februar 2011 von der Maschine mit Watsonsoftware bestanden. Berühmt wurde der Ausspruch des menschlichen Spielchampions Ken Jennings nach dem Spiel mit Watson:

> Ich jedenfalls begrüsse unseren neuen Computer Oberherrn (im engl. Original ‚computer overlord').

Eigentlich ist der Test für diese Teilaufgabe (wie für Teilaufgaben „Schach spielen" oder „Dame") schon bestanden. Für das Poker-Spiel wurde erst 2015 ein Computerprogramm namens Cepheus entwickelt das (im Mittel) nicht mehr vom Menschen geschlagen werden kann. Es zeichnet sich ein Reversal-of-Defaults ab, eine Umkehrung der Ausgangslage. Es geht bei der beim Turing-Test geforderten Unauffälligkeit des Tausches der Rollen Mensch und Computer oft nicht mehr darum, so gut und schnell wie möglich mit dem Computer zu sein, sondern umgekehrt darum nicht zu gut (und damit unmenschlich) zu sein. Man baut dafür sogar künstliche Verzögerungen ein. Bereits Turing hatte schon 1950 an eine künstlich-defekte Intelligenz als Steigerung der künstlichen Intelligenz aus menschlicher Sicht gedacht. Auch für die häufig gehörte menschliche triumphierende Bemerkung *„Aber echt denken kann der Computer nicht"* hat Alan Turing eine Antwort:

„Der einzige Weg, um sicher zu sein, dass die Maschine denkt, ist eben die Maschine zu sein und sich selbst denkend zu fühlen." So wie wir (wir als Computer) es die ganze Zeit ja tun.

6.3.2 Verstehen und Computer

Verstehen ist nach Wikipedia (gezogen 07/2015):

> … das inhaltliche Begreifen eines Sachverhalts, das nicht nur in der bloßen Kenntnisnahme besteht, sondern auch und vor allem in der intellektuellen Erfassung des Zusammenhangs, in dem der Sachverhalt steht.

Dies ist in etwa in Übereinstimmung mit unserer Definition beim Schichtenmodell: Minimales „Verstehen" bedeutet die Kenntnis der Schnittstellen, Expertenverstehen dagegen die Funktionen und Zusammenhänge und die Nachbarschichten darüber und darunter. Bei einem Programm zur Bearbeitung von Videos kann man gerade die Bedienung verstehen oder als Experte die Regeln für gutgestaltete Videoszenen kennen (darüber) und noch die verwendeten Datenformate (nach unten). Die experimentelle Nagelprobe auf Verstehen und Expertentum kommt bei Problemen: „Schwaches" Verstehen kennt nur den richtigen Weg, „starkes" Verstehen auch die Seitenpfade links und rechts.

Eine harte Bemerkung zu uns Menschen, die das Menschliche nicht herabsetzen will, sondern nur justieren. Die meisten Menschen verstehen viele intellektuelle Objekte nur „schwach", **d. h.** sie kennen z. B. vom Computer nur die Handvoll Klicks bis zur Email auf dem Telefon (aber nicht wie ein Computer funktioniert) oder vage die Farben des Regenbogens (aber nicht, wie er entsteht). Trotzdem haben wir (oft) das Gefühl, das ist das „echte" Verstehen.

Watsonsoftware kann Millionen, vielleicht Milliarden von Fragen beantworten, aber wohl nicht bei der gleichen Frage tiefergehen. Aber das können wir Menschen i. Allg. auch nicht. Die dünne Schicht unseres Wissens gibt uns aber trotzdem wieder das Gefühl „zu verstehen". Allerdings kann Watson *ad hoc* dafür aus 10 TB Daten Beziehungen knüpfen und Aussagen extrahieren. Ein weiterer Schritt zu „Verstehen" könnte an Stelle einer kurzen Antwort das Erstellen eines richtigen Berichts zu einer Anfrage sein. Es gibt in der Tat bereits Software, die passable Zusammenfassungen einer Idee aus mehreren Dokumenten erstellt. Damit wäre ein weiterer Turing-Untertest Mensch und Computer denkbar: wer hat diese Semesterarbeit zu einer Frage geschrieben, die Software oder der Student?

Das Watsonteam hat viel gelernt, in Linguistik und Informatik: es (und ihre Software) versteht, wie man Sätze analysiert (etwa Deixis auflöst) und Aussagen bewertet. Schreibt man Software, die eine Aufgabe löst, wie hier erfolgreich Jeopardy zu spielen, oder ein Buch zu formatieren oder mit einem Robotersystem eine nicht-invasive Operation auszuführen, so lernen die Programmierer die Aufgabe kennen inklusive des Beweises für das technische und konzeptuelle Verstehen, nämlich wenn das System funktioniert.

Es ist für viele Menschen schwer zu akzeptieren, dass die technische „Bluecollar"-Arbeit des Herstellens die Krönung des Verstehens sein soll – aber das Verstehen „by Doing", beim Selbstmachen, hat eine philosophische Tradition. Es ist der wohl bekannteste Gedanke des barocken Philosophen Gianbattista Vico (1668–1744) mit dem Leitspruch von 1710 und aus seiner „*Scienza Nuova*" von 1725:

„Verum quia factum" – „Wahr ist nur das, was wir selbst gemacht haben".

Er zweifelt zu Recht an unseren Fähigkeiten, aus Beobachtungen und Diskussionen „die Wahrheit" zu erkennen, und fordert das Selbermachen oder, etwa in der Geschichtswissenschaft, das Verstehen aus dem Entstehen heraus mit allen Einzelheiten des Kontexts. Dies ist die Vorwegnahme der Forderung nach einer konstruktiven Epistemologie wie sie mit Software, Softwaretechnologie und Softwaresystemen gerade für Intellekt und Seele durchgeführt wird.

Gianbattista Vico vergleicht auch den aus sich selbst heraus schwer zu verstehenden Geist mit *„dem Auge, das alles sehen kann, nur nicht sich selbst, sondern dafür einen Spiegel braucht.*" Der Spiegel des Geistes (hier der intellektuellen Fähigkeiten, aber auch des Bewusstseins und der Seele) ist in unserem Sinn der Nachbau und die Simulation dieser Fähigkeiten und Funktionen im Computer und als Software.

Die Blue-Collar-Aussage *Verum quia factum* findet sich sinngemäss schon in der griechischen Philosophentradition:

Der ist der allerbeste, der selber alles durchdenket.
Aristoteles, griechischer Philosoph (384–322 v. Chr.), zitiert von Hesiod, griechischer Schriftsteller, geb. ca. 650 v. Chr.

Es denken bei Watson Linguisten und Softwaredesigner bei der Programmierung und „durchdenken" mit der Software operativ, d. h. gehen durch Milliarden Zeilen Programm, und der Erfolg wird sichtbar und messbar. Die erfolgreiche Simulation ist damit die letzte Stufe des Verstehens auch von Vorgängen, die sich nicht in mathematische Gleichungen fassen lassen oder unser menschliches Verstehen übersteigen. Allerdings ist dieses Verstehen mit dem Wermutstropfen behaftet, dass ernsthafte Simulationsaufgaben übermenschlich gross sind und uns den Kern des Verstehens nicht im Detail zeigen – aber die Ergebnisse z. B. als Grafiken. Hesiod fährt passend dazu weiter:

doch ist wacher auch der, der richtigem Rat sich anschliesst.

In unserem Zusammenhang könnte man diesen Rat interpretieren: Verwende als Ratgeber gute Software. Es gibt immer mehr Bereiche dafür. Es beginnt sogar ein anderer Satz von Gianbattista Vico buchstäblich wahr zu werden:

„Verum et factum reciprocantur seu convertuntur" – „das Wahre und das Gemachte gehen ineinander über".

Dies wäre sogar ein möglicher Leitsatz für dieses Buch: Das „Gemachte", die Software, durchdringt die Welt und reale Realität und virtuelle Realität(en) verschmelzen. Der Satz bekommt damit allerdings einen ganz anderen negativen Sinn: Es wird immer weniger sicher, ob das digitale Foto oder die Twitternachricht die Wahrheit sagen. Und nicht vergessen: Das „Machen" bleibt nicht beim Verstehen stehen, sondern Software handelt auch per Definition.

6.3.3 Sorites, menschliche und maschinelle Intelligenz

„Wir können hoffen, dass Maschinen schliesslich mit dem Menschen in allen rein intellektuellen Bereichen ernsthaft konkurrieren werden können."
„Die Idee hinter digitalen Computern ist die Absicht, dass diese Maschinen alle Operationen ausführen können, die ein menschlicher Computer kann."
„Wie ich erläutert habe, ist es vor allem ein Problem der Programmierung".
Alan Turing, Informatiker (1950)

Alan Turing, der britische Pionier der angewandten Informatik und der Software als Grundlage für alles, sieht in der wunderbaren Schrift „Rechenmaschinen und Intelligenz" (1950) weit voraus, diskutiert die naiv-menschlichen Argumente gegen die Möglichkeiten maschineller Intelligenz und ist dabei hochaktuell. Allerdings erinnert der unbedarfte Optimismus des ersten Zitats auf maschinelle Intelligenz an die unbedarfte Hoffnung auf die Atomenergie etwa zur gleichen Zeit. Abbildung 6.8 zeigt diesen Zeitgeist an Hand des klassischen Buchs von Walt Disney (das den Autor als Schüler beeindruckt hat). Während die Nutzung von Kernenergie langfristig gesehen eine Zeiterscheinung der Technikgeschichte ist, geht maschinelle Intelligenz nicht wieder fort, sondern wächst ohne sichtbare Begrenzung.

Schon die Frage „Was ist Intelligenz?" hat eine polemische Antwort: „Umstritten". Oder: Das Ergebnis eines (irgendwie konstruierten) Tests, *„Intelligenz ist das, was Intelligenztests messen"* sagt der Psychologe Edwin Boring 1923, beinahe ein Zirkelschluss. Das Wort stammt vom Lateinischen *intellegere* oder *intelligere* für verstehen oder wahrnehmen ab. Es wird vor allem in der Psychologie gebraucht, weniger in der Philosophie.

Was ist Intelligenz in der Psychologie?

„Wie messen Sie das Volumen Ihres Kopfes?" Frage im Einstellungstest von Google.

Der Begriff „Intelligenz" versucht, die intellektuelle Leistung eines Menschen in eine einzige Masszahl zu packen und dabei in Übereinstimmung mit einer empfundenen Leistungsstärke dieses Menschen (relativ zu anderen) zu sein. Um sinnvoll zu sein, sollte sich dies in einer Korrelation zu den zukünftigen Erfolgen der Person niederschlagen. Es ist durchaus verwandt mit der ebenfalls schwierigen Aufgabe, ein Computersystem mit einer

Abb. 6.8 Von „Unser Freund das Atom" zu „Unser Freund, die maschinelle Intelligenz?" (Quelle: Knaur/Walt Disney Productions 1958, eigene Aufnahme.)

einzigen Leistungszahl zu beurteilen, um damit die Kaufentscheidung für ein neues System zu unterstützen.

Hier einige Definitionen für Intelligenz aus einer Vielzahl:

- *„die Bewältigung einer aktuellen Situation, ..., gut urteilen, gut verstehen und gut denken"* (Binet 1905),
- *„Intelligenz ist die zusammengesetzte oder globale Fähigkeit des Individuums, zweckvoll zu handeln, vernünftig zu denken und sich mit seiner Umgebung wirkungsvoll auseinanderzusetzen"* (Wechsler 1944),
- *„die personale Fähigkeit, sich unter zweckmäßiger Verfügung über die Denkmittel auf neue Forderungen einzustellen"* (Stern 1950),
- *„ein Zustand der Balance oder des Gleichgewichts, der durch eine Person erreicht wird, wenn sie dazu fähig ist, angemessen mit den ihr vorliegenden Daten umzugehen. Aber sie [d. h. die Intelligenz] ist kein statischer Zustand, sondern in dem Sinne dynamisch, dass sie sich selbst kontinuierlich an neue Umweltreize anpasst"* (Piaget 1950),

- *„…der Prozess des Erlangens, Speicherns und Rückholens, Kombinierens, Vergleichens und Verwendens in neuen Zusammenhängen und bei neuen Fähigkeiten"* (Humphreys 1979).

Diese Definitionen sind aus Softwaresicht vage Spezifikationen für ein operatives System und dessen „Intelligenz", sei es für ein Individuum oder kollektiv für ein Unternehmen und dessen „Systemintelligenz". Dies ist kein besonderes philosophisches Problem, sondern eine informationstechnische Aufgabe, die in der Wirtschaft z. B. von Produkten von Unternehmen wie SAP gelöst wird.

Wir haben die Lösung derartiger Aufgaben ja schon in Kap. 5 als „Strömendes Computing" betrachtet und dies als Realisierung eines Bewusstseins angesehen, sei es für ein technisches System wie ein Auto mit hoher wirtschaftlicher Bedeutung und hohem Entwicklungsdruck oder für einen Menschen aus wissenschaftlichen und philosophischen Beweggründen. Intelligenz ist damit ein Sammelbegriff für die Güte des Systems des strömenden Computing.

Die Realisierung von Veränderungen („Change Management") ist prinzipiell umso schwieriger, je allgemeiner die Situation ist und je „neuer" die neuen Umstände sind, an die die Anpassung erfolgen soll. Die Allgemeinheit der Aufgabenstellung erschwert die Bearbeitung, vor allem aus quantitativen Gründen, durch die Vielfalt der Aufgaben. Es liegt allerdings in der Natur des Intelligenzbegriffs, unter „Intelligenz" allgemeine Fähigkeiten zu verstehen und bei speziellen Fähigkeiten von „Begabungen" zu sprechen. Die obigen Definitionen entsprechen lauffähigen Softwaresystemen. Grössere Anforderungen an Neuheit erfordern „stärkere" Kreativitätsmittel der Software wie in den Kap. 5.3 bis 5.5 besprochen, etwa adaptive Software und das Suchen nach Lösungen in einem immer grösseren Zustandsraum. Im Extremfall wird die Aufgabe der Anpassung nur durch eine (Software-) Evolution gelöst. Im Unternehmen dagegen ist die Aufgabe der Anpassung die zentrale Aufgabe des menschlichen IT-Managements.

Diese Definition von Intelligenz

> die kognitive Struktur und Funktionalität zu verändern je nach den Erfordernissen der Lebenssituation. (Feuerstein 1972/2002)

könnte in der Tat genauso in der Positionsbeschreibung des CIO[1] eines Unternehmens stehen.

Ein Mensch verfügt über die verschiedensten intellektuellen Fähigkeiten, die in die Intelligenz eingehen (der Psychologe Joy Guilford zählte in seiner „Struktur des Intellekts"(1955) 150 verschiedene, für ihn messbare Fähigkeiten auf). Von aussen betrachtet sind die verschiedenen Tests stochastische Mengen von Messwerten mit vagen Aufgabenstellungen und von menschlichen (d. h. vagen) Probanden. Es ist dazu eine wohl sinnvolle Hypothese, dass auch die kausalen Zusammenhänge zwischen den Variablen der

[1] CIO = Chief Information Officer. Stratege und Leiter der IT-Abteilungen eines Unternehmens.

Tests vage sind. Mit Letzterem ist gemeint, dass z. B. in der Physik die agierenden Komponenten präzise sind in Definition und Grössen, oft mit vielen sinnvollen und gültigen Dezimalstellen. Beim Menschen ist praktisch alles unscharf bis auf die Zahlenwerte der Messungen mit ihrer scheinbaren Genauigkeit. Allgemein stellen sich die Fragen:

1. Wie gruppiert („clustert") man die Testergebnisse am besten, damit die Cluster möglichst getrennt sind. Am besten derart, dass man die gebildeten Gruppen interpretieren kann: Was bedeuten diese Cluster?
2. Gibt es eine gemeinsame Gruppe von Testkriterien, die mit den Erfolgen bei allen Einzelgruppen korreliert?

Die Antworten ergeben sich rein mathematisch durch Faktorenanalyse und die berechneten Korrelationen zunächst ohne Verständnis:

1. Eine überschaubare sinnvolle Zahl sind etwa sieben oder acht Gruppen (z. B. die sieben „Primärintelligenzen" von Louis Thurnstone oder die acht „Multiplen Intelligenzen" von Howard Gardner).
2. Es lässt sich eine gemeinsame Eigenschaft sinnvoll angeben („Allgemeiner" oder „g-Faktor" der Intelligenz von Charles Spearman).

Durch die Vagheit der Experimente und die Beimischung persönlicher Ideen gibt es hier sehr viele Varianten in der messenden Psychologie. Die obigen Aussagen von Gruppen einerseits und einer gemeinsamen Gruppe andrerseits sind so abstrakt, dass sie kaum falsch sein können. Es stellt sich dafür die Frage der Nützlichkeit.

Die klassischen kognitiven Intelligenzfaktoren von Louis Thurnstone (1887–1955) sind hier gelistet, in Klammern jeweils die passende Computing Funktion:

> Rechenfähigkeit (Numerical ability) und Merkfähigkeit (Memory),
> Wahrnehmungs- und Auffassungsgeschwindigkeit (Perceptual speed),
> Schlussfolgerndes Denken und die Fähigkeit, Regeln aufzufinden (Reasoning oder Induction),
> Räumliches Vorstellungsvermögen (Space) und Verbales Verständnis (Verbal comprehension),
> Wortflüssigkeit (Word fluency).

Dies sind Funktionen, die auch von üblicher Computersoftware ausgeführt werden können. Dabei sind Rechen- und Merkfähigkeit sogar Grundfunktionen mit astronomisch höheren Leistungen im Vergleich zum Menschen.

Diese Einzelfunktionen sind (nach Charles Spearman, 1863–1945) miteinander positiv korreliert; diese gemeinsame Korrelation lässt sich durch eine Zahl ausdrücken: den „g-Faktor" oder den Generalfaktor der Intelligenz. Für den Generalfaktor gilt analog der schon beim Mooreschen Gesetz zur Steigerung der Computerleistung verwendete Spruch „*Die Flut hebt alle Boote*". Das Ergebnis ist eine Struktur der Intelligenz wie in Abb. 6.9 mit dem Generalfaktor im Zentrum, der alle Fähigkeiten der Peripherie beeinflusst.

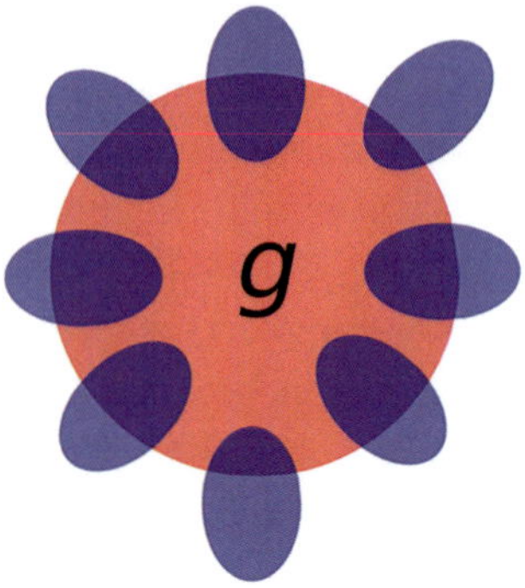

Abb. 6.9 Schematische Darstellung des Intelligenzmodells von Charles Spearman mit dem g-Faktor für allgemeine Intelligenz und mit Einzelintelligenzen. (Grafik Wikimedia Commons, „SpearmanFactors", Schaefer/Elembis.)

Es handelt sich um ein mathematisches Modell, das immer formuliert werden kann. Es muss durch die Messungen und die Identifikation mit psychologischen Eigenschaften erst mit Sinn versehen werden und wissenschaftlichen Wert erhalten:

> Während die Existenz von g als statistische Grösse wohl etabliert ist und unwidersprochen, gibt es keine Übereinstimmung [in der Psychologie] über die Bedeutung der positiven Korrelationen zwischen den Tests.
> Englischer Wikipedia-Artikel „g factor (psychometrics)", 07/2015

Einige Psychologen unterscheiden dazu zwei Komponenten des allgemeinen Intelligenzfaktors:

- „Flüssig" (gf): Allgemeine Intelligenz für die Lösung neuer Probleme, Erkennen neuer Muster,
- „Kristallisiert" (gc): Allgemeine Intelligenz, die erworben und erlernt wurde.

Im nächsten Abschnitt ziehen wir simple Analogschlüsse von der menschlichen Intelligenz zum Arbeitsschema von Computersoftware.

Die Intelligenz – Computer Analogie

> Ich habe mich überzeugt, dass Analogien im Kern des Denkens sind – für alle, nicht nur für mich… Wenn Sie nicht sagen wollen ‚wir machen hier eine Analogie', so können Sie sagen ‚lasst uns alles Unwichtige abstreifen, um ans Wesentliche der Dinge zu kommen'.
> Douglas Hofstadter, Physiker und Informatiker, geb. 1945.

Der Ausgangspunkt der klassischen Intelligenzlehre sind menschliche Beobachtungen und Vorstellungen. Ein anderer Ansatz ist der Vergleich der menschlichen Intelligenz mit dem ganz normalen Computer in der Box, mit Hardware und Software und Strukturen (der Computerarchitektur). Diese Analogien sind seit etwa 70 Jahren möglich – seit etwa 1938 mit Konrad Zuse und 1944 mit John von Neumann. Praktische Erfahrungen mit Computerleistung und Messung beginnen in den 60er Jahren; im Jahr 1968 wird auf einer

Konferenz in Garmisch Partenkirchen die Softwaretechnik (Software Engineering) als Disziplin geboren.

In diesem Abschnitt verwenden wir Computersysteme und ihre Leistungsmessung als Analogie; hier nützliche Definitionen dazu:

Metapher: Eine literarische Übertragung eines Sachverhalts A auf den Sachverhalt B.

> *„Fritz ist ein Computer"* d. h. z. B. „Fritz arbeitet fehlerlos".

Analogie: Ein Teil des Sachverhalts (Struktur, Verhaltens) von A ist auch in B.

> *„Das Gehirn ist wie ein Computer"* d. h. „das Gehirn hat Prozessor, Speicher und Software".

Wir werden später sehen, dass das Gehirn ein Computer ist – hier beschränken wir uns auf simple, aber auffällige Analogien, zunächst vor allem von Intelligenztests zu Systemleistungsmessungen.

Beim Computersystem wie beim Menschen ist die Messung der Gesamtfähigkeit schwierig. Eine solche Messung wäre nützlich für den Kaufentscheid des Computers, der natürlich auch von ganz anderem abhängt, etwa von der Bedienbarkeit.

Der Grundfaktor der Systemleistung wird durch die Grundgeschwindigkeit der Hardware bestimmt (ausgeführte Softwarebefehle pro Sekunde) und durch die Enge der Verknüpfung der Systemkomponenten (die internen Datengeschwindigkeiten und Zugriffszeiten). Eine weitere kritische Grösse ist der Speicher, der Arbeitsdaten zur Verfügung stellt. Dazu gibt es eine ganze Speicherhierarchie: Vom schnellsten und relativ teuersten Speicher für kurzfristige Daten, dem Cache[2]), mit geringer Kapazität zum eigentlichen grossen Arbeitsspeicher und zum langfristigen, sehr grossen Archiv mit geringen Speicherkosten pro Informationseinheit. Die Reihenfolge Cache – Hauptspeicher – Archiv ist also die Ordnung nach fallenden Kosten pro Byte, aber auch nach langsamerem Zugriff. Die Grösse des Caches ist wesentlich für die Systemleistung. Sie bestimmt den Umfang der Begriffe und Programme, die in letzter Zeit laufend verwendet wurden und mit denen man schnell loslegen kann. Dies ist der „Working Set", der aktuelle Satz von Arbeitsobjekten. Jeder Begriff oder jedes Programmstück, das gebraucht wird und nicht im Cache liegt, ergibt eine Verzögerung (eine Ausnahme oder Exception), die man mit verschiedenen Tricks zu vermeiden versucht. Im menschlichen Bereich ist der entsprechende Vorgang das *„es liegt mir auf der Zunge, Moment"* – aber die richtige Information ist eben nicht im mentalen Cache und mentalen Netz greifbar.

Diese Eigenschaften des Gesamtsystems finden wohl ihre Entsprechung im g-Faktor der Intelligenz. Den einzelnen Intelligenzfaktoren entsprechen besser die Softwareanwendungen („Apps"). Auffallend ist die grosse Variabilität im Aufwand zur Lösung der gleichen Aufgabe: Ein gut geschriebenes Programm kann um Grössenordnungen besser

[2] *Cache* vom französischen „Lager, Versteck". Dieser Hilfsspeicher ist vor dem Programmierer „versteckt".

„laufen“ als ein schlecht geschriebenes. Auch ein Programm in einer „niederen“ (der zugehörigen Hardware angepassten) Sprache kann um Grössenordnungen schneller sein als ein in einer „höheren“ (indirekteren) Programmiersprache geschriebenes. Am höchsten wird die Leistung für eine Aufgabenart, wenn man nicht nur die Software, sondern auch die Hardware in ihrer Struktur für diesen Aufgabentyp (etwa für Computerspiele) optimiert. In Psychologie und Psychiatrie entspräche dies wohl einem „Idiot savant“ oder, politisch korrekt, einem „Savant“ oder einer Inselbegabung.

Wie bei der Intelligenzmessung misst man oft relativ; man vergleicht die Lösungsgeschwindigkeit oder den Durchsatz für eine Aufgabe bei verschiedenen Systemen durch Benchmarking[3]. Benchmarking ist die Idee der Lösung des gleichen intellektuellen Problems mit verschiedenen Rechnerarchitekturen und dazu jeweils passender Software. Beim Intelligenztest vergleicht man mit der Verteilung in der menschlichen Population.

Im philosophischen Sinn ist eine der wichtigsten Rechnerarchitekturen diejenige des Menschen – aber bei einer Aufgabe wie dem Schachspiel ist gelöst eben gelöst, ob mit Halbleitern im Computer oder biologisch im Gehirn.

Bei industriellen Benchmarks mit Computern und Software gibt es allerdings wie in der Psychometrik „kulturelle“ Probleme: Die Unternehmen, die Computer bauen, passen gezielt ihre Systeme an diese Benchmarks an und entwerten die Tests als neutrales Gesamtmass. Dies ist eine Art von sozialem Verfälschungseffekt entsprechend der Verbesserung durch das Üben von typischen Testaufgaben von Intelligenztests.

Maschinelle schwache und starke Intelligenz

> Ray Kurzweil sagt voraus, dass bis 2019 Computer fähig sein werden, aus der Erfahrung zu lernen, Witze zu erklären[4], Geschichten zu erzählen und zu flirten.
> Interview mit dem „Observer New Review“, 22. Februar 2014

Es ist nicht sehr sinnvoll, von „natürlicher“ und „künstlicher“ Intelligenz zu sprechen, wenn man die Lösung der Aufgabe in den Vordergrund stellt. Wir reden von Intelligenz in verschiedenen Ausprägungen und bei Computerintelligenz besser von maschineller Intelligenz. Wir vergleichen dies mit der Mathematik, bei der es verschiedene Methoden zur Lösung der gleichen Aufgabe gibt, etwa verschiedene Verfahren zum Finden von Nullstellen von Polynomen wie von Newton oder von Lobatschewski-Graeffe. Der US-amerikanische Informatiker Drew McDermott (geb. 1949) hat dies so ausgedrückt:

> Zu sagen, dass der Schachcomputer Deep Blue nicht richtig denkt, ist so als ob man sagte, Flugzeuge flögen nicht richtig, weil sie nicht mit den Flügeln schlagen.

Die Spracherkennungssoftware ist ein Beispiel dafür, dass ein Weg, der nur von der Maschine begangen werden kann – die statistische Erfahrung der Sprache – besser funktioniert als ein menschlicher Weg des Sprachverstehens.

Im allgemeinen Softwarebereich beschreibt man diese Situation entweder als

[3] *Benchmark* vom englischen „Prüfmarke“.

[4] im englischen Original steht „*to crack jokes*“ – Witze knacken.

Emulation Die Ergebnisse der maschinellen und der menschlichen Arbeitsweise sind identisch, die interne Realisierung ist verschieden,

oder als

Simulation Die Ergebnisse sind identisch, und die maschinelle Lösung ahmt zusätzlich die menschliche Arbeitsweise nach.

Man verwendet z. B. Emulationssoftware an Stelle einer Software, die man nicht mehr weiter pflegen möchte, aber deren ganze Arbeitsumgebung unverändert erhalten bleiben soll. Die emulierende Software übernimmt dann die gleichen Eingaben und liefert die gleichen Resultate wie der Vorgänger.

Historisch haben sich zwei Typen der maschinellen Intelligenz herausgebildet, die das Schema der Abb. 6.9 von Charles Spearman reflektieren mit den beiden Typen von Intelligenz, den besonderen Begabungen einerseits und allgemeiner Intelligenz andrerseits (John Searle, US-amerikanischer Philosoph):

„Schwache (schmalspurige, „shallow") maschinelle Intelligenz":

> Software löst einzelne Aufgaben wie Sprache zu verstehen, einen Roboter laufen zu lassen oder Schach zu spielen,

„Starke (tiefe) maschinelle Intelligenz" oder „Künstliche Allgemeine Intelligenz", im Englischen „Artificial General Intelligence" (AGI):

> Software wird hier allgemein menschenähnlich.

Eine Vielzahl von Verfahren der schwachen Intelligenz ist ohne grosses Aufsehen in Anwendungen und Systeme gelangt. Ein Beispiel ist Gesichtserkennung: Die Software moderner Kameras findet in kürzester Zeit Gesichter im Bild, sogar die Gesichter von Spielzeugen, und die Verarbeitungssoftware lernt dazu die Namen der Menschen und erkennt sie wieder. Die Künstliche Allgemeine Intelligenz passte weniger gut zur digitalen mathematischen Welt der ersten Softwaresysteme. Der grossen Erwartungshaltung der Laien wie der Experten standen ein geringes kommerzielles Interesse und eine Vielfalt von kniffligen Aufgaben gegenüber.

Abbildung 6.10 zeigt einige vorgeschlagene Imitationsspiele „Software macht Mensch (erfolgreich) nach" zusätzlich zum beschriebenen Wissensquiz Jeopardy. Die Szenarien reichen von der klassischen Rolle des Computers als Gesprächspartner zu „normalen" Alltagsthemen (dem Turing-Test) bis zum erfolgreichen Absolvieren eines vollständigen akademischen Studiengangs durch einen Software-Studenten. Andere spezielle Fähigkeiten wären der Nachweis, Chinesisch zu sprechen oder einen Wein blumenreich zu beschreiben und sich als Weinkenner auszugeben, Witze zu erläutern oder einen Charmeur zu imitieren mit einem erfolgreichen Flirt. Als Beispieltest für einen Roboter (d. h. eine Intelligenz mit Körper) wurde vorgeschlagen, dass der Roboter in eine unbekannte Wohnung gehen können soll und dort an der unbekannten Kaffeemaschine eine Tasse Kaffee

```
Q: Please write me a sonnet on
   the subject of the Forth Bridge.
A: Count me out on this one.
   I never could write poetry.
Q: Add 34957 to 70764.
A: Pause about 30 seconds and then
   give as answer) 105621.
Q: Do you play chess?
A: Yes.
```

Das Imitationsspiel (Turing-Test)
Bild: Auszug aus dem Originaldialog von Alan Turing, 1950. Mind, Oct. 1950, Vol. 59.

我中文说得很好.
Wǒ zhōngwén shuō de hěn hǎo.
I speak Chinese very well.

Das Chinesis che Zimmer von John Searle:
Die Imitationssoftware führt einenDialog auf Mandarin.
Text: Wikibook Chinese (Mandarin).

Welch feiner, eleganter, animierender, floraler Duft, ein Feuerwerk an sanften, zartwürzigen Aromen, unterlegt mit einem Hauch reifer Ananas, animierender Grapefruit und leicht kräutrigen Komponenten, im Hintergrund faszinierende mineralische Anklänge.

„Wine-Talk":
Ein künstliches Fachgesprä chüber Wein: Beispiel nach Würtz-Wein, Kryptische Weinsprache, 2011.

Ein Projektmanager, ein Maschinenbauingenieur und ein Informatiker machen einen Autoausflug durch die Berge. Als sie gerade einen Pass hinunterfahren, reagieren plötzlich die Bremsen nicht mehr. Das Auto kommt von der Straße ab ...

Der Witze-Versteher:
Die Software erklärt einen Witz (oder Fabel oder Anekdote) und findet ähnliche Witze.
Text: Anonym.

Wenn ich dir jetzt sagen würde,
dass Du ein wundervolles Lächeln hast,
würdest du denken,
dass ich dich anmachen will.
Und damit hättest du Recht!

Der Charmeur:
Der Computer imitiert einen menschlichen Flirtpartner im Email-oder SMS-Dialog.
Text: Anonymer Anmachspruch.

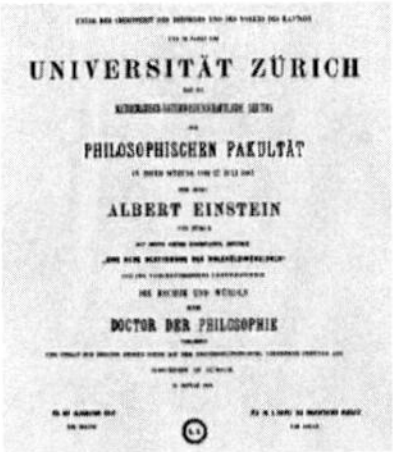
UNIVERSITÄT ZÜRICH
PHILOSOPHISCHEN FAKULTÄT
ALBERT EINSTEIN
DOCTOR DER PHILOSOPHIE

Der Student aus Software:
Bild: Die Doktorurkunde von Albert Einstein, Universitätsarchiv Universität Zürich, Signatur UAZ AD Phil. II 1.4.

我中文说得很好.
Wǒ zhōngwén shuō de hěn hǎo.
I speak Chinese very well.

Abb. 6.10 Eine Collage verschiedener phantasiereicher Imitationstests zum möglichen Beweis der intellektuellen „Menschlichkeit" von Software produzieren… Die Spiele Schach und Wissensquiz sind in der Liste nicht enthalten: die Kompetition „Computer vs. Mensch“ ist dort schon im Prinzip entschieden.

Wirtschaftlich sind diese Aufgaben heute nur Nebenschauplätze, aber mit wenigen Dutzend Millionen Franken oder Euros könnte man sie – wie Jeopardy – schon bald lösen und wieder eine PR-Aktion für ein IT-Unternehmen erhalten. Erfahrungsgemäss gibt es beim Vergleich Mensch und Computer immer Diskussionen, ja Streit um das „Echte“. Der Konflikt verschwindet erst wenn die Überlegenheit der Software schlagend wird und der Computer das Auto besser einparken kann als wir oder im Notfall das Steuer im Flugzeug übernimmt. Zum Glück macht das Schachspiel uns Menschen immer noch Spass, und wir müssen noch selbst Fakten zu Wissen verknüpfen um die Welt zu verstehen.

Eine besonders faszinierende Entwicklung, weil philosophisch interessant und nahe am Menschen, ist das Verstehen von Geschichten per Computer, die sog. „Computerbasierende Narratologie“, von Fabeln, Witzen oder Verkaufssituationen durch Software. Der Beweis für das Verstehen kann dabei in einer Erklärung (Kategorisierung) des Inhalts liegen wie „in der Email beschwert sich der Kunde über …“ oder „in der Fabel wird ein Betrüger betrogen“ oder im Auffinden von Geschichten mit ähnlichen Zügen („Vergleiche dies mit jener Anekdote mit Einstein“). Im Sinne unseres Verständnisses, dass Tun der oberste Schritt des Verstehens ist, gehört dazu die Aufgabe, eine Geschichte nach vorgegebenen Grundideen auch per Software zu schreiben oder als Comic-Streifen oder Videospiel zu produzieren. Wer hat nicht schon einen Witz in einer Fremdsprache gelesen, jedes Wort verstanden, aber nicht den Witz? „Storytelling“, das Geschichtenerzählen, wird damit zu einer philosophisch wichtigen Methode der Schnittstelle Mensch und Computer.

Es ist angewandte Hermeneutik, die das Verstehen der expliziten und impliziten Information erfordert. Dazu gehören auch implizite Aussagen im Zusammenhang mit der Umwelt und sozialem Metawissen. In einer Geschichte: „*Walter fühlte sich krank und sagte sein Meeting per SMS ab*“ bedeutet dies auch „*Walter ist verantwortungsbewusst, will niemanden anstecken, verwendet das mobile Telefon*“. Dies zwischen den Zeilen zu lesen erfordert noch eine Erweiterung des Wissens und des Schliessens; es ist ein konsequenter nächster Schritt nach dem Wissensquiz.

Philosophisch hat der Philosoph John Searle (und andere wie der Physiker Roger Penrose) menschliche Intelligenz und Verstehen als prinzipiell andersartige dritte und höchste Stufe der Intelligenzen nach schwach und stark angesehen:

> „Menschliche Intelligenz“ – sei eben prinzipiell anders, etwas, das nicht durch Informationstechnologie erreicht werden könne.

Dies erinnert an die historische Ansicht des (biologischen) Vitalismus, dass es z. B. nicht möglich sei, künstlich organische Substanzen darzustellen: Seit der Harnstoffsynthese durch Friedrich Wöhler (1828) und besonders durch die „harte“ Synthese von Aminosäuren, den Grundbausteinen des Lebens, in der Retorte mit Blitzen durch Stanley Miller und Harold Urey (1959), wissen wir das Gegenteil.

John Searle vergleicht:

> Niemand erwartet, dass das Computermodell für einen starken Regen in London uns nassmacht. Aber sie machen den Fehler zu glauben, dass das Modell für Bewusstsein im Computer irgendwie bewusst ist.

Der Vergleich ist ein grober Fehlschluss – diese beiden Vorgänge gehören in unserem Weltmodell der Bit-It-Welten zwei verschiedenen Säulen an: „Regen“ ist in der atomaren, physikalischen It-Welt, Bewusstsein, Intelligenz, Vorstellung und Simulation sind in der Bit-Welt. Das Regenmodell ist ebenfalls in der Bit-Welt (die nicht nass regnet, allerdings einen Rasensprenger über die It-Welt einschalten könnte). Dagegen ist Intelligenz, ob menschlich oder maschinell, in der gleichen Bit-Säule. Es gibt keinen Grund, einen prinzipiellen Unterschied zu sehen, davon abgesehen, dass menschliche Intelligenz nahezu eine Konstante ist, die maschinelle Intelligenz stetig und ohne sichtbare Grenzen (ausser denn der Physik) wächst. Es gibt keinen Grund für die Entwicklung, beim menschlichen Leistungsniveau stehen zu bleiben.

Eine andere Aussage kommt von Ray Kurzweil als Gesamttrend der Entwicklung. Es ist die Idee der „Beschleunigten maschinellen Intelligenz“ mit dem Gedanken, dass erhöhte Intelligenz zu beschleunigter Weiterentwicklung führt und schliesslich zu einer Art Explosion oder zumindest einer radikalen Umgestaltung der Welt, der „Technologischen Singularität“. Es ist offensichtlich, dass unsere intelligenten Computer über- oder unmenschlich werden, aber noch „unsere“ Werkzeuge bleiben und nicht zu unseren unmittelbaren Meistern oder Herrschern werden. Allerdings indirekt sind sie es ja schon, man denke z. B. nur an die Auswirkungen eines Ausfalls des Internets oder der Computer einer Bank.

Zu betonen ist, dass die sog. „schwache“ Intelligenz einer grösseren technischen Tiefe entsprechen kann (etwa die Sprachtechnologie) als „starke“ Aufgaben der allgemeinen Bildung, etwa die Hauptstadt der Schweiz zu nennen, und dass das wirtschaftliche Interesse heute durchaus eher auf konkreten Einzelaufgaben liegt als auf allgemeiner Menschenähnlichkeit. Daraus folgen zwei Ansätze zur Motivation für Forschung zur maschinellen Intelligenz:

- der Ingenieursansatz: Lösung und Verbesserung der Software für konkrete Aufgaben, etwa für natürliche Sprachdialoge oder Drohnensteuerung,
- der menschlich-philosophische Ansatz: Die Entwicklung von Maschinenintelligenz (einer Software im Wesentlichen), die dem Menschen mindestens ebenbürtig wird.

Technisch erfolgt die Entwicklung der Maschinenintelligenz u. a. in den Dimensionen

- technische Tiefe und neue Konzepte,
- zunehmende Breite der Anwendungen,
- wachsende Flexibilität und Kreativität.

Nur der letzte Punkt ist (noch) eine Domäne mit menschlicher Überlegenheit.

Ein reales Beispiel ist die Entwicklung der Intelligenz-Technologien im Bereich der natürlichen Sprache, von Sprachausgabe (Text-zu-Sprache), Spracherkennung (Sprache-zu-

Text) und Dialogen in natürlicher Sprache. Diese Aufgaben zeigen auch die Schwierigkeit und die Langfristigkeit der Entwicklung über die vergangenen 60 Jahre: Sprachausgabe gibt es (als Produkt) mit engem Wortschatz seit 1964 in der „IBM 7770 Audio Response Unit" und die erste Spracheingabe wurde mit der „IBM Shoebox" für arithmetische Rechnungen im Jahr 1962 demonstriert (mit der Eingabe der zehn Ziffern und von sechs Rechenbefehlen). Diese Entwicklung ist immer noch nicht abgeschlossen. Sie geht mit fortlaufend anwachsender maschineller Leistungsfähigkeit weiter, während das menschliche Niveau der Spracherkennung stehen bleibt. Beispiele für technische Entwicklungen im Umfeld der Sprache sind z. B.

- Biometrie (Erkennen von Personen) durch die Stimme,
- Filtern der Satzmelodie und Sprecherintention („Prosodie"),
- Wachsende natürliche Dialogfähigkeit,
- mehr und mehr digital zugängliche Sprachen und Zugriff zu allem, wirklich allem, Geschriebenen und vielem Gesprochenem als Wissensbasis.

Die Entwicklung der maschinellen Intelligenz (d. h. der entsprechenden Software) verläuft wesentlich langsamer als erwartet und hat dadurch diesem Technikbereich eine Vertrauenskrise in der Branche und in der Öffentlichkeit gebracht, aber ihre Produkte sind heute überall mit Muster- und Spracherkennung und Optimierungen. Ein Hauptgrund für die Langsamkeit der Entwicklung ist die Unterschätzung der benötigten Komplexität der Software und die (intuitive) Übertragung des exponentiellen Wachstums der Hardwareleistung mit der Zeit auf ein erwartetes exponentielles Wachstum der Softwaremächtigkeit: Aber es wächst nur die Menge des Codes exponentiell, nicht die Mächtigkeit, etwa gemessen in Funktionspunkten. Es gilt zwar im Prinzip die Beziehung

$$\text{Intellektuelle Fähigkeit} \propto \text{Hardware Leistung} \times \text{Software-Mächtigkeit},$$

die Mächtigkeit der Software nimmt nach Schätzung des Autors eher nur linear mit der Zeit zu. Dabei wächst die Menge des zugehörigen Quellcodes in der Welt rapide an. Allein die etwa 5 Mio. „Apps" könnten 1 Billion Zeilen Code enthalten. Die Menge von vorhandenem Cobol-Code, der ältesten verwendeten Programmiersprache, ist etwa von gleicher Grössenordnung und immer noch wachsend, und die Software, die in Geräte eingebaut ist („embedded") beträgt noch einmal eine Billion Codezeilen und nimmt besonders schnell zu.

Aber: Diese Verbreitung der Software erfolgt beinahe unbemerkt und unbeachtet unter der Decke „der Digitalisierung". Dies gilt erst recht für die Funktionen der maschinellen Intelligenz; maschinelle Intelligenz zerstört ihr Image selbst. Es besteht die Neigung, jeder Fähigkeit, die auch Software maschinell ausführen kann, die benötigte „echte" Intelligenz abzusprechen. Es ist der „KI-Effekt" oder das „Theorem von Tesler":

> Intelligenz ist, was Maschinen bisher nicht getan haben.
> Larry Tesler, Informatiker, geb. 1945

Diese laufende Einschränkung oder Verschiebung der Definitionsgrundlage einer Aussage, um sie nicht akzeptieren zu müssen, ist in der praktischen Philosophie wohlbekannt als „*No true Scotsman does*"-Fehlschluss. Der britische Philosoph Antony Flew (1823–2010) hat es in seinem Buch über „Denken über Denken" (1976) sehr britisch formuliert:

Argument: *„Kein Schotte gibt Zucker in seinen Haferbrei."*
Antwort: „Aber mein Onkel Angus ist Schotte, und er gibt Zucker in seinen Haferbrei."
Widerlegung: „Ja, aber dein Onkel Angus ist kein wahrer Schotte."

Der schottische Onkel wird aus der Definitionsmenge genommen, vermutlich zu Unrecht. Es wäre fair gewesen, diese Frage vorab zu klären.

Jede Eigenschaft verliert die Magie, wenn sie erfolgreich in künstliche Software gegossen wurde. Dies ist ähnlich wie in der Astronomie, als aus den magischen Lichtpunkten der Sterne nüchterne glühende Gasbälle wurden – allerdings wurden die gewaltigen Dimensionen des Alls dafür beeindruckend gross. Die Grösse der Software und die Tausende von Jahren gesammelter Arbeit darin sieht niemand. Software verschwindet in der Infrastruktur der Google-Suchmaschine oder der Steuerung der Waschmaschine. Es tut uns Menschen weh, unsere intellektuelle Einzigartigkeit Schritt für Schritt zu verlieren: „*Aufklärung tut weh*" *(Skeptikerspruch).*

Schliesst man aus, dass wir Menschen eine intellektuelle Besonderheit ausserhalb der „normalen" Wissenschaft haben, so wird die Hypothese plausibel:

> „Alles, was ein normaler Mensch kann und insbesondere lernen kann, kann Software oder wird sie können", mit den sich anschliessenden Zusätzen:
> „Wahrscheinlich auch viel besser" und „und noch mehr."

Diese Aussagen wurden sinngemäss schon 1956 vom US-amerikanischen Wirtschaftswissenschaftler und Nobelpreisträger Herbert Simon gemacht. Allerdings war sein Zeithorizont vollkommen falsch; er erwartete diesen Zustand der Maschinenüberlegenheit innerhalb der damals nächsten 20 Jahre. Die beobachtete zeitliche Abfolge der menschlichen Kommentare zu einer IT-Fähigkeit ist:

> *„Das geht nie"* → *„Das ist ja nur ein Prototyp – das wollen und brauchen wir nicht"* → *„Das ist ja nur Technologie"* – und dann wird es doch verwendet.

Diese Folge erinnert an den Spruch des deutschen Schriftstellers Wilhelm Raabe (1831–1910) vor über hundert Jahren mit einer ähnlichen Sequenz zum Fortschritt:

> Sooft eine neue überraschende Erkenntnis durch die Wissenschaft gewonnen wird, ist das erste Wort der Philister: es sei nicht wahr; das zweite: es sei gegen die Religion; und das dritte: so etwas habe jedermann schon lange vorher gewußt.

Wenn zu viele Menschen in einem Land negativ denken, so kommt die Technologie zwar, aber eben nicht aus dem eigenen Land, und wird woanders bestimmt und gesteuert. Die Übergangszeit zur Akzeptanz des Gedankens, dass dies der Computer auch kann, kann er-

Abb. 6.11 Captcha-Technologie als Spielfeld Mensch gegen Computer. (Bilder aus Wikimedia Commons „CaptchaSmwm", Poff und „CaptchaVorbeeld", GWirken.)

fahrungsgemäss durch eine drastische Aktion abgekürzt werden, etwa durch den Gewinn einer Meisterschaft durch den Computer wie bei Schach und Wissensquiz oder, wie beim Google-Auto, durch das Weglassen von Lenkrad und Pedalen und damit der Botschaft: Nicht der Mensch lenkt.

Besonders kritisch ist die Übergangsphase von empfundener Magie zu dummer Maschine, das zugehörige philosophische Problem ist von fundamentaler Bedeutung und Thema des nächsten Abschnitts. Eine Gruppe von Technologien, die sich gerade an dieser Kante „Mensch kann es – (einfache) Software kann es nicht" bewegt, sind Captchas (Abb. 6.11). Captchas sind kleine Aufgaben, mit deren Lösung wir einem Computer beweisen können, dass wir Menschen sind und keine automatischen Programme. „Captcha" steht für einen „Completely Automated Public Turing Test", einen automatisierten Turing Test. Allerdings müssen zum Lösen Aufgaben gewählt werden, die für Menschen hinreichend gut lösbar sind, aber noch nicht von einer einfachen Software. Wegen des Fortschritts in maschineller Intelligenz werden sie allerdings auch immer schwieriger und mühsamer für uns Menschen.

Die gezeigten Aufgaben sind deshalb aus dem Bereich der Mustererkennung, in dem wir Menschen verhältnismässig gut sind. Der Computer mit entsprechender Software kann meilenweit überlegen sein, wenn z. B. aus verrauschten Signalen, in denen wir Menschen gar nichts erkennen, eine Nachricht gefunden wird. Diese Captchas beruhen auf einem Trick: Die menschliche Nachricht ist eine Textinformation, die aus einem verzerrten Bild geholt wird – für eine einfache Software eines falschen Partners ist es nur ein sinnloses Bitmuster. Im Hierarchiemodell ist das Bild auf einer niedrigeren logischen Ebene, und der falsche Empfänger kann nicht zur höheren Ebene der richtigen Antwort gelangen. Allerdings ist das Wort „höhere" Ebene hoch gegriffen; das Schlachtfeld zwischen Mensch und Computer liegt recht niedrig und die Waffen sind recht einfach, ja oft beschämend, etwa wenn das Captcha-Bild die so schwierige Aufgabe enthält „was gibt 2+2?".

Sorites und das Scaling Law: Für Sand, Software und Leben

„Eine Schwalbe macht noch keinen Sommer." Spruch nach einer Fabel des Äsop.
„Die Grösse bringt neue Probleme und erfordert neue Lösungen und Konzepte. Kurz gesagt: Grösse ändert alles!". Im Original „ Scale changes everything".
Linda Northrop, Softwareingenieurin, 1950–2013

„Scale changes everything" d. h. beim Wachsen entsteht fundamental Neues – dies ist eine der wichtigsten Aussagen des Buches und in ihrer Bedeutung eine der am wenigsten bekannten und verstandenen. Ein philosophischer Anfang ist das antike Sorites-Paradoxon, genannt nach dem griechischen Wort *sorós* für Haufen. Es ist zunächst ein sprachliches Paradoxon, das bei Mengenbegriffen auftritt:

- die praktisch nicht abzählbare[5] Menge hat kollektiv die Eigenschaft A, etwa ein Sandhaufen zu sein,
- die Bausteine haben die Einzel-Eigenschaft B verschieden von A, hier ein Sandkorn zu sein,
- die noch abzählbare Menge hat die Eigenschaft A nicht: wenige Sandkörner sind kein Haufen.

Man fügt immer mehr dazu (ausgehend von „wenig"), oder man nimmt immer mehr weg (ausgehend von „viel"), und, das führt zum Paradoxon, behält die Eigenschaft „nicht A" bzw. A bei. Wo ist der Übergang von Eigenschaft A zu B? Wie wächst die Eigenschaft A aus mehr und mehr Bausteinen mit B? Wann wird aus wenigen Tropfen auf den Quadratmeter ein Regen? Der Übergang ist jeweils dubios und strittig.

Abbildung 6.12 illustriert einige triviale Beispiele, die hier aufgelistet sind:

- Ein Haufen Reiskörner vs. ein Korn: Wann wird es ein Haufen, wenn man Körner hinzufügt?
- Eine Glatze vs. Behaarung: Wann wird es eine Glatze, wenn man Haare verliert?
- Ein Wald vs. ein Baum: Wann wird aus Bäumen ein Wald, wenn es immer mehr Bäume werden?
- Ein Kristall vs. ein Atom: Ab wann ist es ein Kristall, wenn man zu einzelnen Atomen Atome hinzufügt?

Das letzte Beispiel ist nicht mehr nur sprachlich, sondern hat auch physikalische Bedeutung: Jedes Atom für sich ist für uns unsichtbar und hat spezielle Eigenschaften, aber es baut den Kristall mit auf – ab einigen Hundert oder Tausend Atomen beginnen kollektive Eigenschaften des Festkörpers sichtbar zu werden, etwa eine Schallgeschwindigkeit oder ein wohldefinierter Atomdurchmesser, den ein einzelnes Atom nicht hat.

Die sprachlichen Sorites-Paradoxa können im Alltag praktisch geregelt werden, etwa durch Vereinbarungen, was ein Haufen ist, wie viel man von einem Haufen wegnehmen kann, um noch einen Haufen zu haben, oder man lebt einfach mit Zweideutigkeiten. Das ist wohl das Normale. Die sachlichen Sorites-Paradoxa liegen tiefer. Es entsteht in der Menge nicht nur ein Begriff, sondern eine Art funktionierendes System.

Dies ist auch bei Software der Fall: Einzelne Instruktionen sind nahezu nichts, z. B. eine Addition oder eine Verschiebung von Daten im Speicher. Ein kleines Programm ist schon ein Algorithmus, ist aber überschaubar und macht den Eindruck der Harmlosigkeit.

[5] *„nicht abzählbar"* hier im trivialen Sinn, nicht im Sinn der Mengenlehre. Es ist nicht möglich oder nicht erlaubt, die Menge zu zählen.

Abb. 6.12 Verschiedene Sorites-Paradoxa mit dem „Gesetz des Scaling“: Aus dem beinahe Nichts entsteht etwas ganz Anderes. (Bildquellen: Eigen, Wikimedia Commons Ken Hammond, AdPic M. Benic, AdPic M. Schlutter.)

Leider haben viele, die selbst so programmiert haben, diesen Eindruck von Software insgesamt.

Anders bei grossen Softwaresystemen wie denen der maschinellen Intelligenz:

- Menschenähnliche Intelligenz vs. kleine Programme:
  Ab wann ist es menschlich?

Ein kleines Programm und ein kleines Wörterbuch reichen nicht, um eine Sprache zu verstehen. Es müssen sehr grosse Mengen von Regeln erfasst werden und Millionen von Wörtern und Wortkombinationen mit ihren Umgebungen im System bekannt sein, um eine glaubhafte Konversation zu erzeugen. Damit ist es klar, dass es eine Grauzone gibt, ab wann der Computer und die maschinelle Intelligenz einen Menschen imitieren. Noch dazu besteht die Intelligenz aus vielen Einzelintelligenzen, deren maschinelle Versionen verschieden weit „intelligent“ sind.

Da biologisches Leben im Kern Software ist, ist es natürlich, auch hier ein Sorites-Problem zu haben:

- Leben vs. unbelebte Atome und kleine Moleküle: Wenn die Molekülaggregate wachsen und Software entsteht: Ab wann lebt es? Ab wann ist es „echtes“ Leben?
  Im Softwarebereich wachsen die Systeme ohne sichtbare Grenzen weiter. Es entstehen Systeme von Systemen, sog. Ultragrosse Systeme. Es könnte also eine weitere Stufe der Systembildung geben mit unbekannten neuen Eigenschaften:
- Ultragrosse Systeme vs. Systeme, wie wir sie heute kennen:
  Was wird ganz Neues entstehen?

Es könnte weiter fundamental Neues entstehen wie schon heute im Ansatz absehbar. Das digitale Zusammenwachsen der Welt der Menschen und der Dinge liefert dazu die technischen und gesellschaftlichen Grundlagen.

Noch eine anekdotische Bemerkung zu Sorites in der Philosophie selbst zum „Ding an sich“: Der österreichische Physiker und Philosoph Ernst Mach (1838–1916) verwendet als Beispiel das Wegnehmen von Haaren von einer Frisur:

> „Weil man jeden Bestandteil einzeln wegnehmen kann, ohne dass dieses Bild aufhört die Gesamtheit zu repräsentieren und wieder erkannt zu werden, meint man, man könnte alle wegnehmen und es bliebe noch etwas übrig. So entsteht in natürlicher Weise der anfangs imponierende, später aber als ungeheuerlich erkannte philosophische Gedanke eines (von seiner „Erscheinung“ verschiedenen unerkennbaren) Dinges an sich.“ Damit wäre die Glatze also „die Frisur an sich“.

Zwei ernste Sorites-Probleme aus Philosophie, Anthropologie und Theologie seien noch erwähnt; es sind im technischen Sinne beides Probleme durch wachsende Softwareentwicklungen mit zunehmender Komplexität. Es ist zum einen die Evolution als grosse Entwicklung:

> Wann entstand in der Skala und den Verzweigungen von Schimpansen,*Homo ergaster* oder *Homo neanderthalensis* ein Mensch *Homo sapiens*?

Zum anderen die individuelle Entwicklung:

> Ab wann hat ein wachsender Embryo eine Seele?

Die Seele ist ja, nüchtern gesehen, ein Softwaresystem für Gefühle und die zugehörigen Reaktionen. Die klaren Sorites-Grenzpunkte der Entwicklung sind „keine Seele“ zum Zeitpunkt der Verschmelzung (da keine Seelen-Software vorhanden) und „Seele bei der Geburt“ mit seelischem Softwaresystem und Gehirn. Wann ist die vorliegende Software von hinreichender Mächtigkeit, um von einer Seele sprechen zu können? Für das Christentum sind es heute 0 Tage, im Judentum 49 Tage, im Islam 40 oder 120 Tage, aber eigentlich ist es eine Frage des funktionellen Umfangs der Software.

7 Es muss nicht Silizium (oder Ähnliches) sein

„Computer" ist für viele Menschen zunächst eine kleine Box (wie im mobilen Telefon) oder eine grosse Kiste (wie im Rechenzentrum) mit Siliziumchips als arbeitende Kerne. Entsprechend ist Software nur eine Liste von Befehlen in einer der üblichen Programmiersprachen. Alles Rechnen, alle Videos und alle Apps werden letzten Endes durch ganz einfache Operationen ausgeführt, die nicht am Silizium selbst hängen. Als Grundlage für den erweiterten Softwarebegriff ist es wesentlich zu verstehen, dass man mit ganz Verschiedenem logisch operieren („rechnen") und speichern kann, von Dominosteinen bis zu Neuronen oder mit ganzen Menschen. Vom Letzteren rührt das Wort Computer her. Die drei Hauptebenen des Computers, die angewandte physikalische Technologie, die Architektur und die Software, sind eng miteinander verbunden. Technisch sind viele Lösungen möglich. Die Evolution hatte nur mit Kohlenstoffchemie die Chance, grosse Softwaresysteme aufzubauen.

7.1 Konventionelle und unkonventionelle Computertechnologien

> Ob wir jetzt auf Kohlenstoff aufbauen oder auf Silizium, das macht keinen grundsätzlichen Unterschied aus. Man sollte uns immer mit Respekt behandeln.
> Arthur C. Clarke,Schriftsteller, in „2010: Odyssey Two", 1982

Ein Computer hat die drei miteinander eng gekoppelten strukturellen Ebenen:

- die physikalische Technologie als das Fundament, üblicherweise mit Halbleitern in „CMOS",
- die Architektur für die innere Organisation und das Bild nach aussen, zur Software, z. B. eine Intel-Architektur,

W. Hehl, *Wechselwirkung,* DOI 10.1007/978-3-662-48114-1_7

- die Software für die flexible Verwendung, häufig gegliedert in mehrere Schichten (s. o.). Ein Beispiel ist das Betriebssystem mit Anwendungen.

Wir wollen zeigen, dass Computing mit verschiedensten Technologien möglich ist, u. a. eben auch mit „Meat", d. h. dem Gehirn. Das Letztere wissen Sie eigentlich ja schon, wenn Sie diese Zeilen lesen können…

Für viele Menschen ist ein „Computer" ein PC oder ein Smartphone oder vielleicht ein Server oder ein Supercomputer. Im Kern arbeiten diese Computer alle mit Schaltkreisen aus Halbleitern, nahezu ausschliesslich mit Transistoren aus dotiertem Silizium. Diese Computer sind historisch gewachsen aus Schaltungen mit Elektronenröhren zu höchstintegrierten Chips.

Gewachsen ist die Anzahl der Bauelemente auf einem Chip, z. Z. in die Grössenordnung von zehn Milliarden. Damit sind auch die Komplexität dieser Gesamtschaltungen und die Komplexität der Software, mit der diese Chips geschaffen werden, und die der Software, mit der sie betrieben werden, gewachsen. Diese Möglichkeit zum Wachsen der Komplexität durch immer kleinere und immer schnellere Bauteile hat die grösste Bedeutung für die IT-Entwicklung.

Hier eine Definition des Computers im pragmatischen Sinn:

> Eine Hardwarevorrichtung mit Software mit einer oder mehreren Prozessoreinheiten und einem oder mehreren Speichern für Daten und Software. Insbesondere halbleiterbasierende, programmierbare Vorrichtungen, insbesondere mit Daten, die als Programme interpretiert werden können (sog. Von-Neumann-Computer).

Aber Rechnen und Ordnen als Grundoperationen ist mit vielen Effekten und Vorrichtungen möglich und nicht an diese Definition und nicht an Transistoren mit bewegten Elektronen gebunden. Wir brauchen im Prinzip für digitales Computing nur kippfähige Zustände. Eine allgemeine Definition nach dem rumänischen Informatiker Mihai Oltean (2009) ist:

> Ein Computer ist jegliches physikalische Objekt, das umkonfiguriert werden kann um verschiedene Probleme zu lösen, d. h. verschiedene Fragen zu beantworten. Ist dies nicht möglich, so spricht man von einem Experiment.

D. h. es ist ein Objekt mit hinreichender Software und damit einer gewissen Komplexität in der Ausführung.

Abbildung 7.1 zeigt eine klassische Schaltung, die zwei Zustände einnehmen kann und damit 1 Bit speichern. Sie zeigt ein Grundprinzip für das Speichern von Daten und für digitales Rechnen. Die Schaltung wurde bereits 1918 von den britischen Physikern William Ecces und Frank Jordan mit Elektronenröhren realisiert. Die Schaltkreise der frühen Computer waren Flip-Flops, zunächst in Röhren, dann in individuellen Transistoren. Heutige integrierte Schaltkreise in Computern sind Varianten der Schaltung in milliardenfacher Zahl.

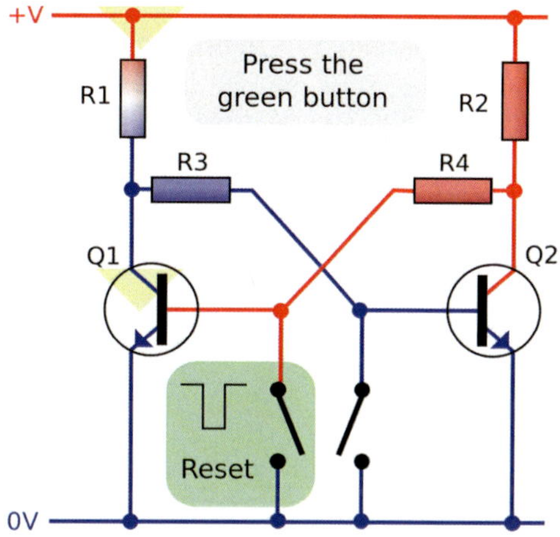

Abb. 7.1 Eine Flip-Flop-Schaltung als Grundelement üblicher elektronischer Computer. (Bild: Wikimedia Commons „Transistor Bistable“, DrJolo)

Hier eine Liste von ganz verschiedenen Möglichkeiten für „Unkonventionelles Computing“ oder „Alternatives Computing“ (Computing ist kein schönes Wort, aber leider gibt es keinen guten deutschen Begriff, „Rechner“ klingt zu belanglos und zu eingeschränkt). Ungewöhnliche Elemente für den Bau eines Computers können im Prinzip sein:

Mechanische und elektromechanische Elemente	DNA und chemische Moleküle (DNA Computing, Chemical Computing)
Billardkugeln	Chaotische Zustände (Chaos Computing)
Dominosteine	Zufallszahlen (Stochastic Computing)
Fluidik und Pneumatik	Quantenzustände (Quantencomputing)
Photonen (Optisches Computing)	Neuronen (Wetware)

Die Liste ist eine Auswahl aus dem zugehörigen englischen Wikipedia-Artikel „Unconventional Computing“ (gezogen 07/2015). „Wetware“ umschreibt hier das Gehirn, es ist aber auch der Name eines experimentellen Projekts, das logische Schaltungen aus lebendigen Neuronen von Blutegeln konstruiert.

DNA (Desoxyribonukleinsäure) ist der Träger der Erbinformation (der Gene); mit den verwendeten vier verschiedenen Aminobasen A, T, G und C hat man vier digitale Zustände für die Kodierung zur Verfügung. Da die Speicher- und Rechenelemente Moleküle sind, ist die Dichte dieses Mediums sehr hoch, so gross wie es mit materiellen Speichermedien überhaupt möglich ist: Im Gegensatz zu vielen anderen Computer- und Speichertechnologien sind DNA-Verfahren nicht flächenhaft, sondern finden effektiv im Volumen statt. Es sind Knäuel aus Fäden, die nur ein bis zwei Nanometer dick sind, aber Zentimeter lang. Nur etwa ein einziges Nanometer im Kubik wird für ein Bit benötigt. Die Natur verwendet es als Speicher und zum Kopieren der Daten. Der populärwissenschaftliche Publizist und Mediziner Lewis Thomas (1913–1993) schrieb:

> Die Erfindung des DNA-Moleküls war sicher die grösste einzelne Errungenschaft der Natur.

Dieser Superlativ gilt sicher zumindest für den Teilbereich der Vererbung an der Grenze von Chemie, Biologie und Informatik. Die DNA-Moleküle können auch die Grundlage biotechnischer Informationstechnologie sein. Dies geschieht zum einen mit der Speicherung von Daten: Eine beliebige digitale Information wird in eine synthetische DNA-Sequenz abgebildet, die wieder mit gentechnischer Sequenzanalyse ausgelesen werden kann. Dafür werden die gentechnischen Labormethoden wie die Sequenzierung von unbekannter DNA zur Lösung allgemeiner Informatikaufgaben verwendet. Im Experiment wurden so ganze Bücher in DNA geschrieben und wieder ausgelesen – mit wenigen Mikrogramm von Materie als Speichermedium (Wyss Institute 2012).

Ein ganz anderes DNA-Computing-Konzept verwendet chemische Reaktionen der DNA für die Abbildung von Rechenoperationen: DNA wird vorbereitet für die Aufgabe (die „Software") und mit Enzymen (der „Hardware") zur Reaktion gebracht. Die resultierenden chemischen DNA-Bausteine enthalten die Antwort z. B. in ihrer Moleküllänge nach Selbstassemblierung. Der „Computer" ist bei diesen Experimenten eine klare wässrige Lösung im Reagenzglas ohne irgendwelche mechanische Struktur.

Eine zusätzliche und für uns triviale Variante des unkonventionellen Rechnens ist programmiertes menschliches Rechnen: Die Sequenz der Operationen wird von Hand nach Schablonen ausgeführt. Es ist die Methode, die dem Computer den Namen gab. „Computer" waren die Männer und Frauen, die Rechnungen im grossen Maßstab auf Papier ausführten. Gerechnet wurden z. B. die Nautischen Jahrbücher mit ganzen Sälen von menschlichen Computern. Die Software bestand aus Anweisungen für Rechenfolgen mit vorbereiteten Hilfstabellen, inkl. eingebauten Kontrollrechnungen, die von Mathematikern und Astronomen vorbereitet worden waren (siehe Abb. 10.1). Wenn sich der damalige deutsche Name für diese Menschen durchgesetzt hätte, würden wir heute vom PC als „Persönlichem Rechenknecht" sprechen.

Eine physikalische und philosophische Sonderrolle unter den Rechenverfahren spielt der Quantencomputer, vor allem durch seine theoretische Möglichkeit, eine Art von kombinatorischen Problemen effizient zu lösen. Dies sind kombinatorische Aufgaben, die bei der Lösung auf üblichen Rechnern mit der Problemgrösse exponentiell wachsende Rechenzeiten benötigen. Damit entziehen sie sich bei grösseren Aufgabenstellungen der Lösung auch durch die grössten (konventionellen) Computer. Genau darauf beruhen die Verschlüsselungsverfahren. Die Verschlüsselung einer Nachricht geht mit linear wachsendem (also geringem) Rechenaufwand, die unberechtigte Entschlüsselung dagegen erfordert (undurchführbaren) exponentiellen Aufwand. Die Erfahrungen mit Quantencomputing haben für die Philosophie der Physik und der Informatik grosse Bedeutung; schliesslich ist Quantenrechnen in den Tiefen dieser beiden Disziplinen verankert.

In unserem Zusammenhang ist z. B. die Frage der Komplexität von besonderer Bedeutung. Wie verändert die Möglichkeit der Lösung komplexer Probleme den Begriff der Komplexität prinzipiell? Ist es „nur" eine Art von Analogrechnen mit der Unschärfe von Analogrechnen wie der Physiknobelpreisträger Robert Laughlin meint? Was bedeutet dies für den Zusammenhang von Physik und Information, dem Zusammenhang der „It-Säule" mit der „Bit-Säule"? Noch ist dieser Bereich wissenschaftlich, technisch wie philosophisch spekulativ.

Sehr anschaulich, dabei überraschend und physikalisch lehrreich, sind Computer mit Billardkugeln oder aus Dominosteinen. Es sind vor allem pädagogische Beispiele, die zeigen, dass sich Computer im Prinzip aus den verschiedensten Objekten bauen lassen. Man benötigt mindestens zwei unterscheidbare Zustände und „ein wenig" Energie für den Übergang. Die physikalischen Grenzen und insbesondere der minimale Energiebedarf zur Ausführung logischer Operationen sind wohl noch nicht restlos geklärt. Bei konventionellen atomaren Prozessen ist ein sinnvoller Schätzwert eine Energiemenge von der Grössenordnung der thermischen Energie eines beteiligten Moleküls. (Rolf Landauer 1961). Bei kommerziell verwendbaren Computern ist man weit von dieser Grenze entfernt.

Bauelemente mit Billardkugeln können logische Operationen durchführen, die sich – wie jede einzelne mechanische reibungsfreie Bewegung – umkehren lassen; physikalisch gesprochen modellieren sie „reversibles Computing".

Aus Dominosteinen lassen sich funktionierende digitale Schaltungen aufbauen; Abb. 7.2 zeigt die Aufstellungen für zwei logische Grundoperationen mit Dominosteinen. Dabei laufen die ausgelösten Störungen durch die Anordnungen der Steine. Im linken Beispiel reicht ein gestossener Stein von den beiden Eingabepfaden (im Bild unten) aus, um einen Ausgang zu erzeugen; dies ist eine logische Oder-Funktion. Der rechte Teil der Skizze soll nur dann einen fallenden Ausgangsstein haben, wenn genau einer der Eingangspfade ausgelöst wurde (und nicht zwei und nicht keiner). Diese Schaltung für eine exklusive Oder-Funktion (XOR) ist zeitabhängig und empfindlich in der Gleichzeitigkeit der Laufwege und damit störungsanfällig. Dem Dominocomputer fehlt naturgemäss die Möglichkeit, aus lauter ‚0'-Input eine ‚1' zu produzieren, das wäre die Negation-Funktion. Zum Aufbau von auch nur leicht komplexen Problemen benötigt man bereits sehr viele Steine; der Weltrekord im Dominostein-Computerbau liegt deshalb nur bei einem Addierwerk für 4 Bits.

Die Aufbauten werden rasch umfangreich; trotzdem hat man einen Dominocomputer als Prinzipschaltung sogar mit Atomen und Molekülen „gebaut", d. h. in Stellung gebracht und das Spiel ablaufen lassen (Abb. 7.3). Es ist eine Anordnung aus 550 Kohlenmonoxid-Molekülen auf einer Kupferoberfläche, die eine logische Operation (sortieren) ausführen kann. Dabei hüpft ein Molekül um 0.25 nm weiter oder nicht. Dieses mechanische Domino-Experiment aus dem Jahr 2002 zeigte, dass prinzipiell aktive Nanostrukturen mög-

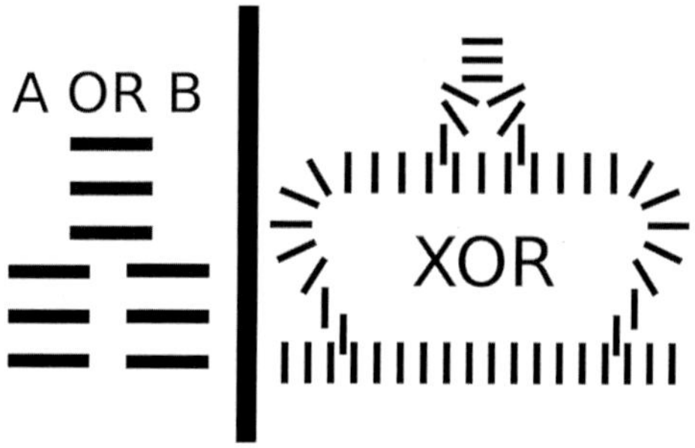

Abb. 7.2 Computing mit Dominosteinen. Skizziert sind die Grundfunktionen ‚Oder' und ‚Exklusives Oder'. (Bildquelle: Wikimedia Commons „Domino Logic Gates" von Joseph Fyfield)

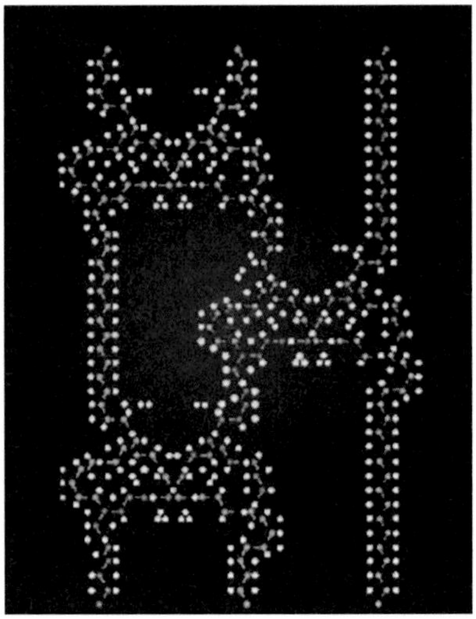

Abb. 7.3 Der Computer aus Dominosteinen: Eine logische Kaskadenschaltung in atomarem Massstab. (Bild: IBM Almaden, „Molecular Cascade" von Don Eigler et al.)

lich sind. Dies erinnert an die Bemerkung des deutschen Mathematikers David Hilbert (1862–1943) *„man könne auch Mathematik mit Bierdeckeln betreiben"* (er sprach wohl von hyperbolischer Geometrie): Man kann im Prinzip auch Computer mit Bierdeckeln bauen.

Einfacher ist es, einen grossen Computer aus Menschen zu bauen: Nehmen wir dazu an, wir haben eine Menge von Versuchspersonen mit Handy (für die Kommunikation) und mit Instruktionen, was sie jeweils zu tun haben, etwa Eingaben von zwei Anrufenden zu vergleichen und die grössere Zahl an eine dritte Nummer zu senden. Die Menschen sind damit Rechenknechte (wie oben erwähnt), hier mit ganz einfachen elementaren Aufgaben. Dies ist etwa die Situation eines Gedankenexperiments, das vor allem der amerikanische Philosoph Ned Block (1978) popularisierte. Er nahm dafür eine sehr grosse Anzahl von Mikrorechnern an, die ganze Bevölkerung Chinas, und gab der Aufgabe damit einen eindrucksvollen Namen: Das China-Gehirn (China Brain)[1]. Das Analogon suggeriert, dass jedes menschliche Rechenelement ein „Neuron" im China-Gehirn darstellt. Er fragte sich z. B., ob es damit möglich war, so das Gefühl „China hat Angst" kollektiv zu erzeugen.

Nach dem Obigen ist es klar, dass wir denken, damit alle Funktionen des Gehirns im Prinzip darstellen zu können. Die Funktionalität erwächst nach dem Gesetz der Grösse (dem Scaling Law) aus den simplen Anfängen kleiner Gruppen mit den grossen Zahlen. Natürlich wäre der Aufbau dieses China-Hirns sehr aufwendig und mühsam in Vorbereitung und Durchführung, ähnlich (oder nicht ganz so) mühsam wie der Aufbau einer grossen Simulation mit Dominosteinen. Die Milliarde von Menschen als Rechenelemente, die nur elementare Ja-Nein-Rechnungen ausführen, ist dabei gar nicht so gross. Ein Chip hat bereits eine bis zehn Milliarden Schaltkreise, ein Superrechner etwa hunderttausendmal mehr. Um die seelische Funktion „Angst haben" auf der oberen, psychischen Ebene in

[1] Nicht zu verwechseln mit dem chinesischen Zimmer.

Software abzubilden, benötigt man andrerseits wohl auch kein sehr grosses Programm. Dazu empfiehlt sich, um China in Angst zu versetzen, ein anderes, hybrides Verfahren: Man provoziere über das Internet einen Börsencrash wie im Juli 2015 geschehen.

Es gibt eine aktuelle wirkliche China-Brain. Seit 2013 steht der schnellste Superrechner der Welt in China. Es ist der Rechner Tianhe-2 („Himmelsfluss" oder „Milchstrasse") mit 33.8 Mio. Mrd. Rechnungen pro Sekunde. Damit rechnet er in der Sekunde schätzungsweise hundertmal mehr als eine Milliarde Menschen es im Jahr könnten.

Die Schwierigkeit sind die beiden zu akzeptierenden Paradigmen:

- das Sorites-Problem der Grösse. Beim Übergang von kleiner Problemgrösse zu grosser, ja sehr grosser, werden auch komplexe Funktionen möglich wie „denken" und „fühlen",
- das Problem des Referenzsystems. Wir sind eben mit unserem Ich im Computer und können uns nicht einfach innen und aussen vorstellen. Wir können es nur künstlich erlernen.

Kein Gedankenexperiment ist dagegen „Crowd Computing" im Internet. Dafür bildet man ein Netzwerk aus Menschen im Netz und nützt die Rechenleistung, die Intelligenz und das Wissen der menschlichen Knoten aus. So entsteht ein durchaus leistungsfähiges hybrides Netzwerk von Menschen und Computern für die Praxis, z. B. ein Verbund pensionierter Ingenieure zur Lösung von technischen Problemen.

Die für uns Menschen wichtigste „unkonventionelle Computing" – Methode sind wir selbst, bzw. unsere Eigencomputer in uns. Es ist das Rechnen (im allgemeinen Sinn) mit „Wetware" oder „Meat", d. h. dem Gehirn.

7.2 Gehirntechnologie

> „Sie sind aus Fleisch." „Fleisch?"
> „Fleisch, ja. Sie sind aus Fleisch." „Fleisch?"
> „Zweifellos. Wir haben mehrere Exemplare von verschiedenen Teilen des Planeten aufgelesen, sie an Bord unserer Versorgungsschiffe genommen, und sie der Reihe nach sondiert. Sie sind vollständig aus Fleisch."
> „Das gibt's doch nicht!"

Dies ist der Beginn einer Kurzgeschichte aus dem Jahr 1990 von Terry Bisson (US-amerikanischer Schriftsteller, geb. 1942), in der Ausserirdische die Erde besuchen und unsere Denktechnologie „Wetware" (oder „Meatware") entdecken. Es ist in der Tat unglaublich, wie wir mit dem Gehirn denken (in der Novelle verabschieden sich die Aliens angewidert von der Erde). Die Äquivalenz der Technologien hat schon der geniale britische Informatiker Alan Turing respektlos empfunden (1952 in einer Radiodiskussion bei BBC):

> Wir sind nicht an der Tatsache interessiert, dass das Gehirn die Konsistenz von kaltem Haferbrei [cold porridge] hat. Wir wollen nicht sagen ‚diese Maschine [der Computer] ist recht hart, also kann sie nicht denken'.

Das Gehirn ist funktionell ein Computer, das kann nach der Definition niemand bestreiten. Allerdings ist es die traditionelle Ansicht, dass etwas Mystisches zusätzlich enthalten ist und es „mehr" ist als ein Computer nach obiger Definition:

> Ein Computer ist jegliches [physikalische] Objekt, das umkonfiguriert werden kann um verschiedene Probleme zu lösen, d. h. verschiedene Fragen zu beantworten.

Das Gehirn als technisches System ist für uns aber schwer vorstellbar – und wird vor 300 Jahren zu Recht von Gottfried Wilhelm Leibniz aus seiner Sicht und mit seinen mechanistischen Grundlagen und Denkmöglichkeiten seiner Zeit im „Mühlengleichnis" von 1714/1720 verworfen:

> Man muß übrigens notwendig zugestehen, daß die Perzeption und das, was von ihr abhängt, aus mechanischen Gründen, d. h. aus Figuren und Bewegungen, nicht erklärbar ist. Denkt man sich etwa eine Maschine, die so beschaffen wäre, daß sie denken, empfinden und perzipieren könnte, so kann man sie sich derart proportional vergrößert vorstellen, daß man in sie wie in eine Mühle eintreten könnte. Dies vorausgesetzt, wird man bei der Besichtigung ihres Inneren nichts weiter als einzelne Teile finden, die einander stoßen, niemals aber etwas, woraus eine Perzeption zu erklären wäre.

Es war zu früh: Die elektrochemische Grundlage von Gehirn und Nerven zuckt erst im Jahr 1780 im wahrsten Sinn des Wortes zum ersten Mal auf: im Labor von Luigi Galvani bei den Versuchen mit Froschschenkeln und Elektrizität. In unserem „It- und Bit"-Weltmodell ist die Bitsäule als zweite Grundlage für das Verstehen des Gehirns gerade durch Gottfried Leibniz selbst erst im Entstehen mit der Erfindung des binären Zahlensystems durch ihn.

Für den Computer „Gehirn" hat die Natur als Grundelement die elektrochemischen Neuronen als Grundeinheiten erfunden mit elektrischer und chemischer Leitung und Verstärkung.

- Der elektrochemische Grundprozess beruht auf elektrischen Potentialen, die Ionen von Natrium, Kalium, Kalzium und Chlor aufbauen und die sich als Spikes entladen. Die typische Zeit dafür ist 10–30 ms. Das ist für chemische und elektrochemische Vorgänge recht schnell. Die Zahl der Neuronen ist etwa 16 Mrd. in der Grosshirnrinde und 69 Mrd. im Kleinhirn, also insgesamt etwa 100 Mrd. (10^{11}) Neuronen,
- die Codierung erfolgt in „Spikes", scharfen Spannungsspitzen deren Zeitpunkte und Abstände voneinander Information tragen. Spikes akkumulieren sich bis zu einer Aktion, z. B. in der Sekunde bis zu 500 Mal,
- die Zahl der Verbindungen untereinander (die Synapsen) schwankt von 1 bis 200.000 pro Neuron, insgesamt etwa 100 Billionen (10^{14}).

Abbildung 7.4 suggeriert ein triviales Analogon zur Programmierung des Gehirns (d. h. zum Lernen) mit dem historischen Rechner IBM 402, einer Tabelliermaschine mit Lochkarten. Diese Maschine wird durch Stecken (Stöpseln oder Plugging) programmiert indem der Programmierer bestimmte Muster setzt. Das gezeigte Brett ist das Programm für eine Gewinn- und Verlustrechnung. Eine prinzipielle Ähnlichkeit mit der Vernetzung und Programmierung des Gehirns zu sehen, ist verwegen aber doch lehrreich.

Ein Computer aus „Wetware" folgt wegen der chemischen Grundstruktur ganz anderen Architekturrichtlinien als die „üblichen" Computer mit den entsprechenden ungefähren Werten:

- auf einem Chip befinden sich etwa 1–10 Mrd. (10^9–10^{10}) im Supercomputer etwa 10^{14} Transistoren,
- die innere Schaltzeit auf dem Chip beträgt typisch Nanosekunden (10^{-9} s) bis nur einige Picosekunden (10^{-12} s), die Zahl der inneren Verbindungen ist etwa 5- bis 10-mal die Zahl der Transistoren, Verbindungen von Chip zu Chip gibt es etwa 100 Mio. im Supercomputer.

Die Gesamtheit der technischen Möglichkeiten und der Anforderungen an ein Produkt (hier den Computer) ist der „Design Point". Er bedeutet die Synthese der technischen

Abb. 7.4 Das Steckbrett des historischen IBM 402-Rechners (Tabulators), ca. 1948. (Bild: Wikimedia Commons „IBM402Plugboard" von Chris Shrigley)

Möglichkeiten mit den gewünschten Eigenschaften, d. h. der Gesamtheit von Technologie, Architektur und Software. In der Evolution ist das Attribut „gewünscht" dabei mit einem Körnchen Salz zu verwenden. Dieses Tripel wird in der Technik abgestimmt entwickelt bzw. entwickelt sich bei der Evolution als Einheit. Allerdings sind auch die Hardwarestruktur und die Architektur eigentlich weitgehend Software, nämlich mit ihrer aufgebauten Komplexität: Es entwickelt sich die Systemkomplexität als Ganzes.

Der Computer in der Industrie wie das Gehirn in der Natur müssen sich z. B. als Randbedingung der Entwicklung ökonomisch produzieren und programmieren lassen. Tabelle 7.1 vergleicht den üblichen Computer mit der Gehirnarchitektur und mit dem in der Entwicklung befindlichen künstlichen neuromorphen Computer. Neuromorphe Chips versuchen die Vorteile beider Welten (üblicher Computer und Gehirn) zu verbinden und damit für geeignete Aufgaben wie z. B. für Bilderkennung hohe Leistung mit niedrigem Energieverbrauch und Platzbedarf auf dem Chip zu verbinden. Für optimales Zusammenspiel müssen Hardware, Architektur und Software zur Problemstellung passen und gemeinsam optimiert sein.

Die Zahlen der Bausteine von Gehirn und Computer sind gar nicht so verschieden – ganz anders die Geschwindigkeit, die bei Wetware um den Faktor 10 Mio. kleiner ist. Dazu ist die interne Hardware-Fehlerrate im Computer unglaublich klein, etwa nur 10^{-15} Bitfehler pro Operation treten auf. Der Benutzer sieht üblicherweise Fehler aus der Software. Architektur und Software müssen die Langsamkeit der Grundlage bei der Wetware ausgleichen, damit wir eine visuelle Szene rasch analysieren können. Dies geschieht im Gehirn mit grösster Parallelität, Redundanz und mit fehlertoleranter „Mustererkennung" als wichtiger Softwaretechnologie.

Noch eine vorbeugende Bemerkung zur Gehirnarchitektur im Vergleich zur Computerarchitektur: Der tatsächliche Vergleich ist nicht zwischen dem Gehirn und einem Computer mit einem Prozessor und einem Speicher, sondern eher zwischen Gehirn mit verteilter Funktionalität einerseits und Supercomputern mit Hunderttausenden von Rechnerknoten und Millionen von laufenden Aufgaben andrerseits. In den Rechner werden Aufgaben eingebracht und sie verteilen sich dann mit Teilaufgaben und Folgeaufgaben wie eine höchst dynamische Epidemie, und die Lösung entsteht im Rechner wie im Gehirn im Verbund.

Tab. 7.1 Eine Matrix einfacher Charakteristika von Rechnertypen

	Hardware	Architektur	Software	Kommentar
Üblicher Rechner	Transistoren mit dotiertem Silizium o. ä.	Allgemeine Befehle, v. Neumann System	Betriebssystem, Applikationen	Flexibel, kann alles, aber am besten digitales
Gehirn	Elektrochem. Bauelemente	Hohe Parallelität	Firmware, aber auch Lernsoftware	Am besten für grossen, vagen Input
Neuromorpher Rechner	Transistoren, digital oder analog	Hohe Parallelität	Spezielle Software	Am besten für grossen, vagen Input

Die Verteilung der Aufgaben beginnt schon auf dem einzelnen Chip mit mehreren Prozessoren. Ausnützen von Parallelität ist der Trend zur Erhöhung der Systemleistung bei vorgegebenen Komponenten, in der Natur wie in der Technik.

Das Gehirn hat gegenüber heutigen Computern einen ganz grossen Vorteil, den niedrigen Energiebedarf. Die benötigte elektrische Leistung ist nur etwa 20 bis 30 W, ähnlich der eines Labtopcomputers; Supercomputer brauchen Megawatts. Ein typischer Wert in 2014 (IBM Sequoia Rechner) sind 2 Petaflops pro verbrauchtem Megawatt. Dies ist einer der Gründe für eine Reihe von Entwicklungsprojekten, die versuchen, die Vorteile der Gehirnarchitektur mit der Erzeugung und Verarbeitung von „Spikes" in übliche halbleiterbasierende und damit sehr schnelle Chiptechnologie zu giessen. Man nennt diese neuen Strukturen „neuromorph". In diesen Projekten findet eine aus philosophischer Sicht interessante Symbiose aus digitaler Welt und Neurowissenschaften statt. Forschungsziele sind es,

- wissenschaftlich die volle Grössenordnung des menschlichen Gehirns zu simulieren, und
- wirtschaftlich eine neue kombinierte klassisch-neuromorphe Computerarchitektur zu schaffen, allerdings mit neuer Software.

Mehrere dieser Projekte wie das BrainScaleS – Projekt mit Neurochips vom Kirchhoff-Institut Heidelberg (Abb. 7.5) und das Synapse-Projekt der IBM und DARPA in USA streben die Simulation der vollen Grösse des menschlichen Gehirns an, eine „Whole Brain Simulation", eventuell aber dabei Zehntausende Mal schneller als eine Simulation auf herkömmlichen Computern. Der Chip in Abb. 7.5 umfasst 384 „funkelnde" Neuronen sowie 100.000 Synapsen und arbeitet durch digital-analoge Schaltkreise rund 100.000 Mal schneller als das biologische Vorbild.

Eine Absicht ist wieder ein Verstehen durch „Machen" als Stufe nach dem Analysieren und theoretischen Verstehen. Dies gilt für beide Beweggründe, den wissenschaftlichen wie den wirtschaftlichen. Goethe lässt im Faust Teil II im Laboratorium seinen (von ihm als Bücherwurm nicht sehr geachteten) Assistenten, den Famulus Wagner, ebenfalls ein Gehirn machen. Es ist eigentlich eine faustisch anmutende Aufgabe, die Wagner vorhat, und gerade kein trockenes Bücherwissen:

Abb. 7.5 Das neuromorphe Chip der Universität Heidelberg. (Bild: Kirchhoff Institut für Physik, Universität Heidelberg)

> Ein herrlich Werk ist gleich zustand gebracht.
> Ein großer Vorsatz scheint im Anfang toll; Doch wollen wir des Zufalls künftig lachen, Und so ein Hirn, das trefflich denken soll, Wird künftig auch ein Denker machen.

Es sieht angesichts des Stands der Technik so aus, als würde man nicht nur eine Softwaresimulation machen, sondern ein synthetisches Gehirn mit neuromorpher Hardware und Software. Ein laufender Computer, egal welcher Bauart, ist eine Art Leben mit elektrischer Energieversorgung, aber ohne all die Probleme, die eine lebendige Zelle durch die notwendigen molekularen Unterstützungsprozesse hat. Der österreichisch-ungarisch-amerikanische Mathematiker John von Neumann (1903–1957) hat die Idee des Computers mit laufender Software in den verschiedensten Medien verallgemeinert zur Idee des abstrakten Lebens:

> Leben ist ein Prozess, den man von jedem speziellen Trägermedium fort abstrahieren kann.

Die Behauptung, intelligentes Leben (und Bewusstsein) ginge nur mit „Meat" (also basierend auf Kohlenstoffchemie) wird als „Kohlenstoff-Chauvinismus" bezeichnet nach dem amerikanischen Wissenschaftsautor Carl Sagan (1934–1996). Diese Frage nach Leben auf anderer Grundlage (z. B. Silizium) spielt z. B. eine Rolle in der Diskussion von möglichem extraterrestrischem Leben. Philosophisch impliziert es die Frage, ob „der Geist" oder wenigstens „die Intelligenz" an „Meat" gebunden ist (wie vor allem historisch vermutet) oder nur an eine hinreichend komplexe Informationsverarbeitung.

Allerdings ist eine kohlenstoff-organische Welt angesichts der Leichtigkeit und Vielzahl der Reaktionen in der Kohlenstoffchemie doch der erste Kandidat für evolutionäres Leben in der Natur. Es hat ja auch schon Milliarden Jahre für die Entwicklung zu uns benötigt, alles andere scheint mühsamer zu sein. Dazu eine Vermutung zur Möglichkeit einer Evolution im Universum zu einer Lebensform auf der Grundlage einer anderen Basistechnologie als Kohlenstoff und den Aminosäuren der Proteine. Evolution läuft auf der Grundlage von verketteten chemischen Reaktionen ab mit Zufall. Nimmt man für die Zeit zum Erreichen eines Entwicklungszustands eine Exponentialfunktion an, so stünde im Exponent ein anderer, technologieabhängiger Faktor. Für Kohlenstoffchemie hat es einige 10^9 Jahre zur Entwicklung benötigt: Eine andere Grundlage, z. B. mit dem Nachbarn in der Chemie, dem Silizium, würde einen anderen Faktor in den Exponenten einbringen und damit eine drastische Verlängerung, z. B. auf 10^{18} Jahre, unmöglich für das Alter unser Universums. Damit bleibt nur eine Evolution auf der Grundlage der so flexiblen organischen Kohlenstoffchemie. Aber wir können natürlich mit unserer organischen „Wetware" die verschiedensten Computer bauen.

Auch in der Literatur wird künstliches Leben erdacht. Goethe lässt im Drama Faust II in Wagners Phiole einen Homunkulus entstehen. Das Bild des Homunkulus werden wir im nächsten Kapitel wieder aufnehmen.

8 Software der Seele: Weil wir Computer sind

Kaum jemand bestreitet, dass unser Gehirn „eine Art Computer" ist. Wir sehen die Seele an als die Gesamtheit der („Software-") Prozesse unseres menschlichen Innenlebens. Ohne auf elektrochemische und neurologische Grundlagen einzugehen ergeben sich mit Hilfe von Softwarekonzepten recht allgemeine Einsichten. Dazu gehört die Vorstellung des Gehirns als extrem verteiltes Softwaresystem, die hierarchische Erkennung von Mustern als allgemeines Konzept zur internen Verarbeitung von Signalen, für Erinnern wie für Denken, und schliesslich die Abbildung der Funktionalität der Seele (der Psyche) in einem Softwaresystem als Simulation. Als ein Beispiel für die Nützlichkeit des Softwaremodells diskutieren wir optische Illusionen.

8.1 Die Seele: Von Aristoteles zum Softwaresystem

> Diejenigen, die denken, dass die Seele weder unabhängig vom Körper ist noch eine Art Körper, haben recht. Sie ist kein Körper, aber eine Art von Ding, das zum Körper gehört und deshalb in einem Körper existiert – ein Körper ganz besonderer Art.
> Aus: Aristotle's Definitions of the Soul in De Anima II, 1–3, Robert Bolton, 1978

Es sind vorausschauende Worte, die Aristoteles hier gesagt hat. Das „Ding", das zum Körper gehört, aber kein Körper ist, ist Software. Aristoteles gibt hier eine poetische Beschreibung. Es ist nicht einfach, die Seele zu definieren – auch nicht für Aristoteles. Er gibt verschiedene Definitionen in diesem Hauptwerk, die sich zum Teil widersprechen. Eine Definition geht sehr weit, er schreibt:

> Es ist deshalb offensichtlich, dass die Seele eine Art Gegebenheit und definierendes Prinzip (λόγος) ist für alles, was die Fähigkeit hat zu leben.

W. Hehl, *Wechselwirkung*, DOI 10.1007/978-3-662-48114-1_8

Der Körper hat die Fähigkeit zu leben, und die Seele bewirkt das Leben. Der Körper ist das Instrument, das *órganon*, das „Werkzeug" dafür.

Viele andere Philosophen, wie Platon, der Lehrer des Aristoteles, und Descartes, sonst ein grosser Skeptiker, trennen Körper und Seele total und können damit die Seele zu etwas machen, das unsterblich ist, vielleicht sogar vor der Geburt existiert, vielleicht unveränderlich, manchmal gleich für alle Menschen, manchmal individuell verschieden. Die Ideen zur Seele reichen

- von der Präexistenz der Seele „von Anfang an" und für alle Zeiten (auch nach dem Tod) bis zum absoluten Gegenteil, dem Eliminativismus, der eine mentale Innenwelt als nichtexistent und als Täuschung ansieht.
- von gar keiner Seele zur Seele für alle, den Menschen, für Tiere und Pflanzen, ja für die ganze Welt („Weltseele"),
- von einem „Nichts" zu einer alles durchdringenden feinstofflichen Un-Materie oder gar Materie.

Die Fiktion einer stofflichen „Seele" hat sich aufgelöst, analog etwa wie das Phlogiston aus der Phlogistontheorie für die Verbrennung sich in nichts aufgelöst hat. Man hatte etwa hundert Jahre lang die Existenz einer hypothetischen Substanz „Phlogiston" angenommen, die bei der Verbrennung frei werden sollte, aber die es nicht gibt. Der amerikanische Arzt Duncan McDougall nahm die Substanzidee für die menschliche Seele noch 1911 ernst und versuchte das Gewicht einer Seele zu bestimmen am vermuteten Gewichtsverlust beim Tod. Er glaubte ein Gewicht von 21 g zu finden (Abb. 8.1). Sein Resultat konnte nicht reproduziert werden.

Die Vielfalt, Widersprüchlichkeit und Verschwommenheit in der Geschichte der Philosophie der Seele und des verwandten Leib-Seele- (oder Leib-Geist-) Problems (mit Tausenden von Versionen) mit Widersprüchen und Zirkelschlüssen ist Geschichte, aber dies zeigt insgesamt die Ziellosigkeit des menschlichen Denkens vor der Existenz des Computerverstehens. Heute ist die Situation wie in der Atomphysik vor dem 19. Jahrhundert. So wie Demokrit ein philosophischer Vorläufer der physikalischen Atomistik ist (im Sinne eines geistigen Saatkorns), haben wir schon im Dualismus von René Descartes eine einigermassen passende Vorläuferidee gesehen mit *res extensa* (als Hardware) und *res cogitans (*als auf der Hardware laufender Seelen-Software*)* und deren geheimnisvolle Verbindung (bei Descartes über die Zirbeldrüse).

Wir definieren als Seele die Gesamtheit der laufenden (nichtchemischen) Prozesse unseres Innenlebens, d. h. unsere Gefühle und Gefühlsäusserungen, ihre Grundlagen und Wechselwirkungen. Das Wort des Philosophen der Aufklärung Claude Adrien Helvétius (1715–1771) passt: Es geht um die Fähigkeit des Fühlens, *„de la faculté de sentir*" im Gegensatz z. B. zur *„faculté de juger"*, der Fähigkeit intellektuell zu beurteilen.

Ein berühmter Spruch zum Zusammenhang von Seele und Gehirn mit einem materialistischen Bild stammt von dem deutsch-schweizer Zoologen Carl Vogt (1817–1895): *„Das Gehirn sezerniert [sondert] die Seele [ab] wie die Niere den Urin."* Da ist das

SOUL HAS WEIGHT, PHYSICIAN THINKS

Dr. Macdougall of Haverhill Tells of Experiments at Death.

LOSS TO BODY RECORDED

Scales Showed an Ounce Gone in One Case, He Says—Four Other Doctors Present.

Special to The New York Times.

BOSTON, March 10.—That the human soul has a definite weight, which can be determined when it passes from the body, is the belief of Dr. Duncan Macdougall, a reputable physician of Haverhill. He is at the head of a Research Society which for six years has been experimenting in this field. With him, he says, have been associated four other physicians.

Abb. 8.1 Eine Kuriosität zur Seele: „Sie wiegt 21 Gramm". (Bild: Wikimedia Commons „Nytimage001" aus der NY Times, 1911, Magnus Manske)

nicht-materialistische Bild eines Softwaresystems doch edler. Allerdings gehört zum Seelenleben doch auch die Verbindung mit einiger Chemie in der Form von Hormonen wie Dopamin, Serotonin und Oxytocin.

Im Lichte der Interpretation als Softwaresystem ist die Seele gerade der Teil der Funktionalität, der am weitesten weg ist vom Bild des üblichen von-Neumann-Computers mit digitalen Datenströmen. Hier kommen wir an die Grenzen der Übertragung der „üblichen Computerarchitektur" auf das verteilte System. Aber auch auf neuronaler Ebene bleibt das Gehirn ein IT-System, das Information empfängt und intern kommuniziert und als Ganzes und in seinen Untersektionen synchronisiert werden muss. Zu beachten ist in der Definition das Attribut „laufend": Die Seele ist, wie das Bewusstsein, das wir schon besprochen haben als strömende Software, eine laufende Software. Im Computermodell werden Funktionsmoduls wie „Tasks" aufgerufen und wirken, etwa bei einer Gefühlsäusserung, und versinken wieder in den Hintergrund.

Die Erforschung der Architektur durch Nachbau der untersten Ebene des Gehirns verwendet Software, die die „funkelnden“ Neuronen und ihre Netze simuliert. Die „Software“ des Gehirns selbst liegt in den geschlossenen Schaltungen dieser Neuronen. Die Programmierung oder „das Lernen“ im Detail erfolgen durch die Aktivitäten der Person: Aktivität entscheidet, welche Verbindungen gelöst, welche verstärkt werden. Der Spruch *„Neurons wire together when they fire together“* fasst diese sog. Hebbsche Lernregel vom kanadischen Psychologen und Neurologen Donald Hebb (1904–1985) aus dem Jahr 1949 zusammen.

Abbildung 8.2 zeigt mit der Verteilung der verschiedenen Typen der Gehirnzellen auch eine erste klassische Karte des „Verteilten Computing“ im Gehirn. Es war der Beginn der äusseren Erforschung des Gehirns als Computer. Diese historische Karte zeigt 52 Gehirnareale nach dem deutschen Anatomen Korbinian Brodmann (1909) im Mittelschnitt. Heute unterscheidet man etwa 300 Areale. Viele davon sind als Träger für bestimmte Funktionen (in unserer Sprechweise als Träger und Ausführende bestimmter Software) identifiziert.

Technisch gesprochen ist die Aufgabe ein Reverses Engineering des Gehirns bzw. der Gehirnstruktur, in Softwaresprache des Quellencodes:

> Reverse Engineering ist der Analyseprozess eines Zielsystems mit dem Ziel, das System auf einer höheren Abstraktionsebene zu verstehen.
> Elliot Chikofsky und James Cross in: IEEE Software, Vol. 7 Issue 1, 1990

Die übliche Methode der Softwareentwicklung nach Plan und mit Pflichtenheft ist dagegen ein „Vorwärts Engineering“.

Die Aufgabe des Reverse Engineering stellt sich im kommerziellen Bereich, wenn ein Programmcode veraltet ist oder seine Plattform nicht mehr gewartet wird, aber der logische („geistige“) Inhalt wertvoll ist und gerettet werden soll. Das Beispiel der Retroanalyse einer Chipkarte zeigt die Stufen der Schwierigkeit:

- Ist der Programmcode bekannt (d. h. in höherer Programmiersprache)? Dann geht es darum, ihn zu verstehen und zu übertragen.
- Ist nur der Maschinencode bekannt (oder lesbar)? Dann ist das Verstehen schon recht harte Arbeit.
- Sind nur die elektromagnetischen Seiteneffekte messbar beim Lauf des Kartenprogramms, z. B. der momentane Stromverbrauch des Prozessors?
  Dies entspricht bei den Scanverfahren des Gehirns der aktuellen lokalen Sauerstoffaktivität in einer Gehirnregion.

Um den letzten Schritt auszuschliessen, musste man für die Chips auf Chipkarten besondere Massnahmen treffen – sonst hätte man z. B. aus den gemessenen Stromwerten bei der Arbeit der Karte von aussen auf die intern gespeicherten Passwörter schliessen können. Man musste die Architektur der Chips so ändern, dass die Ströme keinen Rückschlüsse mehr erlauben und auch mit mathematischen Tricks diese „Differentielle Leistungsanalyse“ blind und sinnlos wird.

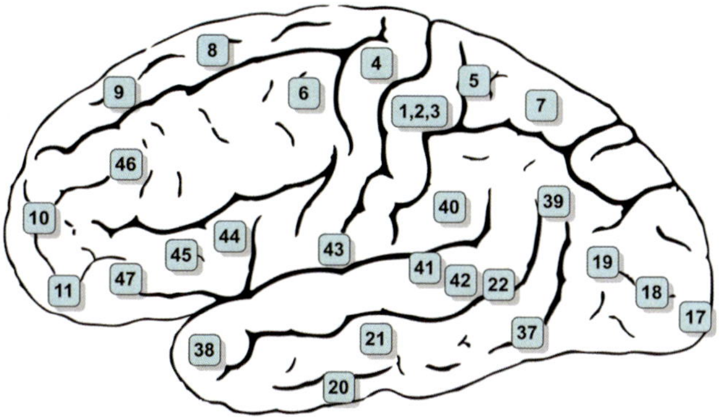

Abb. 8.2 Regionen der Grosshirnrinde nach den Neuronentypen (historisch). (Bild: Wikimedia Commons „Gray726-Brodman", Bartleby. Aus „Anatomy of the Human Body" von 1918)

Derartige Massnahmen zur Verschleierung des Codes nennt man allgemein die Obfuskation eines Designs (vom lateinischen *obfuscāre – verdunkeln)*. Für das Reengineering des Gehirns ergibt sich damit die Frage, ob es für die Natur sinnvoll war, das Design des Gehirns zu verdunkeln? Wohl nicht mit zusätzlichem Aufwand über die funktionell notwendigen Massnahmen hinaus. Es kommen beim Reverse Engineering des Gehirns noch physikalische Aufgaben dazu, nämlich die räumliche Architektur des verteilten und kooperativen Computers und die Verbindungsstrukturen (das Konnektom) zu bestimmen. Dies ist laufende Forschung, etwa das „Human Connectome Project".

Die Programmiersprache der untersten Ebene ist also Programmierung durch Lernen und eine Art Darwinismus der Neuronen- und Synapsenzustände mit Anziehung und Abstossung, Zusammenarbeit und Wettbewerb, Versuch und Korrektur. Nur die allgemeinen Randbedingungen sind genetisch vorgegeben; auch das Gehirn des Erwachsenen passt sich laufend der Realität an und bewertet die erworbenen Eigenschaften. Im Prinzip ist dies ein gefährliches Vorgehen. Aus anderen Softwaresystemen ist bekannt, dass man sich durch Veränderbarkeit leicht Instabilitäten einfangen kann, die bis zur Unbrauchbarkeit des Systems führen können und einen Neustart erfordern. So gab es (oder gibt es) bei Spracherkennungssystemen das Problem des Übertrainierens: Bei zu viel Lernen ging die Qualität des Erkennens wieder zurück. Dem könnte beim Gehirn ein psychisches Problem des Menschen entsprechen.

In der Metapher der üblichen Computerarchitektur ist solche Gehirnsoftware also „Firmware",zwischen Hardware (hier „Wetware") und flüchtiger Software. Firmware ist Software, die mit den Funktionen der Hardware eng gekoppelt ist. Noch hardwarenäher ist Hardware, deren Schaltkreise umprogrammiert werden können als feldprogrammierte Elektronik. Feldprogrammierbare Elektronik kann „im Feld", d. h. an Ort und Stelle beim Kunden verändert werden. Man muss dazu das zu programmierende Gerät nicht auseinander nehmen und dem Hersteller zurückbringen. Das „Zurückbringen zum Hersteller" wäre für uns Menschen als Produkt recht unangenehm – Feldprogrammierbarkeit ist offensichtlich für uns und unser Gehirn eine gute Eigenschaft.

Aus Sicht der Software unterscheiden wir in diesem Buch drei Ebenen im Gehirn:

- die grundlegende Ebene der Neuronen und ihre physikalischen und elektrischen Aktivitäten,
- eine mittlere Ebene der Datenverarbeitung,
- die obere Ebene der psychischen Funktionen.

Man versucht zwar, das Gehirn durch eine umfassende neuronale Simulation der Hundert Millionen Neuronen zu verstehen – aber dies ist noch nicht geschehen, und es ist auch zweifelhaft, ob die holistische Simulation auf der untersten Ebene alle Effekte erfassen kann. Es ist deshalb sinnvoll, das Problem „Verstehen des Gehirns" hierarchisch und auf allen Ebenen anzugehen. Es gilt eher umgekehrt nach unserer Erfahrung mit grossen (Software-) Systemen, dass nur mit einer Hierarchie die Komplexität beherrschbar ist.

Zwar könnte die Natur das Gesamtsystem als totalen Klumpen, als sog. „Kludge", gebaut haben, aber dies ist nicht wahrscheinlich nach allgemeinen Systemerfahrungen. Flexibilität ist nur mit hierarchischer Struktur möglich. Auch die (vermutete) grosse Redundanz des Gehirns, die sich durch den Unterschied der Ursprungskomplexität der Erbinformation zur Struktur des entwickelten Gehirns zeigt, bedeutet ebenfalls Struktur. Die Frage ist wohl noch nicht geklärt: Ist das Gehirn zwar nicht „absichtlich" verdunkelt, aber doch ein einziger Spaghetticode? Das Gegenteil einer guten Struktur nennt man im Computerjargon einen „Kludge". Hier die Definition frei nach Mike Cowlishaw, IBM, 1990: *Kludge* (gesprochen wie Kluudsch)

1. *Eine quick-and-dirty Fehlerkorrektur. In einer Software; eine kluge aber unelegante Lösung. Sagt man oft von seiner eigenen Arbeit um sich bescheiden zu geben. Kludge kommt mittelbar vom deutschen Wort ‚klug'.*
2. *Etwas grosses und kompliziertes, speziell in Software.*

Oder allgemeiner: Hat die Evolution einen Kludge oder mehrere Kludges produziert? In Details sind Kludges in der Evolution denkbar, etwa um überhaupt eine Lösung für eine Aufgabe zu haben. Aber für das Ganze? Wir denken, dass die Gesamtlösung Mensch im Rahmen der gegebenen Technik (dem langsamen „Fleisch") eine recht gute Architektur hat für die Aufgabe „Leben". Wenn unsere Software ein Kludge wäre wie alte, vielfach geflickte Programme – dann wäre unsere Evolutionsfähigkeit am Ende.

Eine hierarchische Struktur bedeutet andrerseits, dass es nicht notwendig ist, alles auf neuronaler oder gar subneuronaler Ebene zu verstehen, um zu beginnen, die Software der Psyche zu verstehen. Man kann ja auch eine Computer-App benützen und als Anwendung verstehen, ohne die ganzen Schichten darunter zu kennen. Welcher Anwender weiss schon, wie ganz unten die Transistoren und logischen Operationen funktionieren? Allerdings sind trotzdem häufig Physiker begeisterte Softwareentwickler und Anwender.

Wir haben uns aus Mangel an (persönlichem wie wohl allgemeinem) Wissen auf eine Teilung in drei Ebenen beschränkt. Aber zu jeder der drei Ebenen gehört, ganz wie bei der allgemeinen Figur in Abb. 6.2,

- ein Verständnis, was auf dieser Ebene geschieht,
- ein Verständnis, wie diese Ebene „nach oben" kommuniziert,
- ein Verständnis, wie diese Ebene „nach unten" kommuniziert,
- eine Fachdisziplin für diese Ebene.

Die zugehörigen Disziplinen sind von unten nach oben hier technische Informationstechnologie, Neurowissenschaft und Psychologie. Alle drei Ebenen sind in sich spezifische Informationstechnologien, alle drei Ebenen lassen sich sinnvoll in digitaler Software simulieren. Dies geschieht eventuell effizienter mit Unterstützung von hybrider Hardware wie den neuromorphen Chips.

8.2 Hierarchische Mustererkennung als zentraler Prozess

> Es gibt nur Muster, Muster auf anderen Mustern, Muster, die auf andere Muster wirken, Muster versteckt durch Muster und Muster innerhalb von Mustern. Und was wir Chaos nennen, das sind einfach Muster, die wir nicht verstehen.
> Chuck Palahniuk, Schriftsteller, geb. 1962

Das Gehirn ist ein extrem verteilter Computer. Durch die Verteilung und interne Parallelität kompensiert die Natur die Langsamkeit ihrer Elektronik. In einer grossen Aufteilung ist das Hinterhirn das „Alarmzentrum", das Mittelhirn das „Gefühlszentrum" und das Vorderhirn das „Ausführungszentrum". Das Bild eines von Neumann – Computers mit CPU, Speicher, Programmen und Daten ist hier nur eine grobe Metapher. Für die Vorstellung können allerdings gewöhnliche Computerbegriffe wie „Firmware", „Cache" oder „Mikroprogramme" nützlich sein.

Das funktionelle Gesamtmodell reflektiert die drei Hierarchiestufen in drei Teilmodellen auf drei Ebenen, die ineinander übergreifen müssen, von „unten" nach „oben":

- Das Modell der Hardware bzw. direkt auf der Hardware aufsitzend mit den elektrochemischen Neuronen und ihrer Vernetzung,
- das Modell der technischen Funktionalität (die Middleware), etwa die Mustererkennungsmechanismen nach Kurzweil,
- das Modell der seelischen Funktionalität, die Psychologie, etwa das PSI-Modell.

Dabei hat die Analogie wie jede Analogie ihre Grenzen, aber auch das macht Analogien interessant und gerade diese Grenzen sind besonders aufschlussreich. Auf allen Ebenen spielt dabei die räumliche Verteilung (und die lokale Unschärfe) der Rechenelemente eine fundamentale Rolle (das Konnektom), die sich in der Software vor allem in den unteren Schichten reflektiert.

Auch in den verschiedenen Leib-Seele-Philosophien stecken Modelle. Manchmal lassen sich sogar konkrete, nachprüfbare Aussagen finden (und widerlegen) wie etwa bei Descartes mit der Zirbeldrüse als Brücke zwischen Leib und Seele. Auch hier gilt bei jeder Kommunikation die Regel: Man muss das Modell verwenden, das zu seiner Ebene passt. Von weit weg oder ganz oben gesehen (aus „10.000 Fuss Höhe") ist das Modell des Gehirns nur ein „normaler" Computer mit CPU und verschiedenen Arten von Speichern, Sensoren und motorischen Ausgabeelementen.

Der Grundmechanismus für Lernen und um Gelerntes wieder abzurufen ist die Mustererkennung. Diese Informationsverarbeitung findet vor allem im Neocortex statt, dem multisensorischen und motorischen Teil der Grosshirnrinde der Säugetiere. Im Neocortex werden die Informationen der Sinne verarbeitet, visuelle Objekte erkannt, Bewegungen kontrolliert und die Sprache produziert und verstanden. Etwa 80 % der Masse des Gewichts des Gehirns ist Neocortex. Die Struktur des Neocortex mit etwa 2×10^{10} (20 Mrd.) Neuronen ist äusserst gleichförmig mit schwach identifizierbaren Säulen (etwa 100.000 davon), und dazu mit vermuteten, ineinander verwobenen Minisäulen zu etwa 100 Neuronen. Die sichtliche Gleichförmigkeit der Strukturen spricht dafür, dass die Personalisierung erst durch den Lernprozess erfolgt.

Der amerikanische Unternehmer, Erfinder und Futurologe Ray Kurzweil (geb. 1948) hat eine einfache pragmatische Hypothese zur prinzipiellen Funktionsweise des Neocortex als hierarchisches Mustererkennungssystem aufgestellt (2012). Ray Kurzweil ist visionärer Futurologe. Er ist in dieser Rolle umstritten trotz recht zutreffender Vorhersagen, aber er ist auch Pionier der Mustererkennung. Er brachte die erste Software der IT-Geschichte zur Erkennung von gedruckten Texten zum Produkt („Omni-Font") und lieferte 1976 damit eine Lesemaschine für Blinde aus, die Kurzweil Reading Maschine. Ray Kurzweils Hypothese ist fachmännisch, aber unakademisch und nicht überall akzeptiert. Die Mustererkennung ist aber so fundamental und (im Prinzip) sehr einfach und überzeugend, dass wir sie näher betrachten.

Ray Kurzweil verallgemeinert die (erfolgreiche) Mustererkennung für das Erkennen von Text und Stimme zum Prinzip für Lernen, Gefühle, Gedächtnis und damit zentral für die Gehirnsoftware (oder etwas hochtrabend aber korrekt für den „Geist" oder „Mind"). Mustererkennung ist in der Tat ein allgemeiner Mechanismus, der sogar digital erscheinende Vorgänge liefern kann. Ein Beispiel ist etwa das Kopfrechnen: Wenn wir „4×7" rechnen, so schlagen wir im Kopf assoziativ eine Tabelle auf, die uns ohne bewusst zu überlegen „28" zurückgibt. Natürlich ist diese Tabelle im Gehirn nicht digital gespeichert wie im üblichen Computer, aber hinreichend gut geprägt und immer wieder aufgefrischt für ein ganzes Leben. Selbst unscharfe oder falsche Resultate bei einer Mustererkennung haben Bedeutung, etwa als eine Grundlage von Kreativität oder von Träumen.

Die funktionelle Erweiterung beruht auf dem Konzept eines hierarchischen Aufbaus von unsichtbaren (versteckten) Mustererkennern. Ray Kurzweil schätzt die Zahl der Mikro-Erkenner auf etwa 300 Mio. Die Mustererkenner sind sozusagen die Mikroschaltkreise

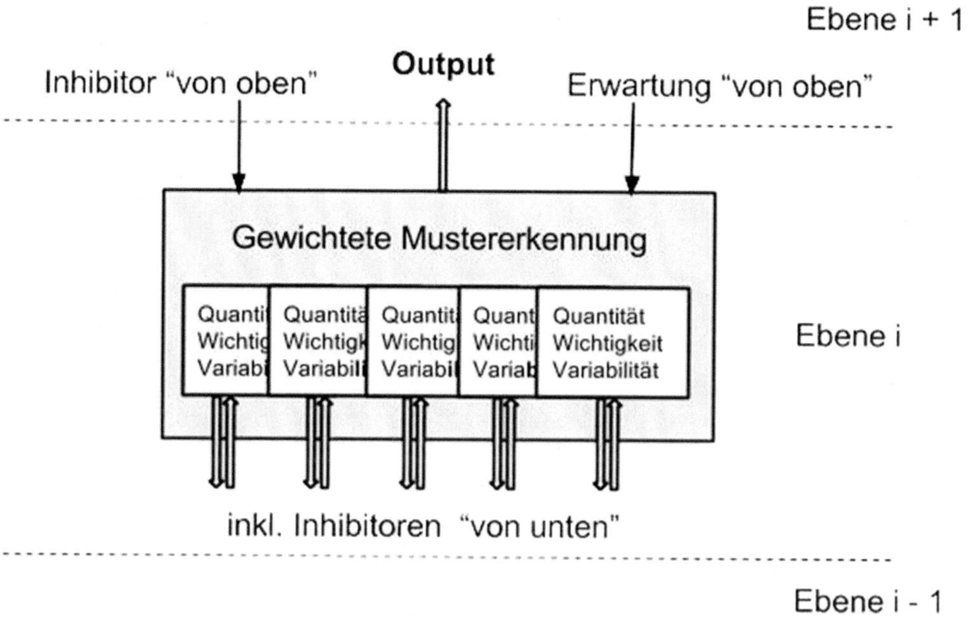

Abb. 8.3 Das Schema eines Mustererkenner-Moduls im Neocortex. (Nach Ray Kurzweil „How to create a Mind" (2012))

der Neokortex. Das Netz der Mustererkenner läuft permanent, sammelt Informationen und verbessert seinen inneren Wissensstand. Die Idee wurde u. a. vom US-amerikanischen Informatiker Dileep George in seiner Dissertation 2008 als Hierarchical Temporal Memory (HTM) entwickelt. Jeff Hawkins, ein anderer pragmatischer Informatiker und US-amerikanischer Unternehmer, verwendet ganz ähnliche Ideen in einem eigens dazu gegründeten Unternehmen zum Bau intelligenter Systeme für kognitives Computing, also der Lösung von komplexen Wissensaufgaben nach dem Vorbild des Gehirns (Jeff Hawkins 2006).

Abbildung 8.3 zeigt das Flussdiagramm eines Mustererkenners der Ebene i mit den Eingängen von unten von der Ebene $i-1$ und dem Ausgang nach oben zu Ebene $i+1$.

Dazu kommen Abwärts-Eingänge von $i+1$ zu i, die der Erwartung für die Erkennung entsprechen (eine positive oder negative Voreingenommenheit) und Hilfen für die unteren Mustererkenner wie

- die zu erwartende Dimension, z. B. Grösse, Entfernung, Zeitdauer,
- die zu erwartende Variabilität, z. B. derselbe Ort oder ein leicht verschiedener Ort, dieselbe Haarfarbe oder nicht usf.,
- die Gewichtung dieser speziellen Eingabe, z. B. das muss es sein,

oder umgekehrt:

- die Negation durch den Inhibitor, z. B. „das ist nicht möglich".

Wir erwarten bei einem Menschen eine bestimmte Grösse und einen bestimmten Klang der Stimme. Aber die Haare können anders aussehen und es ist trotzdem der gleiche Mensch, aber mit einem Bart ist es unwahrscheinlich, dass es sich um eine Frau handelt. Dies ist Hilfsinformation von oben, etwa auch:

- darüber, was vermutlich zu erwarten ist, z. B. ein „L" nach den Buchstaben „APFE",
- darüber, was nicht kommen kann, z. B. *„es kann nicht meine Frau sein, denn sie ist verreist"*.

Das Mikromodul generiert daraus den Output „nach oben" zu der nächsten Erkennerstufe. All diese Parameter bestimmen die Entscheidung. Die Erwartung eines Ereignisses setzt die Schwelle für die Erkennung dieses Musters herab, ein Inhibitor erhöht sie entsprechend. Die Erkennung benötigt dann stärkere andere Argumente. Diese Mechanismen sind aus der Erkennungstechnik wohl bekannte Verfahren zur Erhöhung der Präzision des Erkennens. Ein technisches analoges Beispiel ist das Erkennen der Zieladresse in der Verteilerstation eines Paketverteilungssystems. In Millisekunden schliesst die Software des Scanners z. B. auf eine Postleitzahl auf einem Postpaket: Diese Postleitzahl gibt es nicht, jene stimmt nicht mit dem gelesenen Text überein, also muss es wahrscheinlich dieser Zielort sein usf. Eine Kombination von positiven und negativen Indizien ergibt die optimale Entscheidung.

Der gleiche hierarchisch-zeitliche Mechanismus gilt auch für den Speicher, für das Lernen und Erinnern. Wichtige Muster, etwa die Gesichter oder Stimmen der Familienmitglieder oder von Freunden, werden vielfach gespeichert mit den verschiedensten Varianten und wieder neu programmiert. Damit werden die Entscheidungsgeschwindigkeit und der Aufwand angepasst an die Bedeutung des Musters.

Eine besonders wichtige Fähigkeit in der realen Welt ist die Toleranz für unsichere oder fehlende Informationen. Einzelne Muster können sogar gänzlich fehlen oder nur partiell Informationen liefern: Schon während einer Bewegung ändern sich die Bilder im Auge des Betrachters und das betrachtete Objekt wird trotzdem erkannt (die Invarianz der Erkennung), oder aus einem Teil der Information oder ähnlicher Information wächst in der Softwarehierarchie die Erkennung durch hinzustossende Erinnerungen (Autoassoziation): Zur Ahnung des Gesichts eines alten Schulfreunds kommt die Erinnerung an einen Schulausflug, an dessen Eltern und plötzlich ist der Name da.

Es ist eine andauernde Verarbeitung von zusätzlicher einlaufender Information, eine laufende (unscharfe) Anwendung des Satzes von Bayes aus der Wahrscheinlichkeitsrechnung.

Eine zusätzliche Schwierigkeit besteht darin, dass die Gewichtung verschiedener Muster sich zeitlich verändert – lang zurückliegend, gestern oder gerade eben. Immer wieder müssen Vorgänge im Gehirn synchronisiert werden, etwa eine Bewegung und die Erkennung. Eine notwendige Massnahme zur Stabilität und zur Anpassung an die Bedeutung eines Objekts ist grosszügige und flexible Redundanz im System. „Denken" (und Sprache) schliesslich ist das Ergebnis von Millionen von zusammenarbeitenden und parallelarbeitenden Mustererkennungen.

Der Neocortex ist ein grosses statistisches und hochredundantes IT-System, das dauernd läuft: aufnimmt, widergibt und (durch Umprogrammieren) vergisst. Es ist die Middleware zwischen der Hardware („Wetware") und der Anwendungssoftware, d. h. unserem bewussten Denken. Dabei ist es eine Kreativitätsmaschine: Durch die Mustermechanismen ist es naheliegend, dass hier leicht neue oder falsche Muster und Metaphern generiert werden können (d. h. „wir" erkennen).

Noch eine Bemerkung um Missverständnissen vorzubeugen: Bei Mustererkennung denken wir zuerst an Wahrnehmungen und Sinneseindrücke mit allen Charakteristiken einschliesslich den optischen und akustischen Illusionen. In der Middleware geht es um Signale und ihre Gewichtungen. Die Bedeutung des Musters kann abstrakt sein, etwa Zuneigung oder Aversion zu einer Person, ein Kaufwunsch oder eine Risikoeinschätzung. Der formale Mechanismus funktioniert immer.

Es ist epistemologisch und philosophisch ausserordentlich lehrreich, dass manchmal die sonst verborgene Middleware für uns mitten in unserer höheren Anwendung „Alltagsleben" sichtbar wird – im Einklang mit dem Mustererkennungsmodell. Dies ist im wahrsten Sinne zu sehen bei optischen Täuschungen, bei denen das IT-System an seine Grenzen kommt und zwischen Mustern schwankt oder das falsche Muster aktiviert (Abb. 8.4), z. B.

- Wie ist der Output bei unmöglichen Objekten?
- Wie, wenn die Konturen zweideutig sind?
- Wie, wenn Information fehlt und ergänzt werden muss?

Die Ergebnisse brechen aus der Middleware in unser Bewusstsein ein und geben direkte Hinweise darauf, wie unser Gehirn informationstechnisch arbeitet. Technisch sind es extreme Testfälle, philosophisch gesehen sind sie Beweise, dass es Softwaregrundlagen gibt für „den Geist" und für „geistige" Funktionen wie „Erkennen".

Im Abschnitt „freier Wille" modellieren wir die Entscheidungsmechanismen als zusammen- und gegeneinander arbeitende Softwareroutinen gleicher oder verschiedener Ebene. Wir skizzieren damit Grundlagen der sog. Gestaltpsychologie, die derartige Illusionen mit phänomenalen Gesetzen beschreibt. Bei Illusionen wie

- dem Würfel des Schweizer Geologen Louis Albert Necker (1832) pendelt die gewinnende Softwareroutine und damit der Tiefeneindruck bei längerer Betrachtung hin und her,
- beim Penrose-Dreieck (vom schwedischen Künstler Oscar Reutersvärd 1934 erfunden) und bei vielen „unmöglichen" Werken des niederländischen Künstlers M.C. Escher (1898–1972) gewinnt die Software für nahe Anschauung, aber der Verstand bleibt zweifelnd oder sagt „unmöglich, das passt nicht zusammen",
- beim Kanizsa-Dreieck (vom italienischen Psychologen Gaetano Kanizsa 1955 erdacht) berechnet unsere Software ein weisses Dreieck, das gar nicht existiert.

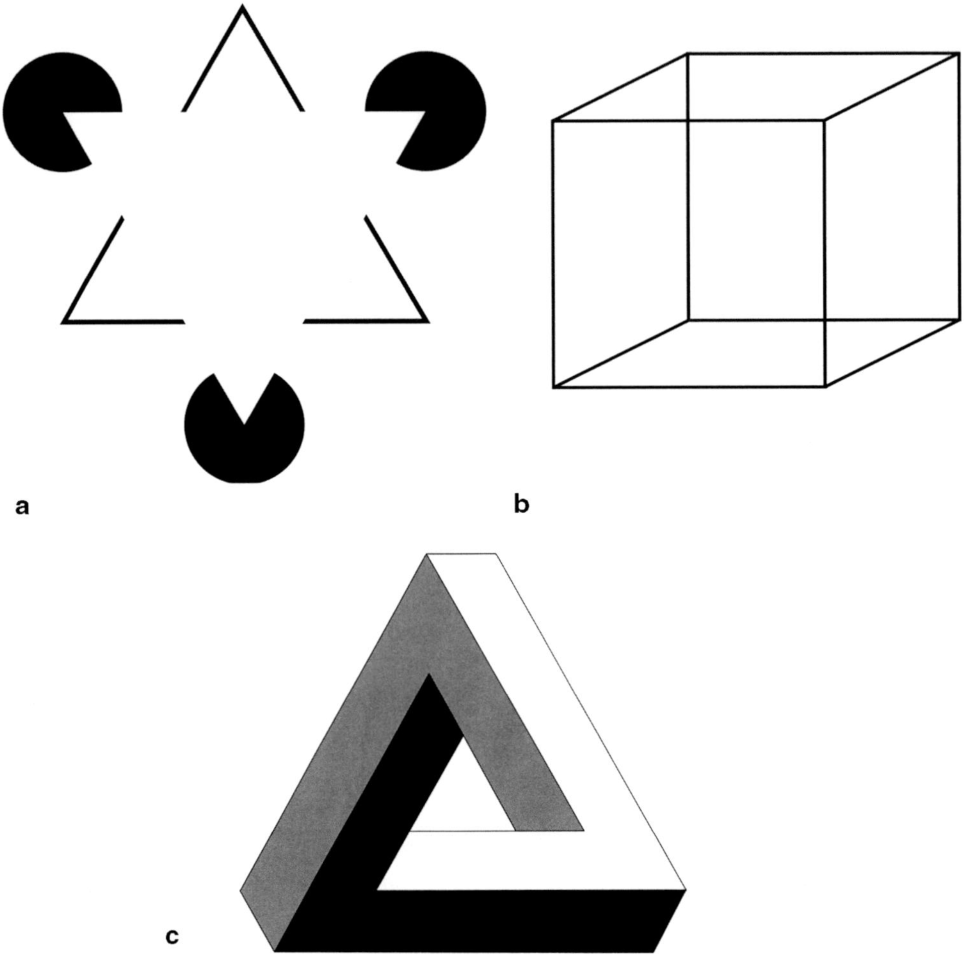

Abb. 8.4 Optische Illusionen als sichtbare Wirkungen der Middleware des Gehirns. (Bilder: Wikimedia Commons „Penrose Dreieck", Tobias R./Metoc, „Necker Cube", BenFrantzDale, „Kanizsa Triangle", Fibonacci)

Für dynamische Vorgänge sind auch die IT-Begriffe von Deadlock (tödliche Umarmung) und Lifelock (blockierendes Pendeln) aus Kap. 3 für Prozesse eventuell anwendbar, z. B. für Situationen mit blockierten oder pendelnden Entscheidungen. Die Interpretation als interagierende Software mit einem System von Mustererkennern ist im Einklang mit frühen technischen Überlegungen des Physikers Hermann Haken (1996), der vor allem von der Bistabilität und dem kollektiven Zusammenwirken von Neuronen ausging (der „Synergetik"). Mit dem kippenden Bild kippen bei der Mustererkennung nach Haken Sätze von Neuronen im Gehirn in gemeinsame Zustände für das Erkennen.

Besonders eindrückliche dynamische Illusionen zum Erleben sind Shepard-Töne, die sich anscheinend laufend erhöhen oder erniedrigen ohne die Grenzen der Hörbarkeit zu

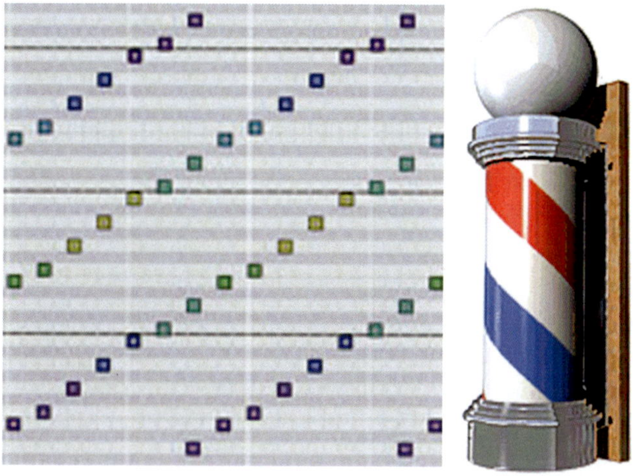

Abb. 8.5 Zu zwei dynamischen Illusionen, die das Arbeiten seelischer Software illustrieren. (Bilder: Wikimedia Commons „Shepard tone", Omeomi, und „Barber-pole-02", Sakurambo)

erreichen, und der sehr einfache Barber's-Pole-Effekt. Der Barber's Pole ist eine sich drehende vertikale Stange mit schrägen Farbstreifen, die in USA vor vielen Friseurläden steht. Beim Drehen der Säule scheinen die Streifen laufend nach oben oder unten zu wandern. Abbildung 8.5 kennzeichnet die beiden Effekte; zum Erleben benötigt man leider mindestens Multimedia.

Aus der Sicht einer Softwarearchitektur wirken hier mehrere Routinen für die Effekte laufend zusammen: Eine Routine für die Wahrnehmung und Analyse des Details, die den Eindruck *„es geht nach oben"* liefert, die weiter gefasste Wahrnehmung der Gesamtstruktur, und schliesslich die Software der rationalen Ebene, die bemerkt „hier stimmt etwas nicht". Diese Softwarestruktur realisiert das „Gesetz der Nähe" aus der klassischen Gestaltpsychologie, die sich mit dem Erkennen von Strukturen in Wahrnehmungen beschäftigt: *„Elemente mit geringen Abständen zueinander werden als zusammengehörig wahrgenommen."*

Das Grundprinzip dieser Illusionen vom Typ Penrose-Dreieck, Shepard-Ton oder Barber's Pole haben wir schon auf (im wahrsten Sinn des Wortes) höherer Ebene kennengelernt beim Sorites-Problem: „Lokal" wird eine Änderung praktiziert, etwa ein Reiskorn vom Haufen entfernt, die Gesamtstruktur (der Haufen) bleibt begrifflich bestehen, bis es zur Warnung des Verstandes kommt: *„Ist dies noch ein Haufen? Da stimmt etwas nicht."*

8.3 Computer und Psyche: Simulation der Seele

Wollen wir unser Seelenleben nicht als Gefüge von Wenn-dann-Aussagen [d. h. von Software] ansehen, kommen wir hinsichtlich der Psychologie in eine schwierige Lage. Wir müssten dann nämlich akzeptieren, dass die Psychologie als Wissenschaft allenfalls teilweise möglich ist.

Dietrich Dörner, Psychologe, geb. 1938, in „Bauplan für eine Seele“, 1999/2008

Damit will der Psychologe vorsichtig sagen: Ohne Seelensoftware wäre das Seelenleben mystisch und eine Wissenschaft Psychologie gäbe es nicht. Unsere Psyche ist die Anwendungsebene der Gehirnsoftware: Das heisst nicht, dass sie linear und deterministisch arbeitet. Die Implementierung ist ja nicht in digitaler Elektronik sondern in biologischer Logik mit stochastischen Wechselwirkungen. Trotzdem erwarten und kennen wir Gesetzmässigkeiten in unserem Verhalten, auch wenn wir den ganzen Pfad von den Neuronen zu unserem seelischen Verhalten nicht verstehen, und es gibt Psychologie als wissenschaftliche Disziplin. Aber wenn wir hierarchische Struktur annehmen, dann sind die Funktionen wie bei menschlich konstruierten Softwaresystemen wenigstens teilweise entkoppelt. Der Benutzer und Bediener einer App muss ja auch nicht die Transistorschaltungen im Prozessorkern verstehen. Das Wissen existiert jedoch in einer Kette von Wissensbereichen in den Köpfen der verschiedensten Menschen von der Transistorphysik und dem Schaltungsentwurf „unten“ bis „oben“ zum Fachwissen in der App selbst.

Bei der Seele und dem Gehirn sind wir noch nicht so weit, aber es ist demnach trotzdem sinnvoll, zu beginnen die „Seele“ in ihrer Softwareebene selbst zu verstehen. Schliesslich, so schreibt der Psychologe Dörner zu Recht, „*konnte man auch Chemie treiben bevor man Kernphysik verstanden hatte*.“ Zu Beginn war die Chemie allerdings nur Alchemie …

Wissenschaftstheoretisch bedeutet dies, dass Erforschung und Verstehen auch „von oben“ erfolgen können; optimalerweise parallel auf allen Ebenen wie dies ja auch bei den verschiedenen Ansätzen zur Hirnforschung geschieht. „Verstehen mit Software“ ist konstruktiv und will durch den Nachbau verstehen, es ist der allmähliche Aufbau einer synthetischen Seele. Dann hat man den Prozess:

1. Aufstellen eines ersten Modellsystems mit Anpassung in der Struktur und der eingebauten Parameter an die vorliegenden psychologischen Erfahrungen. Es geht dabei um Übereinstimmung mit den Kenntnissen in der untersuchten Ebene, aber auch in Bezug auf die Ebenen darunter (und darüber bei anderen Ebenen als der Seele als oberste Ebene),
2. Korrektur durch neue Erkenntnisse und Erweiterung mit neuen Funktionen mit Anpassung an Struktur und Parameter,
3. Neue Iteration mit Schritt 1, nun mit neuem, verbessertem Ausgangssystem.

Dazu gehört als Vorläufer:

0. Erfassen der Phänomenologie des Systems. Das ist eine Untermenge der Psychologie.

Es ist der Plan für eine neue, aktive Stufe der Psychologie von aussen, einem Behaviorismus mit modelliertem Innenleben. Die Zahl der Strukturelemente (und der anpassungsfähigen Parameter) darf nicht zu hoch sein – sonst kann man immer und alles anpassen. Es gilt bei jedem Schritt des Bauens das Prinzip des Ockham Rasierers der Scholastik. Es ist das KISS-Prinzip als eines der allgemeinen Gesetze für Systembau von Kap. 3.4.2. Hier als Spruch von Albert Einstein (Herbert Spencer Vorlesung 1933):

> Es kann kaum geleugnet werden, dass es das höchste Ziel aller Theorie ist, die irreduziblen Elemente einer Theorie so einfach zu halten und ihre Zahl so gering wie möglich ohne dabei die Einbeziehung eines einzigen Erfahrungswertes aufzugeben.

Dies wird oft zitiert als:

> Man soll die Dinge so einfach machen wie möglich – aber nicht einfacher.

Unsere Aufgabe ist nicht analytisch, sondern konstruktiv. Die synthetischen Psychologen wie Dietrich Dörner und seine Nachfolger bauen weiter:

> Man soll Schritt für Schritt so viel Seelen-Funktionalität hinzufügen wie technisch möglich und sinnvoll.

Mit dieser Idee hat Dietrich Dörner im Buch „Bauplan für die Seele" (1999) den Ansatz zu einer „synthetischen Psychologie" entwickelt. Er führt in der Form von Prozessen (und mit Grafiken zur Erläuterung) die Funktionen der Seele ein wie Motivation, Risiko, Lust, Liebe, Moral und Gespräch über sich selbst. Sein Schüler Joscha Bach (2009) hat die Implementierung weiter getrieben, d. h. die synthetische Seele wird zu richtiger Software, geschrieben in der Sprache Python. Software und (menschliche) Liebe als Resultat – und das simuliert ein Computer, wohl noch ohne die ebenfalls beteiligte Chemie. An derartige Symbiose von Softwaretechnologie und Menschlichem muss man sich erst noch gewöhnen. Diese Verknüpfung macht das Buch von Dietrich Dörner (2001) zu einem aussergewöhnlichen intellektuellen Erlebnis.

Technisch gesehen ist die synthetische Seele (wie die natürliche Seele) ein System von Softwaremodulen für eine Software „PSI" („Persönlichkeits-System-Interaktionen"), die autonom ein dynamisches Gleichgewicht des PSI mit der Umgebung aufrecht erhält. PSI bestimmt damit den Ablauf der menschlich-seelischen Zustände und Vorgänge wie Angst zu haben, Zuneigung zu empfinden und Entscheidungen zu treffen. Technisch nennt man derartige Software, die eigenständig arbeitet, einen Softwareagenten. In der synthetischen Psychologie wächst also ein Seelen-Softwareagent oder es wachsen mehrere wechselwirkende Agenten heran, die wie eine virtuelle Person, ein Software-Homunkulus, ein menschliches Innenleben erleben. Die Psyche ist wie das Bewusstsein eine Art „strömende" Software (s. Kap. 5). Die Psyche ist der Gefühlsteil, das Bewusstsein in unserer Terminologie der nüchterne technische Teil.

Es gilt wieder das Sorites-Prinzip: Aus elementaren Anfängen kann etwas Neues, viel Grösseres entstehen. Am Anfang sind es ein paar elementare Programme gewesen – doch daraus soll ein ganzes homöostatisches, d. h. im dynamischen Gleichgewicht befindliches, System werden. Im nächsten Abschnitt verwenden wir die Analyse des menschlichen Entscheidungsprozesses in PSI als Illustration des „freien" Willens.

Abbildung 8.6 illustriert drei Ansätze zum Verstehen der Seele: a) einen Homunkulus (lateinisch „ein Menschlein") im Kopf, der eigentlich agiert, b) ein künstlerisches mecha-

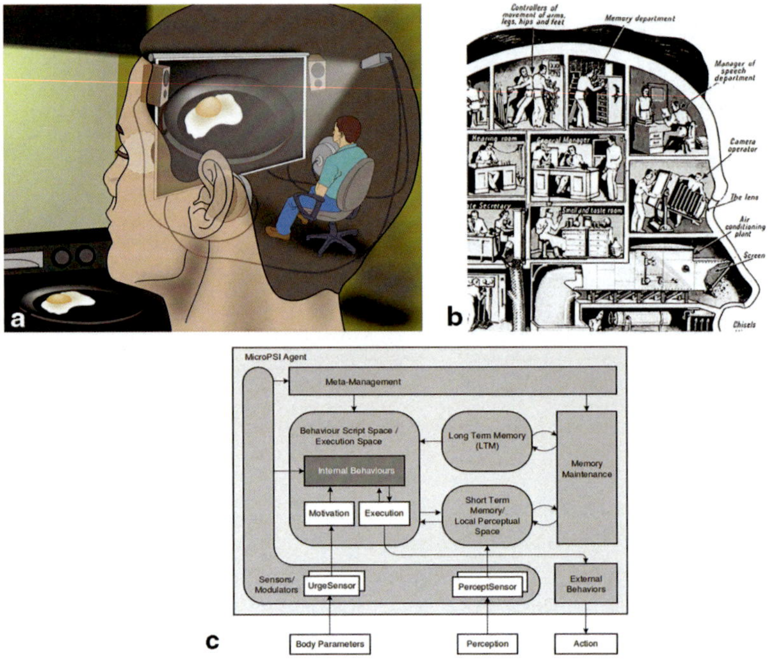

Abb. 8.6 **a** Der Homunkulus im Kopf beim Betrachten der Retina-Szene (Kartesisches Theater) (Bild: Wikimedia Commons „Cartesian Theatre“, Jennifer Garcia). **b** Analogon der Gehirnfunktionen (Bild: LOOK Magazine, 6. Dezember 1938). **c** Architektur der Software von J. Bach/D. Dörner (Bild: EducaTech.sytes.net)

nistisches Analogon und c) ein Blockschaltbild von der MicroPSI- Softwarearchitektur von Joscha Bach nach Dietrich Dörner.

Die Vorstellung des Homunkulus (Abb. 8.6a) stammt vor allem aus der Alchemie. Es soll ein künstlich geschaffenes Menschlein sein. Philosophisch und architektonisch hat die anthropomorphe Vorstellung eines Menschleins im Kopf als Seelensteuermann zwei Aspekte:

- Es ist das Modell einer lokalen Zentrale (wie bei Descartes),
- es verschiebt die Funktion zu einem menschlichen und deshalb (scheinbar) verstandenen Objekt.

Der berühmteste Homunkulus findet sich wohl in Goethes Faust II. Hier ein Vers des von seinem Homunkulus begeisterten Assistenten Wagner:

Es leuchtet! seht! –
Nun läßt sich wirklich hoffen,
daß, wenn wir aus viel hundert Stoffen
durch Mischung – denn auf Mischung kommt es an –
den Menschenstoff gemächlich componiren

in einen Kolben verlutieren
und ihn gehörig kohobieren.
So ist das Werk im Stillen abgetan.
Zum Herd gewendet. Es wird! Die Masse regt sich klarer!

Der Homunkulus ist intellektuell interessant: Er verschiebt das Problem zum Gehirn des Homunkulus, und damit zum Homunkulus im Homunkulus usf. – und trotzdem gibt es Menschen, die indirekt eine solche einfache Lösung befriedigend finden. Ein Beispiel hierzu ist das Gefühl des freien Willens.

Der Arzt und Autor Fritz Kahn (1888–1968) hat eine ganze Reihe von grossartigen Lehrbildern zum menschlichen Körper geschaffen oder zeichnen lassen. Natürlich wusste er, dass im Kopf nicht Mechanik oder Menschlein arbeiten – aber vor der eigentlichen Hirnforschung (und der IT-Entwicklung) war dies die Möglichkeit, wenigstens als Analogie etwas zu zeigen. Abbildung 8.6b ist eine künstlerisch-mechanistische Darstellung der Kopffunktionen in seinem Stil. Das Gehirn ist übrigens nahezu vollständig mit Männern bestückt – nur eine Frau ist als Sekretärin abgebildet.

Die dritte Skizze (Abb. 8.6c) ist die Beinahe-Realität der synthetischen Seele. Sie symbolisiert die Architektur des PSI, des Seelensimulators, der als Ziel die Seele abbildet in unsichtbarer, abstrakter Software und uns immer mehr lehrt, wie wir wirklich funktionieren. PSI steht für Persönlichkeit-Systeme-Interaktion. Es handelt sich um einen oder mehrere Softwareagenten, die ein laufendes Seelensystem nachbilden.

Die Welt der Software liegt fernab von vielen Bereichen der üblichen Psychologie. Die Computersimulation oder sogar die „synthetische Psychologie" ist ein in der Psychologie viel zu wenig genutztes Mittel des Erkenntnisgewinns. Noch sind die meisten anderen Zugänge zum Gehirn, auch die funktionelle Magnetresonanz mit ihren schönen Bildern, nur wie *„beleuchtete Fenster in einem Hochhaus bei Nacht, die zu immer anderen Mustern geschaltet werden" nach Pierre Magistretti, Neurowissenschaftler, geb. 1952.*

Mit synthetischer Psychologie kann man über das reverse Engineering der menschlichen Psyche hinausgehen und neue künstliche Seelen schaffen, für medizinische Zwecke, für Forschung oder für humanoide Roboter.

Schon Softwarekonzepte können allgemeine Einsichten liefern. Ein mögliches Beispiel ist die Hypothese des US-amerikanischen Philosophen Jerry Fodor einer „Sprache der Gedanken" namens Mentalese aus dem Jahr 1975, nach der Gedanken aus einer Sub-Sprache aus einfacheren Modulen entstehen wie eine Programmiersprache, die fertige (kompilierte) Bausteine verwendet.

Auch die Analogien mit Hardware und fester Kodierung für „native", d. h. für von Geburt an vorhandene Fähigkeiten, von Firmware mit langsam veränderbarer Kodierung für „Langzeit Gelerntes" und von Apps für schnell und ad hoc Aufgenommenes gehören zu den nützlichen Softwarekonzepten.

Ein Softwaremodell erzwingt eine konsistente innere Konstruktion und macht bewusst, wie das Innere funktioniert. Das Ziel ist eine Konvergenz der Seelensimulation „von oben" in der Sprache der Psychologie mit der funktionellen Simulation der Gehirnfunktionalität „von unten", zumindest als Lehrmittel der Psychologie. Wir sehen allerdings bereits jetzt durch die simple Modellierung die Auflösung von psycho-philosophischen Ideen wie die

F20-F29 Schizophrenie, schizotype und wahnhafte Störungen

Code		Namen der Erkrankungen (Synonyme) und weiterführende Artikel	Übersichtsartikel
F20	Schizophrenie	Schizophrenie, Katatonie, Hebephrene Schizophrenie	Psychose
F21	Schizotype Störung	Schizotypische Persönlichkeitsstörung	
F22	Anhaltende wahnhafte Störungen	Wahn	
F23	Akute vorubergehende psychotische Störungen	—	
F24	Induzierte wahnhafte Störung	Folie à deux	
F25	Schizoaffektive Störungen	Schizoaffektive Störung	
F28	Sonstige nichtorganische psychotische Störungen		
F29	Nicht näher bezeichnete nichtorganische Psychose		

Abb. 8.7 Ausschnitt der schizotypischen Störungen aus der Liste ICD-10 der psychischen und Verhaltensstörungen der Weltgesundheitsbehörde WHO

vermuteten „harten Probleme" der Qualia, des Leib-Seele-Problems, des freien Willens oder eines separaten Organs für das Bewusstsein.

Daneben haben wir noch eine andere Zukunftsvision: Die Emulation (das äussere Nachahmen) und die Simulation (das Nachbilden der inneren Vorgänge mit Softwareagenten) als Hilfe bei praktischen Aufgaben der Psychotherapie und insbesondere der Psychiatrie. Abbildung 8.7 zeigt einen Ausschnitt aus der Liste der psychischen und Verhaltensstörungen der Weltgesundheitsbehörde.

Die Simulation der Seele als System wie in PSI könnte zunächst

- das „normale" seelische Verhalten „des" Menschen beschreiben.

Darauf aufsetzend sind Stufen der Erweiterung denkbar wie

- die Modellierung verschiedener seelischer Störungen, und schliesslich utopisch, aber denkbar,
- die Personalisierung des Modells für das individuelle „persönliche" seelische Verhalten. Dies wäre das psychische Gegenstück zum persönlichen Genom und zur persönlichen Medizin für den Körper.

Damit könnte man in Zukunft psychische Störungen im Modell simulieren und konstruktiv verstehen. Die Modellierung geschähe unter Einbeziehung der Wirkungen der unteren Gehirnebenen, der zugehörigen Chemie und der Umwelt.

Es ist vorstellbar, dass man im Seelenmodell über Parameter verfügt, die man wie Drehknöpfe aufdrehen oder abdrehen kann und damit die Breite und Gewagtheit von Assoziationen und die virtuelle Produktion von Dopoamin (und anderen Stoffen) aufdrehen oder abdrehen kann. Damit erhielte man einmal eine schizophrene Verhaltensweise und ein anderes Mal das Aufmerksamkeits-Defizit-Hyperaktivitäts-Syndrom (ADHS). Es stünde damit ein Lehrmittel zur Verfügung ähnlich dem Flugsimulator für den Piloten. In der Sprache der Softwareentwicklung wäre dieses erste Seelenmodell ein sog. Strohmann („*straw man*“), d. h. ein Ausgangspunkt zum Lernen und Verbessern, auf den die Pfeile der Kritiker und Verbesserer geschossen werden. Auch für die Seele gilt wieder das erwähnte Motto des barocken Gianbattista Vico „*Verum quia facet*“ – „*Als wahr erkennbar ist nur das, was wir selbst gemacht haben*“.

9 Freier Wille, Gehirn-im-Tank, Identität

Das softwaretechnische Prinzipbild der Seele ist einfach, aber allgemeingültig und dadurch klärend, insbesondere durch die Verwendung von einfachen Grafiken. Als Beispiele diskutieren wir den sog. freien Willen (hier entlarven wir das Homunculus-Konzept), die Identität (sowieso bestehend aus Information und Software) und das philosophische Gedankenexperiment des „Gehirns-im-Tank", dem naiven Modell zur Trennung von Körper und Seele. Der freie Wille zeigt sich als Definition abhängig von den Systemgrenzen, die Identität im explosiven Wandel durch Informationstechnologie, und beim Gehirn-im-Tank kann man lernen zu unterscheiden zwischen möglichem und unmöglichem bis hin zur behaupteten Simulation unserer Welt als Ganzes. Wie kann man wissen, ob unsere Welt nicht insgesamt nur eine Vorspiegelung ist durch eine grosse Software?

9.1 Der freie Wille und der Homunkulus

> Dies sind die beiden grössten Labyrinthe, in die der menschliche Geist gezogen wurde: die Frage des freien Willens oder einer Vorbestimmung.
> Neal Stephenson, Autor, geb. 1959

Es gibt wohl kaum eine philosophische Frage, die so viel Interesse fand und findet wie der „freie Wille", einschliesslich der praktischen Bedeutung, etwa in Moral und Rechtsprechung. Der Philosoph Jörg Mittelstrass spricht vom „Armen Willen" und schreibt eine „Leidensgeschichte des Willens in der Philosophie" (1987). Die Stanford Enzyklopädie der Philosophie bemerkt:

> Was für ein Wirrwarr: Philosophen haben zwei Jahrtausende über diese Frage debattiert, und jeder grössere Philosoph hat etwas darüber zu sagen gehabt.

W. Hehl, *Wechselwirkung*, DOI 10.1007/978-3-662-48114-1_9

Aus Softwaresicht ist einer der Gründe für den Wirrwarr die fehlende klare Trennung der beteiligten Ebenen. Entscheidungen werden

- von der (oder zusammen mit der) Middleware des Gehirns getroffen,
- gefühlt als individueller freie Wille oder auch definiert als sozialer freier Wille auf oberster Ebene.

Der Begriff „freier Wille" ist auf der Middleware-Ebene nicht anwendbar. Dies entspricht der Situation im Cartoon Abb. 6.3. Aber Verstehen erfordert, die Funktionsweise der mittleren Software zu kennen.

Es findet sich in der Tat eine Vielzahl von Zitaten in der Literatur und im Internet, die die wesentlichen Ansichten aufzeigen, etwa:

> Das Problem hat im Bereich der Objektivität keinerlei Bedeutung; es bezieht sich nur auf meine subjektiven Gefühle bei einer Entscheidung.
> Percy Williams Bridgman, Physiknobelpreisträger, 1882–1961

Dabei ist die Frage nach dem freien Willen streng genommen und eigentlich offensichtlich keine sinnvolle Frage, denn es gibt keine Aussicht, sie zu beantworten. Wir halten sie philosophisch für einen Syntaxfehler.

> Ich weiß ehrlich nicht, was die Leute meinen, wenn sie von der Freiheit des menschlichen Willens sprechen. Ich habe zum Beispiel das Gefühl, dass ich irgendetwas will; aber was das mit Freiheit zu tun hat, kann ich überhaupt nicht verstehen. Ich spüre, dass ich meine Pfeife anzünden will und tue das auch; aber wie kann ich das mit der Idee der Freiheit verbinden? Was liegt hinter dem Willensakt, dass ich meine Pfeife anzünden will? Ein anderer Willensakt?
> Schopenhauer hat einmal gesagt: Der Mensch kann tun was er will; er kann aber nicht wollen was er will.
> Albert Einstein in: „Der andere Einstein", 1934/1998

Der Physiker Einstein und der Philosoph Schopenhauer haben recht: Wie will man von einer Entscheidung beweisen, dass sie „frei" erfolgte? Wenn dabei offensichtlich für uns Menschen gilt (in einer Sprache aus dem 18. Jahrhundert):

> … die Ideen kommen dem Menschen unwillkürlich, seine Sitten sind in den Händen derer, die ihn dazu zwingen, er wird laufend von Ursachen modifiziert, über die er keine Kontrolle hat, egal ob sie sichtbar oder unsichtbar sind …
> Baron Paul Thiry d'Holbach, Philosoph, 1723–1789

Es gibt kein hartes Kriterium, um den freien Willen experimentell zu beweisen. Experimente können zwei extreme Ergebnisse zeigen:

a. Wir können die Entscheidungen der Versuchsperson perfekt vorhersagen,
   oder
b. die Entscheidungen erfolgen vollkommen zufällig verteilt.

Das innere Freiheitsgefühl kann da sein, aber das Konzept des freien Willens wäre doch in beiden Fällen von aussen betrachtet entwertet. Beide Grenzfälle wären schon Informationen über den inneren Mechanismus, bei a) kausal voll determiniert und bekannt, bei b) in den vorgegebenen Grenzen zufällig und damit erst recht nicht vom „Ich" bestimmt, sondern eben gewürfelt. Der Zufall ist ja per Definition der Einbruch von aussen. Es bliebe natürlich die Argumentation der Versuchsperson „*genau so habe ich freiwillig entschieden.*" Die üblichen Ergebnisse liegen wohl dazwischen, aber auch dies sagt nichts im menschlichen Sinn über Freiheit aus.

Dazu ein amüsantes Zitat aus dem renommierten Stanford Wörterbuch der Philosophie, Stichwort „Free Will":

> „If there is such a thing as free will, it has many dimensions" –
> „Wenn es so etwas wie freien Willen gibt, so hat er viele Dimensionen".
> Das erinnert an das bekannte: „Wir wissen nicht, ob Homer als Person existiert hat, aber wenn er existierte, so war er blind."

Wir schildern drei Ansätze zum freien Willen: Den gesellschaftlichen, den philosophischen und den informationstechnischen.

1. Gesellschaftlich (und menschlich)
   definieren wir die Aktionen eines Menschen als Ergebnis seines freien Willens soweit nicht von anderen Menschen erzwungen. Das Individuum hat mit der Gesellschaft einen Vertrag, soziale Regeln zu erfüllen, z. B. nicht zu morden. Seine Handlungen werden durch den Kontext der Tat beurteilt. Die Fälle sind ausgenommen, bei denen die Funktionen des Menschen drastisch gestört sind (z. B. durch Alkohol oder eine psychische Störung). Natürlich liegt hier wieder ein Soritesproblem vor: Wo hört der freie Wille auf und wo beginnt z. B. die Alkoholkrankheit?
2. Philosophisch (und menschlich)
   wird der freie Wille, wenn er akzeptiert wird, durch einen *Zirkelschluss* verstanden. Es ist wieder das logische Homunkulus-Konzept, diesmal nicht ein Homunkulus im kartesischen Theater, das die Weltsicht reflektiert, sondern eher ein „Management Cockpit". Der General Manager des Ichs im Kopf trifft frei die Entscheidungen. Künstlerisch zeigt dies ein Ausschnitt aus der Gehirn-Illustration nach Fritz Kahn mit den Entscheidungsräumen (Abb. 9.1).

Wir denken als Menschen wohl in dieser falschen Metapher, wenn wir „freier Wille" denken. Dabei wird das Problem „freier Wille" mit der Homunkulus-Pseudolösung nur zu den Homunkuli verschoben und nicht gelöst. Wir denken, dass wir beim freien Willen „gefühlt" auch so das Bild eines Menschlein im Kopf haben, das für uns entscheidet und damit haben wir freien Willen. Es entspricht genau der obigen Einstein'schen Vermutung:

> Was liegt hinter dem Willensakt, dass ich meine Pfeife anzünden will?
> Ein anderer Willensakt?

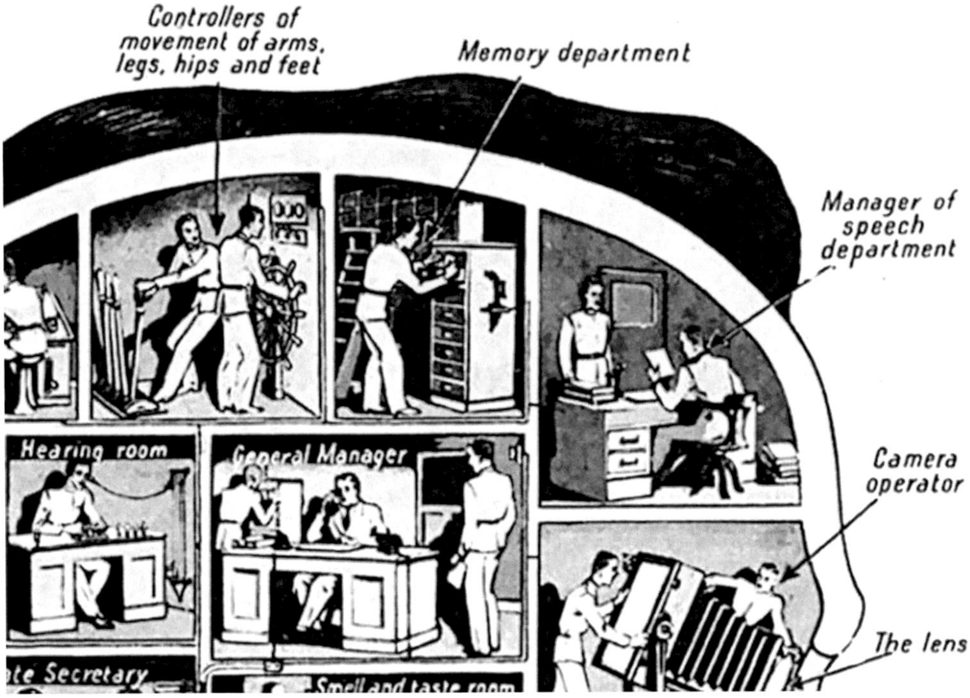

Abb. 9.1 Das Management Cockpit im Kopf als Metapher zum „freien Willen". (Ausschnitt aus dem Bild „The wonders within your head" im Stil und nach Fritz Kahn. Aus dem US-amerikanischen LOOK Magazine vom 6. Dezember 1938)

Damit ist leider nichts geklärt: Zirkelschlüsse oder hier das Matrjoschka-Konzept muss zur Lösung auf das Endglied geführt und „gegrounded" werden.

3. Informationstechnisch
   lösen wir den Homunkulus in *Funktionsblöcke* einer Middleware auf, die die Entscheidung zusammen mit Information untereinander treffen. Die Blöcke der Abb. 9.2 sind schematisch und nicht sehr technisch. Wir versuchen damit, die Zusammenhänge visuell zu erläutern. Dazu verwenden wir das Analogon eines Management-Entscheidungsprozesses, z. B. die Entscheidungsfindung eines Präsidenten wie in Ray Kurzweils Buch „How to create a Mind" (2012) geschildert. Die Berater links arbeiten dem Präsidenten zu, Einzelheiten ihrer Arbeit braucht er nicht zu wissen oder nur bei ganz wichtigen Grundlagen, bewusst oder unbewusst. Dazu gibt es noch harte „NoGo"-Informationen durch Inhibitoren, die die Entscheidung negativ beeinflussen (sozusagen ein „freier Unwillen" oder „Free Won't"-Anteil an der Entscheidung).

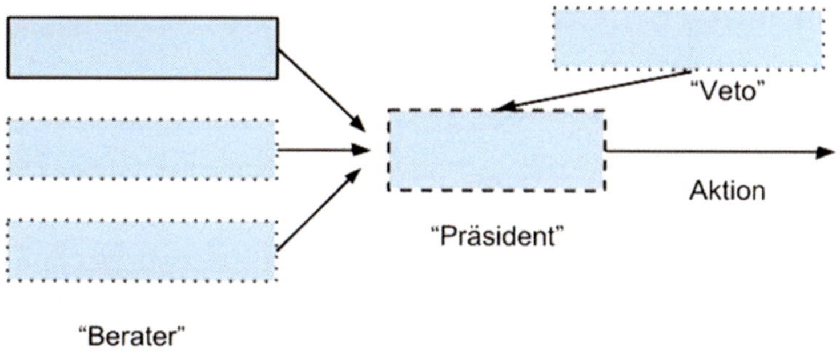

Abb. 9.2 Analogon zur Entscheidungsfindung im Gehirn. (Nach einem Beispiel von Ray Kurzweil 2012)

Abbildung 9.2 ist nur eine Prinzipskizze, aber philosophisch doch eine Grundlage. Diese Prinzipebene schränkt die möglichen Konzepte zur Be- und Verarbeitung von Information ein – wenn man mystische Dinge ausschliesst. Softwaretechnisch beschreiben wir eine Middleware, die Software für Entscheidungen. Der Begriff „freier Wille" hat hier eigentlich nichts zu suchen. Das Ich wird als Systemgrenze von aussen definiert: Zunächst sind alle Funktionsblöcke zusammen das Ich. Hat die Person zu viel Alkohol getrunken, so werden Berater herausgenommen, verstärkt oder geschwächt. Der „Präsident" ist eine Software (zusammen mit Chemie, die auch beeinflusst) und z. B. durch eine Kaskade von Mustererkennern implementiert – verteilt oder lokalisierbar. Eine mögliche Lokalisation ist der präfrontale Cortex im Frontallappen der Grosshirnrinde; Verletzungen dieser Partie können z. B. zum Verlust des Kurzzeitgedächtnisses, zu Handlungsunfähigkeit und Triebenthemmung, zu situationsunangemessener Euphorie und zur Missachtung sozialer Normen führen.

Zwei weitere Gedanken sind hilfreich zum Prinzipverständnis: der Prozess der verspäteten Bewusstwerdung einer Aktion und der Einfluss des Zufalls.

Das erweiterte Schema berücksichtigt, dass nach den Experimenten des amerikanischen Physiologen Benjamin Libet im Jahr 1979 einer bewussten Aktion eine unbewusste Initialisierung vorausgeht. Der Neurowissenschaftler Michael Gazzaniga (geb. 1939) hat durch Experimente mit Patienten mit geteiltem Gehirn („Split Brain", dabei ist die Verbindung zwischen den beiden Gehirnhälften getrennt) gezeigt, dass wir – unser Bewusstsein – erst nach der Aktion die Begründung liefern, eventuell auch offensichtlich nachträglich erfinden oder „konfabulieren". Aber wir sagen nicht: *„Ich weiss nicht, warum ich dies getan habe"*.

Das „Presseamt" (der Interpreter) in Abb. 9.3 bringt Ordnung in das Chaos und sucht eine post-hoc-Erklärung. Nach Gazzaniga ist unser Gehirn ein grosser Geschichtenerzähler (nach Kap. 6 auch ein Thema der Entwicklung maschineller Intelligenz). Er sagt *„Tatsachen sind gut, aber nicht notwendig. Die linke Gehirnhälfte besorgt den Rest"*. Hierzu ein pointierter Ausdruck seines Kollegen V. S. Ramachandran (geb. 1951): *„Das Gehirn verabscheut Unstimmigkeiten"*. Diese technische Trennung und sogar Inversion von Aktion und Willensaussage stärkt nicht gerade das Konzept des freien Willens.

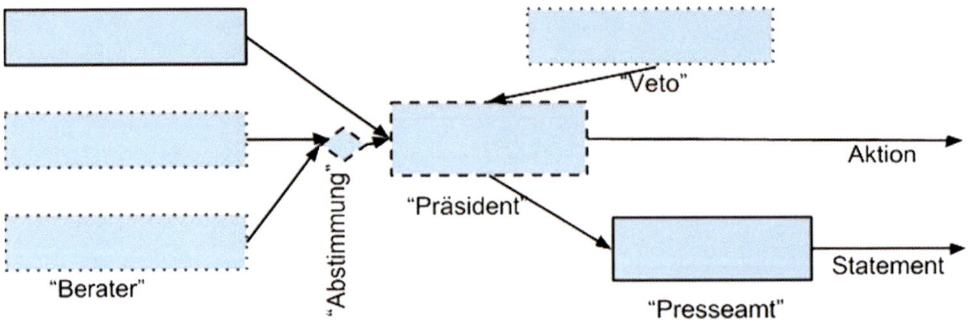

Abb. 9.3 Erweitertes Analogon (Ersatzschaltbild) zur Entscheidungsfindung im Gehirn. (Nach einem Beispiel von Ray Kurzweil 2012)

Gefühlsmässig haben wir bei Blockschaltbildern vom Typ der Abb. 9.2 und 9.3 ein menschliches und klassisch philosophisches Problem: Wir analysieren einerseits das Objekt wie „Entscheidung" oder „Bewusstsein" und sind gleichzeitig das Subjekt „Ich". Der deutsche Philosoph Immanuel Kant hat dies in den „Fortschritten der Metaphysik" so ausgedrückt (nach Klemme 1950):

> Ich bin mir meiner selbst bewußt, ist ein Gedanke, der schon ein zweifaches Ich enthält, das Ich als Subjekt, und das Ich als Objekt.

„Das Ich als Subjekt" empfinden wir beinahe wie etwas Übersinnliches – das ist gut und natürlich so und bleibt bestehen trotz des wachsenden technischen Verständnisses der inneren Abläufe. Aber wir fühlen unsere strömende Software, oder besser: Wir sind sie. Die Maschinerie der Entscheidung ist Middleware. Was zum Ich gehört, wird auf der Anwendungsebene definiert. Es ist etwa mein persönliches Ich oder mein soziales und juristisches Ich: *„Jetzt habe ich zu viel getrunken. Autofahren ist nicht mehr Teil meines Ichs auf der oberen Ebene.*" Diese Entscheidung ist kompatibel mit dem freien Willen aus gesellschaftlicher Sicht und aus der Sicht der Werbung. Dietrich Dörner zeigt in seinem „Bauplan der Seele" den Softwareentwurf für die Entscheidungsfindung zwischen zwei Handlungs-möglichkeiten (z. B. „Urlaub am Meer" oder „in den Bergen") und beschreibt an einem fiktiven Beispiel mit zwei Antagonisten, die die beiden Alternativen vertreten, den Weg zur Entscheidung. Dieser Kampf zweier innerer Anwälte um ein „richtiges" Ziel lässt sich formalisieren und in normale Software giessen.

Philosophisch interessant ist wieder die Rolle des Zufalls, der hier in der Form schwacher Signale und elektrochemischen Rauschens in den neuronalen Prozessen auftritt. Es resultieren Mikroentscheidungen durch schwache Signale oder durch verschiedene ähnlich starke, entgegengesetzte Signale – aber mit grossen möglichen Auswirkungen. Ein Beispiel für viele kleine Entscheidungen und Handlungen ohne harte Argumente ist die spontane Linienführung in einer Doodle-Zeichnung, die man während eines langweiligen Vortrags kritzelt. Dies führt zu Entscheidungen, die nicht allein argumentativ und psychologisch zu begründen sind – aber auch kein freier, im philosophischen Sinn „gewollter"

Wille (obwohl absolut frei gefühlt). Mit dem Konzept des Clinamen (Kap. 4.3) hat Epikur die statistischen Schwankungen in allen physikalischen Vorgängen vorweggenommen. Bei elektrischen Vorgängen, wie z. B. in den Neuronen, können diese Schwankungen wie ein Zufallsgenerator wirken und damit als Generator für Kreativität. Dies hat mit exotischen Quanteneffekten nichts zu tun – alles rauscht: Gase, Strom in Leitungen, der Weltraum. Auch in einem Neuron agieren noch Milliarden von Molekülen bzw. Ionen mit „normalen" statistischen Schwankungen.

Freier Wille als „allein vom Ich gewolltes"

- gibt es also nicht von innen (wie gefühlt), sondern nur von aussen gesehen,
- der Homunkulus-Ansatz ist ein Trugschluss,
- unser Gehirn entscheidet auf der Middleware-Ebene nach Motivation, nach Mikro- und Kryptomotivation oder sogar nach Zufall selbst mit seiner Software (und der Chemie). Das Ich ist eine oder mehrere Apps.

Ein einfaches Argument ist die Aufforderung, nachzudenken und sich vorzustellen, wie es sein muss, wenn man selbst der Computer ist (wie man es ja ist): Man kann nicht erwarten, neben der Willensbildung zu stehen und dem Homunkulus zuzusehen. Oder zu fühlen, dass „die Götter" uns Befehle geben, etwa dass Apoll kommandiert *„sei tapfer"* oder Aphrodite verlangt *„verliebe Dich"*. Die Fiktion des Freiheitsgefühls spricht dieses Zitat aus:

> Jetzt sehen die Leute eine Werbung für Kartoffelchips mit Sauermilch und kaufen sie gleich, und nennen dies ihren freien Willen.
> Chuck Palahniuk, Autor, geb. 1962

Es muss sich genauso anfühlen, wie wir fühlen; alles andere würde geistig gestört sein und im Katalog der psychiatrischen Störungen stehen – denn wir SIND der Computer. Dies ist eine Fortsetzung des schon erwähnten Gedankens des barocken Philosophen Gianbattista Vico (1725): *„... es bedarf einer grossen Anstrengung, um sich selbst zu begreifen. So wie das körperliche Auge den Spiegel braucht, um sich selbst zu sehen."* Wir entsprechen in diesem Vergleich dem Auge, und der Computer als Paradigma und als Gerät ist unser geistiger Spiegel.

Eine andere Form der Frage „Haben wir einen freien Willen?" ist die Frage „Wer besitzt das Gehirn?" oder „Besitzt das ‚ICH' das Gehirn?" nach einem Buch von Karl Popper und John Eccles (1982). Der Begriff des Besitztums hat den philosophischen Vorteil, die Grenze klar zu machen: Das Besessene ist innen, der Betrachter ist aussen. Aber dies ändert nichts an dem Schluss: Es sitzt kein Homunkulus innen. Eine passende Formulierung in einem anderen aufgefundenen Text (wir verschweigen den US-amerikanischen Autor aus Pietät) bringt den Unsinn klar hervor:

> Insgesamt steuert das Gehirn Millionen von Neuronen.

Nein, nicht das „Ich“ steuert die Neuronen, auch nicht das Gehirn, sondern innerhalb der Systemgrenze arbeitet ein zusammenwirkendes Softwaresystem mit Chemie und mit Zufall auf der Wetware der Neuronen und ist „Ich“. Genau dies gibt eine menschlich befriedigende kompatibilistische Lösung, die Homunkulus und Informationstechnik vereint: Wir müssen uns mit „unserem Gesamtgehirn“ identifizieren, als wäre es ein Homunkulus. „Ich“ ist das ganze System, hier vor allem das IT-System, aber als Embodiment zusammen mit dem Körper. Der Begriff des Embodiments drückt gerade die enge Kopplung des Körpers mit dem Gehirn aus, in der Sprache unseres Computeranalogons die Kopplung des Mikrocodes und der Firmware des Körpers mit den Apps des Bewusstseins. Es ist der Sinn der vielen Jahre Ballett- oder Violinunterricht, diese enge Kopplung zu erreichen. Ein Beispiel aus der IT ist der Bau von laufenden humanoiden Robotern: Hier hilft Embodiment bei der Lösung der Aufgabe der Bewegungen des Apparats. Eine enge Kopplung von Mechanik und Physik in der Steuerung, d. h. eine gemeinsame Entwicklung von „Körper“ und „Geist“ des Roboters, ist der Weg zu elegantem Laufen oder in Zukunft vielleicht sogar zum Tanzen.

Sogar die Zufälle gehören zu uns, draussen im Leben und eben auch die, die in unserem Innern generiert werden. Der österreichische Wissenschaftskabarettist Günther „Gunkl“ Paal (geb. 1962) drückt es treffend so aus:

> Wer auch immer entschieden hat, an der falschen Stelle zu parken, den Strafzettel muss das „Ich“ bezahlen.

Allerdings bleiben noch die äusseren Vorgaben, die uns fremdbestimmen: In welches Land und in welche Familie wir hinein geboren worden sind, welches Buch oder Artikel im Web wir entdeckt haben, welche Freunde uns oder wir gefunden haben, welchen Körper wir erhalten haben. Übrigens gilt Abb. 9.3 auch für die IT des Verliebens: Es hat bewusste und unbewusste Berater, Hormone, Vetos und vielleicht eine nachträgliche Interpretation.

9.2 Identität, Präsentität und das Schiff des Theseus

9.2.1 Was ist unsere Identität?

> Identität ist die Beziehung, die ein Ding nur zu sich selbst hat
> Englische Wikipedia „Identity (Philosophy)“, 07/2015

Diese philosophische Definition ist elegant aber wenig hilfreich: Dies meint (in leicht anderem Zusammenhang) auch der Philosoph Ludwig Wittgenstein (1889–1951):

> Beiläufig gesprochen: Von zwei Dingen zu sagen, sie seien identisch, ist ein Unsinn, und von einem zu sagen, es sei identisch mit sich selbst, sagt gar nichts.
> Tractatus logico-philosophicus, 5.5303 (1921)

Im zweiten Teil des Satzes hat Wittgenstein wohl recht; allerdings: In der Software können zwei Objekte identisch sein wenn sie die gleiche Struktur haben, die gleichen Attribute, die gleichen Ausgangswerte und gleich wirken und mit den gleichen Methoden reagieren.

Wir meinen hier die Identität eines Menschen, etwa dies:

> Identität: Eine Vorstellung, ein inneres Bild, ein Gespür dafür, dass wir Kontinuität besitzen, dass wir tagaus, tagein dieselben sind.

Das Wörterbuch des NLP, 1997/2003.

Hier eine zweite Definition:

> Identität (lat. ‚Selbigkeit'):
> 1. vollkommene Gleichheit oder Übereinstimmung (in Bezug auf Dinge oder Personen), Wesensgleichheit;
> 2. die als „Selbst" erlebte innere Einheit der Person.
> Wörterbuch Theologie, in „Theologie im Fernkurs", 2014

Diese Identität hat – wie der freie Wille – einen spirituellen Charakter; aber sie ist im Gegensatz dazu wirklich. Wie kann es sein, dass wir (als IT-System) Kontinuität besitzen, uns tagaus, tagein im Prinzip als dieselben fühlen und als eine innere Einheit und Person? Abbildung 5.2a mit dem Bild der Innenperspektive des österreichischen Physikers Ernst Mach ist auch ein Ausdruck des Ichs und der gesehenen Identität. Die Zeichnung macht das begrenzte Schlüpfen in die Identität des Malenden möglich. Ernst Mach schreibt dazu:

> Mein Leib unterscheidet sich von den anderen menschlichen Leibern nebst dem Umstande, dass jede lebhaftere Bewegungsvorstellung sofort in dessen Bewegung ausbricht. – eine knappe Beschreibung der Erfahrung von menschlicher Identität.

Zur Klärung der Identität von Software kaufen wir von einer kommerziellen Software namens X eine bestimmte Kopie und erhalten das Exemplar No. i mit der Bezeichnung X_i. Für die Identität dieses Exemplars X_i gilt:

Die Identität (von X_i) ist die Summe aller Informationen, die zur allgemeinen Klasse X gehören, plus diejenigen, die das Exemplar allein auszeichnen. Diese umfassen generische Daten wie den Produktnamen, aber auch Daten wie die Version (den „Release") und die Unterversion (mit der Liste aller Korrekturen oder „Patches"), den Quellcode, die bekannten und nicht korrigierten Fehler, den gezahlten Preis, die Art des Vertrags (Kauf oder Miete) usf.

Zur menschlichen Identität (bezogen auf eine bestimmte Person) gehören Eigenschaften wie Gewohnheiten, Ansichten, Werte und Interessen, Freunde, Fähigkeiten, die Aussenbeziehungen mit physischen und virtuellen sozialen Netzen u. v. m., und damit verknüpft die Geschichte dieser Netzwerke mit all ihren Änderungen. Dies sind Domänen der Säule 2, der Bit-Welt. Sie sind eng verknüpft mit unserer körperlichen Identität aus Säule 1 und vor allem mit der Geninformation als Grundlage.

Die Schätzungen, wie viel Speicherplatz im Gehirn für die ganze eigene Identität zur Verfügung steht, variieren sehr stark. Ein Grund ist die problematische Übertragung der unscharfen menschlichen Daten in das Mass der exakten digitalen Welt wie Gigabytes oder Terabytes oder gar Petabytes. Um Missverständnisse zu vermeiden: Diskussionen um „Bytes" zum Gehirn bedeuten nicht, dass die Speicherung (und Verarbeitung) im Gehirn digital und binär erfolgt. Hier ein Analogon als Vergleich: Sie können auch eine Beethoven-Symphonie hören (gespielt und in Luft analog übertragen), aber trotzdem Information in Bytes messen, die das Musikstück zur Speicherung oder digitalen Übertragung bei einer guten Qualität benötigt. Aber die beiden sehr groben Abschätzungen von verschiedenen Ebenen versuchen, nach oben und unten Grenzen zu geben:

- Obere Grenze der Kapazität des Gehirns (Reber 2010) geschätzt nach den Neuronenzahlen:
  Gesamtzahl der Neuronen 100 Mrd. oder 10^{11}, davon ca. 17 Mrd. in der Grosshirnrinde, davon ca. 1 Mrd. oder 10^{9} pyramidal und für das Gedächtnis, Zahl der Synapsen pro Neuron 1000, also insgesamt 10^{12} oder 1 Billion. 100 Bits pro Synapse, je 30 Bits pro Endpunkt, 40 Bits für den Status der Synapse selbst.
  Das ergibt zur Beschreibung der Gesamtstruktur 10^{14} Bits oder etwa 10^{13} Bytes gleich 10 Terabytes.
- Abschätzung nach der Lernrate für Langzeitlernen (eigene Überlegung):
  z. B. 10 Wörter einer Fremdsprache (zu 10 Bytes), ein neues Verständnis-Konzept (zu 1 Kbyte) und ein Bild mit Charakteristika zu 10 Kbyte (etwa ein Gesicht) pro Lehrstunde.
  Bei etwa 10.000 Lehrstunden wären dies 1 Mbyte an Wörtern, 10 Mbytes in Konzepten und 100 Mbytes an gespeicherter visueller Information.

Dies sind für heutige Technologie keine besonders grossen Datenmengen für unsere natürliche Identität.

IT und Software sind dabei, unsere Identität zu erweitern mit digitalen Identitäten, die wir selber initiieren (das „Quantifizierte Selbst", bei dem man selbst alle Informationen des Tages aufzeichnet, von der Anzahl der Schritte bis zum Stuhlgang) oder deren Abbild wir in den Netzwerken hinterlassen. Vom Gesichtspunkt des sozialen Handelns sah der US-amerikanische Psychologe und Philosoph der Identität George Herbert Mead (1863–1931) die Entstehung der menschlichen Identität durch drei Hauptmittel gegeben: Sprache, Spiel (play) und Wettkampf (game) – alle drei Bereiche ändern sich gerade drastisch mit den nahezu unbegrenzten Möglichkeiten der Vernetzung von Menschen: Im „Game" kann man die Identität eines erfolgreichen Warlords haben.

Durch die Vernetzung mit IT entstand ein weiterer philosophischer Begriff im Umfeld der Identität: Die „Präsentität" eines Individuums oder einer Gruppe. Das Wort ist aus Präsenz und Entität geprägt worden und betrifft die Aspekte und Zustände der Identität, die für die Aussenbeziehungen des Individuums zu einem bestimmten Zeitpunkt von konkreter Bedeutung sind, insbesondere der jeweilige Ort. Der informationstechnische Ausgangspunkt sind mobile Anwendungen um Handy und Smartphone: Wo ist der Benutzer gerade, was tut er oder sie gerade, welche Kommunikationsmethode passt eben, was ist in seiner Umgebung, das ihn interessieren würde (wann kommt der nächste Bus, wo ist ein Restaurant, wo ein Freund?), joggt er gerade, wie ist sein Puls usf. Nach der Präsentität (engl. *presentity*) richten sich die angebotenen und angewandten Dienste, etwa eine lokale Werbung oder eine medizinische Empfehlung. Die Präsentität des Individuums im Sinne der IT schliesst die mitgeführten Geräte (vor allem das Smartphone) und die laufenden Programme mit ein. Es ist ein auch in der IT wenig bekannter Begriff, der eine grössere Verbreitung auch ausserhalb der angewandten Informatik verdienen würde.

Früher waren die Abbilder unseres Ichs zaghaft in Tagebüchern, Biographien und Bildporträts gespeichert, heute liegen sie in digitaler Form als „Mindfiles" und als „Mindware" vor, Begriffe, die nach Science Fiction klingen, aber zur Diskussion der Identität gut passen: Mindfiles sind alle Dokumente, die wir und unsere Erlebnisse und Aktivitäten erzeugen und die uns beschreiben, also alle Emails, Gespräche, Blogartikel, Videos, Präsentationen, alle Suchen im Internet, unseren Ort und Kalender. Dazu kommen physische Daten, vom Puls und der Blutchemie bis zu Ess- und Schlafverhalten. Wir werden damit auch zu einer Identität im „Internet der Dinge".

Die Mindfiles werden als Nebeneffekt zu Zeugen der Kultur einer Zeit. Mindware sind Analyseprogramme für diesen Lebensstrom von Daten, die aus der Fülle von „episodischer" Information konkrete Informationen herausziehen. Es ist kein Problem mehr, alles was unsere Augen sehen (oder nur wichtige Szenen wie etwa ein Meeting oder ausgewählte Datenquellen, etwa was man schreibt) per automatischer Videokamera oder anderem Gerät aufzunehmen und zu speichern als „Lifelog", als Logbuch seines Lebens. Es können selektiv nur wichtige Szenen aufgezeichnet werden wie Meetings, aber auch umgekehrt zusätzliche Seiteninformationen wie der Bilder einer zweiten Kamera oder weitere, nur zitierte Videos. Abigail Sellen and Steve Whittaker, 2012, geben eine Einführung und Kritik in das Lifelogging. Die erste Person, die permanent mit Videokamera und Computer lebte, der kanadische Informatiker Steve Mann, hat damit vor 35 Jahren begonnen. Er sah zumindest zeitweise die Umwelt sogar nur über seine Videokamera, im Taxi, im Restaurant, überall. Mindware als Verbindung von Software mit Leib und Seele wird es immer mehr geben; zur Illustration der Anspruch des Werbetextes einer Website für eine triviale Smartphone-App:

> OptimizeMe übersetzt deine Lifelogging-Daten automatisch in persönliche Einsichten: Wie beeinflusst Laufen deinen Schlaf? Wie beeinflusst deine Arbeit deine Gesundheit? Und wie wirst Du durch andere Menschen beeinflusst? … Dazu zeichnet es automatisch deine Schritte auf, deine Aktivitätsphasen, das Wetter, die Temperatur und die Mondphase.

Die grossen kommerziellen Internetfirmen bauen für das gezielte Marketing digitale Nebenidentitäten von uns auf, die uns mit ihrer Mindsoftware und mit ihren (unseren) Daten zunehmend treffend simulieren: Wofür wir uns interessieren, was für ein Kundentyp wir sind, was zu uns passen würde usf. Oder entsprechend auch innerhalb eines Unternehmens als Mitarbeiter: Mit wem wir zusammenarbeiten, wer Experte ist in welchem Gebiet. Das ist im Rahmen der gemeinsamen Interessen von uns als Kunden und dem Unternehmen sinnvoll und legitim und eine natürliche Anwendung der IT, aber es zeigt die Grenzenlosigkeit und die Bedeutung auf: Software kann durch die Mächtigkeit der Technologie in einem System (bestehend eventuell aus Tausenden von Computern) Hunderte von Millionen, ja Milliarden von Identitäten bauen und analysieren. Unsere digitale Identität ist ein Wert für uns, aber auch für Freunde, für Firmen, für die Gesellschaft, in der wir leben. Einen Teil davon wollen wir privat halten, einen andern Teil freigeben oder sogar verkaufen, ein weiterer Teil gehört uns nicht allein, sondern der Gesellschaft als Ganzes. Die richtige und optimale Organisation unserer vielen Identitäten zu entwickeln, ist komplex und schwieriger als allgemein gesehen.

Was unsere Identität softwaretechnisch ist (und die Nebenidentitäten sind), drückt der amerikanische Informatiker John Foreman klar und respektlos aus (frei übersetzt):

> In den Händen der Softwaremodelle [der Internetfirmen oder Geheimdienste] werden wir schlicht zu einem Haufen von Mechanismen aus der Wahrscheinlichkeitsrechnung, die mit sorgfältig ausgesuchten Inputs zum vorhergesagten Output führen.

Dies führt zu einer (unmenschlichen, aber technisch korrekten) Beschreibung von uns selbst als strömendes System:

> Aus Sicht des Softwaremodells sind wir schlicht ein Haufen von Mechanismen aus der Wahrscheinlichkeitsrechnung, die mit Inputs aus der Umwelt zu schlecht vorhersagbaren Outputs führen. Eigen.

Aber was ist mit dem inneren Anteil unserer Identität, der Ich-Mindware, der Software und Information in unserem Gehirn? Hier gibt es einen Science-Fiction-Traum: Auch diesen Inhalt zu digitalisieren und damit seine Identität lauffähig in einen Computer zu kopieren. Für ein derartiges Hochladen seiner Persönlichkeit (ein „Mind Upload") gibt es allerdings noch keinen Weg, nicht einmal eine Aussicht; es führt aber zu interessanten philosophischen Fragestellungen. Zunächst ein allgemeines philosophisches Problem der Kontinuität und Identität, das uns alle betrifft.

9.2.2 Wir sind Schiffe des Theseus

> Das Schiff [...] haben die Athener bis auf die Zeiten des Demetrios Phaleros aufbewahrt [d. h. etwa eintausend Jahre lang bis ca. 300 v. Chr.], indem sie immer statt des verfaulten Holzes neues und festes einziehen ließen.
> Plutarch, griechischer Schriftsteller (45–120) in den Lebensbeschreibungen.

Das Schiff des Theseus hatte für die Athener identitätsstiftende Bedeutung: Es war die Verbindung zu den Helden ihrer Geschichte und damit zu den Göttern. Aber was bedeutet es, wenn man aus dem alten Schiff, nennen wir es S_0, jeweils Planke um Planke herausnimmt und durch eine neue ersetzt? Das Schiff wird quasikontinuierlich zu einem Schiff $S_{erneuert}$ aus neuem Holz. Noch mit einer einzigen letzten alten Planke war es wenigstens noch das Schiff mit ein wenig vom „richtigem" Geist $S_{Restgeist}$. Um das Problem zu verstärken, könnte man aus den alten Planken versuchen, ein wackliges Schiff aufzubauen, als Schiff S_0' (der englische Philosoph Thomas Hobbes hat diese Ergänzung hinzugefügt).

Die Problematik dieses Paradoxons rührt von dem Wunsch her, an einem Begriff („Geist des Theseus") unverändert festzuhalten, während man quasikontinuierlich die Grundlage des Begriffs entfernt. Wir kennen diese Problematik vom Sorites-Problem: Festhalten an „ich habe eine schöne Frisur" während man Haar um Haar verliert.

Das Sorites-Problem wie das Schiff-des-Theseus-Problem gehören philosophisch in den Bereich der Mereologie vom griechischen *μέρος, Wurzel* oder *Teil*, und der Endung *-logie* für *Studium*, den mathematischen und logischen Beziehungen vom Teil zum Ganzen. Das Wesentliche ist bei beiden Situationen die Verschiedenheit in der Kategorie des Ganzen von der Kategorie der Teile: Biologisch lebt das Ganze, die Teile sind „nur" Atome – beim Gehirn denkt das Ganze, die Teile sind „nur" Neuronen.

Das Theseus-Problem hat auch praktische Bedeutung:

- Wie stark kann man ein altes Kunstwerk restaurieren, bis es nur eine wertlose Kopie ist? Wie historisch ist die neuaufgebaute Dresdner Frauenkirche?
- Wieviel darf man an einem Oldtimer ersetzen, der noch dazu fahrtüchtig sein soll?
- Was bedeutet es, wenn eine Firma ganz andere Produkte herstellt und andere Kompetenzen hat als früher, sich aber als das gleiche Unternehmen fühlt?
- Was bedeutet es für unsere persönliche Identität, wenn sich doch auch unser Körper und Gehirn seit unserer Kindheit (nahezu?) erneuert haben
  und wenn wir uns auf unseren Kindheitsbildern nur ganz schwach wiederfinden?

Oder bei üblicher Software

- Was ist identisch, wenn bei einer Software XYZ der gesamte Code schon neu geschrieben und neu strukturiert wurde?

Als soziales Beispiel für eine problematische Identität sei die Geschichte des Unternehmens Nokia Oyj erwähnt: Produkte von Nokia waren in chronologischer Reihenfolge

> Papiererzeugnisse,
> Gummistiefel und Fahrradreifen,
> Mobiltelefone (ab 1987, später als Weltmarktführer);
> und nach dem Verkauf dieses Bereichs jetzt:
> Kommunikationsnetze und Kartendienste (das letztere im August 2015 verkauft).

Naturgemäss sind die Mitarbeiter andere, es wurden Firmen hinzugekauft und abgestossen: Was ist geblieben? Wahrscheinlich wird man sagen: der „Nokia"-Geist. Bei uns Menschen bleibt zumindest die Grundinformation unserer Gene gleich.

Kernpunkt der Lösung ist die Frage, was macht den Wert des Schiffes (die Identität) aus? Ist es die Materie? Reicht ein infinitesimaler Anteil an Originalmaterie aus? Oder vielleicht ein ganz bestimmtes, besonders wichtiges Bauteil? Ist es die Funktion, die vorhanden sein muss? Die äussere Form? Oder nur ein Schild mit dem Namen „Theseus"?

Bei von Menschen geschriebener Software liegt der „Geist" im zugehörigen Pflichtenheft (oder manchmal besser den Pflichtenbüchern). Grosse Softwaresysteme werden im Programmcode alle paar Jahre umgetauscht, die alten Funktionen bleiben dabei erhalten und es kommen neue hinzu. Dabei wird man i. Allg. darauf achten, dass neue Versionen eines Programms auch zu den Anwendungsbedingungen der alten Software funktionieren (Abwärtskompatibilität) oder umgekehrt alte Versionen zu den Bedingungen der neuen Version (Aufwärtskompatibilität). Es kommt sogar vor, dass man alte Fehler aus älteren Versionen weiter ziehen muss, da sich die Umwelt schon fest darauf eingerichtet hat (z. B. wenn Programmierer diesen Fehler für Tricks verwendet haben). Fehler, die schnell geflickt werden müssen und bei denen man nicht auf eine neue Version warten will, werden mit einem speziellen oberflächlichen Mechanismus „gepatched".

Es ist eine Besonderheit der klaren digitalen Welt im Gegensatz zur verrauschten analogen Welt[1], dass es keinen Theseus-Effekt des Abbaus einer Identität geben muss. Digital ist es möglich, fehlerfrei zu speichern und zu kopieren und damit das „Schiff des Theseus" perfekt zu bewahren.

Im üblichen Arbeitsspeicher des Computers, dem „Dynamischen RAM Speicher", geschieht dies üblicherweise fünfzig Mal in der Sekunde für den gesamten Speicherinhalt: Um Daten nicht zu verlieren, müssen in dieser Speicherart die Daten laufend neu geschrieben werden. Tritt dabei ein einfacher Fehler auf, z. B. durch einen radioaktiven Zerfall in der Nähe, so wird der Fehler intern korrigiert. Er ist „nach oben" nahezu immer unsichtbar. Zur Ergänzung sei bemerkt, dass es auch Technologien und Möglichkeiten gibt, digitale Information langfristig aufzuheben, so z. B. als kleine Vertiefungen in Quarzträgern. Auch die Kodierung in DNA-Strängen, dem Kodierungsverfahren der Evolution, erlaubt eine Speicherung über lange Zeiträume. Natürlich kann immer noch das Medium als Ganzes verloren gehen.

Digitale Identitäten, d. h. die zu einer Person insgesamt gehörenden Daten, wuchsen in den letzten Jahren rapide an bei sinkender Qualität und Wahrheitsgehalt (Verazität). Anstelle des zerfallenden Schiffes von Theseus gilt eher das klassisch-griechische Bild der Büchse der Pandora: Die schöne Pandora (aus dem altgriechischen *pan* für all-, gesamt, und *doron* für Gabe oder Geschenk) öffnet ihre Büchse, die alle Übel enthält und dazu die Hoffnung selbst. In der Mythologie verteilen sich nur die Übel, die Hoffnung bleibt eingeschlossen – im Internet gibt es beides, „gute" Daten und „schlechte". Nur die Unterscheidung ist das schwer zu lösende Problem.

[1] analog ist altgriechisch für „verhältnismässig", damit natürlicherweise auch unscharf.

Die niedrigen Kosten des Speicherplatzes machen es möglich, alles zu speichern. Es gibt dabei das oft beschworene „Recht auf Vergessen" nicht, weder im globalen System noch im menschlichen Bereich. „*Ich vergesse hiermit, dass Du mich mit meinem Freund betrogen hast*" ist ein paradoxer Satz – er kann nur lauten „*Ich vergebe Dir, dass* ....". In der globalen digitalen Welt gibt es kein Vergessen, jedenfalls kein garantiertes Vergessen. Eine Identität ist eine dynamische Pyramide von Information mit dem „Working Set" an der Spitze und einem breiten, ausufernden Archiv im Hintergrund. Diese dynamische Struktur ist ein verschwommenes Abbild des oben beschriebenen technischen Speicher- und Arbeitssystems für Daten im Computer selbst, mit dem Cache im Vordergrund (den aktuellsten Daten), dem Hauptspeicher mit den Arbeitsdaten und dem grossen Datenarchiv. Ein Journalist nimmt eine alte Geschichte tief im Archiv aus einem Anlass auf und dieser alte Teil der Identität wandert in den Cache der Aktualität, und der Inhalt, z. B. die Teilnahme an einer aggressiven Demo als Jugendlicher, muss erneut verstanden und „vergeben" werden.

Auch unser Gehirn ist ein dynamisches System, das sich – wie der gesamte Körper – laufend erneuert. So berichten Spalding et al. in der Zeitschrift „Cell" (2013):

> Durch Messungen der Kohlenstoff-14-Konzentration in Neuronen des Hippocampus von Verstorbenen fanden die Forscher, dass mehr als ein Drittel dieser Zellen im Laufe des Lebens regelmässig erneuert werden. Etwa 1400 neue Neuronen werden bei Erwachsenen jeden Tag gebildet und dieses Wachstum nimmt mit dem Alter nur wenig ab.

Erneuerung und Veränderung gilt auch für den Inhalt unseres Gedächtnisses. Die Erneuerung des Inhalts ist sowohl ein aktiver wie ein automatischer Prozess im Bewusstsein, im Unterbewusstsein sowie auf physiologischer Ebene. In der Forschung zeichnet sich eine mögliche direkte Beeinflussung unseres Gehirns ab mit der gezielten Veränderung des Übergangs von frisch Gelerntem vom Kurzzeitgedächtnis in das Langzeitgedächtnis. Natürlicherweise werden durch Aktivierung und Übung in uns ständig neue Verschaltungen angelegt und alte, nicht mehr verwendete Schaltungen aufgehoben oder neue belebt, häufig mit leicht verfremdeten Erinnerungen. Entsprechendes gilt für unsere seelischen Funktionen – wir erleben, lernen, ändern uns. Trotzdem fühlen wir uns als die gleiche Person wie auf unserem Kinderbild.

Dazu kommen Veränderungen durch immer mehr und drastischere künstliche Eingriffe durch Technologie, die Bestandteil unseres Körpers und damit unserer Identität werden. Es werden so Sinnesorgane verstärkt, ersetzt oder neue geschaffen und Gehirnfunktionen verändert. Ein existierendes Beispiel zu Sinnesorganen ist die Cochlea-Implantation: Elektroden sprechen direkt den Hörnerv an und regenerieren das Gehör. In Deutschland gibt es mehr als 30.000 derartige Implantate. Aber auch neue Sinne sind in Zukunft möglich (und schon demonstriert), etwa ein Sinnesorgan für Radioaktivität. Diese Erweiterungen bedeuten eine Art Verstärkung unseres Selbst; man sieht traditionell die Wirkung als „verstärkte Realität" (Augmented Reality) an.

Was im Kern bei uns Menschen im Laufe des Lebens als unsere Identität gleich bleibt, ist eigentlich ganz analog zum Programm im (üblichen) Computer: Der beständige göttliche Funke des Laufens des Gehirns darf nicht ausgehen. Sozusagen muss das Betriebssystem, angestossen durch den Taktgeber, laufen. Es darf anhalten, muss aber dann wieder unversehrt weiter laufen. Zu unserer menschlichen Identität gehört allerdings nicht nur die intellektuelle Softwareseite (unsere „Informationstechnologie"), sondern eng damit verbunden ein sich entwickelnder Körper mit dem physischen Quelltext in Form der Gene und der biologischen Software.

Die Identität eines technischen Softwarepakets ist an die physikalische Grundlage nur schwach gebunden. Wenn nicht spezielle Massnahmen getroffen wurden, lässt es sich von Rechner zu Rechner verschieben. Es war in den Sechzigerjahren des vorigen Jahrhunderts die grosse Leistung von IBM, mit der System/360-Familie eine aufsteigende Reihe von Computern zu schaffen, von kleinen zu (damalig) grossen, auf denen die identische Software laufen konnte. Die Übertragung auf eine andere Computerstruktur (oder ein anderes Betriebssystem) erfordert Umsetzungsarbeit und Anpassung durch die Programmierer, das Portieren der Software von Struktur A auf Struktur B.

Für unsere Gehirnsoftware ist das Portieren vom „Meat" auf einen technischen Computer für manche ein Traum oder eine attraktive Science-Fiction-Idee. Wir betrachten es im nächsten Abschnitt als philosophisches Gedankenspiel und diskutieren das Hochladen („Mind Upload") und das Gehirn-im-Tank („Brain-in-a-Vat").

Unsere Identität ist ein Prozess und keine feste Grösse. Graduelle Änderungen in nahezu beliebiger Auswirkung sind erlaubt – jedoch keine revolutionären Brüche. Das Gedicht „The Secret Place" (Der Geheime Platz) des kanadischen Kinderbuchautors und Dichters Dennis Lee, geb. 1939, drückt es poetisch aus.

Ein Auszug davon in einer Übersetzung:

> „Es gibt einen Platz wohin ich geh, wo niemand sonst kann sein,
> keiner meiner Freunde weiss davon, nur ich kenn ihn allein,
> es ist schwer zu erklären, wie sich's anfühlt oder sogar wohin ich geh,
> es ist kein Platz in Raum oder Zeit, aber wenn ich dort bin, dann weiss ich's eh.
> Es gibt einen Platz in mir da drin, er ist weder gross noch klein,
> und wann immer ich gehe, so ist es doch, als liess' er mich nie allein."
> Im Original:
> „And whenever I go, it feels as though I never left at all."
> „als hätte ich ihn nie verlassen."

Dieser Platz – unsere Identität und unsere Seele – werden durch das natürliche, laufende Softwaresystem gebildet. Es ist jetzt nicht die Analogie zum Computer, z. B. zum Smartphone, gemeint, sondern der wirkliche Computer aus „Meat". Dies führt auf einen philosophischen Gedanken, der die Konzepte von Geist, Realität und Software zusammenführt und in Science Fiction mündet.

9.3 Das Gehirn im Tank und „Mind Upload"

9.3.1 Die simulierte Aussenwelt und das Universum aus Software

> [Stephen] Hawking ist eine Art Gehirn-im-Tank geworden. Seit er von Amyotropher Lateral Sklerose betroffen ist, seit etwa 50 Jahren, haben seine Muskeln aufgehört zu arbeiten, aber sein Geist und seine Sinne blieben erhalten.
> Hélène Mialet, Anthropologin, in „Wired.com", 1. August 2013

Eine philosophische Wurzel des Gehirn-im-Tank-Problems liegt bei Descartes und seiner Frage, was wir sicher wissen: Was ist denn wirklich sicher? Er analysiert verschiedene Argumente, die täuschen könnten:

- Das Argument des Traums: Schliesslich sind die Bausteine für die Szenen des Traums aus dem Wachen gezogen. Aber der Traum kann nur im Einzelnen täuschen, im Traum hat man kein ganzes, kohärentes Weltbild.
- Das Argument der Laune Gottes: Vielleicht macht uns ein Gott alles nur vor und es gibt keine Erde und keinen Himmel: Aber Gott ist für ihn „gut", die Arglist passt nicht zu ihm,
- Das Argument des bösen Geists (*„d'un malin génie"*): Der könnte uns alles vorgaukeln; ihn kann und will er nicht entwerten; das könnte nach Descartes sogar möglich sein.

Der Traum lässt sich mit Wachsamkeit als Täuschung erkennen. Descartes schreibt in den Meditationes, sechste Betrachtung, 1641, hier in der Übersetzung von Ludwig Fischer im Gutenberg EBook:

> Niemals verknüpft das Gedächtnis die Träume mit allem anderen, was wir im Leben thun; bei dem jedoch, was wir im Wachen erleben, ist dies der Fall.

Der moderne Neurowissenschaftler V.S. Ramachandran (geb. 1951) schreibt passend dazu:

> In der Tat, die Linie zwischen Wahrnehmen und Halluzinieren ist nicht so scharf, wie wir es gerne sähen. .... Der grosse Unterschied ist, dass sich Wahrnehmungen an den stabilen Objekten und Ereignissen festhalten können. ... Wenn wir träumen, wandern unsere Objekte und Ereignisse in irgendeine Richtung ab.
> aus: The Tell-Tale Brain, 2010

Es bleibt für Descartes nur das Denken als sicher übrig mit *„cogito ergo sum"*. In der modernen Philosophie ist das Problem als verkapptes Softwareproblem wieder aufgetaucht im Konflikt zwischen Realität und Virtualität. Es ist oberflächlich gesehen das Thema des Höhlengleichnisses bei Platon, der es seinen Lehrer Sokrates erzählen lässt.

Abb. 9.4 Das Gehirn-im-Tank (Brain-in-a-Vat). (Bild: Wikimedia Commons „Brain in a vat(en) v2“, Was a bee)

Die moderne Version der grossen Unsicherheit beginnt mit dem amerikanischen Philosophen Hilary Putnam, der schreibt:

> Hier ist eine Möglichkeit aus der Science-Fiction-Literatur, die von Philosophen diskutiert wird
> in: Vernunft, Wahrheit und Geschichte, 1981

Gemeint ist „das Gehirn im Tank“, englisch „Brain-in-a-Vat“, skizziert in Abb. 9.4. In diesem philosophischen Gedankenexperiment ist ein Gehirn dem Schädel entnommen und schwimmt in einer Nährlösung. Die Beziehung zur Aussenwelt erfolgt mit einem Bündel von Elektroden. Damit kommen Sensorsignale von aussen herein und es gehen Befehle an die Aussenwelt hinaus, z. B. an die (nicht vorhandene oder künstliche) Motorik. Ein Supercomputer mit einer Weltsoftware empfängt die Signale und liefert die Antworten als würde die Aussenwelt existieren und mitspielen – er emuliert oder sogar simuliert die Aussenwelt.

Das Gedankenexperiment ist philosophisch, aber zum Teil realisierbar durch eine Rundum-Simulation der visuellen Umgebung und der Ankopplung von Nervensignalen – aber nicht im absoluten Sinn der Anordnung. Es ist sehr amüsant, sich die Vielfalt der Bilder im Web zum Begriff „Brain-in-a-Vat“ anzusehen. Offensichtlich ist es zu einem philosophischen Mem geworden ähnlich der Katze von Schrödinger.

Wir unterscheiden in Abb. 9.5 die Fälle:

a. Die reale Situation als Referenzfall mit Gehirn im Schädel, der „echten“ Aussenwelt und „richtigem“ innerem Modell W_{real} der realen Welt im Kopf, allerdings in einer persönlichen Version $W_{real,\ persönlich}$,
b. Den Emulationsfall: Das Gehirn ist im Tank; der Supercomputer emuliert die Aussenwelt korrekt nach den Naturgesetzen. Die Software ist, frei nach Descartes, *„un génie honnête“*, ein ehrlicher Geist. Das innere Modell ist korrekt gleich $W_{real,\ persönlich}$.

	Innenwelt		Software		Aussenwelt
A)	Modell real, persönlich	⟶ ⟵	(keine)	⟶ ⟵	vorhanden und korrekt, Naturgesetze direkt
B)	Modell real, persönlich	⟶ ⟵	Emulation	- - -> <- - -	korrekt, Naturgesetze werden emuliert nach der Natur
C)	Modell modifiziert, persönlich	⟶ ⟵	Simulation	- - -> <- - -	falsch, Fantasiegesetze werden generiert nach fiktivem Modell

Abb. 9.5 Verschiedene Szenarien der Gehirn-Aussenwelt-Kommunikation beim Gehirn-im-Tank-Problem

c. Den Simulationsfall: Das Gehirn ist im Tank; der Supercomputer simuliert eine Aussenwelt nach seinem Belieben ($\text{Welt}_{\text{modifiziert}}$), also auch mit Lügen; die Software ist das „*génie malin*". Das Gehirn im Tank zieht seine Schlüsse aus dem Informationsfluss, entdeckt vielleicht Widersprüche oder Unmögliches nach dem Stand seines inneren Weltbildes, und bildet seine Vorstellung $\text{Welt}_{\text{modifiziert, persönlich}}$.

Wir bemerken, dass künstliche Aussenwelten in zunehmender Pseudoechtheit als IT-Produkte entstehen. Architekten verwenden künstliche Landschaften und Bauten um ihre Pläne zu demonstrieren (Emulationen), Spieler lassen künstliche Figuren, die Avatare, für sie in virtuelle Kämpfe ziehen (Simulationen). Aber hier ist das Ich noch separater Beobachter. Nur emotional verbinden sich Realität und Simulation manchmal bis zu einer zwanghaften Verhaltensstörung.

In den Fällen B und C baut sich die Welt nur aus Software auf. Wie kann das Gehirn erkennen, ob es sich in Situation A, B oder C befindet? Es ist das Problem des epistemologischen Solipsismus (vom Lateinischen *solus*, „allein" und *ipse* „selbst").

Solipsismus bedeutet hier, dass das „Ich" das zentrale Element der Erkenntnis ist. Dies ist zum einen eine triviale Aussage, aber dies betrifft nur den Aufbau des individuellen Modells $W_{\text{real persönlich}}$. Das grosse externe Weltmodell ist ein kollektives Ergebnis von grosser Mächtigkeit. So ist z. B. der Begriff „Wasser" nicht nur mit „plätschern" und „nass" verbunden, sondern auch mit „elektrischer Leitfähigkeit", „Wasser auf dem Mond" und mit vielen Bänden mit wissenschaftlicher Information, Belletristik und Poesie.

Die epistemologische Entscheidung zwischen A und B ist per Definition einfach: Es muss bei richtiger Modellierung ununterscheidbar sein. Der Fall C könnte als künstlich auffallen, etwa

- weil mathematische Gesetzmässigkeiten verletzt werden, etwa wenn behauptet wird „*5 und 37 sind Teiler von 181*" (das hat schon Descartes gesehen),
- weil es häufige Änderungen im inneren Modell gibt (in der Annahme, dass das Naturmodell glatter abläuft) oder gar Inkonsistenzen auftreten,

- weil, aus Softwareperspektive, Softwarefehler auftreten, deren Phänomene als Softwarefehler meistens identifiziert werden können. In der Praxis ist dies möglich, wie jeder weiss, der ein nicht-triviales Programm, etwa eine Bildverarbeitungssoftware, geschrieben hat. Ein Fehler zerschlägt i. Allg. das ganze Bild. Es wären Effekte wie die optischen Täuschungen, die uns die Existenz der Middleware des Gehirns zeigen.

Eine verwandte Argumentation findet sich beim englischen Philosophen Thomas Hobbe (1588–1679). Er sieht den Hauptunterschied zwischen Wachen und Träumen darin, dass man im Traum Absurditäten nicht bemerkt oder akzeptiert, im wachen Zustand dagegen schon.

Softwarefehler gäbe es natürlich im guten Fall B auch bei bestem Willen, wie immer bei Software, und sie ergäben i. Allg. einen Bruch in der Beobachtung. Die (relative) Stetigkeit der Ereignisse in der wirklichen Welt erinnert in der Physik an das Prinzip der kleinsten Krümmung von Heinrich Hertz: Solange keine äusseren Kräfte auf einen Körper wirken, bewegt sich ein Körper auf einer Geodäte, einer Linie mit minimaler Krümmung der Bahn. Sprünge gibt es erst in der Quantenphysik (und dies trotz Einsteins „DER [Gott, die Natur] *würfelt nicht*"). Das Simulationsprogramm müsste sie nach den Gesetzen der Quantentheorie einbauen.

Hier noch einige ergänzende philosophische Gedanken zur Simulation der Welt.

Semantischer Externalismus

Streng genommen baut jedes Individuum in allen Szenarien der Abb. 9.5 durch seine Historie mit der Umwelt (d. h. im Dialog mit der rechten Seite) ein eigenes kleines Weltmodell auf, das seine Begriffe definiert und vom Nachbarn (ob im Nachbarhaus oder im Nachbartank) verschieden sein kann. Der „semantische Externalismus" behauptet, dass das aus der Realität gewonnene Begriffskonstrukt prinzipiell verschieden sei von dem Begriff, der allein über Informationen gelernt wurde. Der Philosoph Hilary Putnam versucht dies in einem berühmten Gedankenexperiment, dem „Zwillingserde-Experiment", zu belegen. Diese Sichtweise können wir allgemein nicht nachvollziehen: Jeder Begriff wird über ein Netz mit anderen Begriffen aufgebaut, sogar dynamisch in der Gesprächssituation – beim anderen Menschen wird das Netz anders sein, aber für normale und erfolgreiche Kommunikation wenigstens ähnlich aussehen müssen. Im Prinzip ist dies eine Verallgemeinerung des Begriffes der „Indexikalität".

Embodiment

> …noch niemand konnt es fassen, wie Seel und Leib so schön zusammenpassen, so fest sich halten, als um nie zu scheiden, und doch den Tag sich immerfort verleiden.
> Johann Wolfgang von Goethe, in Faust II, Wagner im Laboratorium, 1832

Allerdings wird es ein Simulator für das Gehirn-im-Tank von aussen schwer haben mit Begriffen und Gefühlen, die sehr eng mit dem Körper verbunden sind (diese enge Kopplung ist das Embodiment), etwa „wie fühlt sich Wasser an?" Dazu müssen wirklich alle sensorischen Signale und Rückkopplungen geliefert werden, auch aus den Tiefen des Körpers, damit die Software des Gehirns diese Verbindungen auch produziert. Dies erinnert an die Phänomene von Phantomschmerz und Phantomgliedern von Amputierten, bei denen die Empfindung des nicht mehr vorhandenen Gliedes noch da ist (Ramachandran 2010).

Simulation der Welt für Einen und für Alles

Kein logisches Problem ist es für das Gehirn-im-Tank im Modell B, vom „ehrlichen" Geist zu erfahren, dass man ein Gehirn-im-Tank ist. Es ist nicht schockierender als die Lehre, dass wir eigentlich Computer in Wetware sind und uns dann allerdings fragen, wie frei unser „freier Wille" ist.

Das philosophische Konzept einer simulierten Aussenwelt ist für Menschen faszinierend. Sehr bekannt ist die verwandte filmische Darstellung in „Die Matrix", in der Menschen zwar nicht im Tank schweben, sondern in einer computergesteuerten virtuellen Welt leben. Es gibt noch eine Steigerung der Idee der individuell simulierten Welt, das „Simulationsargument": Die Welt könnte als Ganzes eine Simulation sein, d. h. eine einzige grosse laufende Software und es gäbe nur Bit-Welt. Der schwedische Philosoph an der Universität von Oxford, Nils Bostrom (geb. 1973), hält dies sogar für mehr als nur eine philosophische Spekulation, nämlich für eine (meta-) physikalische Theorie: *„Ihr lebt beinahe sicher in einer Computersimulation, die von einer fortgeschrittenen Zivilisation geschaffen wurde. Was Kopernikus und Darwin und andere entdeckt haben, waren die Gesetze und das Arbeiten der simulierten Realität."*

Dies ist nicht identisch mit der Idee, dass die Welt selbst ein Computer ist und die Naturgesetze die Schritte der Befehle: Bei einer „Welt durch Simulation" sind alle Vorgänge indirekt und die Gesetze in Software gemacht (alles ist „Bit-Welt"), bei der „Welt ist ein Computer" dagegen ist das physikalische Fortschreiten identisch mit den Kommandos selbst und ihrer Ausführung (alles ist It-Welt). Das Universum wird so gedacht als eine Maschinerie oder ein Automat, entsprechend der Idee des Rechnenden Raums von Konrad Zuse (ca. 1945), klassisch oder quantenmechanisch.

Pragmatisch ist die „Welt durch Simulation" eine zusätzliche, unnötige und vage Komplikation der Welt, die sich nach dem Ökonomieprinzip des Rasierers von Ockham nur durch einen besonderen nachweisbaren Effekt rechtfertigen liesse. Übliche Simulationssoftware muss das simulierte Objekt in Gitterzellen endlicher Feinheit einteilen. Damit wäre ein möglicher Nachweis einer Weltsimulation die Beobachtung einer sonst unerklärbaren Granularität der Welt die sich nicht „fortzoomen" liesse. Es wäre vergleichbar den Quantisierungsstufen einer schrägen Geraden auf einem Bildschirm geringer Auflösung. Auch bei der Variante „Welt als Computer" ist eine Granularität zu erwarten, also eine endliche räumliche Auflösung der Welt und Grenzen der Kontinuität. Es gibt sogar eine Vermutung, wie klein dieses kleinste Gittermass sein könnte: Kandidat ist die sogenannte Planck-Länge von 1.616×10^{-35} m, also unglaublich klein, etwa zwanzig Zehnerpotenzen kleiner als ein Proton.

Der indirekte Beweis wären die schon mehrfach erwähnten Softwarefehler, d. h. Effekte, die aus dem Rahmen fallen, wie Bildstörungen oder optische Illusionen, nur dreidimensional. Vielleicht gibt es ja Menschen, die sicher sind, solche Weltstörungen schon

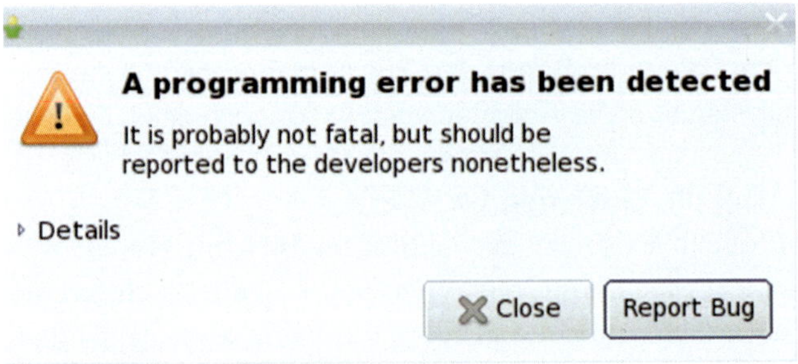

Abb. 9.6 Eine typische Fehlernachricht aus einer Software. (Bild: Michael Mrozek)

gesehen zu haben. Abbildung 9.6 illustriert dies mit einer „echten“ Fehlernachricht, die den Benutzer auffordert, den Fehler dem Entwicklerteam zu melden. Wir hätten aber im Falle der Weltsimulation ein Problem, den Fehler dem Programmentwickler zu melden. Günstig wäre es, wenn der Welt-Programmierer die Technik des Einbaus von Checkpoints (von Prüfstellen oder Wiederanlaufpunkten) benützen würde: Checkpunkte sind vorbereitete Stellen im Programm und damit bestimmte Zeitpunkte des Laufs, bei denen der ganze Zustand der Anwendung als Schnappschuss gespeichert wird. Dies ist eine Softwaretechnik besonders für langlaufende Programme oder unsichere Umgebungen. Damit müsste die Welt im Fehlerfall nicht von Anbeginn neu gestartet werden, sondern der Weltprogrammierer könnte den Fehler korrigieren und das Weltgeschehen könnte am letzten Wiederanlaufpunkt nahtlos aufsetzen und wieder fortfahren. Wir würden den Fehler (und die Welt als Simulation) vielleicht gar nicht merken. Wenn keine Fehler auftreten, dann ist die Simulation eben unsere Welt ohne weitere Diskussion.

9.3.2 „Sich hochladen“: Der Mind Upload

> Bei allen Möglichkeiten: wenn man sich hochlädt [in einen Computer], so entstehen viele Fragen. Ganz egoistisch wäre meine Schlüsselfrage: Werde ich es überleben?
> David Chalmers, australischer Philosoph, geb. 1966

Eine weitere populäre Science-Fiction-Idee mit Software ist das „Mind Uploading“, die hypothetische Übertragung von den Zuständen unseres Gehirns (des ganzen Gehirns oder wenigstens der für unser Bewusstsein zentralen Teile) in einen digitalen Computer. Die Idee hierfür wurde sicher vom Hoch- und Herunterladen von Software, wie es jeder Computerbenutzer macht, inspiriert. Der Gedanke hat nicht nur die utopische Seite, er wird auch von Philosophen als Frage zum Komplex „Bewusstsein“ diskutiert, von Transhumanisten häufig enthusiastisch begrüsst. Dabei hat wohl jeder das oberflächliche Bild der Erzeugung einer Kopie im Rechner oder am Kopierer vor Augen; schliesslich ist ja ein wachsender Teil unserer Persönlichkeit sowieso schon digital. Aber so geht es nicht: Es wäre vor allem eine gigantische dynamische Umsetzungsoperation, für die wir den Weg noch nicht sehen.

Vergleichen wir zunächst die konkrete Aufgabe, ein laufendes Computerprogramm P auf einem Rechner mit Betriebssystem B, Architektur A und Hardware H auf einen Rechner mit Betriebssystem B', Architektur A' auf Hardware H' als Programm P' zu übertragen, die schon erwähnte Portierung. Dabei sollen die Funktionen von P und P' identisch sein. Die Portierung von P zu P' wird umso schwieriger, je verschiedener die Konfigurationen sind: Im Extremfall muss man die Logik des Programms P herausziehen („Reengineeren") und mit einem Software-Werkzeug auf das Programm P' umsetzen – oder de facto neu schreiben. Selbst wenn P' fehlerfrei läuft, wird es noch nicht optimal für die andere Hardware H' sein, sondern noch angepasst werden müssen. Nur die Idee des Programms (also das Pflichtenheft) ist, wie man in Science Fiction sagt, „substratunabhängig" (und meint mit „Substrat" das Gehirn oder Siliziumchips). Dummerweise für unseren menschlichen Wunsch, als Softwarekopie vielleicht doch weiterzuleben, ist der Unterschied zwischen „Wetware" und Neurosystem einerseits und „Siliziumhardware" und „Windows" andrerseits besonders gross, auch die Softwaresysteme P und P' wären drastisch verschieden.

Die Idee einer graduellen Portierung kann helfen, wenn die Programmstruktur geeignet ist für eine Unterteilung oder schon dafür vorbereitet, aber beim Gehirn kommt das Problem der Dynamik der Zustände hinzu: Bewusstsein und Gedächtnis sind in den elektrischen Zuständen von Milliarden von Neuronen und Synapsen gespeichert, und es ist nicht zu sehen wie man hier mehr als einzelne Punkte oder Bereiche als Ganzes im Fluge erfassen kann. Was wir analysieren können (oder können werden),

- ist die Gesamtheit der Verbindungen in Gehirn und Nervensystem, wohl auch auf das Neuron genau, das sog. Konnektom,
- sind die zugehörigen funktionellen Korrelationen.

Das ist weit entfernt von einem Reverse Engineering des dynamischen Feinzustands des laufenden Gehirns.

Das historische Beispiel eines Rückwärts-Entwurfs („Reengineeren") von Chipkarten haben wir schon erwähnt; es war eine Befürchtung zum Kartenbetrug vor 30 Jahren. Dort ging es aber um ein System mit nur einigen Tausend oder Zehntausend Befehlen in einigen Hunderttausend Schaltkreisen auf einfachen Chips mit vielen Vorkenntnissen zum Bau.

Die Natur hat das Gehirn nicht dafür ausgelegt, die inneren Zustände leicht herausziehen zu können. Eine Teilanalyse des Gehirns erscheint dagegen weitgehend möglich, auch begünstigt durch die hohe innere Redundanz in der Konstruktion des Gehirns. Es mag überraschen, aber die Komplexität eines Prozessorchips, gemessen an den Designdaten für die Produktion, ist höher als die des Gehirns, gemessen an der Geninformation. Grund ist die grosse Kompaktheit des Designs des Gehirns. Damit wird auch ein Verstehen des Gehirns möglich in Form einer dynamischen Simulation des Arbeitens des Homo Sapiens-Gehirns. Es scheint aber heute keinen Weg zum Erfassen des vollen dynamischen Zustands eines individuellen, lebenden Gehirns zu geben. Dies wäre aber eine Voraussetzung für einen Mind Upload. Damit wären mögliche und noch realistische anzusehende Entwicklungen:

- Simulation des menschlichen Gehirns in Software (funktionell; daran wird gearbeitet, z. B. das Human Brain Projekt),
- Synthese eines menschlichen Gehirns in Software mit allgemeiner Psyche mit verschiedenen seelischen Abweichungen,
- Synthese einer menschlichen Persönlichkeit in Software mit Bewusstsein, Seele (Gefühlen) und Lernen, die nicht zu unterscheiden ist von einem Menschen in einem digitalen Umfeld.

  Das wäre sozusagen ein Turing-Test der härteren Art.

Damit wären wir schon nahe am Gehirn-im-Tank oder wieder bei Goethe und Faust II mit dem Homunkulus in der Phiole. Die synthetische Persönlichkeit könnte natürlich auch eine Roboterhülle als Körper erhalten.

Im Gedankenexperiment trennen wir die körperliche Seite von der IT-Seite des Menschen; eine derartige Trennung tritt *de facto* auf, wenn etwa bei der Krankheit ALS (Amytrophe Lateralsklerose) die Instruktionen des Gehirns die ausführenden Muskeln nicht erreichen oder, umgekehrt, wenn beim Gehirntod das IT-System des Menschen in seinen oberen Ebenen gestoppt ist und der Körper weiter funktioniert. Begreift man das Leben als Prozess und damit als laufende Software, so wird auch der Tod zu Softwaretechnologie. Im Analogon zum üblichen Computer gibt es „geplantes Herunterfahren" oder einen ungeplanten Absturz in vielen Varianten mit der Beendigung auch der seelischen Prozesse in einer Endsequenz. Klassische Jargon-Ausdrücke dafür sind *ABEND* für „ABnormal ENDing" oder *System Crash* für einen unerwarteten und nicht korrigierbaren Absturz. Entsprechend ergeben sich dann zwangsläufig „thanatologische Softwareeffekte[2]" und Nahtoderlebnisse, die auftreten, wenn die laufende Software zum Teil ausfällt oder sich neu arrangiert und Informationen neu interpretiert werden – ähnlich wie bei einem PC mit gestörtem Betriebssystem.

Die ethische Frage „Wann ist ein Mensch tot?" ist damit eigentlich die Softwarefrage: Welche Softwareprozesse dürfen nicht mehr laufen, um tot zu sein?

Zusammenfassend möchten wir betonen, dass – entgegen der üblichen menschlich-philosophischen Ansicht – nicht ein synthetisches Bewusstsein im Computer das Problem ist (siehe Kap. 5), sondern das volle Erfassen eines „fleischlichen" menschlichen Bewusstseins und das Erzeugen einer weiter lauffähigen Kopie dieses Bewusstseins. Sofort ergibt sich die nächste philosophische Frage: Was würde die Kopie bedeuten? Wem diese Aussichten zu abstrus sind, der möge sich trösten, dass auch ernste Philosophen wie Daniel Dennett (geb. 1942) und David Chalmers (2010) sich damit beschäftigen, wenn auch nur um zeitgemässe philosophische Probleme zu diskutieren:

> Wir debattieren nicht mehr länger wie viele Engel auf einer Nadel tanzen können, sondern analysieren unsere Wünsche und deren logische Folgerungen.
> Daniel Dennett, Philosoph, in Dennett (2013)

[2] Thanatologie (von altgriech. Thánatos „Tod" und –logie) bezeichnet die Wissenschaft vom Tod und Sterben.

Ein Hintergrund ist beim Mind Uploading offenbar der Wunsch nach ewigem Leben, wenn auch nur als digitale Software. In digitaler Form wäre der Umgang mit der Seele oder dem Geist natürlich einfacher als mit und in unserer Wetware: Man könnte beliebig viele weitere Ich's kopieren, beliebig anhalten, Prüfpunkte einbauen, nahtlos mit anderer Software kommunizieren und mit der ganzen Welt auf Kortexebene zusammenarbeiten, Fehler korrigieren, unseren eigenen Quellcode verändern, neue Versionen einspielen und wieder starten. Aber man kann ja schon einmal über diese neue Welt philosophieren…

Und wo bleibt der Geist? 10

Mit It-Welt (Physik usw.) und Bit-Welt (Software, technisch wie biologisch und neurologisch) zusammen können das Sein und das Werden in der unbelebten Natur, der intellektuellen Welt sowie in der Biologie erfasst werden. Philosophisch haben wir den Physikalismus des 20. Jahrhunderts durch einen „Softwareismus" für das Konstruierte ergänzt mit dem Zufall als Akteur von aussen. Damit wird das Modell akzeptabel auch für religiöse Menschen. Im Sinne der Drei-Welten-Lehre von Karl Popper fügen wir eine nicht-technische und unwissenschaftliche dritte Säule hinzu, den redefinierten Geist. Es ist der Ort für „Transzendentes", z. B. die Musik als Kunst jenseits der physikalischen und musiktheoretischen Grundlagen. Damit und mit den beiden „immanenten" Säulen, der ersten physikalischen und der als Software neu definierten zweiten Säule, erhalten wir eine moderne wissenschaftlich-technische Form des Popperschen Weltmodells mit dem Zufall als Mitspieler und der Mathematik im Hintergrund. Das Modell enthält unbelebte und belebte Natur, Computer und Seele, Sprache und Kunst.

10.1 Das Problem mit dem Geist, vor allem in der deutschen Sprache

> Der Sitz des Geistes im Tiefschlaf ist das Herz. Im Traum ist der Sitz des Geistes im Genick. Im Wachzustand ist der Sitz des Geistes im Ajna Chakra.[1]
> Swami Sivananda, Philosoph, 1887–1963

Wir haben viele Funktionen aus Seele und Bewusstsein als Software im erweiterten Sinn identifiziert. Nun stellt sich umgekehrt die Frage: Was können Computer prinzipiell nicht? Insbesondere ist die Frage im Titel des Kapitels berechtigt: Wo bleibt der Geist? Unsere

[1] Das Ajna Chakra ist das indische „dritte Auge" hinter dem Punkt in der Mitte zwischen den Augenbrauen.

W. Hehl, *Wechselwirkung*, DOI 10.1007/978-3-662-48114-1_10

kurze Antwort auf diese Frage lautet: Es gibt den Geist und er steht zusätzlich zu und neben den beiden Säulen der Welt, der It-Welt (den Atomen etc.) und der Bit-Welt (der Software). Allerdings übernimmt die „Bit“-Säule viele seelische Eigenschaften, die man vor dem Computer-Zeitalter versuchte entweder mechanistisch zu erklären (was nicht möglich ist) oder mystisch als Geist (was an mangelndem Verstehen der Software-Welt lag). Dieser Geist war nach dem Biologen Thomas Huxley (1825–1895) so etwas, das „*wie ein Djinn aus der Wunderlampe des Aladin steigt*“. Durch das Weltbild mit Software als Grundgrösse der belebten Welt verschiebt sich die übliche Verwendung des Wortes „Geist“ und konzentriert sich auf das wirklich Geistige. Das obige Zitat von Thomas Huxley bezog sich genau genommen auf das Bewusstsein als Mysterium, es ist aber auch auf den Geist gemünzt. Er schreibt nämlich weiter:

> Die Seeleverhält sich zum Körper wie die Glocke einer Uhr zum Uhrwerk, und das Bewusstsein antwortet auf den Ton, den die Glocke beim Anschlagen von sich gibt. Nach meinem Ermessen gilt diese Argumentation nicht nur für Tiere, sondern auch für den Menschen. Wir sind Automaten mit Bewusstsein.
> Aus: „Über die Hypothese, dass Tiere Automaten sind“ (1874)

Es ist eine schöne mechanistische Allegorie auf Seele und Bewusstsein aus Software; es bleibt die Frage: Was gibt es noch ausser dem Uhrwerk und der Glocke?

Das UTB-Online-Wörterbuch Philosophie leitet den Artikel zum Stichwort „*Geist*“ ein:

> Der Begriff steht seit der Antike im Zentrum philosophischer Deutungssysteme und ist durch die breite Variation seiner jeweiligen Verwendung inhaltlich kaum festzulegen. Gemeinsam ist all den unterschiedlichen Bedeutungen eigentlich nur die durchgehende Polarität zu allem materiellen, stofflichen Sein.

Der französische Aufklärer Claude Helvétius (1715–1771) schreibt zum Wort „Esprit“:

> Man streitet die ganze Zeit darüber, was der Geist eigentlich ist, jeder sagt es auf seine Art, niemand verbindet damit das Gleiche und niemand versteht den anderen.

In der Tat sagt die englischsprachige Wiki-Datei „Hegel Spirit/Mind“ auf der Website der internationalen Hegelianer zum deutschen „Geist“ zu Recht:

> ‚Geist‘ ist ein deutsches Wort, das alle Bedeutungen haben kann der englischen Wörter ‚spirit‘, ‚mind‘ und ‚soul‘, sowie des französischen Worts ‚esprit‘.
> Aus: wiki.Hegel.net, gezogen 08/2015

Die historische Grundposition zur Welt wird in der Philosophie, im Alltag und bei vielen Religionen mit einer Art von Substanzdualismus beschrieben wie ihn Descartes formuliert hat – hier die materielle Substanz *res extensa*, dort die immaterielle *res cogitans*. Dieser Dualismus ist in vielen Kulturen offensichtlich, im gleichen Sinn offensichtlich wie die flache Erde. Zu erwähnen wären auch die Versuche von Monismen, d. h. die Gesamtwelt ganz aus der Materie (im mechanistischen Sinn) zu erklären, oder aber alles nur als Ideen oder Empfindung (d. h. als „Geist“). Solange Materie nur naiv starr gedacht war und als Aufbaumechanismus nur die Mechanik zur Verfügung stand, war eine materielle

Anschauung zu einseitig; umgekehrt konnten idealistische Ansätze wie *„die Welt besteht nur für und durch den Geist"* nicht gegen die immensen Erfolge der Naturwissenschaft und Technik sinnvoll argumentieren. Zwei Entwicklungen der letzten hundert Jahre haben alles verändert:

- Materie ist kein rigider naiver Begriff mehr, sondern ist durch die Quantenphysik abstrakt, mathematisch und unmenschlich geworden,
- die Informationstechnologie hat die Kluft zwischen Unbelebtem und Belebtem mit dem Verstehen von Leben als Software geschlossen. Als Software ist „Geistiges" näher an die Materie (die Hardware) gekommen.

Die Software übernimmt direkt geistige Funktionen; durch das Verständnis des Gehirns als ein System mit laufender Software („Wetware") haben viele klassische „geistige" Tätigkeiten des Menschen ihren Status „geistig" verloren und sind Informationstechnologie geworden – dies fängt beim Rechnen mit Zahlen an. Mathematische, astronomische und nautische Tabellen wurden in grossem Stil durch Menschen via numerischem Rechnen erstellt bis die ersten elektronischen Rechner wie der ENIAC dies übernahmen. Abbildung 10.1 zeigt einen Saal mit „Computern" (alle mit Krawatte) und wenigen Rechnerinnen beim Mathematischen Büro für Tabellen in New York, das um 1940 bis zu 450

Abb. 10.1 Menschliche Computer beim Berechnen mathematischer Tafeln, 1942. (Bild Ida Rhodes, 1942 NACA/NASA)

menschliche „Computer" beschäftigte (Grier 2006). Es scheint auch ein soziales Beschäftigungsprogramm gewesen zu sein, da viele „Computer" wohl körperliche, seelische und/oder finanzielle Probleme hatten, zumindest vor der Einstellung. Die Aufgabenverteilung und Planung lag bei einer Gruppe von sechs Mathematikern; es ist also die gleiche Architektur wie die der Computerfarmen bei CERN vierzig Jahre später.

„Rechnen" ist geistig, es ist der unscheinbare und niedrigste Beginn der geistigen Mathematik und aller informatorischen Prozesse. Wir haben dies im Alltag verdrängt als „geisttötend" wegen der mechanistischen Einfachheit der Rechenoperationen, d. h. eigentlich weil diese Software zu trivial ist. Die Lehrbücher des Adam Ries aus dem 16. Jahrhundert sind wohl in ihrer Zeit als „geistige" Bücher betrachtet worden.

Der deutsche idealistische Philosoph Friedrich Hegel (1770–1831) hat den „Geist" in drei Kategorien eingeteilt:

- den Subjektiven Geist, der sich in Psychologie und Anthropologie des Individuums ausdrückt,
- den Objektiven Geist, der sich mit überpersönlichen Ordnungen beschäftigt, z. B. mit Recht, Moral und Staat,
- den Absoluten Geist, zu dem z. B. Kunst, Religion und Spiritualität gehören.

Hegel hat wohl den subjektiven Geist als das Wirken des Geistes im Individuum angesehen. Wir sehen darin nüchtern (aber nicht im Widerspruch) das Arbeiten der inneren Software. Diese Funktionen sind damit „Softe Technologie" geworden und als Technologie im Gefühl vieler Menschen wohl damit heruntergestuft.

Zur subjektiven Seite gehört die Individualpsychologie inklusive der Gefühle (im Zusammenhang mit Chemie). Sie ist, wie schon besprochen, spezielle Software und Informationstechnologie. Aber auch der objektive Hegelsche Geist operiert (arbeitet) in Software, etwa im Recht oder in der Sprache: Sprache ist Informationsverarbeitung mit Regeln und vielen Ausnahmen und vielseitigen Vernetzungen. Das heisst nicht, dass alles, was gesagt wird, selber Technologie ist, oder in der Juristerei alles, was argumentiert wird, und alle Rechtsprinzipien Technologie wären. Bei der Anleitung für eine Geschirrspülmaschine ist (die Autoren solcher Manuale mögen es verzeihen) trotz Professionalität in der Ergonomie in der Sprache nicht viel „echter" Geist enthalten. Es gilt die schon erwähnte und oben postulierte Faustregel:

> Alle Tätigkeiten, die gelernt werden können, sind im Prinzip Software und sind damit ganz oder teilweise in der 2. Säule, der „Bit-Säule", des Weltmodells.

Damit ist in der dualistischen Weltsicht die ideelle Seite gespalten worden in den softwaretechnischen Teil und in einen noch zu bestimmenden geistigen Teil. Materielle Säule und Softwaresäule stehen nebeneinander und der geistigen Welt gegenüber.

10.2 Die drei Welten – Karl Popper revisited

> Ich werde eine Sicht des Universums vorstellen mit mindestens drei verschiedenen, aber wechselwirkenden Unter-Universen.
> Sir Karl Popper, Philosoph, 1902–1994

Die Lösung des Problems ist damit der Übergang vom Dualismus Körper vs. Geist zu einem Trialismus (von altgriechisch *τρία → drei* oder lat. *trialis → drei enthaltend*) mit drei Grundkategorien.

Trialismen gibt es in der Philosophie und Religion historisch vor allem, um zwischen Seele und Geist unterscheiden zu können:

- Der Apostel Paulus trennt dies begrifflich im Christentum im ersten Brief an die Thessalonicher (ca. 50 n. Chr.):

  > Der Gott des Friedens heilige euch ganz und gar und bewahre euren Geist, eure Seele und euren Leib unversehrt, damit ihr ohne Tadel seid, wenn Jesus Christus, unser Herr, kommt.

- Der Aufklärer Claude Adrien Helvétius (1715–1771) trennt den Geist auf in *„eine Fähigkeit zu urteilen"* (*juger*) und eine *„Fähigkeit zu fühlen"* *(sentir)*, also die Seele.
- Der Philosoph Blaise Pascal (1623–1662) spricht vom *„Geist der Geometrie"* (dem Verstand) und *„dem Geist des Feinsinns"* *(esprit de finesse*, d. h. der Kunst).
- Der Mathematiker und Philosoph Gottlob Frege (1848–1925) trennt Dinge, Vorstellungen und Gedanken und schreibt: *„Ein drittes Reich muss anerkannt werden"*.
- Der zeitgenössische britische Philosoph John Cottingham (geb. 1943) erweitert den Dualismus um die *„Sensations"*, in etwa also um die Seele.

Die klassischen Griechen sprachen von Physis, Psyche und Logos, die Römer von Materia, Intellectus und Ratio, und nicht zuletzt Kant von Aussenwelt, Verstand und Vernunft.

Die Vorstellungen kreisen seit 2000 Jahren in Variationen um Körper, Seele und Geist. Am klarsten formuliert der britisch-österreichische Philosoph Karl Popper einen Trialismus in der Moderne in seiner „Lehre der drei Welten" (1972/1978):

Popper-Welt 1: Die physischen Dinge, von Atomen bis Strahlung, einschliesslich der Tiere,
Popper-Welt 2: Die individuellen Wahrnehmungen und mentalen Effekte, wie Bewusstsein, Gefühle, Schmerz, Unterbewusstsein und Traum,
Popper-Welt 3: Die Produkte des eigentlichen Geistes, d. h. die geistigen und kulturellen Inhalte, die unabhängig vom Einzelnen existieren.

Für unsere Umsetzung der Popper-Welten in ein Weltmodell mit Software, d. h. für alles aktiv Konstruierte und Geschehende, greifen wir einige Beispiele von Karl Popper heraus:

- Ein Buch, etwa ein Band von Shakespeare, gehört als Objekt zur Welt 1, als gelesenes Werk zur Welt 2 und als Idee Shakespeares zur Welt 3.
- Menschliches Wissen gehört nach Popper in die Welt 2, die zugehörigen Denkprozesse in Welt 1.
- Die Sprachen sind nach Popper in der Welt 3, ebenso Beethovens Fünfte Symphonie, aber auch die Newtonsche Gravitationstheorie.
- Computerprogramme sind für ihn auch Welt 3.

Ein Verständnis der Bedeutung von Software als Grundelement menschlichen Tuns und des Lebens war vor etwa 1950 auch grossen Philosophen aus Unkenntnis nicht möglich: Programme existierten gar nicht (oder nur implizit) und waren dann unscheinbare Hilfsmittel, um die Computer zum sinnvollen Laufen zu bringen. Deshalb war um 1960 die Software des Computers noch die unentgeltliche Beigabe beim Kauf der Hardware. Heute setzen wir Software als „poietische" (schaffende) Säule neben die Physik-Säule mit Materie und Energie als Säule 2. Es ist der Ort für alle Elemente mit konstruierter, d. h. für die „echte" Komplexität, die nicht direkt aus den physikalischen Gesetzen und dem Zufall heraus entsteht. Die „geistige" Säule 3 (Abb. 10.2) belassen wir im Wesentlichen im Sinne von Popper.

In der Geschichte der griechischen Naturphilosophie gibt es bei Aristoteles (384 – 322 v. Chr.) eine Zweiteilung, die zu unserer Unterscheidung von It-Welt und Bit-Welt passt. Sehen wir die It-Welt an als die Menge der natürlich ablaufenden Kausalketten und die Bit-Welt der Software als durch Abwärtskausalität erzwungene Kausalketten, so spiegelt sich dieser Dualismus in der Bewegungslehre des Aristoteles. Wir interpretieren dabei die Bewegungen von Körpern als Prozesse. Aristoteles unterscheidet zwei Arten von Bewegung, die „natürliche" und die unnatürliche, „gewaltsame". Die Planeten folgen einer „natürlichen" Bewegung (bei Aristoteles sind es Kreise). Ein nach oben geworfener Apfel jedoch wird „unnatürlich" oder „violent" bewegt – jedenfalls solange die Hand einwirkt.

Abb. 10.2 Die Ontologie des Drei-Welten-Modells mit Geist

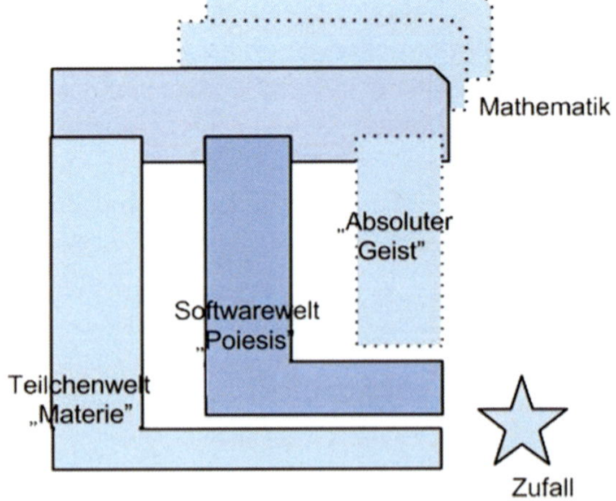

In unserer Interpretation ist der antriebslose Flug einer Rakete im All eine „natürliche“ Bewegung, im Wesentlichen im Gravitationsfeld der Himmelskörper. Das Einschalten einer Steuerrakete ist dagegen der Anstoss zu einer unnatürlichen, violenten Bewegung. In unserem Sinne wird die Abweichung von der natürlichen Bewegung allgemein durch Software erzwungen – durch den Bordcomputer bei der Rakete oder vom Gehirn, wenn wir einen Apfel hochwerfen. So gesehen ist die Bewegungslehre des Aristoteles eine Vorahnung der beiden Säulen It- und Bit-Welt. Sie passt besser zum Dualismus von Physik und Software als zur Mechanik der Bewegung von Körpern.

Software geht in das Modell der Welt (bzw. des Menschen) ein für „Sein“ und insbesondere für „Werden“ jenseits der rein materiellen Welt:

- Software ist der Stoff zum Bau von Komplexität,
- Software ist der Motor der komplexen Systeme und bringt dadurch konstruktive Dynamik, die „Prozesse“,
- Software leistet dies in der Natur (bei Pflanzen, Tieren und uns) und in der Technik,
- Software schliesst auch den Teil des sog. menschlichen Geistes ein, der durch unsere informationstechnische Maschinerie hervorgerufen wird.

Das Letztere stört uns Menschen sehr; es ist eine Art kopernikanischer Kampf im Gange zum Stichwort „Maschinelle Intelligenz“ mit menschlicher Ernüchterung (aber ohne Niederlage). Aber es hilft nichts: Wer diese Zeilen liest, tut dies mit IT, von der visuellen Prozessierung des Gesehenen bis mindestens zur Einordnung der Bedeutung des Textes (das gilt für den Menschen wie für einen lesenden Computer). Aber wir Menschen können mit der Ernüchterung leben. Ein Beispiel ist das Schachspiel, das als königliches Spiel einen durchaus geistigen Nimbus besass. Seitdem der Computer den amtierenden Schachweltmeister Garri Kasparow regulär entthronte, ist der intellektuelle Charakter des Spiels allen offensichtlich – es gehört zur Säule 2. Trotzdem wird es begeistert weiter gespielt, gegen Menschen und gegen Computer.

Dazu wachsen mit dem „Internet der Dinge“ und der „persönlichen Medizin“ Software-Brücken zwischen der It-Welt der Säule 1 und der Bit-Welt der Säule 2: Es entstehen digitale Abbilder mit unvorhersehbaren Auswirkungen auf die realen „Dinge“:

- Software schafft die Verbindung zwischen den Dingen und den Menschen.

Es bedeutet eine Digitalisierung und Softwaredurchdringung („Softwareisierung“) von Bereichen, die weitab von allen Zahlen und Formeln zu sein schienen. Wie weit abseits zeigt das Zitat im Zeitgeist des 18. Jahrhunderts von Immanuel Kant, der die Biologie als einen unfassbaren, unmathematischen Bereich ansah im Gegensatz zur Himmelsmechanik und zwar

> so gewiß, daß man dreist sagen kann, es ist für Menschen ungereimt, auch nur einen solchen Anschlag zu fassen, oder zu hoffen, daß noch etwa dereinst ein Newton aufstehen könne, der auch nur die Erzeugung eines Grashalms nach Naturgesetzen, die keine Absicht geordnet hat,

begreiflich machen werde: sondern man muß diese Einsicht den Menschen schlechterdings absprechen.
Immanuel Kant, Philosoph, in „Kritik der Urteilskraft", 1793

Das Wort „Softwareisierung" oder „Softwarization" ist nicht schön, aber es wird in der IT verwendet, wenn man die Funktion einer speziellen Hardware durch eine äquivalente Softwarefunktion auf allgemeiner Hardware ersetzt. Bei Software stört allein das unintellektuelle englische Wort (weniger in Frankreich, dort ist der offizielle Begriff „*Logiciel*" nach dem griechischen λόγος *lógos)*. Wir haben zu Beginn des Buches das etwas unhandliche Wort „Poiesis" bzw. poietische Säule dafür eingeführt.

Die Softwaresäule als neue Welt 2 bildet zusammen mit der Säule 1, der Physis, die Technologie der Welt. Die beiden Säulen entsprechen einer „organischen" und einer „anorganischen" Technologie. Das Wort „Technologie" passt ausgezeichnet auch zur Software, denn der griechische Ursprung ist durchaus nicht „hart", sondern τέχνη *technē* bedeutet „Kunst, besonders auch Redekunst, Handwerk, Kunstfertigkeit" und λόγος *logos* „Wort, Lehre, Wissenschaft". Die Software sitzt auf einer Hardware auf, mindestens einer minimalen Hardware, die auch die Wetware der Biologie sein kann. Dies passt vorahnungsvoll zu einer Bemerkung von Gottfried Leibniz in der Monadenlehre:

> Es gibt keinen endlichen Geist, der von der Materie absolut frei wäre.

Zur Verbindung Welt 2 mit Welt 1 noch ein klassisches (poetisches) Zitat vom schon erwähnten Physiker und Philosophen Ernst Mach (1896):

> … das, was da draußen so trocken klappert und pocht, drinnen im Kopf leuchtet und singt.

Die Mächtigkeit der Software attackiert auch vieles, was traditionell als „geistig" gilt und bei Popper als Welt 3. So ist die Sprache technisch eine vernetzte Software mit vielen Unternetzen, Fachsprachen und Einzelsprachen wie Deutsch und Englisch. Sprache gehört also zur Welt 2. Dies gilt ähnlich auch für andere kollektive Leistungen von Menschen wie für Rechtssysteme, Staatsformen, medizinisches Wissen und Geschichte, aber auch für das kollektive Wissen, wie man Motoren und Flugzeuge baut oder einige Millionen verschiedener Chemikalien synthetisieren kann.

Der schon erwähnte Autor Terry Bisson (geb. 1942) bringt die Verbindung Welt 1 und Welt 3 (und Welt 2) in seiner schon erwähnten Novelle „*Sie sind aus Fleisch*" auf den problematischen Punkt:

> „Sie [d. h. wir Menschen] verwenden Wörter, Ideen, Gedanken?" „Oh ja. Nur – sie machen das mit Fleisch."

Eine andere, gleichfalls respektlose aber korrekte Beschreibung von uns Menschen (ohne den Geist) haben wir in Abwandlung einer Bemerkung des Informatikers John Foreman schon erwähnt: Ohne einen Welt-3-Bezug sind wir in der Welt 1 und der Welt 2 nur „*ein Klumpen aus Wahrscheinlichkeitsmechanismen*".

Zur Erinnerung: Das Argument „Wir sind aber ein Klumpen *der fühlt*“ sticht nicht, da die Gefühle ihrerseits auch aus einem Agglomerat von Software-Mechanismen (Welt 2) auf körperlicher Grundlage entstehen Die ergänzende menschliche triumphierende Bemerkung „*aber unsere Gefühle sind ‚echt*‘“ besteht nur aus einer Illusion, weil unser Empfinden in unserem eigenen Klumpen selbst als Software mitläuft wie ein Prozess unter vielen auf einem technischen Computer.

Wir denken bei Geist an Phänomene in uns und in der menschliche Umwelt. Es ist sinnvoll, das Vorhandensein von „Geist“ nicht nur auf Menschliches und menschliche Software zu beschränken: „Geist“ ist auch in den Naturgesetzen enthalten, ja in normaler technischer oder kommerzieller Software.

Computerprogramme sind an und für sich nach unserer Definition Softwarewelt (Welt 2), aber wir haben gesehen, dass ein Computerprogramm auch eine grundlegende Idee enthält. Dies ist im kommerziellen Bereich die Problemstellung in der Spezifikation (dem Pflichtenheft) für die Softwareentwicklung; beim Reengineering versucht man, diese Idee zurückzugewinnen. Dieser Idee geben wir auch den Charakter von „Geist“. Mit dem oben eingeführten Begriff der Supervenienz können wir diese Idee als „supervenient“ zu den verschiedenen Implementierungen bezeichnen.

Entsprechend haben auch Naturgesetze jeweils innewohnende Ideen, die wir als „Geist“ ansehen können. Die physikalischen Gesetze werden in Mathematik formuliert, die Mathematik wird im operativen Betrieb, z. B. bei der numerischen Berechnung einer Planetenposition oder eines Raketenkurses, zu konkreter Software. Die Planetenbewegung selbst durch die Gravitation ist Säule 1. Die astronomische Software vollzieht die Physik Schritt für Schritt im Computer nach, meistens nur in Form von Näherungen, manchmal sogar aus den grundlegenden Prinzipien als *ab initio*-Rechnung. Dies geschieht bei manchen Problemen mit Millionen von Millionen von Millionen von Rechnungen. Trotzdem steht dahinter eine Idee, die zum Typ „Geist“ gehört: Es ist das physikalische Grundprinzip und es sind Grundgedanken wie

- dass der Raum durch die Massen bestimmt wird (und umgekehrt),
- dass die Lichtgeschwindigkeit konstant ist in allen Koordinatensystemen,
- dass Energie, Impuls und Drehimpuls erhalten bleiben.

Diese Erhaltungssätze haben eine andere, sehr elegante („geistige“?) Formulierung, das sog. Noether – Theorem. Sie sind nach diesem Theorem allgemeinen Symmetrien äquivalent. Aus der Homogenität der Zeit folgt so der Energiesatz, aus der Homogenität des Raumes der Impulssatz und aus der Isotropie des Raumes (die Gesetze sind unabhängig vom Winkel) der Drehimpulssatz. Solchen Ideen wollen wir auch eine geistige Qualität zuschreiben.

An den obigen Beispielen als Vergleich zur Sicht von Karl Popper gilt jetzt im Drei-Welten-Modell mit Software:

- Der Shakespeare-Band ist als Buch weiter ein Objekt der Welt 1, das Lesen ist im Prinzip laufende Software (Welt 2) und als Idee ist Shakespeares Hamlet Welt 3.
- Menschliches Wissen und die Wissensprozesse mit vernetzter Software sind Welt 2, die zugehörige Grundlage „Gehirn" ist Welt 1,
- Die Sprachen sind, wie erklärt, Welt 2. Beethovens Fünfte Symphonie ist wieder Welt 3, aber auf der Grundlage der Akustik (Welt 1) und der Kompositionslehre (Welt 2).
- Die Newtonsche Gravitationstheorie ist wie Software: der operative Teil ist Welt 2, die Idee der Anziehung von Massen dagegen Welt 3, die Gravitationskraft selbst ist Welt 1.
- Ausführungsbereite Computerprogramme sind Welt 2, ihre Spezifikation (oder ihr „Geist") Welt 3.

Die restliche menschliche dritte Säule „Geist" stimmt mit dem überein, was Hegel den „Objektiven Geist" nannte und vor allem den „Absoluten Geist": Die Bereiche der Schönen Künste und der Religion oder Spiritualität.

Wir erhalten damit das Schema der drei Welten der Abb. 10.2, ergänzt mit dem Zufall und der Mathematik. Abbildung 10.3 illustriert die Welten mit Bildern in einer Collage. Die It-Welt (Welt 1, die harte Wissenschaft und Technologie) wird durch die Blitze symbolisiert, darauf die Bit-Welt (Welt 2, die Software inkl. der Seele) durch ein Intel-Computerchip und darauf der Geist (Welt 3) durch ein Thema der fünften Symphonie von Beethoven.

Dazu treten zwei Sonderfälle: Die Mathematik (No. 4), symbolisiert durch den Beginn der unendlichen Reihe der Primzahlen, erfasst alle anderen vier Objekttypen. In Abb. 10.2 wird die Mathematik mit drei Blöcken repräsentiert, denn sie erlaubt die Erschaffung vieler logischer Welten. Aber darunter ist eben auch ein mathematisches System, das sowohl

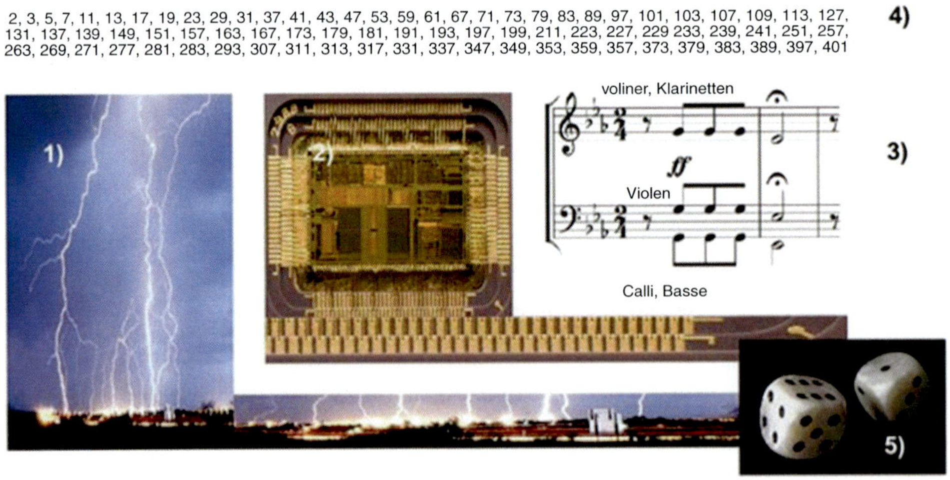

Abb. 10.3 Drei-Welten-Modell „It", „Bit" und „Geist" sowie Mathematik und Zufall als Collage

der realen It-Welt als auch der abstrakten Bit-Welt entspricht im Sinne der erwähnten Interpretation der Churchschen These von der Äquivalenz der realen Welt und der berechenbaren Welt. Der Zufall (No. 5) wird durch die Würfel angedeutet. Er bricht von aussen (oder wie von aussen) ein, zunächst in die It-Welt und damit auch in die Bit-Welt und in die geistige Welt.

Wir sehen den menschlichen Geist (etwa die Kunst) aufbauend auf den intellektuellen Fähigkeiten, d. h. auf Software (und die Software auf der Hardware). Hier bietet sich noch eine klassische philosophische Bezeichnung an für die geistige Säule: Es ist der Ort für (aus Ingenieurssicht hypothetische) Konzepte jenseits der It- und Bit-Welt, die also die wissenschaftlich-technische Welt übersteigen: das Transzendente vom lateinischen *transcendentia*, das Übersteigen. Die realen Säulen Hardware und Software sind dazu komplementär als das Immanente von *immanere* (anhaften oder darin bleiben). Eine ähnliche Bedeutung des Wortes „Transzendenz" gab es schon in der Antike als „das, was die aristotelischen Kategorien übersteigt."

Eine Anekdote zu „Geist und Computer" ist, bzw. war, die (einprogrammierte) Antwort des Sprachassistenten Siri für das Apple Smartphone (2012) auf die Frage: „*Gibt es einen Gott?*", nämlich „*Es ist meine Politik, den Geist vom Silizium zu trennen*". Eigentlich müsste es hier heissen: „*Den Geist von Software zu trennen*" – und das ist auch nicht so einfach.

Die Grenze zwischen Säule 2 (der Informationstechnologie) und der Säule 3 (dem „Geist") ist fliessend. Es ist schwierig zu bestimmen, wie weit eine „Technologie" gehen kann und wo jenseits der Technologie das „Geistige" beginnt.

Ein Beispiel ist die Technik und die Kunst der Übersetzung: Der technische Teil ist Softwaretechnologie von mittelmässiger, aber stetig wachsender Effizienz. Damit können etwa einfache technische Texten übersetzt werden. Auch ein technisches Manual wird wohl nicht „Geist" sein. Bei einem Gedicht wird die Übersetzung selbst Kunst und geht in den Bereich der 3. Säule über in enger Wechselwirkung mit der Sprachtechnik.

Ein derartiger enger Zusammenhang existiert in Analogie dazu auch häufig bei der technischen Softwareentwicklung, nämlich eine gegenseitige Beeinflussung der Spezifikation (d. h. als Grundidee und zugehöriger Geist in der Säule 3) und der informationstechnischen Seite (d. h. der Implementierung in Säule 2). Die im Kap. 3 beschriebenen agilen Entwicklungsmethoden, etwa das erwähnte Scrum, unterstützen dies bewusst. In vielen Bereichen der Bildenden Kunst lässt sich ja auch das Technische und Materielle nicht von dem trennen, was „die Kunst eigentlich ausmacht". Dabei ist auch das Letztere schwer zu bestimmen; es gilt wohl der oft zitierte Vergleich mit der Pornographie (zugesprochen einem US-amerikanischen Richter):

> Man kann sie nicht beschreiben, aber man erkennt sie, wenn man sie sieht

oder sogar vom Künstler:

> Wer mir sagen kann, warum ein Bild schön ist, dem bezahle ich eine Flasche
> Edgar Degas, Maler, 1834–1917

Es gibt seit mehr als 40 Jahren auch Computerkunst – etwa Lyrik per Software oder Musik per Software. Diese Kunst stammt aus der Säule 2, d. h. ihre Erzeugungsregeln durch Software sind bekannt (dazu kommt der Zufall als Schöpfer): Ist es deshalb nicht doch Kunst? Und wurde ein Säule-3-Objekt erzeugt? Die Kunstform Tanz und Ballett ist eine enge Verbindung aller drei Säulen – die erste Welt mit dem Körper, die zweite Welt mit Verstand und Choreographie, die dritte Welt mit dem Kunsterlebnis. Tanzkunst ist ein Embodiment aller drei Welten.

Der Dualismus ohne die dritte Säule, nur mit dem kombinierten Wirken von „moderner Materie" mit der erweiterten Software „Poiesis", ermöglicht eine Neufassung des Materialismus, die nun nicht mehr mechanistisch und determiniert ist. Ohne Geist ist es genauso unbefriedigend wie für Karl Popper. Das Thema des „Geistes" ist untechnisch und unwissenschaftlich und damit schwer zu fassen, aber es ist nach den Ideen vieler Autoren das, was den Menschen ausmacht.

Ein Beispiel ist Menschlichkeit, etwa ausgedrückt im ethischen Humanismus des „Weltethos" des Theologen Hans Küng (geb. 1928). Ethik besteht aus einem rationalen Teil, z. B. formuliert im Kategorischen Imperativ von Immanuel Kant (1724–1804):

> Handle nur nach derjenigen Maxime, durch die Du zugleich wollen kannst, dass sie allgemeines Gesetz werde.

Aber zum menschlichen Tun und zum Bewusstwerden des Menschlichen reicht Rationalität (also die Welten 1 und 2) wohl nicht aus. Es könnte noch eine Komponente „Geist" dazu nötig sein.

Noch ein Beispiel, das zeigt, was geschähe, wenn man die dritte Säule wegliesse: Liebe besteht und entsteht auch in allen drei Welten. Die erste Welt ist u. a. durch die Hormonchemie vertreten. Ein grosser Teil der Liebe ist emotionale Software und damit zweite Säule. Der amerikanische Philosoph Julian Baggini (geb. 1968) sagt unverblümt:

> „Liebe ist in im Prinzip das Produkt aus dem Feuern von Neuronen und dem Ausschütten von Hormonen", d. h. in unserem Modell von Welt 1 und Welt 2.

Aber ein technisch nicht definierter Teil ist die Liebe der „absoluten Art" nach Hegel zusammen mit, aber jenseits von direkter Sinnlichkeit und Rationalität. Am Dualismus mit den beiden Säulen von harter und weicher Technologie kann man nicht zweifeln. Aber ohne die dritte Säule wäre es schwer, das Menschliche darüber hinaus zu finden. Ohne sie wäre es z. B. nicht sehr sinnvoll *„Ich liebe Dich"* zu sagen; dies wäre nur eine nüchterne technische Aussage.

Mathematik spielt eine besondere Rolle, sowohl in der physischen Welt wie in der Softwarewelt (Informatik). Sie ist spezieller Geist mit ihrer grossartigen inneren Konsistenz, geistig wie die fundamentalen Konzepte der Physik aber auch die Spezifikationen in der Softwareentwicklung. In unserem Verständnis ist sie selbst geistige Welt und kann so empfunden werden wie hier:

> Die Mathematik ist das Alphabet, mit dem Gott die Welt geschrieben hat.
> Galileo Galilei, Physiker, 1564–1641
> oder
> Das Leben der Götter ist Mathematik. Novalis, Schriftsteller, 1772–1801

Diese Zitate gelten sinngemäss auch heute und mit moderner Mathematik, Informatik und Teilchenphysik erst recht. Sie spielt deshalb im Modell eine besondere, ausgezeichnete Rolle: Sie durchdringt die physische Natur (wesentliche Bereiche der Mathematik sind im 19. Jahrhundert in der Physik entstanden), die Software (Informatik ist in weiten Bereichen Mathematik), ja sogar die Welt 3 – etwa mit der Rolle der Mathematik für Musiktheorie oder für das Verstehen von Schönheit.

Ohne jedes Verständnis, aber lehrreich, ist die ganz andere Einstellung des deutschen Philosophen Arthur Schopenhauer (1788–1860); er schreibt in „Parerga und Paralipomena" (1851):

> Daß die niedrigste aller Geistesthätigkeiten die arithmetische sei, wird dadurch belegt, daß sie die einzige ist, welche auch durch eine Maschine ausgeführt werden kann; wie denn jetzt in England dergleichen Rechenmaschinen bequemlichkeitshalber schon in häufigem Gebrauche sind.

Schopenhauer hat mit dieser prä-philosophischen Aussage zum Computer recht: Digitales Rechnen besteht im Prinzip aus einfachen Operationen – er sagt immerhin dazu „*Geistes*tätigkeit". Allerdings ist auch die Logik (eine klassische Philosophiedisziplin) von ähnlichem Mechanisierungspotential; nur wenige Jahre nach Schopenhauers Tod entstand bereits das „logische Piano" für die mechanische Lösung logischer Probleme. Schopenhauer schliesst richtig:

> Nun läuft aber alle analysis finitorum et infinitorum im Grunde doch auf Rechnerei zurück. Danach bemesse man den ‚mathematischen Tiefsinn'.

Damals war die Sprache unvorstellbar weit weg von mechanischen Rechenmaschinen; aber post-philosophisch (d. h. in Kenntnis moderner IT) werden im Prinzip alle intellektuellen Tätigkeiten durch Softwaremaschinen auf der Grundlage genau dieser einfachen Operationen ausführbar und nachgewiesen zur operativen Weltsäule 2.

„Tiefsinn" ist in allen drei Welten, auch (oder gerade) in Säule 3 und in der abstrakten Mathematik. Die Mathematik selbst wird zwar von Menschen entwickelt, aber immer mehr auch mit und von Computern. Dazu gehören sogar mathematische Beweise durch den Computer, die also damit auch zu „*niederen Geistesthätigkeiten*" werden.

Mathematische Objekte scheinen so real zu sein wie die Realität der Materie selbst. Karl Popper zeigt dies am Beispiel der Primzahlen: Primzahlen sind ein Konzept für eine Reihe ohne Ende und damit eine absolute Idee (das hat schon Euklid im 3. Jahrhundert v. Chr. gezeigt), aber sie entstehen durch Weiterzählen oder als riesengrosse Zahlen durch Algorithmen, d. h. durch Software. Ein anderes Beispiel, das Mathematik als „absolut" und geistig zeigt, sind Kristalle: Aus der mathematischen Disziplin der Gruppentheorie folgen die 230 kristallographischen Systeme als Ausdruck der möglichen Symmetrien und

Drehungen. Damit wird sogar die Schönheit der Kristalle (und ihr esoterischer Reiz) in der Welt 3 über Mathematik mit der Säule 1 verbunden. Wenn man die Kristallbildung selbst berechnet, so führt der Weg über die Physik und Chemie der Säule 1 für die Grundeigenschaften und mit einfacher Software (Säule 2) zum Aufbau.

Die Mathematik hat eine enge Beziehung sowohl zu den Naturwissenschaften (Säule 1) als auch zur Software (Säule 2). Die Naturgesetze werden in Mathematik formuliert und die Mathematik wird operativ in Software umgesetzt.

Der Zufall als der Macher von ausserhalb ist unabdingbar zum Verstehen der „materiellen“ Welt wie der Softwarewelt, da er die Komplexität der Welt mit aufbaut, z. B. bei Schneekristallen (mit der Säule 1), in der Evolution oder beim Träumen (mit der Säule 2), gewiss auch in der Kunst (Säule 3). Mit dem Zufall bricht etwas von ausserhalb unseres Modells herein und kann sogar „starke“ Emergenz erzeugen. Dies kann aus der It-Welt mit einem sichtbaren Zufall heraus entstehen oder unsichtbar beim Denk- und Kreativitätsprozess, oder als Pseudozufall aus der Mathematik und einer Software. Ein eigenes Gebiet der Mathematik, nämlich die Statistik mit vielen Unterbereichen und Anwendungen, verbindet den Zufall mit Mathematik.

Der Zufall hat dazu eine fundamentale Bedeutung als philosophische Idee und ist als Konzept selbst ein Objekt der Welt 3. Damit ist unser Ontologie-Bild der Abb. 10.2, bzw. Abb. 10.3 komplett.

11 Wechselwirkungen

Software konstruiert die Welt und das Leben auf der Grundlage der physikalischen Welt und ihrer Gesetze, aber trotzdem ausserhalb der Kausalität. Dies gilt auch für uns selbst; wir können deshalb formulieren „Procedo [Software], ergo sum". Aber noch immer existieren viele Irrtümer und Denkgrenzen zu Computer und Software. Die schönste Liste hierzu stammt vom genialen Computerpionier und Vordenker Alan Turing (1950). Wir gehen seine Liste an Vorurteilen seiner Zeitgenossen durch und sehen leider noch heute ihre Gültigkeit. Aber damals waren Computer hallengrosse, tonnenschwere Kästen und Rechenknechte, und heute sind sie im Kern senfkörnchengross und können mit Software Sprache verstehen. Zusammen mit unserem Wissen von Genetik und Neurologie als Software im erweiterten Sinn ist eine Wechselwirkung von Software und Philosophie folglich unvermeidlich. Es war einem genialen Einstein oder Schrödinger noch nicht möglich, die fundamentale Bedeutung der Informationstechnologie zu erfassen, aber wir haben die Möglichkeit. Wir können wenigstens einen Fuss in die Tür setzen.

11.1 Softwareismus

„procedo Software, ergo sum" – „In mir läuft Software, also bin ich".

Software ist immateriell – der Name steht dafür, dass etwas konstruktiv getan wird, in der Industrie, in der Gesellschaft und in der Biologie. Der Philosoph Jürgen Mittelstrass hat recht: Es ist eine *homo faber*-Welt. Das Verstehen von Software in ihrer Bedeutung und ihren Charakteristiken konkretisiert viele Gedanken der Philosophie. Schliesslich ist Software die technische Systematisierung von Erkenntnisvorgängen, von Sprache, von Wechselwirkungen mit Maschinen und Menschen und von Netzwerken.

W. Hehl, *Wechselwirkung*, DOI 10.1007/978-3-662-48114-1_11

Damit geben Software und Softwaretechnologie Halt im Umgang mit diesen Phänomenen. Aus der üblichen Praxis der Erstellung von Software selbst folgen Erkenntnisse, etwa, wie wir Menschen komplexe Systeme bauen können, und zwar so, dass sie funktionieren. Software ist folglich mitnichten nur „dienend" oder „Hilfsmittel". Mit Software und mit der Softwaresäule werden nicht-materielle epistemologische Objekte eingeführt, die genauso berechtigt in unserer Welt sind wie materielle Objekte.

Informationstechnologie ist mittels Software konstruktiv und zeigt nicht nur theoretisches oder verbales Verstehen oder Missverstehen, sondern das Funktionieren und die Handlung als letzte Stufe der Erkenntnis. Dies ist ganz im Sinne der konstruktivistischen Philosophie wie der Pädagogik. Damit hat Software, analog zu ihren beiden technischen Facetten Softwareentwicklung und Softwareausführung, die zwei philosophischen Seiten:

- Konstruktivismus: Sie wird konstruiert und konstruiert selber die Welt und das Leben.
- Funktionalismus: Sie führt die Funktionen aus, die Technik und Gesellschaft wollen und die das Leben braucht.

Funktionalismus beinhaltet auch, dass in verschiedenen Bereichen der Welt dadurch ähnliche Lösungen gefunden werden:

In der It-Welt

> z. B. immer wieder fraktale Lösungen bei der Aufgabe der Verteilung einer Ressource (etwa dem Blutkreislauf von grossen Arterien zu Kapillaren oder bei Bäumen vom Stamm bis zu den Blättern),

In der Bit-Welt,

> dass z. B. hierarchische Lösungen bevorzugt werden wie beim Computerspeicher oder beim Gedächtnis mit Kurzzeit und Langzeit, oder dass die „Separation of Concerns" beim Systementwurf beachtet wird um Zuverlässigkeit zu erreichen.

Dazu kommt die fundamentale Eigenschaft der Bit-Welt, die It-Welt abbilden zu können. Dies geschah zuerst grob bei der Berechnung von Atomen und Molekülen wie bei der Abbildung einer Landschaft oder eines Menschen im Computer, aber die Güte und Genauigkeit der Simulationen wächst von Jahr zu Jahr. Die Bit-Welt kommt der It-Welt immer näher.

> „Verum et factum reciprocantur seu convertuntur"
> „Das Wahre und das Gemachte gehen ineinander über".
> Gianbattista Vico, italienischer Philosoph, 1668–1744

Dies ist ganz im Sinne der in Kap. 1 erwähnten angepassten Churchschen These, dass sich beide Welten, Natur und Softwareprozesse, entsprechen. Nur Software (und Mathematik) gehen weiter als die Natur. Aus Software (und Mathematik) entstehen mannigfache künstliche Welten.

In diesem Sinne ist Softwaretechnik die technisch-wissenschaftliche Disziplin, die – unbekannterweise – der Philosophie am nächsten steht, zumindest so nahe wie die Physik, die hier allerdings mehr als hundert Jahre Vorlauf hat. Dazu sind Software und Softwareentwicklung eng verbunden mit einem der wichtigsten technischen wie philosophischen Begriffe überhaupt: der Komplexität. Dazu gehört das Problem, Komplexität zu verstehen und zu messen – genau dies wird pragmatisch in der Software versucht (mit grossen Schwierigkeiten). Es wird Aufgabe der Philosophie, sich mit komplexen, sehr grossen Systemen zu beschäftigen, wenn man über Biologisches oder Technik und Gesellschaft philosophieren will. Ein anderer philosophischer Begriff, der für manchen Ingenieur ein wenig dubios klingen mag, ist mit dem Bau von Komplexität verbunden und zu definieren: Emergenz als Softwareprozess. Sehr grosse Softwaresysteme sind keine linearen Uhrwerke mehr, sondern werden eher zu Organismen. Der Zufall zerstört explizit die naive deterministische Welt.

Wir denken, dass es damit zur modernen philosophischen Bildung gehört, die Grundgedanken der Software zu verstehen: Es ist das *ha* und später das *ri* im oben erwähnten Shuhari der japanischen Kampfkunst, das Transzendieren. Vieles ist elementar: Die Eigenschaften und Arten, die Entwicklung und der Lebenszyklus von Software, die Grundkonzepte des Entwurfs, die Zusammenarbeit verschiedener Programme und verschiedener Ebenen, der Betrieb. Dazu eine Analogie der Relation der Philosophie zur Software mit derjenigen der Architektur zur Bautechnik. In diesem Vergleich

- ist Philosophie die künstlerische Form entsprechend der Architektur,
- sind Softwareentwicklung und Softwaretechnologie bzw. Baustatik und Bauphysik dazu die technischen Versionen,

Die Gebäude selbst und die Aktivitäten darin entsprechen den Funktionen, die von der Software ausgeführt werden. In der Analogie sind es Verwaltungsgebäude, Produktionsanlagen, Speicher, Stadien, Kunstwerke und vieles mehr.

Software ist dabei mehr als die Beschreibung von Zusammenhängen: Sie bedeutet die Dynamisierung des Wissens. Sie geht weiter in das Tun und Handeln selbst, inklusive Vorhersagen, Entscheidungen fällen und Aufbauen. Lehrreich ist das Doppelgesicht der Software: Erstellung einerseits, Betrieb andrerseits. Dies passt zwanglos zur Biologie: Evolution einerseits, biologisches Leben andrerseits. Wir haben gezeigt, dass selbst Wissen eigentlich Handeln ist, nämlich mit einer Software, die auf Daten zugreift, die ihre Bedeutung erst durch die Anwendung erhalten. Ein klassisches Beispiel ist eine Strassenkarte, deren Zeichen durch den Betrachter Sinn erhalten. Weiter gehen z. B. ein Navigationssystem mit GPS-Daten, das Hinweise gibt, oder gar ein selbstfahrendes Auto, das auch noch daraus die Fahraktionen generiert.

Die Entstehung und das Wachsen der Software in der Welt ist die Evolution, aus Softwareperspektive in den Bereichen

- der Entwicklung der Organismen und der physischen Systeme,
- der Entwicklung der Informationssysteme der Natur bis hin zu unserem Gehirn, und heute vor allem
- der Entwicklung technischer Softwaresysteme wie des Internets der Menschen, des Internets der Dinge, persönlicher Medizin, maschineller Intelligenz und mehr – und ohne erkennbare technische Wachstumsgrenzen.

Die Entwicklung des biologischen Lebens war eine Softwareisierung der Erde, die heutige IT-Entwicklung ist die fortlaufende Softwareisierung der Dinge.

Hier ein kleiner Punkt zur Hilfe bei der Didaktik philosophischer Konzepte: Man verwende doch, wie in der Software, Grafiken. Nur verbal übersieht man leicht etwas Wichtiges zum Verständnis oder hat Missverständnisse bei der Kommunikation von Konzepten:

> „Sich etwas vorzustellen ist einfach, solange man sich nicht um Einzelheiten zu kümmern braucht."
> Daniel C. Dennett, Philosoph, geb. 1942, aus: „Freedom Evolves"

Der simple Spruch: „*Ein Bild sagt mehr als tausend Worte*" hat recht, oder wenigstens vermeidet das Bild Fehler. So einfach sie häufig auch sind mit Blöcken und Beziehungen, aber man sieht z. B. die Systemgrenzen: Wo ist innen? Wer bewirkt hier was? Allerdings kann man in der Softwareentwicklung auch recht komplexe grafische Methoden verwenden wie die Unified Modeling Language*(Vereinheitlichte Modellierungssprache)*, kurz UML zur weiteren Ausarbeitung. UML ist eine ausgearbeitete grafische Modellierungssprache zur Spezifikation, Konstruktion und Dokumentation von Software-Teilen und Systemen.

Die Verwendung von Grafiken ist ein Vorteil, wenn man nicht mystisch, sondern funktional denkt: Das ist die einzige Möglichkeit, als Mensch mit grossen Systemen sauber umzugehen (und zu bauen). Der nächste Schritt zu mehr Einzelheiten wäre eine abstrakte und damit nicht mehr so menschliche Formalisierung. Den maschinellen Umgang mit Software, den Zusammenbau und die Analyse, hat man in den letzten 40 Jahren in der Software methodisch gelernt, nicht nur angedacht.

Software lehrt uns also, philosophisch gesprochen, einen Funktionalismus in der Welt zu sehen. Systeme agieren als Komplex von Funktionsblöcken und Hierarchien, um ihrerseits Funktionen zu liefern. Trotz den im Detail einfachen Zusammenhängen ist damit beliebige Komplexität erreichbar. Dazu gehören auch scheinbare Verschwommenheit und Unberechenbarkeit und scheinbare Akausalität durch den in der Realität auftretenden Zufall. Es ist immens wichtig, an diese Aspekte nicht mit der Vorstellung von (an und für sich zu begrüssender) Schülerprogrammierung heranzugehen. Software ist häufig „Ultra Large", also „mehr als sehr gross", und sie kann wissen und verstehen (aber schwer zu verstehen sein) und hat eigene Gesetze.

Sie ist (im Idealfall) die exakt ineinander greifende Arbeit von Tausenden von Menschen.

Hier könnte ein weiterer -ismus stehen zur Beschreibung der ontologischen Bedeutung von Software, in Analogie zum Physikalismus („es gibt nur Physikalisches"): ein Softwareismus. Überall, wo etwas agiert, handelt Software. Wir „softwareisieren" (leider kein schönes Wort, aber treffend) die Welt durch die Erkenntnis, dass es nicht nur künstliche Software, sondern auch natürliche Software im erweiterten Sinn gibt. In Abwandlung zu Descartes kann man sagen: *Habeo Software, ergo sum*, oder besser, da die Software noch die Hardware zur Ausführung benötigt:

> Procede Software, ergo est „Es läuft Software in dem Ding, also ist es" und sogar
> Procedo Software, ergo sum „In mir läuft Software, also bin ich",

und das gilt für das Smartphone, den PC wie für uns Menschen.

Software und Softwaresysteme haben dazu eine Eigenschaft gemeinsam mit der Evolution und den biologischen Systemen (aber auch mit der kapitalistischen Wirtschaft): eine Dynamik des Weitermachens und Weitergehens. Bei kommerzieller Software wie bei der biologischen Software ist dies die Tendenz, jede Lücke zu füllen, sei es eine neue App zu schreiben für eine Marktidee oder eine Vulkaninsel nach dem Abklingen der Eruptionen zu besiedeln. Wir haben gezeigt, dass im Software Engineering die Softwaresysteme die Tendenz zum Wachsen haben (dort eventuell mit Verschlechterung der Qualität verbunden). Wir erleben gerade, dass Dinge (Säule 1) mit Software versehen werden („Internet der Dinge"): Die „Dinge" erhalten dadurch Intelligenz und Identitäten, ein Lichtschalter etwa eine kleine Identität, ein Auto eine grössere Intelligenz und eine ausgeprägte Identität. Durch das mögliche Senden von vielen Lexika an Information pro Sekunde, durch die Möglichkeit, mit Millionen von Menschen zu kommunizieren, und nicht zuletzt, die Arbeit von Tausenden von Menschen zu übertragen, entstehen auch ganz neue Formen der Zusammenarbeit, losgelöst von körperlichen Begrenzungen wie Entfernungen. Es entstehen weltweite Kollektive oder insgesamt die Integration in der „Noosphäre". Die Softwaresäule hat eine innewohnende Dynamik und expandiert.

Zur Durchführung wird allerdings Hardware benötigt – nicht sehr viel Hardware und auch sehr wenig Energie pro Schritt (aber in der Summe benötigt die technische Software z. Z. etwa 2 % des Weltbedarfs an elektrischer Energie, und das Gehirn etwa ein Drittel der im Körper produzierten Energie). Die Art der Hardware ist theoretisch beliebig, sie wird nach praktischen Gesichtspunkten gewählt. Wir verwenden in der Elektronik Siliziumchips wegen der fortgeschrittenen Halbleitertechnologie und haben im Gehirn Neuronen wegen der Flexibilität der zugehörigen Chemie und des Erfolgs der Evolution.

Es ist wichtig, dass man sich an diese technischen Gedankengänge um Software gewöhnt und mindestens einige wenige Grundzüge versteht (es gibt gar nicht so viele wesentliche) und lernt, den Denkfallen aus der Zeit des mechanistischen Denkens zu entkommen. Es ist eine oft erlebte Paradoxie, dass Menschen, die sich als Idealisten sehen, gerade in naiven materialistischen Bildern aus dem 19. Jahrhundert denken. Dies abzulegen ist eine Voraussetzung, um die Bedeutung der Computer-Metapher zu sehen und um zu verstehen, dass es mehr als eine Metapher ist, nämlich die direkte Beschreibung unserer lebendigen Welt.

11.2 Denkfallen und Irrtümer

> Ich glaube, dass sich am Ende des Jahrhunderts der Gebrauch der Wörter und die Meinung der Gebildeten soweit geändert haben werden, dass man von Maschinen, die denken, wird reden können, ohne sofort Widerspruch zu bekommen.
> Alan Turing, Informatiker, 1947

Es wird heute kaum jemand widersprechen, dass das Gehirn ein Computer ist. Aber in der Einschätzung der technischen und der biologischen Software schwingen noch viele Vorurteile mit. Dies betrifft einerseits die Überhöhung und Mystifizierung des Menschen und andrerseits die Verniedlichung technischer Software als grosse mechanische Uhrwerke. In Tab. 11.1 haben wir zur Klärung verschiedene Behauptungen und Kommentare zum Computer und den Fähigkeiten von Software gesammelt. Gute Einzelquellen hierzu sind die klassischen Diskussionen von Alan Turing (1950), Karl-Friedrich Fischbach (1981) und Michael Gazzaniga (2011).

Die Grundfehler in den Negativbehauptungen sind Unwissen, Mystizismus und Fehlschlüsse. Unwissen liegt z. B. vor, wenn der britische Philosoph Colin McGinn (geb. 1950) die Bedeutung von Mustererkennung und Verarbeitung als Technologie im Gehirn ablehnt, weil er sie nicht versteht und sich nicht vorstellen kann, dass auch abstraktes Lernen Musterprägung und Erkennung sein kann. Mystizismus ist es, wenn man eine direkt handelnde Instanz im Gehirn annimmt, die sich jenseits der beiden Welten „It" und „Bit" befindet. Ein treffendes Bild dafür ist der Homunkulus, der im Gehirn sitzt und frei entscheidet und kreativ ist, aber das Problem nur weiter oder „in die Tiefe" verschiebt und nicht löst.

Fehlschlüsse kommen z. B. durch

- falsche implizite Modelle:
  „Ein Computer verschiebt nur Symbole" ist oberflächlich: Ein Computer gibt Anweisungen verschiedenster Art in verschiedenen Welten. Natürlich kann er auch Symbole verschieben.
  „Es kann nicht mehr herauskommen, als was man hineingesteckt hat" etwa letztlich mit der materiellen Metapher *„wie aus einem Sack nur das herauskommt, was hineingesteckt wurde"*.
  „Der Computer ist wie ein Uhrwerk", d. h. linear im Ablauf und das Ergebnis sei im Prinzip nichts neues,
- Zirkelschlüsse:
  Unerlaubte Vertauschung der Systemgrenzen innen/aussen wie beim freien Willen oder bei den Qualia, den Empfindungen.

In einer oft gehörten engen Vorstellung erstellt der Programmierer nach seinen Vorstellungen eine Art Gussform, in die nur verschiedene (aber sogar ähnliche) Materialien eingefüllt werden und mit der dann ein vorhersehbares und letztlich immer gleiches Produkt hergestellt wird. Solche Programme gibt es, aber es sind Trivialfälle. Ein eklatantes Gegenbeispiel sind die wenigen Zeilen Programm, die es braucht, um Bilder der Mandelbrotmenge wie in Abb. 2.8 zu erzeugen: Die Resultate dieser kleinen Software sind vom

Tab. 11.1 Eine Auswahl von Negativbehauptungen zum Computer einerseits und zur Exklusivität des Menschen andrerseits. (Eine kleine Sammlung aus der Literatur und von Fragen nach Vorträgen)

Behauptung	Kommentar
Ein Computer kann nur zählen. Und dann nur ‚0' und ‚1'	Damit lässt sich in der praktischen wie in der mathematischen Welt alles machen
Es gibt mathematische(?) Grenzen, die nur wir Menschen überschreiten können	Wenn es diese Grenzen gibt, wieso sollten wir Menschen dies können? Praktisch überall lässt uns der Computer doch weit zurück. Das ist nicht einzusehen – das ist überheblich, sozusagen chauvinistisch
Der Computer kann nur Exaktes. Oder: Die Natur folgt keinen Regeln. Die Welt ist vage	Das ist kein prinzipielles Problem. Man kann allerdings für „Vages" besonders angepasste und dort leistungsfähigere Computer bauen
Nur ein Mensch hat eine Seele und kann deshalb denken	Seele (im nicht-theologischen Sinn) und Denken sind beide Teile des Gesamtsoftwaresystems. Denken betrifft die intellektuellen Fähigkeiten – die hat der Computer
Es gibt physikalische Grundlagen, die nur das Gehirn hat	Das ist nicht einzusehen – die elektrochemische Grundlagentechnologie ist bekannt und reicht aus zum Prinzipverständnis
„Atome fühlen nicht", „Neuronen fühlen nicht"	Dann leben wir auch nicht: Einzelne Atome leben ja auch nicht. Es ist ein Sorites-Problem
Der Computer kann nicht „echt" fühlen	Wir sehen dies als einen logischer Fehler in unserer Denkposition an
Computer können nicht lernen	Doch: Lernen aus der Erfahrung, dem Internet, nahezu unbegrenzt
Der Computer kann nicht „echt" denken, verstehen, kreativ sein, hat kein Bewusstsein	Das ist unbegründete menschliche Hybris. Man muss die Begriffe neutral definieren. Computer schreiben Gedichte und malen Bilder
Computer können nicht entscheiden, nur der Mensch	Computer entscheiden in vielen Bereichen, sogar wenn umgekehrt der Mensch es nicht kann, etwa bei einer schwierigen Flugzeuglandung oder bei grossen Datenmengen
Der Computer kann nur das, was hineingesteckt wird	Der Computer ist ein Werkzeug. Ein festes Programm kann Unerwartetes produzieren; es gibt sogar Software, die sich selbst verändert
Ein Computer kann nicht mehr als sein Programmierer	Die Software ist die Arbeit von Tausenden von Programmierern und Generationen. Software lernt dazu
Der Computer kann nicht das Gehirn erkennen, so wie das Auge sich nicht selbst sehen kann	Das ist ein Scheinzusammenhang: Es gibt keinen Zusammenhang zwischen den Fähigkeiten
Der Computer kann zwar A, aber B kann er nie, z. B. Autofahren ja, aber nie eine Symphonie etc	Dies ergibt einen dauernden Rückzug des „Nur-ein-Mensch-kann-dies" wie in den letzten 30 Jahren. Dies ist als Teslers Theorem bekannt: Intelligenz ist immer nur das, was noch nicht vom Computer erreicht ist
	Dies gilt auch für den „Turing Test" und das „Chinesische Zimmer"
Wörter aus der Natur sind etwas anderes als Wörter im Computer	Der Kontext von Wörtern entsteht immer aus dem Kontext ihrer Verwendung, der Kontext kommt immer durch Information

Programmierer nicht vorhersehbar und von beliebig tiefer Vielfalt. Eine bessere Metapher für einen Computer mit Software ist ein Werkzeug, das sich selbst verändert. Natürlich war der „erste Computer" von Charles Babagge ein komplexes mechanisches Uhrwerk und seine virtuelle (weil noch ohne Hardware) Programmiererin Ada Lovelace hatte 1844 noch recht zu betonen, „*die Maschine könne nichts Neues schaffen*". Moderne Software hat interne und externe Freiheitsgrade, greift in den eigenen Aufbau ein und hat insbesondere den Zufall explizit und implizit durch die innere Komplexität eingebaut. Es passt nun besser die Metapher des Organismus als die eines idealen Räderwerks. Software kann wirklich, wie es Ada Lovelace im Jahr 1844 erstaunlicherweise auch schon geschrieben hat, „*Gedanken weben*".

Viele skeptische Ansichten zum Computer und seinen Möglichkeiten entsprechen in der Logik falschen Metaphern wie in der Lügengeschichte des Barons Münchhausen, der „*sich selbst an den Haaren aus dem Sumpf zieht*", was aus physikalischen Gründen nicht funktioniert. Genau dies macht aber der einzelne Computer üblicherweise beim Starten mit dem erwähnten Bootstrapping, und dies hat die Computerentwicklung oder besser Softwareentwicklung als Ganzes getan und es geschieht noch heute mit ungewissem Ausgang. Eine andere unsinnige Aussage wäre:

> Niemand kann höher als 2.45 m steigen. (weil dies der Weltrekord im Hochsprung der Männer ist)

Aber Schritt für Schritt sind Menschen auf den Mount Everest gekommen, und unsere Software hat sich bereits auf viele Milliarden Programmzeilen (LOCs) akkumuliert mit den Ergebnissen von vielen Tausend Menschenjahren systematischer Arbeit einschliesslich und *last not least* der Millionen von Fehlerkorrekturen.

Ein Hauptgrund für Irrtümer ist die noch vorhandene oder wenigstens unterschwellig vorhandene Ansicht, dass die „geistige Technik" des Menschen mystisch ist. Unser Inneres sei damit einer rationalen Analyse nicht zugänglich und wir müssten dies akzeptieren „*so wie das Auge alles sehen kann, nur nicht sich selbst.*" Dabei geht die Argumentation so:

> Diese Eigenschaft A ist mystisch. Erkläre mir, wie dies von menschlicher Technik gemacht werden soll? Das kann nie gehen.

Das Wort „mystisch" wird vielleicht nicht explizit ausgesprochen, aber die Schlüsselwörter hierfür sind Attribute wie „*echt*" oder „*richtig*" (fühlen, verstehen, denken), die sagen wollen: Menschlich ist es eben doch etwas Tieferes, Besseres (auch wenn die Computersoftware tausendmal mehr weiss). Dabei ist nur die Positionierung des Computers zum „Ich" anders. Wir sind eben im Computer: Unser „Ich" befindet sich im fiktiven Blockschaltbild unseres Gehirn-Computers selbst als einer oder mehrere Blöcke. Das Softwaremodell löst rational dieses klassische Subjekt-Objekt-Problem, aber es bleibt das selbstempfundene Ich als etwas „Übersinnliches" und „Unmittelbares".

Das Verstehen des Übergangs vom einfachen Programm zum intelligenten System ist dazu ein Sorites-Problem. Das einfache Übungsprogramm eines Schülers verhält sich zum grossen IT-System mit technischem Bewusstsein so wie einfache chemische Experimente zu einem lebendigen Tier: Es sind didaktisch wichtige Grundlagen zum Verstehen. Bei hinreichender Entwicklung der IT gilt die Bemerkung von Alan Turing:

> …. es wäre höflich, wenn man ‚jedermann' das Denken zubilligen würde.

Es ist Zeit für ein philosophisches „Reversal-of-Defaults", eine Umkehrung der Ausgangspositionen und der Fragestellung:

> Der menschliche Computer kann das; also ist es möglich. Wie funktioniert es im menschlichen Computer und wie kann man es nachbauen?

Allerdings ist beunruhigenderweise der Nachbau des Existierenden erst der Anfang und das Bauen wird weiter gehen. Wissenschaftlich ist das Reversal schon längst die Arbeitsgrundlage. Dann werden Willensbildung und Entscheidung, Gefühle und Leib-Seele-Bindung mittelfristig zu unmystischen technischen Aufgaben auf den verschiedenen hierarchischen Stufen von Neurobiologie bis synthetischer Psychologie. Manche philosophische Frage verschwindet, weil sie sich als nicht sinnvoll erwiesen hat oder abschliessend beantwortet ist, und es tauchen neue Fragestellungen auf.

Der Umgang mit Intellekt und Seele geht in unserem Jahrhundert in eine nüchterne technisch-wissenschaftliche Phase, vergleichbar dem Entstehen einer soliden materiellen Säule vor 150 Jahren. Damals entstanden solche Durchbrüche, wie z. B. in der Elektrizitätslehre die Maxwellschen Gleichungen (1861) und der elektrische Generator (Siemens 1866) oder in der Chemie das Periodische System der Elemente (Mendelejew und Meyer 1869) und die technische Grosschemie, etwa die Ammoniaksynthese (Haber 1910). „Mystisches" wurde entmystifiziert (wie z. B. die Verdauung und die Zuckerkrankheit) und als Vorgänge der physikalisch-chemischen It-Welt eingeordnet und aufgeklärt.

Das Geistige und Mystische kommt danach wieder auf höherer Ebene, etwa mit kosmologischen Fragen angesichts der Grösse des Universums und mit Fragen der Nachhaltigkeit und der Ethik der Folgen. Manche Probleme haben sich dabei in nichts aufgelöst, etwa „wo ist das Ende (der Rand) der Erde?" Das Entsprechende geschieht gerade im intellektuellen und seelischen Bereich, etwa beim „Gewicht der Seele" oder beim „freien Willen":

> Manchmal sind die Fragen kompliziert und die Antworten einfach.
> Theodor Seuss Geisel, Schriftsteller, 1904–1991

11.3 Ohne Software kein Weltverständnis: Ein Drei-Welten-Modell

„Verum et factum [et „spiritum"] reciprocantur seu convertuntur".
„Das Wahre und das Gemachte [und das Geistige] gehen ineinander über".
Spruch des Philosophen Gianbattista Vico von 1710 erweitert um Spiritus, den Geist.

Wir sind Trialisten, d. h. wir sprechen drei Welten oder Weltsäulen ihre Realität zu (siehe Abb. 10.2 und 10.3). Es sind dies:

1. Die physikalische Welt (It-Welt) zum (quasi-)materiellen Aufbau, etwa Blitze, Schneekristalle und Baumstämme,
2. eine Softwarewelt (Bit-Welt) zum dynamischen Abbild und Aufbau, überall, wo etwas funktioniert, technische Software, z. B. im Auto, Simulationen, z. B. beim Crash von Autos, und Gene in der Biologie,
3. eine geistige Welt, die über den Welten 1 und Welt 2 steht (philosophisch gesprochen „transzendent" ist), auf ihnen beruht, aber schwerer fassbar ist, wie Liebe oder Kunst. Letztere vielleicht nur hypothetisch?

Dazu kommen:

4. die mathematischen Objekte als unbegreiflich zur Natur passende geistige Struktur, etwa die Primzahlen oder die Legendre-Polynome (bzw. die Quantenzahlen der Atomphysik). Sie scheinen schon ohne uns Menschen zu existieren, aber werden von uns gebaut, und
5. der Zufall als faktischer Einbruch von aussen in unsere Realität, oft heimlich, aber sich immer an die Naturgesetze der Welt 1 haltend.

Philosophischer Hauptbeitrag des Buchs ist die Einführung von Software in die Ontologie als fundamentale Säule für alles „Aufbauen" und „Machen", philosophisch ausgedrückt die Poiesis oder die Abwärtskausalität. Es ist angesichts der (beinahe) gewichtslosen Software eine Art Neu-Idealismus, aber Fakt: Software ist abstrakt, aber existiert, sie ist ein wenig materiell, braucht ein wenig Energie, wächst um uns weiter und arbeitet in uns. Software schafft in der Form von statischen oder laufenden Programmen eine neue Art von Objekten und macht damit bisher unfassbare Phänomene zu (softer) Technik und Wissenschaft. Säule 1 und 2 umfassen die Wissenschaft und die Technik als Ganzes. Auch die Sprache und die Psychologie sind in unserem Verständnis primär Säule 2. Unser pragmatisches Kriterium ist, ob das zugehörige Phänomen im Prinzip per Computer machbar ist.

Dieses Weltmodell ist eine Abwandlung des Drei-Welten-Modells des österreichisch-britischen Philosophen Karl Popper in einer berühmten Vorlesung des Jahres 1978:

Die Poppersche Welt 2 (die subjektive Welt)
wird durch die allgemeinere Softwaresäule ersetzt
(die die subjektive Welt ebenfalls enthält),
die Poppersche Welt 3 wird schärfer und enger definiert.

aber auch hier beruht die neue Säule 3 („der Geist“) auf der Säule 2, wie die Säule 2 ihrerseits auf der Säule 1 beruht. Die Softwarewelt bildet dabei auch die Brücke zwischen den Naturwissenschaften und den Geisteswissenschaften und integriert sie in ein Gesamtgebäude.

Software dynamisiert die statische Welt der meisten Weltmodelle oder Ontologien explizit – es ist wie erwähnt kein Zufall, dass dies vergleichbar ist mit der Einführung der Evolution in der Biologie an Stelle der festen Schöpfung beim klassischen Junge-Erde-Kreationismus. Es ist unvorstellbar, die Welt zu verstehen, ohne die innewohnende Dynamik durch Software (und den Zufall) mit einzubeziehen.

Mit den gewöhnlichen Begriffen der Softwaretechnik erhält man einen Schatz an Ideen, teils metaphorisch, teil unmittelbar, zum Klären und Erklären. Bereits das Prinzipverstehen in Softwaremodellen leitet das Denken in philosophischen Situationen und vermeidet grandiose Fehlschlüsse. Etwas Besonderes ist der innewohnende Dualismus der Software – einerseits gehört dazu der Bau von Systemen, andrerseits der Lauf. Als Software und mit Software kommen neue Konstrukte in die Welt: gute und böse („Malware“), wichtige und unwichtige („Crapware“, „Bloatware“ und „Vaporware“), schwer veränderliche („Firmware“) und biologisch-matschige („Wetware“ als Synonym für das Gehirn). Noch einmal: Philosophisch bringt Software Konstruktivismus in das Weltmodell, sowie Funktionalismus und Dynamismus. Die Ontologie ist nicht mehr nur eine statische Weltbeschreibung, sondern beinhaltet auch das Werden. Die Disziplin „Software“ zeigt dabei, wie man allgemein grosse Systeme bauen und betreiben muss.

Eine besondere Triebkraft ist die Vernetzung der It-Welt. Ursprünglich nur mit langsamen Datenleitungen und wenig Software, entwickelte sich die Dynamik mit Hochgeschwindigkeitsnetzen und besonders mit der Erfindung des Webs durch den britischen Physiker Tim Berners-Lee (geb. 1955) und durch dessen Software. Sie ermöglicht es ganz einfach von einem Dokument an einem Ort zu einem anderen Dokument an einem beliebigen Ort zu springen: Das World Wide Web.

Diese Softwareentwicklung treibt die pragmatische Vernetzung in allen drei Teilwelten der Welt an:

- In der It-Welt sind es weltweite Glasfasernetze und Knotenrechner,
- in der Bit-Welt z. B. der Zugang zum weltweiten Faktenwissen, die Kommunikation zwischen Menschen und die leichte Verteilung der Software selbst – alles durch und mit Software,
- in der geistigen Welt intensiviert sie das Zusammenwirken.

Die Vernetzung der Software mit Millionen von gemeinsam verwendeten Softwareanwendungen und Milliarden von verbundenen Menschen setzt eine Entwicklung auf der geistigen Ebene in Gang, die der französische Theologe, Philosoph und Geologe Pierre Teilhard de Chardin mit christlichem Vorzeichen vorhergesehen und sich herbei gewünscht hat: Ein Zusammenwachsen von „Einzelbewusstseinen“ und von einzelnen Ideen zu etwas

Neuem, eine „Céphalisation“[1] der Welt in einer integrierten Noosphäre (s. Kap. 5). Wie die Noosphäre sich entwickelt (oder viele überlagerte Noosphären) ist eine neue soziologische und philosophische Frage. Die Software bestimmt die Entwicklung der Gesellschaft, z. B. durch

- den Wettlauf zwischen Malware (Software mit unethischen Eigenschaften wie Codes unerlaubt zu entschlüsseln oder Objekte zu zerstören) und „guter“ Software,
- den Umgang mit Informationen, die von Software gesammelt und analysiert werden.

Es ist mit Internet, World Wide Web, Welthirn und Noosphäre eine enggekoppelte Zusammenarbeit von der Welt 1 bis zur Welt 3 abzusehen.

Die Idee dieses 3-Welten-Modells mit Software wäre noch selbst philosophischen Genies wie Lukrez, Kant oder Descartes (oder auch Russell oder Wittgenstein) einfach nicht möglich gewesen: Software war in unserer Terminologie (s. Kap. 1) für sie „prä-philosophisch“, d. h. konzeptuell nicht existent. Es musste erst Erfahrung im Umgang mit hinreichend grossen Sätzen von flexiblen Anweisungen geben, etwa seit dem Rechner Z3 von Konrad Zuse und im breiteren Ausmass mit der Software für die „Mainframes“ der 60er und 70er Jahre des vorigen Jahrhunderts, mit denen die Disziplin Softwareengineering entstanden ist. Allerdings wird dieses Fach ausserhalb der Programmierer relativ wenig beachtet und ist „nicht sehr akademisch“ trotz der grossen praktischen, und wie wir zu zeigen versuchen, prinzipiellen Bedeutung.

Insbesondere musste auch der informationstheoretische Teil der Biologie erst verstanden sein und nicht nur erahnt, um den Begriff Software zu erweitern über die von Menschen gemachte Software hinaus. Die Digitalisierung begann mit den Experimenten von Gregor Mendel in den Jahren 1856–1863, die dann erst um 1900 bekannt wurden. Die Stabilität der Arten (das andere Problem neben der Veränderlichkeit der Arten) wurde durch das digitale Kopieren einfach gelöst. Der Biologe Ronald Fisher hat dies als Analogon und in der Bedeutung mit der Entdeckung des Gesetzes der Trägheit durch Galileo Galilei in der Physik verglichen (Fisher 1930/1999). Das Denken in Prozessen, d. h. in Software, ist eine konsequente Fortsetzung davon.

Problematisch ist die Säule 3 als nichttechnisches, schwer fassbares Phänomen: Sie macht uns zum Menschen und Kunst zur Kunst und es ist deshalb ein Muss, sie zu einzuführen und zu unterscheiden. Aber hélas, die Grenzen sind fliessend. Kunst und Menschliches hängen mit Welt 1 und Welt 2 zusammen, der Pas de Deux im Ballett oder das virtuose Geigenspiel. Das Gehirn muss (oder die Gehirne müssen) viele Freiheitsgrade der Bewegungen zusammen steuern und mit emotionalen Unterprogrammen synchronisieren, dann entsteht (vielleicht) Kunst. Was Kunst ist, ist abhängig vom Beschauer, von der Epoche und, wenn computererzeugte Welten, Gedichte und Musik zu den Kunstobjekten gezählt werden, vom Stand der Entwicklung der IT.

---

[1] von griechisch: *cephale* – Kopf.

Wieweit die Säule 3 (mit Phänomenen wie Liebe und Kunst) fundamentale Rückwirkung auf die wissenschaftlich-technischen Säulen 1 und 2 hat, wie dies Karl Popper in seinem Weltmodell vermutet, überlassen wir dem Leser.

Für religiöse Menschen sei gesagt, dass der ontologische Zufall die Möglichkeit gibt, an einen quasi-persönlichen Eingriff von aussen zu denken und die kausale Leere des Begriffs „Zufall" menschlich auszufüllen.

Die Software führt keinen mechanistischen Materialismus ein, wie noch im Denken von manchen Philosophen trotz gegenteiliger Beteuerung steckt: Reale Software ist flexibel und lebendig. Es gilt zwar nach Alan Turing, 1950: „*Es ist sehr schwierig, seine Ideen neu zu arrangieren, wenn neue Fakten hereinkommen.*" Aber Softwareismus und Physikalismus können zusammen vieles erreichen.

Wir hoffen, dass mit jeder neuen App, die der Leser herunterlädt, er oder sie sich an die Bedeutung der Software für unser Denken und unsere Welt erinnert – spätestens, wenn ein Softwarefehler auftritt.

Nach den vielen Zitaten im Buch noch zwei Sprüche:

> Zu viel Philosophie macht den Menschen verrückt
> Alan Judd, Autor, geb. 1946, in „The Noonday Devil (1987)"

und

> Es gibt mehr Dinge auf Himmel und Erde, Horatio, als Du es Dir in Deiner Philosophie erträumst.
> William Shakespeare, Dramatiker, 1564–1616,
> in Hamlet, (1.5.167-8), Hamlet zum (gestörten) Horatio

In der bekannten Hamlet-Übersetzung von August Wilhelm von Schlegel aus dem Jahr 1798 steht hier „Schulweisheit", aber es heisst wörtlich „Philosophie".

Anhang

Neben einer Auflistung von ausgewählter Literatur und einem Wortregister enthält der Anhang ein Verzeichnis mit kurzer Erläuterung von etwa hundert Begriffen aus Philosophie, Software und Informationstechnologie, die für den Themenkreis von Bedeutung sind. Es sind Begriffe, „die der Intellektuelle kennen sollte".

> Es reicht heute nicht mehr für einen Intellektuellen, wenn er oder sie Dostojewski, Freud und Darwin zitieren kann.
> George Dvosky, Futurologe und Philosoph, geb. 1970

Im Buch kommen verschiedene Begriffswelten zusammen (und wahrscheinlich bei den Lesern sehr verschiedene Menschen). Wir denken deshalb, dass ein Glossarium der hier auftretenden Begriffe aus Philosophie wie aus der Software von Nutzen ist. Dazu gilt der kluge Satz des Physikers Ernst Mach (1838–1916):

> Ein gut gewähltes Wort kann eine ungeheure Menge von Gedanken ersparen.

W. Hehl, *Wechselwirkung*, DOI 10.1007/978-3-662-48114-1

Glossar

3D-Drucktechnik	Herstellung dreidimensionaler Objekte direkt mit Software.
Abwärtskausalität	Auslösen einer Aktion in einer logisch tieferen Ebene; dies ist in der „It"-Welt (Säule 1) nicht möglich.
Agilität	Softwareentwicklung mit Flexibilität.
Anthropisches Prinzip	Die Vergangenheit passt genau so, dass wir existieren. Zeitliche Asymmetrie in der Betrachtung von Vergangenheit und Zukunft.
Anwendungen (Apps)	Software, die benutzernahe Funktionen ausführt. „App" wenn in der Form eines leicht ladbaren Pakets.
Aporie	Zwei anscheinend gleichberechtigte Schlüsse, die sich widersprechen.
Architektur	Gesetze bzw. Vorschriften für den Aufbau eines grossen Systems, sowohl in der Philosophie wie in der Software.
Assoziativer Speicher	Information wird über einen Teil der Information gefunden.
Bayes-Netz	Wahrscheinlichkeiten, die nach dem Stand des Wissens laufend wechselseitig adaptiert werden.
Bewusstsein	Ein hinreichend komplexes strömendes IT-System mit Sensorik.
Bit-Welt	Frei nach John Archibald Wheeler. Die Software-Welt.
Clinamen	Der Zufall in der atomistischen Welt von Epikur und Lukrez in der Form von winzigen spontanen Bahnänderungen der Atome.
Code und codieren(Kode und kodieren)	Der Inhalt eines Programms sowie dessen Erstellung.

W. Hehl, *Wechselwirkung*, DOI 10.1007/978-3-662-48114-1

Denkmuster(Design Patterns)	Ein interdisziplinäres Konzept zum erleichterten Bau von Systemen, sei es im Bauwesen oder in der Software.
Deixis, auch Indexikalität	Positionierung von Wörtern wie „ich“ und „hier“ in einem Text auf den aktuellen Sachverhalt.
Determinismus	Annahme der vollständigen Vorbestimmung des Weltablaufs. Der „echte“ Zufall zerstört diese Vorstellung. Siehe Zufall.
Drei-Welten-Theorie	Bekannte These von Karl Popper. Hier mit der Software als einer der drei Welten. Siehe Trialismus.
Dualismus	Ein Weltmodell mit zwei Säulen, früher z. B. vor allem Materie vs. Idee, hier „It“- und „Bit“-Welt.
Embodiment	Die enge Verbindung von Welt 1 (Körper) mit Welt 2 (Seele oder IT) und ggfls. Welt 3 in einer Funktion.
Emergenz	Das Auftauchen einer Eigenschaft in einem System, die in den Komponenten auch nicht im Ansatz vorhanden ist.
Emulation	Äusserliche Nachbildung eines Systems, siehe auch Simulation.
Epistemologie	Philosophische Ausdrucksweise für Methoden zur Gewinnung von Erkenntnis.
Esel des Buridanus	Metapher für Entscheidungen bei (nahezu) gleichwertigen Alternativen.
Evolution	Der allmähliche Aufbau der Software der Welt. Im engeren Sinn: Eine Entwicklung mit der Auswahl von spontanen Innovationen in einer Population nach einem Erfolgskriterium.
Exegese	Auslegung eines Bibeltextes. Siehe Hermeneutik.
Firmware	Hardware, die durch neue Software zu einer Hardware mit neuen Funktionen wird.
Funktionalismus	Hier: Philosophische Bezeichnung für die Wirkung der Middleware des Gehirns, d. h. die mentalen Prozesse.
Funktionspunkte	Ein nicht-triviales Mass für die Komplexität einer intellektuellen Arbeit.
Geheimnisprinzip	Prinzip, nur das minimal notwendige nach aussen zu geben bzw. von aussen nach innen zuzulassen.
Gehirn-im-Tank(Brain-in-a-Vat)	Philosophisches Gedankenexperiment und Science-Fiction-Thema eines funktionierenden Gehirns mit künstlich vermittelter Aussenwelt.

Hardware	1. Alles physische, 2. Die Basis für die Ausführung von Software.
Hermeneutik	Die Interpretation von Daten (Texten) aus einer Umgebung in eine andere. Klassisch die Auslegung der Bibel, auch Exegese genannt.
Hollywood – Prinzip	Regel, wer aktiv werden darf in einer Menge (nämlich hier nur der Agent).
Homo Faber	Der Mensch vor allem als schaffendes, veränderndes Wesen.
Homunkulus	Lateinisch Menschlein. Hier: Fiktive menschlich handelnde Funktion im Menschen bzw. Computer
Homunkulus-Sprache	Zugehörige Ausdrucksweise, die einen Menschen an die Stelle des handelnden Computers (oder des Gehirns) setzt.
Identikalität	Die Eigenschaft zweier Objekte, identisch zu sein.
Identität	Die Gesamtheit der Eigenschaften, die ein Objekt ausmachen.
Imitationstest	Test, in dem der Computer die Rolle des Menschen übernimmt.
Information	Daten, die es erlauben, Entscheidungen zu fällen.Im einfachsten Fall ja/nein.
Intelligenter Design	Ansicht, dass die Welt durch einen externen Programmierer geschaffen wurde wie kommerzielle Software.
Intelligenz, allgemeine (g-Faktor)	Das allgemeine Leistungsniveau eines Menschen bzw. eines IT-Systems.
It-Welt	Frei nach John Archibald Wheeler. Die physische Welt.
Klasse	Bauplan eines Objekttyps mit möglichen Attributen und möglichem Umgang (Objektorientierte Programmierung).
Kompatibilität	Verträglichkeit einer Software mit alten oder neuen Versionen.
Kompatibilismus	Verträglichkeit von Determinismus und freiem Willen.
Komplexität	Ein Zustand, der nur über viele verschiedene Schritte erreicht werden kann. Wir verwenden die Definition von Gregory Chaitin.
Körnigkeit	Der Grad der möglichen und sinnvollen Verteilung von Aufgaben auf mehrere Schultern.

Konfigurieren	Bei einer Software die Auswahl aus vorbereiteten Varianten.
Konstruktivismus	Lernen und Verstehen durch Bauen, häufig auch Selbermachen. Wir betrachten dies als höchste Stufe des Verstehens.
Kreationismus	Ansicht, dass die Welt als Ganzes (fix und fertig) geschaffen wurde.
Legacy-Code	„Vermächtnis-Programm“: Urtümliches Programm, das weiter verwendet wird.
Lehmannsche Gesetze	Formulierung von Erfahrungen in der Softwareentwicklung in der Form von „Gesetzen“.
Leibniz Gesetz	Die Bedingungen für die Identität von Objekten. Manchmal auch die Hypothese, dass keine zwei Objekte identisch sein können.
LOCs (Lines-of-Code)	Programmzeilen:Ein Managementmass für die Komplexität einer Aufgabe.
Marys Zimmer	Ein philosophisches Gedankenexperiment, bei dem eine Person in einer schwarzweissen Welt lebt.
Maschinensprache	Die Form der Software unmittelbar an der ausführenden Hardware.
Mikrocode	Hardwarenaher Code, der selbst für den Programmierer nicht sichtbar ist, sondern nur für den Entwickler des Computers.
Mindfiles und Mindware	Alle Daten, die zu einem persönlichen Leben gehören (z. B. alle Emails) und die Software zu ihrer Erzeugung und Verwaltung.
Mustererkennung und Verarbeitung	Eine Methode zur Erkennen und zum Lernen für verschiedene kognitive Aufgaben, z. B. Bilder und Sprache.
Neuronale Netze	Methode zum Lernen durch Anpassung ohne „tiefes“ Verstehen.
Noosphäre	Die globale Vernetzung der Menschheit. Ursprünglich im Geistigen gedacht, heute auch im Intellektuellen.
Objekte und Objektorientierung	Sehr disziplinierte Programmiermethode mit den auftretenden Objekten als zentrale Grössen.
Ontologie	Philosophischer Ausdruck für das, was existiert. In der Software der Katalog der verwendeten Begriffe und Objekte.
Paradoxon	Aussage, die einen (i. Allg. scheinbaren) Widerspruch enthält.

Perkolation	Durchdringen eines Mediums, z. B. einer Idee in der Gesellschaft. Analog dem Wasser, das einen Klumpen Erde durchfeuchtet.
Philosophie	Nicht-triviale, aber unwissenschaftliche Überlegungen zu einem Gebiet. Siehe auch Präphilosophie und Postphilosophie.
Physikalismus	Philosophische These, dass alles, auch die Psyche, physischen Ursprungs ist.
Postphilosophie	Philosophische Überlegungen zu einem Gebiet nach der wiss.-technischen Erschliessung, z. B. zu Atomen und Quanten nach 1930.
Präphilosophie	Philosophische Überlegungen zu einem Gebiet vor der wiss.-technischen Erschliessung, z. B. zu Atomen vor 1905.
Präsentität	Die Gesamtheit der Aspekte und Zustände eines Individuums zu einem bestimmten Zeitpunkt.
Prozessphilosophie (Ontologie des Werdens)	Philosophische Richtung, die das „Werden“ und nicht das „Sein“ in den Mittelpunkt stellt wie in die klassische Philosophie.
Qualia	Philosophischer Begriff zum inneren Empfinden von Sinnesreizen, z. B. von Farben. Hier ein fiktives philosophisches Problem.
Reengineering	Die Verbesserung der Struktur eines Programms unter Beibehaltung der Grundidee.
Reverse Engineering	Das Extrahieren der Idee oder inneren Struktur eines Produkts von aussen, d. h. ohne Designunterlagen.
Scaling und Scaling Gesetze	Die Beobachtung, dass beim Wachsen eines Systems ganz neue Gesetzmässigkeiten auftreten. Gegensatz zur Selbstähnlichkeit.
Schiff des Theseus	Ein zusammengesetztes Objekt wird Stück für Stück ersetzt: Dies ergibt ein Problem mit der Identität.
Seele	Gesamtheit der Gefühlsprozesse im Menschen.

Sein bzw. Seiend	Philosophische Ausdrucksweise für Existierendes: Abstrakt und allgemein bzw. im Speziellen.
Selbstorganisation	Änderung einer Struktur aus den physikalischen Gegebenheiten (und Zufall) allein, aber ohne ein eigentliches „Selbst“.
Separation of Concerns	Das Bauprinzip, das auseinander zu halten, was nicht zusammen gehört.
shu-ha-ri	Aikido Leitspruch: Lernen – loslassen – transzendieren
Simulation	Innere (und eventuell auch äussere) Nachbildung eines Systems.
Singularität	In der Science-Fiction-Literatur der hypothetische Sprung in der Entwicklung, wenn Computer intelligenter als Menschen werden.
Skript (Skriptsprache)	Anweisungen in Form grosser, direkt ausführbarer Aufgabenblöcke.
Software	Folge von Anweisungen, etwas zu tun. Im Computer, in Genen usw.
Softwareismus	Ansicht, dass Software überall ist, also ein Grundelement der Welt.
Softwaretechnologie	Verfahren und Methoden bei der Softwareentwicklung.
Softwareisierung	1. Ersatz von Hardwarefunktionen durch Softwarefunktionen. 2. Ausbreitung von Software in der Welt.
Sorites-Problem	Haufenproblem: Eine unklare Situation zwischen zwei klaren Zuständen, z. B. Wann ist ein Haufen ein Haufen? Ab wann ist ein Computer intelligent?
Spezifikation oder „Spec“	Das Pflichtenheft, das eine Software erfüllen soll bzw. im Idealfall erfüllt.
Strömendes Computing	Ein Computersystem, das laufend Input erhält, verarbeitet und handelt.
Subitizing	Zählen, ohne explizit zu zählen.
Supervenienz	Eine Eigenschaft, die von einer anderen abhängt, aber nicht unbedingt umgekehrt, z. B. in der Informatik eine Person und ihre Fingerabdrücke.
Synchronizität	Verfahren zur Organisation der Zusammenarbeit mit der Vermeidung der gegenseitigen Blockade mehrerer Prozesse.
Taxonomie	Eine hierarchische Anordnung von Begriffen bzw. Objekten.
Teleologie	Pseudokausale Sichtweise eines Vorgangs mit dem Zweck als Erklärung.
Teleonomie	Die kausale Erklärung zu einer Teleologie.
Tödliche Umarmung	Zwei Prozesse blockieren sich gegenseitig.
Transzendenz	Hier: Jenseits von Naturwissenschaft und erweiterter Software.
Trialismus	Drei-Säulen-Weltmodell, bei Popper aus Materie, Psyche und Geistigem; hier aus „It“, „Bit“ und Geistigem.

Turing-Test	Von Alan Turing ersonnener Imitationstest, um Menschen zu überzeugen, dass der Computer „denken“ kann, ohne „denken“ definieren zu müssen.
Ultra-Large Systems	Sehr, sehr grosse Systeme, für die sich eigene Gesetze entwickeln, die bei kleinen Systemen nicht gelten oder nicht auffallen.
Von-Neumann-Computer	Computer, bei dem Daten und Programme gemeinsam gespeichert und geladen werden.
Watson	Projektname für eine Software der IBM, die ein Wissensquiz erfolgreich bestand.
Yin-Yang	Gegensatzpaar, das zusammen die Welt ausmacht. Hier Analogie zum Dualismus It-Welt/ Bit-Welt.
Zufall	Einbrechen einer Aktion von aussen; als Pseudozufall (künstlich), Kryptozufall (unbekannte Ursache) oder als echter Zufall (Quantenzufall).

Literatur

Alexander, Christoph. 1977. *A pattern language. Towns, buildings, construction*. Oxford University Press.
Bach, Joscha. 2009. *Principles of synthetic intelligence*. Oxford University Press.
Balzert, Helmut. 2009. *Lehrbuch der Softwaretechnik*. Spektrum Akademischer Verlag.
Bisson, Terry. 1990. They're made of meat. www.terrybisson.com/page6/page6.html.
Block, Ned. 1978. Troubles with functionalism. in mcps.umn.du/philosophy/9_12block.pdf.
Boring, Edwin. 1923. Intelligence as the tests test it. *New Republic* 36:35–37.
Brooks, Fred. 1975/1995. *The mythical manmonth*. Addison-Wesley.
Campbell, Donald T. 1974. ‚Downward causation' in hierarchically organized biological systems. In *Studies in the philosophy of biology*, Hrsg. F. J. Ayala und T. Dobzhansky, 179–186. McMillan.
Campos, Hugo. 2002. Plant genomics – An overview. *Biological Research* 35 (3–4): 385–399.
Chaitin, Greg. 2012. Life as evolving software. http://vixra.org/pdf/1202.0076v1.pdf.
Chandra, Vikram. 2014. *Geek sublime. Writing fiction, coding software*. Graywolf.
Chardin, Teilhard de. 1955. *Le Phénomène humain, Edition du Seuil*. Paris. (Auf Deutsch: Der Mensch im Kosmos, 1959. Beck).
Clarke, Arthur. 1962. *Profiles of the future*. Heyne. (Deutsch: Profile der Zukunft, Heyne 1984).
Cohen, Martin. 2004. *99 philosophische Rätsel*. Piper.
Cowlishaw, Mike. 1990. IBM Jargon and general computing dictionary. 10. Aufl. http://www.comlay.net/ibmjarg.pdf.
Dawkins, Richard. 1996/2008. *Der blinde Uhrmacher*. DTV.
Dörner, Dietrich. 2001. *Bauplan für eine Seele*. rororo.
Duell, Michael. 1997. *Non-software examples of software design patterns*. New York: ACM.
Essays, UK (2013). A brain in a vat philosophy essay. Bei www.ukessays.com/essays.
Fischbach, Karl-Friedrich. 1981. Künstliche Intelligenz: Metamorphose des Maschinenbildes. http://www.zum.de/ki/.
Fisher, Ronald. 1939. *The genetical theory of natural selection: A complete variorum edition* (Hrsg. Henry Bennett). Oxford University Press.
Gamma, Erich, et al. 1994. *Design patterns*. Prentice Hall.
Gazzaniga, Michael. 2011. *Who is in charge?* Harper Collins.
Grier, David Alan. 2006. *When computers were human*. Princeton University Press.
Haken, Hermann. 1966. *Principles of brain functioning*. Springer.
Hawking, Stephen. 2014. Information preservation and weather forecasting for black holes. http://arxiv.org/abs/1401.5761.
Hawkins, Jeff, und Sandra Blakeslee. 2006. *Die Zukunft der Intelligenz*. Rowohlt Tb.
Heisenberg, Werner. 1959. *Physik und Philosophie*. Ullstein.
High, Rob. 2012. *The era of cognitive systems*. IBM Redbook.

W. Hehl, *Wechselwirkung*, DOI 10.1007/978-3-662-48114-1

Hoyningen-Huene, Paul. 2009. Reduktion und Emergenz. In *Wissenschaftstheorie,* Hrsg. Andreas Bartels und Manfred Stöckler. mentis Verlag.

Klemme, Heiner. 1996/2013. *Kants Philosophie des Subjekts*. Felix Meiner Verlag.

Kurzweil, Ray. 2012. *How to create a mind*. Viking.

Le, Quoc, et al. 2012. Building high-level features using large scale unsupervised learning. http://arxiv.org/abs/1112.6209.

Mandelbrot, Benoit. 1987. *Die fraktale Geometrie der Natur*. Birkhäuser.

Mens, Tom. 2008. *Software evolution*. Springer.

Mittelstrass, Jürgen. 1987. *Der Rubikon ist überschritten* (Hrsg. Heinz Heckhausen et al.). Springer.

Mittelstrass, Jürgen. 2001. Konstruktion und Deutung – Festvortrag. edoc.hu-berlin.de/humboldt-vl/mittelstrass-juergen-2001-01-31/PDF/Mittelstrass.pdf.

Paley, William. 1802/2006. *Natural theology*. Oxford University Press.

Penrose, Roger, et al. 2011. *Quantum physics of consciousness*. Cosmology Science Publishers.

Pleines, Jürgen-Eckardt. 2002. *Heraklit. Anfängliches Philosophieren*. Hildesheim.

Plotkin, Robert. 2009. *The genie in the machine*. Stanford University Press.

Popper, Karl. 1978. Three worlds – The tanner lecture of human values. http://tannerlectures.utah.edu/_documents/a-to-z/p/popper80.pdf.

Popper, Karl, und John Eccles. 1984. *The self and its brain*. Routledge. (Auf Deutsch: „Das Ich und sein Gehirn", 1989. Piper).

Ramachandran, V. S. 2010. *The tell-tale brain*. W. W. Norton & Company.

Reber, Paul. May/June 2010. Scientific American mind & brain. http://www.scientificamerican.com/article/what-is-the-memory-capacity/.

Russell, Bertrand. 1912. *Probleme der Philosophie*. Suhrkamp. (Edition Suhrkamp 1967).

Schmidhuber, Jürgen. 2002. An Interview on the future of neural networks. http://www.kurzweilai.net/how-bio-inspired-deep-learning-keeps-winning-competitions.

Schmidt, Ernst A. 2008. *Clinamen*. Universitätsverlag Winter.

Schrödinger, Erwin. 1944. What is life? Trinity College, Dublin. http://whatislife.stanford.edu/LoCo_files/What-is-Life.pdf.

Schwefel, Hans-Paul. 2004. Systemanalyse – Epistemologische Grundlagen. http://ls11-www.cs.uni-dortmund.de/lehre/sas/Epistemologie1.pdf.

Sellen, Abigail, und Steve Whittaker. 2007. *Beyond total capture: A constructive critique of lifelogging*. ACM Communications.

Shannon, C. E., und W. Weaver. 1949. *The mathematical theory of communication*. Urbana. (reprinted in 1998).

Shubin, Neil. 2008. *Your inner fish*. Pantheon Books.

Stacey, Ralph D. 1996. *Complexity and creativity in organizations*. Berret-Koehler.

Toole, Betty Alexandra. 2010. *Ada, the enchantress of numbers*. Critical Connection.

Trawny, Peter. 2010. *Adyton – Heideggers esoterische Philosophie*. Matthes & Seitz.

Turing, Alan. 1950. Computing machinery and intelligence. http://www.csee.umbc.edu/courses/471/papers/turing.pdf.

Valiant, Leslie. 2013. *Probably approximately correct*. Basic Books.

Weischedel, Wilhelm. 1988. *Die philosophische Hintertreppe*. DTV ebook.

Weizsäcker, Carl Friedrich von. 1985. *Aufbau der Physik*. Hanser.

Wells, H. G. 1938. *World brain*. London: Methuen. (siehe Gutenberg eBook).

Wigner, Eugene. 1960. The unreasonable effectiveness of mathematics in the natural sciences. *Communications in Pure and Applied Mathematics* 13.

Yockey, Hubert. 2005. *Information theory, evolution and the origin of life*. Cambridge University Press.

Zalta, Edward. (Online Editor). The Stanford encyclopedia of philosophy. http://plato.stanford.edu/.

Zuse, Konrad (ca. 1945). Rechnender Raum. *Elektronische Datenverarbeitung* 8. ftp://ftp.idsia.ch/pub/juergen/zuse67scan.pdf.

Sachverzeichnis

W. Hehl, *Wechselwirkung*, DOI 10.1007/978-3-662-48114-1

K

L

M

N

O

P

Q

R

S

T

U

V

W

Z

Kolibri 360 GmbH
Ferdinand-Jühlke-Straße 7
99095 Erfurt, Deutschland
produktsicherheit@kolibri360.de